工科电工电子基础实验教材

电子技术基础实验教程

主　编　张国云

副主编　刘　翔　陈　松

参　编　柳建国　彭仕玉　黄重庆　罗子波

李宏民　罗朝明　邓已媛　汤飞球

安　琪　李延平　唐　敏

中南大学出版社
www.csupress.com.cn
·长 沙·

前　言

当前，科学技术的发展趋势既高度综合又高度分化，在世界各国现代化过程中，发挥了巨大的作用，这要求高等院校培养的大学生，既要有坚实的理论基础，又要有严格的工程技术训练，不断提高实验研究能力、分析计算能力、总结归纳能力和解决各种实际问题的能力。21世纪要求培养"创新型、应用型"人才，即要求培养智力高、能力强、素质好的人才。

近年来，各高等院校普遍对电类专业基础课程的教学进行了改革，其主要趋势或共同点是：更新教学内容、压缩理论课学时、增加实验时数。很多学校将实验单独设课，并开设课程设计，独立考核、打分，以提高学生的重视程度，加强对学生实践能力和创新能力的培养。

电子技术是20世纪发展最为迅速的领域之一，这主要得益于集成电路和计算机的发明。这两项技术既是电子技术发展的产物，又是电子技术持续发展的推动力。可以预见，电子技术还将以更快的速度向前发展。因此，掌握电子技术是对电类专业学生的基本要求。

电子线路的实践能力首先反映在对电路参数与性能的测试方面，包括基本的测量方法、常用仪器的使用、测量数据的处理等。其次，实践能力还反映在对一个已有电路的调试能力，根据电路的测量结果，调整电路结构、器件以及元件参数从而使电路达到预期的功能与性能，并具有一定的信号处理能力。更进一步，电子线路的实践能力反映在单元电路或电子系统的设计与实现。

本实验教材的内容涉及电路分析、低频电子线路、数字电路、高频电子线路、信号与系统，以及电子工艺实习等。根据专业及学时的不同，可对实验内容进行不同的组合，以满足不同专业、不同学时对电类专业基础课程实验教学的需要。本书所设项目内容较广，可以作为电类专业基础课程实验教材，又可作为学生的学习资料，书中的实验电路和设计方法均具有很强的工程应用价值。

书中各实验项目由电工电子基础实验室中多年从事相应实验项目教学的老师执笔编写，本书第一、二、四章主要由刘翔编写，第三、五章主要由张国云编写，第六章主要由陈松编写。全书由张国云统稿。柳建国、彭仕玉、黄重庆、罗子波、李宏民、罗朝明、邓已媛、汤飞球、安琪、李延平、唐敏也参加了部分内容的编写、插图和校对工作。

本书在编写和出版过程中，得到了湖南理工学院教务处和中南大学出版社的关怀和支持，教务处石炎生副处长和出版社编辑为本书的出版付出了大量的心血，在此表示衷心的感谢。

在本书的编写中，参考了大量书籍、资料和网站，甚至引用了某些内容，在此一并表示衷心感谢。

由于编者水平有限，加上时间仓促，书中错误和不足之处在所难免，敬请读者不吝指正。

编　者

2006年7月

目 录

第一章   电路分析实验

实验 1.1   元器件伏安特性的测试

一、实验目的

掌握线性电阻元件，非线性电阻元件及电源元件伏安特性的测量方法。

学习直读式仪表和直流稳压电源等设备的使用方法。

二、实验说明

电阻性元件的特性可用其端电压 U 与通过它的电流 I 之间的函数关系来表示，这种 U 与 I 的关系称为电阻的伏安关系。如果将这种关系表示在 $U \sim I$ 平面上，则称为伏安特性曲线。

1. 线性电阻元件的伏安特性曲线。

它是一条通过坐标原点的直线，该直线斜率的倒数就是电阻元件的电阻值，如图 1.1.1 所示。由图可知线性电阻的伏安特性，对称于坐标原点，这种性质称为双向性，所有的线性电阻元件都具有这种特性。

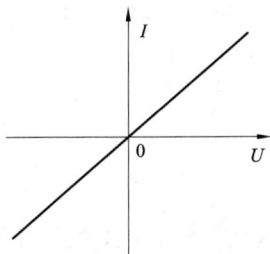

图 1.1.1   电阻伏安特性   图 1.1.2   二极管伏安特性

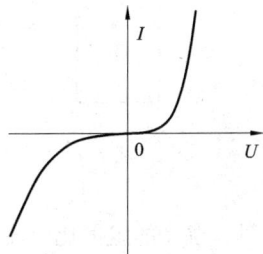

半导体二极管是一种非线性电阻元件，它的阻值随电流的变化而变化，电压、电流不服从欧姆定律。半导体二极管的伏安特性如图 1.1.2 所示。由图可见，半导体二极管的伏安特性曲线对于坐标原点是不对称的，具有单向性特点。因此，半导体二极管的电阻随着端电压的大小和极性的不同而不同，当直流电源的正极加于二极管的阳极而负极与阴极连接时，二极管的电阻很小，反之二极管的电阻值很大。

2. 电压源。

能保持其端电压为恒定值且内部没有能量损失的电压源称为理想电压源。理想电压源的符号和伏安特性曲线如图 1.1.3（a）所示。

理想电压源实际上是不存在的，实际电压源总具有一定的能量损耗，这种实际电压源可以用理想电压源与电阻的串联组合来作为模型，见图 1.1.3(b)。其端口的电压与电流的关系：

$$U = U_s - IR_s$$

式中电阻 R_s 是实际电压源的内阻。上式的关系曲线如图 1.1.3(b) 所示。显然实际电压源的内阻越小，其特性越接近理想电压源。实验所用直流稳压电源

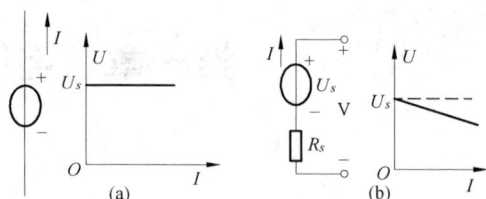

图 1.1.3　理想电压源

的内阻很小，当通过的电流在规定的范围内变化时，可以近似地当作理想电压源来处理。

3. 电压、电流的测量。

用电压表和电流表测量电阻时，由于电压表的内阻不是无穷大，电流表的内阻不是零，所以会给测量结果带来一定的方法误差。

例如在测量图 1.1.4 中的 R 支路的电流和电压时，电压表在线路中的连接方法有两种可供选择。如图 1-1′点和 2-2′点，在 1-1′点时，电流表的读数为流过 R 的电流值，而电压表的读数不仅有 R 上的电压降，而且含电流表内阻上的电压降，因此电压表的读数较实际值为大，当电压表在 2-2′处时，电压表的读数为 R 上的电压降，而电流表的读数含有电阻 R 的电流外还含有流过电压表的电流值，因此电流表的读数较实际值为大。

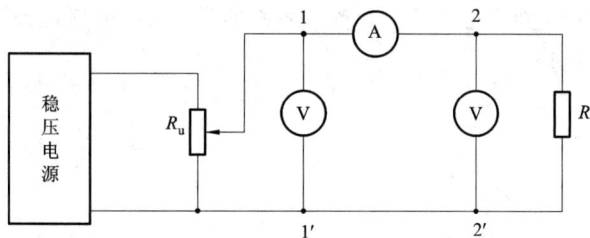

图 1.1.4　电压、电流的测量

显而易见，当 R 的阻值比电流表的内阻大得多时，电压表宜接在 1-1′处，当电压表的内阻比 R 大得多时，则电压表的测量位置应选择在 2-2′处。实际测量时，某一支路的电阻常常是未知的，因此，电压表的位置可以用下面方法选定：先分别在 1-1′和 2-2′两处试一试，如果这两种接法电压表的读数差别很小，甚至无差别，即可接在 1-1′处。如果两种接法电流表的读数差别很小或无区别，则电压表接于 1-1′处或 2-2′处均可。

三、仪器设备

1. 电路分析实验箱，一台。
2. 直流毫安表，一只。
3. 数字万用表，一只。
4. 直流稳压电源，一台。

四、实验内容与步骤

1. 测定线性电阻的伏安特性。

按图 1.1.5 接好线路，经检查无误后，接入直流稳压电源，调节输出电压依次为表 1.1.1 中所列数值，并将测量所对应的电流值记入表 1.1.1 中。

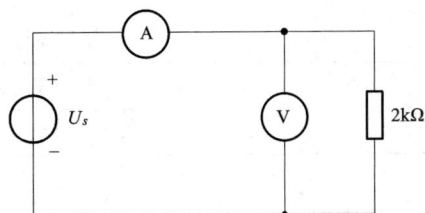

图 1.1.5　测定线性电阻的伏安特性

表 1.1.1　线性电阻伏安特性测量

U/V	0	2	4	6	8	10
I/mA						

2. 测定半导体二极管的伏安特性。

选用 2AP9 型普通半导体二极管为被测元件，实验线路如图 1.1.6 所示。图中电阻 R 为限流电阻，用以保护二极管。在测二极管反向特性时，由于二极管的反向电阻很大，流过它的电流很小，电流表应选用直流微安挡。

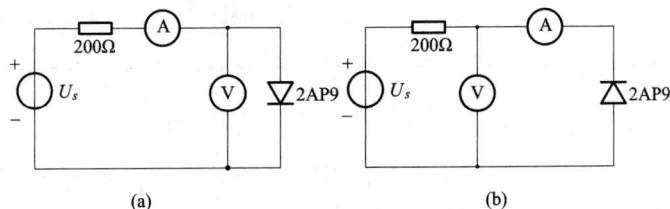

图 1.1.6　测定半导体二极管的伏安特性

（1）正向特性。

按图 1.1.6(a)接线，经检查无误后，开启直流稳压源，调节输出电压，使电流表读数分别为表 1.1.2 中的数值，对于每一个电流值测量出对应的电压值，记入表 1.1.2 中，为了便于作图，在曲线的弯曲部分可适当多取几个点。

表 1.1.2　二极管正向特性测量

I/mA	0	1 μA	10 μA	100 μA	1	3	10	20	30
U/V									

（2）反向特性。

按图 1.1.6(b)接线，经检查无误后，接入直流稳压源，调节输出电压为表 1.1.3 中所列数值，并将测量所得相应的电流值记入表 1.1.3 中。

表 1.1.3　二极管反向特性测量

U/V	0	3	5	8	10	15
$I/\mu A$						

3. 测定理想电压源的伏安特性。

实验采用直流稳压电源作为理想电压源，因其内阻在和外电路电阻相比可以忽略不计的情况下，其输出电压基本维持不变，可以把直流稳压电源视为理想电压源，按图 1.1.7 接线，其中 $R_1 = 200\ \Omega$ 为限流电阻，R_2 作为稳压电源的负载。

接入直流稳压电源，并调节输出电压 $U_s = 10$ V，由大到小改变电阻 R_2 的阻值，使其分别等于

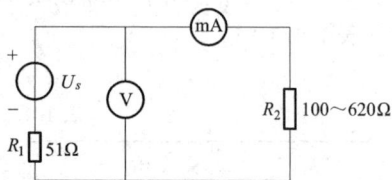

图 1.1.7　测定理想电压源的伏安特性

620 Ω、510 Ω、390 Ω、300 Ω、200 Ω、100 Ω，将相应电压、电流数值记入表 1.1.4 中。

表 1.1.4　理想电压源伏安特性测量

R_2/Ω	620	510	390	300	200	100
U/V						
I/mA						

4. 测定实际电压源的伏安特性。

选取一个 51 Ω 的电阻，作为直流稳压电源的内阻与稳压电源串联组成一个实际电压源模型，其实验线路如图 1.1.8 所示。其中负载电阻仍然取 620 Ω、510 Ω、390 Ω、300 Ω、200 Ω、100 Ω 各值。实验步骤与前项相同，测量所得数据填入表 1.1.5 中。

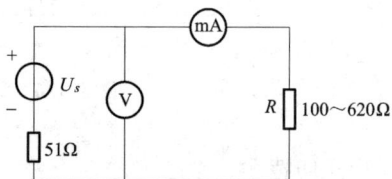

图 1.1.8　测定实际电压源的伏安特性

表 1.1.5　实际电压源伏安特性测量

R_2/Ω	开路	620	510	390	300	200	100
U/V	10						
I/mA	0						

五、思考题

有一个线性电阻 $R = 200\ \Omega$，用电压表、电流表测量电阻 R，已知电压表内阻 $R_1 = 10\ \Omega$，电流表内阻 $R_A = 0.2\ \Omega$，问电压表与电流表怎么接法使其误差较小？

六、实验报告要求

1. 用坐标纸画出各元件的伏安特性曲线，并作出必要的分析。
2. 回答思考题，并画出测量电路图。

实验 1.2　基尔霍夫定律和叠加原理

一、实验目的

1. 验证基尔霍夫定律，加深对基尔霍夫定律的认识和理解。
2. 验证线性电路叠加原理的正确性，加深对叠加原理的认识和理解。
3. 加深对电流、电压参考方向的理解。
4. 学会用电流插头、插座测量各支路电流的方法；正确使用直流稳压电源和数字万用表。

二、实验原理

基尔霍夫定律是集总参数电路的基本定律，它包括电流定律和电压定律，可用图 1.2.1 说明。

基尔霍夫电流定律（KCL）：在集总参数电路中，任何时刻，对任意节点，所有支路电流的代数和恒等于零。

基尔霍夫电压定律（KVL）：在集总参数电路中，任何时刻，沿任意回路所有支路电压的代数和恒等于零。

叠加原理不仅适用于线性直流电路，也适用于线性交流电路，为了测量方便，我们用直流电路来验证它，叠加原理可简述如下：

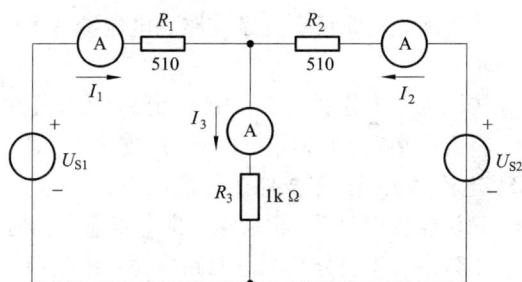

图 1.2.1　基尔霍夫电流、电压定律验证电路

在线性电路中，任一支流中的电流(或电压)等于电路中各个独立源分别单独作用时在该支电路中产生的电流(或电压)的代数和，所谓一个电源单独作用是指该电源外其他所有电源的作用都去掉（置零），即理想电压源所在处用短路代替，理想电流源所在处用开路代替，但保留它们的内阻，电路结构也不作改变，其原理可用图 1.2.1 描述。

三、仪器设备

1. 电路分析实验箱，1 台。
2. 支流毫安表，1 只。
3. 数字万用表，1 只。
4. 支流稳压电源，1 台。

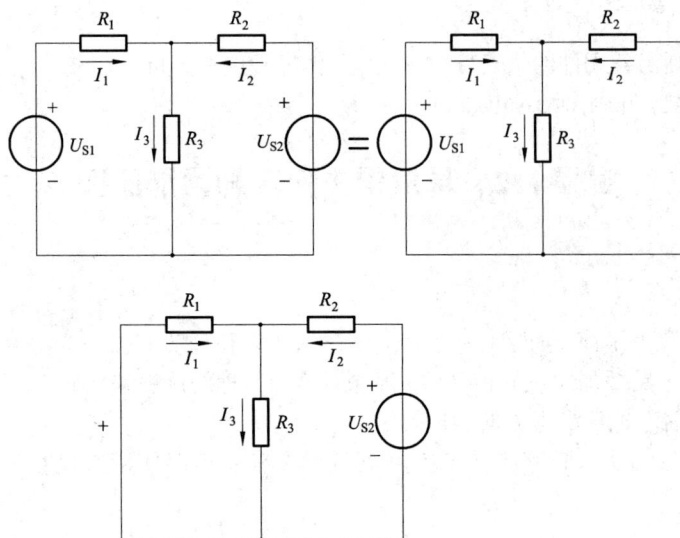

图 1.2.2　叠加原理电路描述

四、实验内容与步骤

基尔霍夫电流、电压定律实验:

1. 实验前先任意设定三条支路的电流参考方向, 可采用如图 1.2.1 中 I_1、I_2、I_3 所示的参考方向。

2. 按图 1.2.1 分别将 U_{S1}、U_{S2} 两路直流稳压电源接入电路, 令 $U_{S1} = 12$ V、$U_{S2} = 6$ V。

3. 将直流毫安表串联在 I_1、I_2、I_3 支路中(即: 将电流插头两端接在直流毫安表"+"极和"−"极, 电流插头插入各支路的电流插座。)

4. 确认连线正确后, 再通电, 将直流毫安表的值记录在表 1.2.1 内。

5. 用数字万用表分别测量两路电源及电阻原件上的电压值, 记录在表 1.2.1 内。

表 1.2.1　基尔霍夫定律验证

被测量	I_1/mA	I_2/mA	I_3/mA	U_{R1}/V	U_{R2}/V	U_{R3}/V
计算值						
测量值						
相对误差						

叠加原理实验:

实验线路如图 1.2.3 所示

1. 按图 1.2.3 分别将 U_{S1}、U_{S2} 两路直流稳压电源接入电路。令 $U_{S1} = 12$ V、$U_{S2} = 6$ V。

2. 测量 U_{S1}、U_{S2} 同时作用和分别作用时的支路电流 I_3 和各电阻元件上的电压值, 并将数据记入表 1.2.2 中。

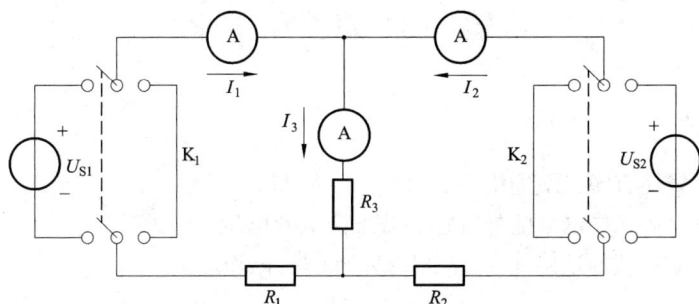

图 1.2.3 叠加原理实验电路

表 1.2.2 叠加原理验证结果

	实验值				计算值			
	I_3/mA	U_{R1}/V	U_{R2}/V	I_3/mA	U_{R3}/V	I_3/mA	U_{R1}/V	U_{R3}/V
U_{S1}、U_{S2} 同时作用								
U_{S1} 单独作用								
U_{S2} 单独作用								

注意事项:

1. 用指针式电流表进行测量时,要识别电流插头所接电流表的"+""−"极性,倘若不换接极性,则电流表指针可能反偏(电流为负值),此时必须调换电流表极性,重新测量,此时指针正偏,但读得的电流值必须冠以负号。

2. 叠加原理实验中,一个电压源单独作用时,必须将另一个电压源置零(将另一个电压源一侧的开关拨向 K 侧进行短接)。

3. 防止电压源两端碰线短路。

五、实验报告要求

1. 选定实验电路中的任一个节点,将测量数据代入 KCL,加以验证。

2. 选定实验电路中的任一闭合电路,将测量数据代入 KVL,加以验证。

3. 用实验数据验证支路的电流是否符合叠加原理,并对实验误差进行适当分析。

4. 用实测电流值、电阻值计算电阻 R_3 所消耗的功率多少? 能否直接用叠加原理计算? 使用具体数值说明。

5. 将计算值与测量值比较,分析误差原因。

实验 1.3 戴维南定理

一、实验目的

1. 掌握测量线性有源二端网络等效参数的一般办法。
2. 测取线性有源二端网络的外特性和戴维南等效电压源的外特性。
3. 验证戴维南定理的正确性，加深对该定理的认识和理解。

二、实验原理

任何一个线性含源网络，如果仅研究其中一条支路的电压和电流，则可将改支路除外的电路的其余部分看作一个线性有源二端网络(或称为含源一端网络)。

戴维南定理指出：任何一个线性有源二端网络，对于外电路而言，总可以用一个理想电压源和内电阻的串联形式(等效电压源)来代替，理想电压源的电动势等于有源二端网络的开路电压 U_{oc}，其内电阻(有称等效电阻)等于网络中所有的独立源均置零(理想电压源视为短接，理想电流源视为开路)时的等效电阻 R_{eq}，如图 1.3.1。U_{oc} 和 R_{eq} 称为有源二端网络的等效参数。

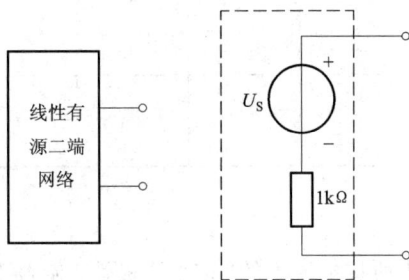

图 1.3.1 等效电路示意图

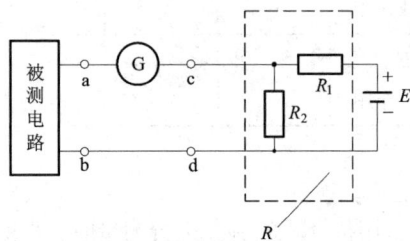

图 1.3.2 有源二端网络等效参数测量电路

有源二端网络等效参数的测量方法

1. 开路电压 U_{oc} 的测量方法。

方法一：直接测量法。当有源二端网络的等效内阻 R_{eq} 与电压表的内阻 R_V 相比可以忽略不计时，可以直接用电压表测量开路电压。

方法二：补偿法。其测量电路如图 1.3.2 所示，E 为高精度的标准电压源，R 为标准分压电阻箱，G 为高灵敏度的检流计。调节电阻箱的压分比，c、d 两端的电压随之改变，当 U_{cd} $=U_{ab}$ 时，流过检流计 G 的电流为零，因此

$$U_{ab}=U_{cd}=\frac{R_2}{R_1+R_2}E=KE$$

式中 $K=\dfrac{R_2}{R_1+R_2}$ 为电阻箱的压分比。根据标准电压 E 和压分比 K 就可求得开路电压 U_{ab}，因为电路平衡时 $I_g=0$，不消耗电能，所以此法测量精度较高。

2. 等效电阻 R_{eq} 的测量方法。

对于已知的线性有源一端网络，其入端等效电阻 R 可以从原网络计算得出，也可以通过实验测出，下面介绍几种测量方法：

方法一：将有源二端网络中的独立源都置零在 a、b 端，外加一已知电压 U，测量端口的总电流 $I_{总}$，则等效电阻 $R_{eq} = \dfrac{1}{I_{总}}$。

实验的电压源和电流源具有一定的内阻，它并不能与电源本身分开。因此在去掉电源的同时，也把电源的内阻去掉了，无法将电源内阻保留下来，这将影响测量精度，因而这种方法只适用于电压源内阻较小和电流源内阻大的情况。

方法二：测量 a、b 端的开路电压 U_{oc} 及短路电流 I_{sc}，则等效电阻为：

$$R_{eq} = \frac{U_{oc}}{I_{sc}}$$

这种方法只适用于 a、b 端等效电阻 R_{eq} 较大，而短路电流不超过额定值的情形，否则有损坏电源的危险。

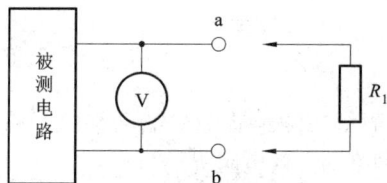

图 1.3.3　两次电压测量法(1)

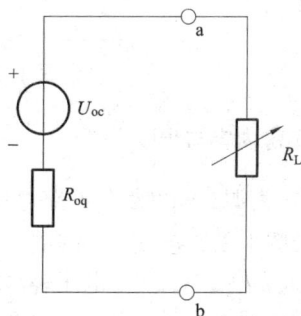

图 1.3.4　两次电压测量法(2)

方法三：两次电压测量法。

测量电路如图 1.3.3 和图 1.3.4 所示，第一次测量 a、b 端得开路 U_{oc}，第二次 a、b 端接一已知电阻 R_L(负载电阻)。测量此时 a、b 端的负载电压 U，则 a、b 端的等效电阻 R_{eq} 为：

$$R_{eq} = \left(\frac{U_{oc}}{U} - 1 \right) R_L$$

第三种方法克服了第一种和第二种方法的缺点和局限性，在实际测量中常被采用。

3. 如果用电动势等于开路电压 U_{oc} 的理想电压源与等效电阻 R_{eq} 相串联的电路(称为戴维南等效电压源，参见图 1.3.4)来代替有源二端网络，则它的外特性 $U = f(I)$ 应与有源二端网络的外特性完全相同。

三、仪器设备

1. 电路分析实验箱，1 台。

2. 支流毫安表，1 只。

3. 数字万用表，1 只。

4. 支流稳压电源，1 台。

四、预习内容

取 $U_s = 3$ V，按图 1.3.5 计算图示虚线部分的开路电压 U_{oc}，等效电阻 R_{eq} 及 a、b 直接短路时的短路电流 I_{sc} 之值，填入自拟的表格中。

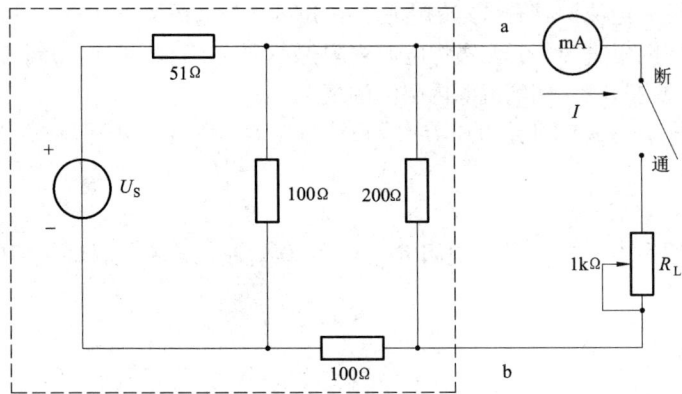

图 1.3.5　有源二端网络测量电路

五、实验内容与步骤

1. 测定有源二端网络的开路电压 U_{oc} 和等效电阻 R_{eq}。

（1）按图 1.3.5 接线，经检查无误后，采用直接测量法测定有源二端网络的开路电压 U_{oc}，并计入表格 1.3.1 中（电压表内阻应远大于二端网络的等效电阻 R_{eq}）。

（2）用两种方法测定有源二端网络的等效电阻 R_{eq}。

A. 采用原理中介绍的方法二测量

首先利用上面测得的开路电压 U_{oc} 和预习中计算出的 R_{eq} 估算网络的短路电流 I_{sc} 大小，在 I_{sc} 之值不超过直流稳压电源电路的额定值和毫安表的最大量限的条件下，可直接测出短路电流，并将此短路电流 I_{sc} 数据记入表格 1.3.1 中。

B. 采用原理中介绍的方法三测量

接通负载电阻 R_L，取 $R_L = 51$ Ω，测出此时的负载端电压 U，并记入表格 1.3.1 中。

表 1.3.1　有源二端网络参数测量

项目	U_{oc}/V	U/V	I_{sc}/mA	$R_{eq}/Ω$
数值				

注意：取 A、B 两次测量的平均值作为 R_{eq}。

2. 测取有源二端网络的外特性。

调节 10 kΩ 的电位器，改变负载电阻 R_L 之值，在不同负载情况下，测量相应的负载端电压 U 和流过负载的电流 I，共取 10 个点将数据记入表 1.3.2 中。测量时注意，为了避免电表内阻的影响，测量电压 U 时，应将接在 a、c 间的毫安表短路，测量电流 I 时，应将电压表从 a、b 端拆除。若采用万用表进行测量，要特别注意换挡。

表 1.3.2　有源二端网络外射性测量

U/V									
I/mA									

3. 测取戴维南等效电压源的外特性。

连接并调节出一个与原有源二端网络"等效"的电压源。其电动势为步骤 1 所测得的开路电压 U_{oc}，其内电阻为步骤 1 所测得的 R_{eq}。接入并调节 10 kΩ 的电位器，改变负载电阻 R_L 之值，在不同负载的情况下，测量相应的负载端电压 U 和流过负载的电流 I，共取 10 个点将数据记入表 1.3.3 中。

表 1.3.3　戴维南等效电压源外特性测量

U/V									
I/mA									

六、实验报告要求

1. 根据步骤 2 和 3，在同一坐标上分别作出有源二端网络和戴维南等效电压源的外特性曲线，并作适当分析，判断戴维南定理的正确性。

2. 将步骤 1 所测得的 U_{oc} 和 R_{eq} 与预习时电路计算的结果作比较，能得出什么结论。

实验 1.4　RC 一阶动态电路

一、实验目的

1. 了解并观测电容对信号的耦合作用。
2. 掌握有关微分电路和积分电路的概念和作用，加深对积分电路过渡过程的理解。
3. 了解并观察微分电路的"高通"特性和积分电路的"低通"特性。
4. 正确使用函数信号发生器和双踪示波器。

二、实验原理

微分电路和积分电路是 RC 一阶电路中较典型的电路，它对电路元件参数和输入信号的周期有着特定的要求。

一个简单的 RC 串联电路，在方波序列脉冲的重复激励下，满足 $\tau = RC \ll T/2$ 条件时（T 为方波脉冲中的重复周期），且由 R 端作为响应输出，这就成了一个微分电路，因为此时电路的输出信号电压与输入信号电压的微分成正比。

若将图 1.4.1 中的 R 与 C 位置调换, 即由 C 端作为响应输出, 且当电路参数的选择满足 $\tau = RC \gg T/2$ 条件时, 如图 1.4.2 所示即称为积分电路, 因为此时电路的输出信号电压与输入信号电压的积分成正比。

1. 微分电路。

微分电路在脉冲技术中有着广泛的应用, 在图 1.4.1 电路中

$$U_{so} = R_i = RC \frac{dU_c}{dt} \tag{1}$$

即输出电压 U_{so} 与电容电压 U_c 对时间的倒数成正比。当满足 $\tau = RC \ll T/2$ 条件时, $U_c \gg U_{so}$, 输入电压 U_{so} 与电容电压 U_c 近似相等:

$$U_{sr} \approx U_c \tag{2}$$

将 (2) 代入 (1) 得

$$U_{so} \approx RC \frac{dU_{sr}}{dt} \tag{3}$$

即: 输出电压 U_{so} 近似于输入电压 U_{sr} 对时间的导数成正比, 所以称图 1.4.1 电路为"微分电路"。

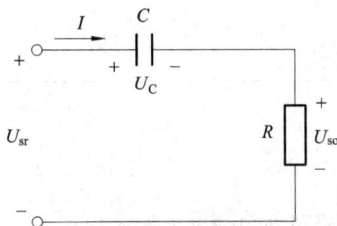

图 1.4.1　微分电路　　　　　　　　　　图 1.4.2　积分电路

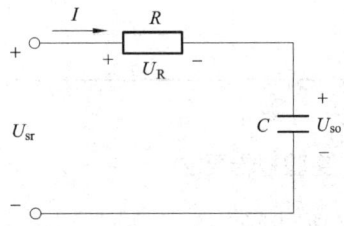

2. 积分电路。

将图 1.4.1 电路中的 R、C 位置调换, 就得到图 1.4.2 电路。电路中

$$U_{sc} = \frac{1}{C} \int i \, dt = \frac{1}{C} \int \frac{U_R}{R} dt = \frac{1}{RC} \int U_R dt \tag{4}$$

即输出电压 U_{sc} 与电阻电压 U_R 对时间的积分成正比。

当满足 $\tau = RC \gg T/2$ 条件时, $U_R \gg U_{sc}$, 输出电压 U_{sr} 与电阻电压 U_R 近似相等:

$$U_{sr} \approx U_R \tag{5}$$

将 (5) 代入 (4) 时

$$U_{sc} = \frac{1}{RC} \int U_{sr} dt \tag{6}$$

即: 输出电压 U_{sc} 近似于输入电压 U_{sr} 对时间的积分成正比, 所以称图 1.4.2 电路为"积分电路"。

三、仪器设备

1. 双踪示波器, 1 台。

2. 函数信号发生器, 1 台。

3. 电路分析实验箱, 1 台。

四、预习内容

1. 图 1.4.1 电路中，设 U_{sr} 为一矩形脉冲电压，其幅度为 $U = 5$ V，频率为 1 kHz，$C = 20$ μF。试分别画出 $R = 100$ kΩ，$R = 10$ kΩ，$R = 1$ kΩ 时 U_{so} 的波形。

2. 图 1.4.2 电路中，设 U_{sr} 为一矩形脉冲电压，其幅度为 $U = 5$ V，频率为 1 kHz，$C = 0.033$ μF。试分别画出 $R = 100$ kΩ，$R = 10$ kΩ，$R = 1$ kΩ 时 U_{sc} 的波形。

五、实验内容与步骤

1. 按图 1.4.3 接线，调节信号发生器，使之输出 $f = 1$ kHz 的正弦信号，用示波器观察并记录输入电压 U_i 和输出电压 U_o 的波形，了解电容对信号的耦合作用。

2. 按图 1.4.4 接线，调节信号发生器，使之输出 $f = 1$ kHz 的方波信号，取 $C = 0.1$ μF，分别在 $R = 10$ kΩ，$R = 0.5$ kΩ 时观察并记录荧光屏上显示的波形，了解微分电路对矩形脉冲的变换作用。

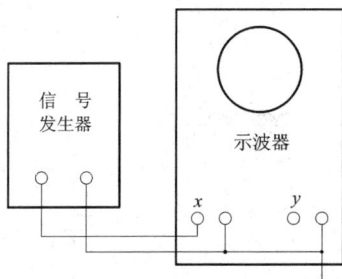

图 1.4.3 输入、输出信号测量   图 1.4.4 微分电路测量

3. 调节信号发生器，使之输出正弦信号，然后切换信号发生器上的频率挡位改变输出信号频率，观察微分电路的输出电压波形幅度变化，记录实验现象，了解微分电路的"高通"滤波特性并作理论分析。

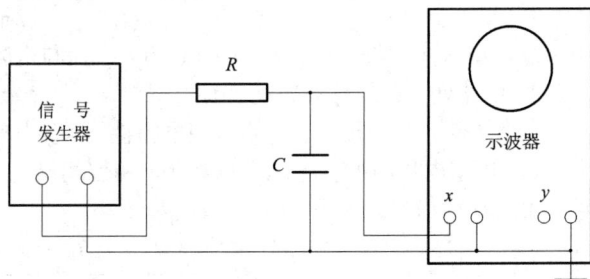

4. 按图 1.4.5 接线，调节信号发生器，使之输出 $f = 1$ kHz 的方波信号，取 $R = 10$ kΩ，分别在 $C = 3300$ pF，$C = 0.33$ μF 时观察并记录荧光屏上显示的波形，了解积分电路对矩形脉冲的变换作用。

5. 调节信号发生器，使之输出正弦信号，然后切换信号发生器上的频率挡位改变输出信号频率，观

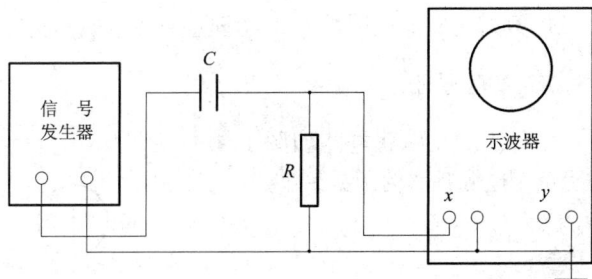

图 1.4.5 积分电路测量

察积分电路的输出电压波形幅度变化，记录实验现象，了解微分电路的"低通"滤波特性并作理论分析。

注意事项：

接线时应防止信号源"＋"、"－"极短接。

改变电路时，要注意电路里开关"通"、"断"的选择。

波形不稳定时,应调节示波器上的"触发电平"旋钮。

六、实验报告要求

1. 将实验步骤 1、2、4 中记录的波形整理在坐标纸上。

2. 根据实验观测结果,归纳、总结微分电路和积分电路的形成条件,并说明它们对方波序列脉冲的变换作用。

记录实验步骤 3、5 的实验现象,并做出理论分析。

实验 1.5 *RLC* 串联谐振电路

一、实验目的

1. 掌握用交流毫伏表和双踪示波器测取 *RLC* 串联谐振电路频率特性的方法。

2. 观察串联谐振现象,加深对电路发生谐振时的条件、特点的理解。

3. 理解电路品质因数 *Q* 的物理意义并掌握其测定方法。

二、实验原理

1. *R*、*L*、*C* 串联电路如图 1.5.1 的阻抗是电源频率的函数,即:

$$Z = R + j\left(\omega L - \frac{1}{\omega C}\right) = |Z|\,e^{j\varphi}$$

当 $\omega L = \dfrac{1}{\omega C}$ 时,电路呈现电阻性,

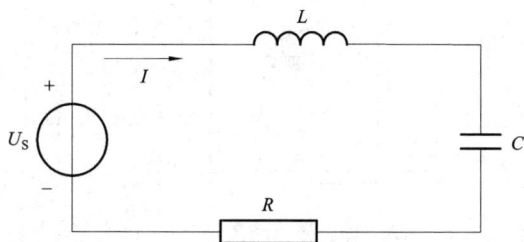

图 1.5.1 *RLC* 串联电路

U_s 一定时,电流达到最大,这种现象

称为串联谐振,谐振时的频率称为谐振频率,也称电路的固有频率。即

$$\omega_o = \frac{1}{\sqrt{LC}} \ \text{或} \ f_o = \frac{1}{2\pi\sqrt{LC}}$$

上式表明谐振频率仅与元件参数 *L*、*C* 有关,而与电阻 *R* 无关。

2. 电路处于谐振状态时的特征:

(1)复阻抗 *Z* 达最小,电路呈现电阻性,电流与输入电压同相。

(2)电感电压与电容电压数值相等,相位相反。此时电感电压(或电容电压)为电流电压的 *Q* 倍,*Q* 称为品质因数,即

$$Q = \frac{U_L}{U_s} = \frac{U_C}{U_s} = \frac{\omega_o L}{R} = \frac{1}{\omega_o CR} = \frac{1}{R}\sqrt{\frac{L}{C}}$$

(3)在激励电压有效值不变时,回路中的电流达最大值,即:

$$I = I_o = \frac{U_s}{R}$$

3. 串联谐振电路的频率特性:

(1)回路的电流与电源角频率的关系称为电流的幅频特性,表明关系的图形为串联谐振曲线。电流与角频率的关系为:

$$I(\omega) = \frac{U_s}{\sqrt{R^2 + \left(\omega L - \dfrac{1}{\omega C}\right)^2}} = \frac{U_s}{R\sqrt{1 + Q^2\left(\dfrac{\omega}{\omega_o} - \dfrac{\omega_o}{\omega}\right)^2}} = \frac{I_o}{\sqrt{1 + Q^2\left(\dfrac{\omega}{\omega_o} - \dfrac{\omega_o}{\omega}\right)^2}}$$

当 L、C 一定时,改变回路的电阻 R 值,即可得到不同 Q 值下的电流的幅频特性曲线(图1.5.2)。显然 Q 值越大,谐振曲线越尖锐。

有时为了方便,常以 $\dfrac{\omega}{\omega_o}$ 为横坐标,$\dfrac{I}{I_o}$ 为纵坐标画电流的幅频特性曲线(这称为通用幅频特性),图1.5.2画出了不同 Q 值下的通用幅频特性曲线。回路的品质因数 Q 越大,在一定的频率偏移下,$\dfrac{I}{I_o}$ 下降越厉害,电路的选择性就越好。

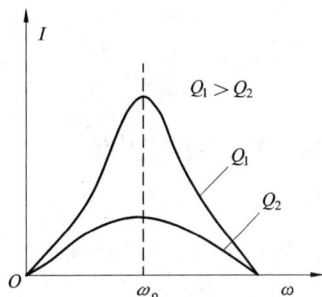

图 1.5.2 幅频特性曲线

为了衡量谐振电路对不同频率的选择能力,引进通频带概念,把通用幅频特性的幅值从峰值1下降到0.707时所对应的上、下频率之间的宽度称为通频带(以 BW 表示)即:

$$BW = \frac{\omega_2}{\omega_o} - \frac{\omega_1}{\omega_o}$$

由图1.5.3看出 Q 值越大,通频带越窄,电路的选择性越好。

(2)激励电压与响应电流的相位差 φ 角和激励电源角频率 ω 的关系称为相频特性,即:

$$\varphi(\omega) = -\arctan \frac{\omega L - \dfrac{1}{\omega C}}{R} = -\arctan \frac{X}{R}$$

显然,当电源频率 ω 从0变到 ω_o 时,电抗 X 由 $-\infty$ 变到0。φ 角从 $\dfrac{\pi}{2}$ 变到0,电路为容性。当 ω 从 ω_o 增大到 ∞ 时,电抗 X 由0增到 ∞。φ 角从0变到 $-\dfrac{\pi}{2}$,电路为感性。相角 φ 与 $\dfrac{\omega}{\omega_o}$ 的关系称为通用相频特性,如图1.5.4所示。

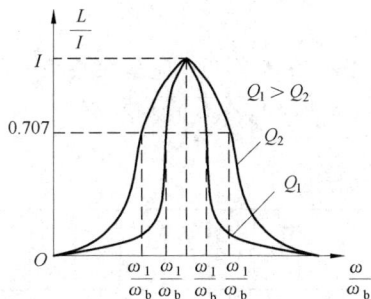

图 1.5.3 幅频特性

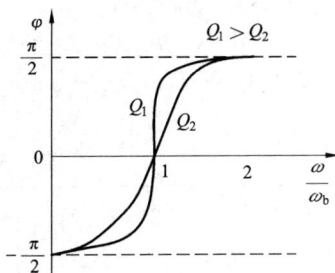

图 1.5.4 相频特性

谐振电路的幅频特性和相频特性是衡量电路特性的重要标志。

三、仪器设备

1. 电路分析实验箱, 一台。
2. 信号发生器, 一台。
3. 交流毫伏表, 一只。
4. 双踪示波器, 一台。

四、实验内容及步骤

按图 1.5.5 连接线路, 电源为低频信号发生器。将电源的输出电压接示波器的插座, 输出电流从 R 两端取出, 接到示波器的插座以观察信号波形, 取 L = 10 mH, C = 2200 pF, R = 510 Ω, 电源的输出电压 $U_{sp}-p = 5$ V。

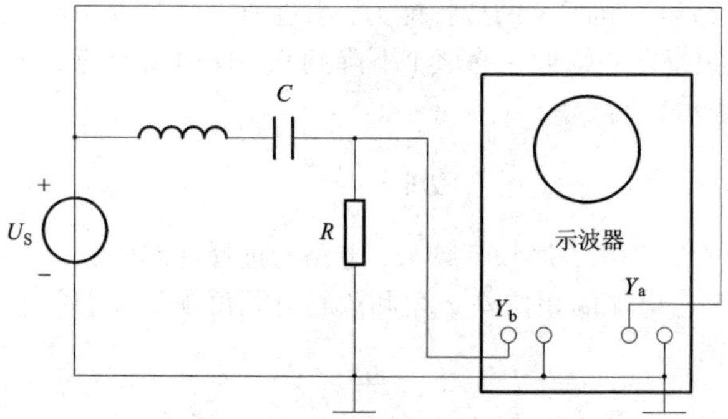

图 1.5.5　RLC 串联谐振实验电路

1. 计算和测试电路的谐振频率。

(1) $f_o = \dfrac{1}{2\pi\sqrt{LC}}$ 用 L、C 之值代入式中计算出 f_o。

(2) 测试: 用交流毫伏表接在 R 两端, 观察 U_R 的大小, 然后调整输入电源的频率, 使电路达到串联谐振, 当观察到 U_R 最大时电路即发生谐振, 此时的频率即为 f_o (最好用数字频率计测试一下)。

2. 测定电路的幅频特性。

(1) 以 f_o 为中心, 调整输入电源的频率从 20 ~ 55 kHz, 在 f_o 附近, 应多取些测试点。用交流毫伏表测试每个测试点的 U_R 值, 然后计算出电流 I 的值, 记入表格 1.5.1 中。

表 1.5.1　测定电路的幅频特性

F/H) 20 ~ 55 kHz						f_o				
U_R/V										
I/mA										

（2）保持 $U_{sp-p}=5$ V，$L=10$ mH，$C=2200$ pF，改变 R，使 $R=2$ kΩ，即改变了回路 Q 值，重复步骤（1）。

3. 测定电路的相频特性。

仍保持 $U_{sp-p}=5$ V，$L=10$ mH，$C=2200$ pF，$R=510$ Ω。以 f_0 为中心，调整输入电源的频率从 20～55 kHz。在 f_0 的两旁各选择几个测试点，从示波器上显示的电压、电流波形上测量出每个测试点电压与电流之间的相位差 $\varphi=\varphi_0-\varphi_i$。

五、预习内容

1. 用哪些实验方法可以判断电路处于谐振状态？

2. 实验中，当 R、L、C 串联电路发生谐振时，是否有 $U_C=U_L$ 及 $U_R=U_S$？若关系不成立，试分析其原因。

六、实验报告要求

1. 根据实验数据，在坐标纸上绘出两条不同 Q 值下的幅频特性曲线和相频特性曲线，并作扼要分析。（计算电流 I_0。注意：L 不是理想电感，本身含有电阻，而且当信号的频率较高时，电感线圈有肌肤效应，电阻值会有增加，可以测量出 U_c、U_s 求出 Q 值，然后根据已知的 LC 算出总电阻。）

2. 通过实验总结 R、L、C 串联谐振电路的主要特点。

3. 回答预习内容 2。

4. 某收音机里的陶瓷滤波器，其等效电路可看作 RLC 串联电路。若谐振频率为 522 kHz，Q 值等于 250，问其带宽 BW 等于多少？为什么将它称为滤波器？

实验 1.6　RC 电路频率特性的研究

一、实验目的

1. 了解文氏电桥电路的结构特点及其应用。
2. 掌握用交流毫伏表和双踪示波器测取文氏电路的幅频和相频特性的方法。
3. 了解利用李萨育（Lissajous）图形测频率的方法。

二、实验原理

1. 文氏电路。

文氏电桥电路是一个 RC 的串并联电路，该电路结构简单，被广泛的用于低频振荡电路中作为选频环节，可以获得很高纯度的正弦波电压。图 1.6.1（a）文氏电路中，在输入端输入幅度恒定的正弦电压 U_i，在输出端得到输出电压 U_0。

当正弦电压 U_i 的频率变化时，U_0 的变化可从两方面来看。频率较低的情况下，即当 $\dfrac{1}{\omega C}$ 时，图 1.6.1（a）电路可近似成如图 1.6.1（b）所示的低频等效电路。ω 愈低，U_0 的幅度愈小，其相位愈超前于 U_i，当 ω 趋近于 0 时，$|\dot{U}_0|$ 趋近于 0，$\varphi_0-\varphi_i$ 接近 +90°。而当频率较高时，即

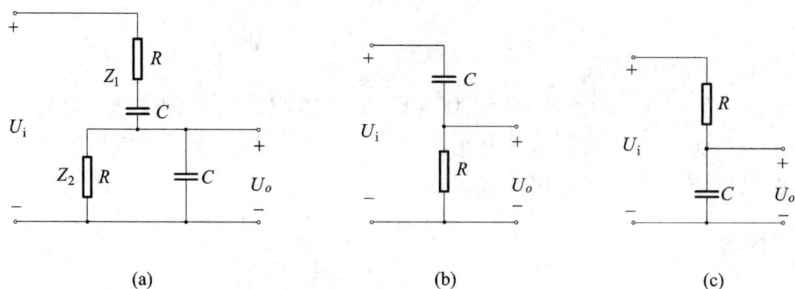

图 1.6.1　文氏电桥电路

当 $\frac{1}{\omega C} \ll R$ 时，图 1.6.1(a)电路可近似成如图 1.6.1(c)所示的高频等效电路。ω 愈高，U_0 幅度也愈小，其相位愈滞后于 U_i，当 ω 趋近于 ∞ 时，$|\dot{U}_0|$ 趋近于 0，$\varphi_0 - \varphi_i$ 接近 $-90°$。由此可见，当频率为某一中间值 f_0 时，U_0 能获得最大输出幅度，且 $\dot{U}_0$ 与 $\dot{U}_i$ 同相。

我们把输出电压和输入电压之比称为网络传递函数，记作 $H(j\omega) = |H(j\omega)| < \phi$，其中 $|H(j\omega)| = \dfrac{U_o}{U_i}$，$\varphi = \varphi_o - \varphi_i$。$|H(j\omega)|$ 和 $\varphi(\omega)$ 分别为电路的幅频特性和相频特性，它们的曲线见图 1.6.2。由电路分析得知，该网络的传递函数为

$$H(j\omega) = \frac{1}{3 + j(\omega RC - 1/\omega RC)}$$

当频率 $f = f_o = 1/2\pi RC$ 时，有极大值，且经过计算的最大值为 1/3，因此，文氏电路具有选择频率的特点，它被广泛用于 RC 振荡器的选频网络。

2. 文氏电路谐振频率 f_o 的测定。

(1)当文氏电路的输入电压频率 $f = f_o = 1/2\pi RC$ 时，其输入电压和输出电压之间的相位差为零，即 $\varphi = 0$，因此 f_o 的测定就转化为输入电压和输出电压相位差的测定。

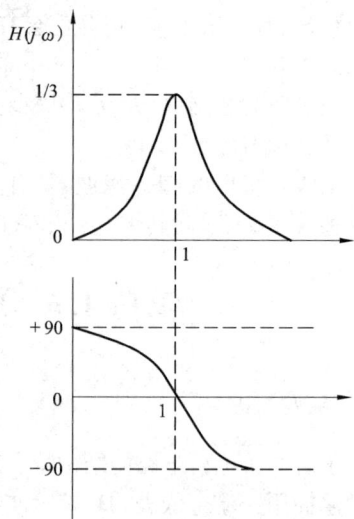

图 1.6.2　幅频特性和相频特性

(2)用示波器观察李萨育图形的方法测定 f_o。

我们知道，如果在示波器的垂直和水平偏转板上分别加上频率和相位相同的正弦电压，则在示波器的荧光屏上将得到一条直线。

实验线路如图 1.6.3 所示，给定 U_i 为某一数值，改变输入电压频率，并逐渐改变 x、y 轴增益，使荧光屏上出现一条直线，此时的输入电压频率即为 f_o。

(3)由于电路在谐振时，U_o 能获得最大输出幅度。因此，改变输入电压频率时，可用交流毫伏表或者示波器观测 U_o，当 U_o 最大时，输入电压频率即为 f_o。

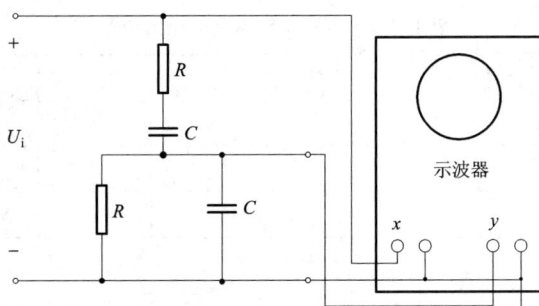

图 1.6.3 文氏电桥测量电路

三、仪器设备

交流毫伏表,1 只。
双踪示波器,1 台。
数字频率计,1 只。
函数信号发生器,1 台。
电路分析实验箱,1 台。

四、预习内容

1. 根据给定参数 $C = 0.22\ \mu F$ 和 $R = 10\ k\Omega$,计算文氏电路的 f_o。

2. 对文氏电路进行分析,推导其网络传递函数 $H(j\omega)$。

五、实验内容与步骤

1. 按图 1.6.3 接线,调节输入信号为 5 V_{p-p} 的正弦电压,将 U_i 和 U_o 分别接入示波器的 CH1 和 CH2 通道,并将交流毫伏表接在输出端。

2. 测取文氏电路的幅频特性。

保持输入信号为 5 V_{p-p} 的正弦电压,改变信号源频率 f 从 $0.1f_o$ 到 $10f_o$,用交流毫伏表测量输出电压 U_o,并将 f 和 U_o 记入表 1.6.1。

表 1.6.1 测取文氏电路的幅频特性

F/Hz													
U_o/mV													

3. 测取文氏电路的相频特性。

保持输入信号为 5 V_{p-p} 的正弦电压,改变信号源频率 f 从 $0.1f_o$ 到 $10f_o$,从示波器上观测相应的输入和输出波形的延时 τ 及信号的周期 T,记入表 1.6.2。

根据 $\varphi = \dfrac{\tau}{T} \times 360° = \varphi_o - \varphi_i$ 计算输出相位与输入相位之差。

注意:若输出信号超前输入信号,则 $\tau < 0$;反之,则 $\tau > 0$。

表 1.6.2　测取文氏电路的相频特性

F/Hz									
T/ms									
τ/ms									
$\varphi/(°)$									

六、实验报告要求

1. 根据步骤 2、3 的实验数据, 用半对数坐标绘制文氏电路的幅频特性曲线 $|H(j\omega)|$—$\dfrac{\omega}{\omega_0}$ 和相频特性曲线 φ—$\dfrac{\omega}{\omega_0}$。

2. 对实验数据和特性曲线进行分析、总结, 讨论实验结果。

实验 1.7　含有受控源电路的研究

一、实验目的

1. 获得运算放大器和有源器件的感性认识。
2. 了解由运算放大器组成各类受控源的原理和方法。
3. 通过测试受控源的外特性及其转移参数, 加深对受控源的认识和理解。
4. 通过理论分析和实验验证掌握含有受控源的线性电路的分析方法。

二、实验原理

1. 电源有独立电源(如电池、发电机等)与非独立电源(或称为受控源)之分。受控源与独立源的不同点是: 独立源的电势 E_s 或电流 I_s 是某一固定的数值或者是某一时间的函数, 它不随电路其余部分的状态而变, 而受控源的电势或电流则是随电路中另一支路的电压或电流而变的一种电源。

受控源又与无源元件不同, 无源元件两端的电压和它自身的电流有一定的函数关系, 而受控源的输出电压或电流则和另一支路(或元件)的电流或电压有某种函数关系。

2. 独立源于无源元件是二端元件, 受控源则是四端元件, 或称为双口元件, 它有一对输入端(U_1、I_1)和一对输出端(U_2、I_2)。输入端用以控制输出端电压或电流的大小, 施加于输入端的控制量可以是电压或电流, 因而有两种受控电压源(即电压控制电压源 VCVS 和电流控制电压源 CCVS)和两类受控电流源(即电压控制电流源 VCCS 和电流控制电流源 CCCS)。

3. 当受控源的电压(或电流)与控制支路的电压(或电流)成正比变化时, 则该受控源是线性的。

理想受控源的控制支路中只有一个独立变量(电压或电流), 另一个独立变量等于零, 即从输入口看, 理想受控源或者是短路(即输入电阻 $R_1=0$, 因而 $U_1=0$)或者是开路(即输入电导 $G_1=0$, 因而输入电流 $I_1=0$); 从输出口看, 理想受控源或是一个理想电压源或者是一个理想电流源，如图 1.7.1 所示。

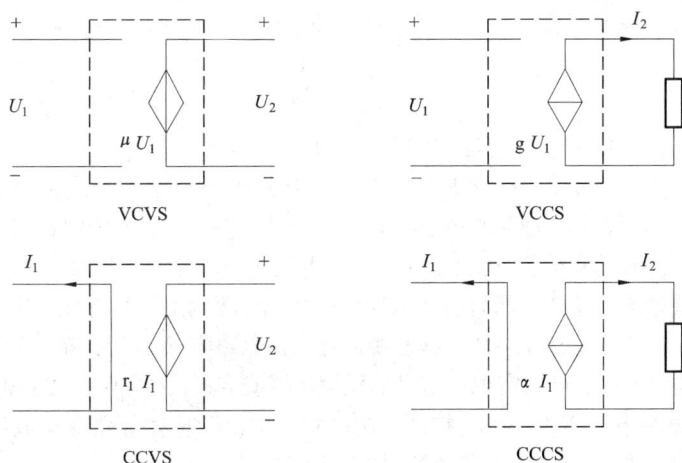

图 1.7.1　理想受控源

4. 受控源的控制端与受控端的关系式称为转移函数。

四种受控源的定义及其转移函数参数的定义如下：

(1)压控电压源(VCVS)，$U_2 = f(U_1)$，$\mu = U_2/U_1$ 称为转移电压比(或电压增益)

(2)压控电流源(VCCS)，$I_2 = f(U_1)$，$g_m = I_2/U_1$ 称为转移电导

(3)流控电压源(CCVS)，$U_2 = f(I_1)$，$r_m = U_2/I_1$ 称为转移电阻

(4)流控电流源(CCCS)，$I_2 = f(I_1)$，$\alpha = I_2/I_1$ 称为转移电流比(或电流增益)

用运算放大器构成受控源的原理。

运算放大器的基本原理。

运算放大器是一种有源二端口元件，图 1.7.2 所示为一理想运算放大器的模型及其电路符号图形。它有两个输入端，一个输出端和一个输入输出信号的参考地线端。信号从"−"端输入时，其输出信号 V_o 与输入信号反相，故称"−"端为反相输入端；信号从"+"端输入时，其输出信号 V_o 与输入信号同相，故称"+"端为同相输入端。

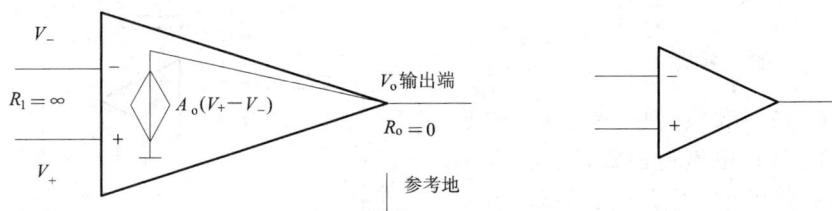

图 1.7.2　理想运算放大器

多数运放相对地线端有两个工作电源端，即正电源端与负电源端，只有在接有正、负电源情况下，运放才能正常工作，也有的运放可在单电源(正电源)下工作。

图 1.7.2 中的 V_- 和 V_+ 分别为反相输入端和同相输入端的对地电压，V_o 为输出端的对地

电压，A_o 是运放的开环电压放大倍数，在理想情况下，A_o 和输入口的电阻 R_i 均为无穷大；而输出电阻 R_o 为零。

根据输出电压 $V_o = (V_+ - V_-)A_o$ 式可见，当输出电压 V_o 为有限值时，则有 $V_+ = V_-$，且有

$$i = \frac{V_+}{R_i} = 0, \quad i = \frac{V_-}{R_i} = 0$$

由上面这些等式，可引出理想运放的两个重要结论：

(1)理想运放的"−"端 和"+"端是等电位的，若其中一个输入端是接地的，则另一输入端虽未直接接地，形似接地，故称此端为"虚地"，"+"、"−"两端视为"虚短路"。

(2)理想运放的输入端电流等于零，输入口的电阻 R_i 为无穷大，形似开路，称为"虚断路"。

上述这些重要性质是简化分析含有运放网络的依据。因为运放只有在一定的工作电源下才能正常工作，所以含有运放的电路是一种有源网络，在电路实验中仅研究其端口特性，若在其外部介入不同的电路元件，可以实现对信号的模拟运算或变换，在实际中得到极其广泛的应用。

理想运放的电路模型实为一个受控源，在本实验中，将通过研究由运放组成的 VCVS 电路的端口特性，以掌握分析这类含有受控源电路的方法。

我们选用 HA17741 型集成运放，其引脚功能如图 1.7.3 所示。

本实验所用电压控制电压源是一个用运算放大器接成的比例器(图 1.7.4)，在理想情况下($A_o \to \infty$)，它的输入电压 U_i 与输出电压 U_o 有以下关系：

$$U_o = -\frac{R_f}{R_i}U_i = \mu U_i, \quad 其中 \mu = -\frac{R_f}{R_i}$$

注意：对于实际的运算放大器，U_o 的大小是有限的，只有不超过规定的范围，上面的关系才能成立。

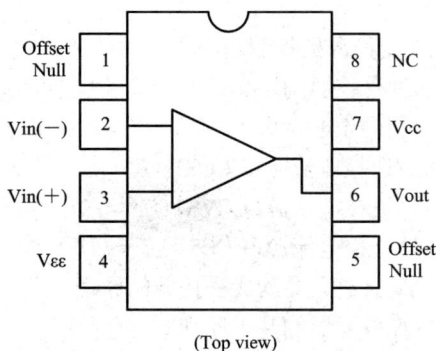

图 1.7.3　HA17741 型集成运放

三、仪器设备

1. 电路分析实验箱，1 台。

2. 数字万用表，1 只。

四、实验内容与步骤

1. 按图 1.7.4 接线，测取受控源 VCVS 的转移特性(又称电压传输特性)即 $U_o = f(U_i)$ 并观察其与电压增益 μ 的关系。

(1)取 $R_i = R_f = 1\ \text{k}\Omega$，$R_L = 2\ \text{k}\Omega$，$\mu = -\frac{R_f}{R_i} = -1$ 改变 U_i 从 0～12 V，测出相应的 U_o 值，记入表 1.7.1 中。

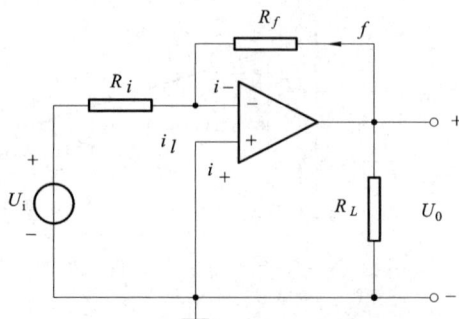

图 1.7.4　受控源转移特性测量

表 1.7.1

U_i/V								
U_o/V								

（2）取 $R_i=50$ kΩ，$R_f=100$ kΩ，$R_L=2$ kΩ，$\mu=-\dfrac{R_f}{R_i}$ 改变 U_i 从 0~12 V，测出相应的 U_o 值，记入表 1.7.2 中。

表 1.7.2

U_i/V								
U_o/V								

2. 按图 1.7.4 接线，测取负载特性 $U_o=f(R_L)$ 并观察其与电压增益 μ 的关系。

（1）保持 $U_i=2$ V，取 $R_i=R_f=1$ kΩ，$\mu=-\dfrac{R_f}{R_i}=-1$，改变负载电阻 R_L 之值，测量输出电压 U_o，记入表 1.7.3 中。

表 1.7.3

R_L/Ω								
U_o/V								

（2）保持 $U_i=2$ V，取 $R_i=50$ kΩ，$R_f=100$ kΩ，$\mu=-\dfrac{R_f}{R_i}=-2$，改变负载电阻 R_L 之值，测量输出电压 U_o，记入表 1.7.4 中。

表 1.7.4

R_L/Ω								
U_o/V								

五、实验报告要求

1. 在同一个坐标系下绘制步骤 1 所测得的转移特性，并分析其与电压增益的关系；在线性部分求出电压增益 μ。

2. 在同一个坐标系下绘制步骤 2 所测得的负载特性，并分析其与电压增益的关系。

3. 受控源和独立源相比有何异同点？比较四种受控源的代号、电路模型、控制量与被控制量的关系如何？

4. 受控源的控制特性是否适合于交流信号？

实验 1.8　R、L、C 元件性能的研究

一、实验目的

1. 用伏安法测定电阻、电感和电容元件的交流阻抗及其参数 R、L、C 之值。
2. 研究 R、L、C 元件阻抗随频率变化的关系。
3. 学会使用交流仪器。

二、实验说明

电阻、电感和电容元件都是指理想的线性二端元件。

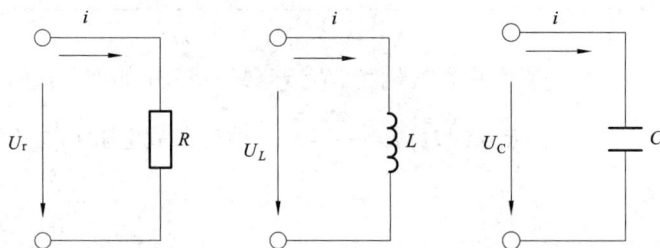

图 1.8.1　电阻、电感和电容的等效电路

1. 电阻元件。

在任何时刻电阻两端的电压与通过它的电流都服从欧姆定律。即

$$U_R = Ri$$

式中 $R = U_R/i$ 是一个常数，称为线性非时变电阻，其大小与 U_R、i 的大小及方向无关，具有双向性。它的伏安特性是一条通过原点的直线。在正弦电路中，电阻元件的伏安特性可表示为：

$$U_R = RI$$

式中 $R = \dfrac{U_R}{I}$ 为常数，与频率无关，只要测量出电阻端电压和其中的电流便可计算出电阻的阻值。电阻元件的一个重要特征是电流 I 与电压 U_R 相同。

2. 电感元件。

电感元件是实际电感器的理想化模型，它只具有储存磁能量的功能，它是磁链与电流相约束的二端元件。即：

$$\Psi_L(t) = Li$$

式中 L 表示电感，对于线性非时变电感，L 是一个常数。电感电压在图 1.8.1 所示关联参考方向下为：

$$U_L = L\frac{\mathrm{d}i}{\mathrm{d}t}$$

在正弦电路中：$U_L = JX_L I$，式中 $X_L = \omega L = 2\omega f L$ 称为感抗，其值可由电感电压、电流有效值之比求得，即 $X_L = \dfrac{U_L}{I}$。当 $L =$ 常数时，X_L 与频率成正比，f 越大，X_L 越大，f 越小，X_L 越小，电

感元件具有低通高阻的性质。若 f 为已知，则电感元件的电感为：

$$L = \frac{X_L}{2\pi f}$$

理想电感的特征是电流 I 滞后于电压 $\dfrac{\pi}{2}$。

3. 电容元件。

电容元件是实际电容器的理想化模型，它只具有存储电场能量的功能，它是电荷与电压相约束的元件。即：

$$q(t) = Cu$$

式中 C 表示电容，对于线性非时变电容，C 是一个常数。电容电流在关联参考方向下为：

$$i = C\frac{\mathrm{d}u}{\mathrm{d}t}$$

在正弦电路中 $\dot{I} = \dfrac{\dot{U}_\mathrm{c}}{-jX_\mathrm{c}}$ 或 $U_\mathrm{c} = -jX_\mathrm{c}\dot{I}$，式中 $X_\mathrm{c} = \dfrac{1}{\omega C} = \dfrac{1}{2\pi fC}$ 称为容抗。其值为 $X_\mathrm{c} = \dfrac{U_\mathrm{c}}{I}$，可由实验测出。当 $C=$ 常数时，X_c 与 f 成反比，f 越大，X_c 越小，$f=\infty$，$X_\mathrm{c}=0$，电容元件具有高通低阻和隔断电流的作用。当 f 为已知时，电容元件的电容为：

$$C = \frac{1}{2\pi fX_\mathrm{c}}$$

电容元件的特点是电流 I 的相位超前于电压 $\dfrac{\pi}{2}$。

三、仪器设备

1. 电路分析实验箱，一台。

（用 RLC 串联与谐振电路部分的元件参数）

2. 功率信号发生器，一台。

3. 交流毫伏表，一只。

4. 数字万用表，一只。

四、实验内容与步骤

1. 测定电阻、电感和电容的交流阻抗及其参数。

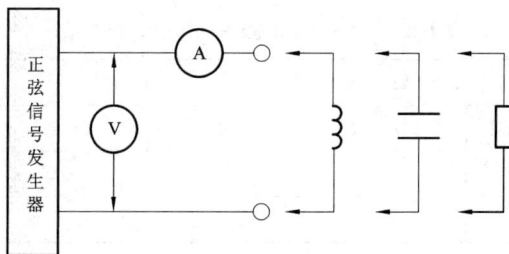

图 1.8.2 R、L、C 参数测量

（1）按图 1.8.2 接线确认无误后，将信号发生器的频率调节到 5 kHz，并保持不变，分别接通 R、L、C 元件的支路。改变信号发生器的电压（每一次都要用万用表进行测量），使之分别等于表 1.8.1 中的数值，再用万用表测出相应的电流值，并将数据记录于表 1.8.1 中。（注意：电感 L 本身还有一个电阻值）

表 1.8.1　$f=5$ kHz 时测出的电流值

信号发生器输出元件 电流电压被测元件	U/V	0	2	4	6	8	10
$R=2$ kΩ	I/mA						
$L=10$ mH	I/mA						
$C=6800$ pF	I/mA						

（2）以测得的电压为横坐标，电流为纵坐标，分别作出电阻、电感和电容元件有效值的伏安特性曲线（均为直线），如图 1.8.3 所示。在直线上任取一点 A，过 A 点作横轴的垂线，交于 B 点，则 OB 代表电压，AB 代表电流，则：

$$R = \frac{U_R}{I} = \frac{OA}{OB}$$

同理：

$$X_L = \frac{U_L}{I} = \frac{OB}{AB}$$

$$X_C = \frac{U_C}{I} = \frac{OB}{AB}$$

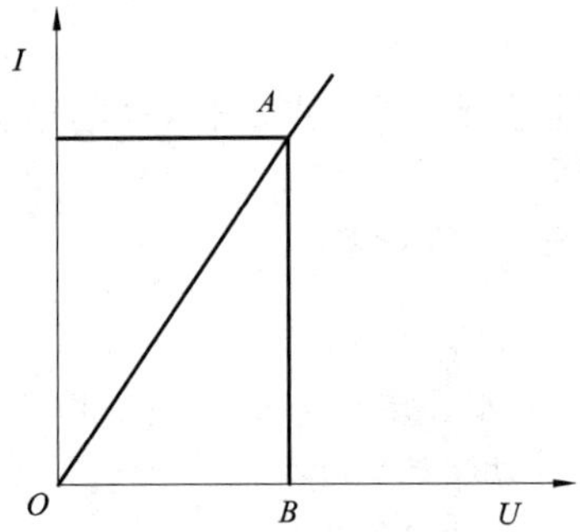

图 1.8.3　伏安特性曲线

计算出 L 和 C（此项可留到实验报告中完成）。

2. 测定阻抗与频率的关系。

按图 1.8.2 接线，经检查无误后，把信号发生器的输出电压调至 5 V，分别测量在不同频率时，各元件上的电流值，将数据记入表 1.8.2 中。测量 L、C 元件上的电流值时，应在 L、C 元件支路中串联一个电阻 $R=100$ Ω，然后用交流毫伏表测量电阻上的电压，通过欧姆定律计算出电阻上的电流值，即 L、C 元件上的电流值。（注意：电感 L 本身还有一个电阻值）

表 1.8.2　$U=5$ V 时测出的电流与阻抗值

被测元件	$R=2$ kΩ			$L=10$ mH			$R=2$ kΩ		
信号源频率	5 kΩ	10 kΩ	20 kΩ	5 kΩ	10 kΩ	20 kΩ	5 kΩ	10 kΩ	20 kΩ
电流/A									
阻抗/Ω									

五、思考题

1. 根据实验结果，说明各元件的阻抗与哪些因素有关？并比较 R、L、C 元件在交、直流电路中的性能。

2. 你能分析出产生本次实验误差的原因吗？

六、实验报告要求

1. 按要求计算各元件参数。

2. 回答思考题 1、2。

实验 1.9 运算放大器和受控源

一、实验目的

1. 获得运算放大器有源器件的感性认识。

2. 测试受控源特性，加深对它的理解。

二、实验说明

1. 运算放大器是一种有源三端元件，图 1.9.1(a) 为运放的电路符号。

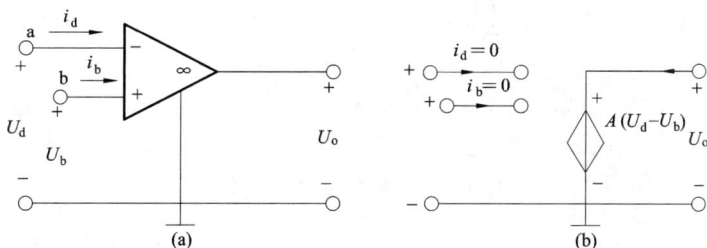

图 1.9.1 运算放大器

它有两个输入端、一个输出端和一个对输入和输出信号的参考地线端。"+"端称为非倒相输入端，信号从非倒相输入端，信号从倒相输入端输入时，输出信号与输入信号对参考地线端来说极性相同。"−"端称为倒相输入端输入时，输出信号与输入信号对参考地线端来说极性相反。运算放大器的输出端电压

$$U_o = A(U_b - U_a)$$

其中 A 是运算放大器的开环电压放大倍数。在理想情况下，A 和输入电阻 R_{in} 均为无穷大，因此有

$$U_b = U_a$$

$$i_b = \frac{U_b}{R_{in}}, \quad i_a = \frac{U_a}{R_{in}} = 0$$

上述式子说明：

（1）运算放大器的"+"端与"-"端之间等电位，通常称为"虚短路"。

（2）运算放大器的输入端电流等于零，通常称为"虚断路"。

此外，理想运算放大器的输出电阻为零。这些重要性质是简化分析含运算放大器电路的依据。除了两个输入端、一个输出端和一个参考地线端外，运算放大器还有相对地线端的电源正端和电源负端。运算放大器的工作特性是在接有正、负电源（工作电源）的情况下才具有的。

运算放大器的理想电路模型为一受控电源，如图 1.9.1（b）所示。在它外部接入不同的电路元件可以实现信号的模拟运算或模拟变换，它的应用极其广泛。含有运算放大器是一种有源网络，在虚路实验中主要研究它的端口特性以了解其功能。本次实验将要研究由运算放大器组成的几种基本受控源电路。

2. 图 1.9.2（a）的电路是一个电压控制型电压源（VCVS）。由于运算放大器的"+"和"-"端为虚短路，有

$$U_a = U_b = U_1$$

故

$$i_{R2} = \frac{U_b}{R_2} = \frac{U_1}{R_2}$$

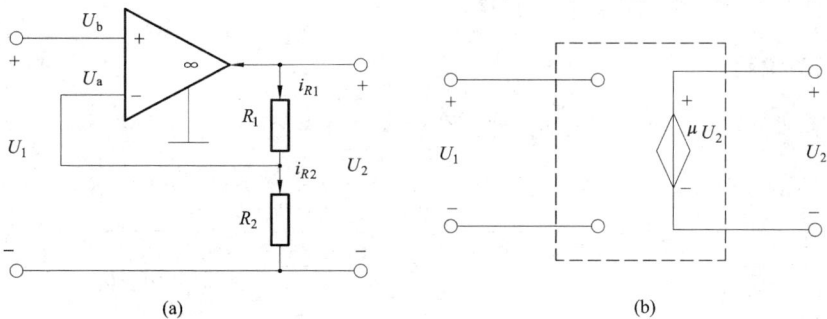

图 1.9.2 电压控制型电压源

又因

$$i_{R1} = i_{R2}$$

所以

$$U_2 = i_{R1}R_1 + i_{R2}R_2 = i_{R2}(R_1 + R_2)$$
$$= \frac{U_1}{R_2}(R_1 + R_2) = 1 + \left(\frac{R_1}{R_2}\right)U_1$$

即运算放大器的输出电压 U_2 受输入电压 U_1 的控制，它的理想电路模型如图 1.9.2（b）所示。其电压比

$$\mu = \frac{U_2}{U_1} = 1 + \frac{R_1}{R_2}$$

μ 为无量纲，称为电压放大倍数。该电路是一个非倒相比例放大器，其输入和输出端有公共接地点，这种联接方式称为共地联接。

3. 将图 1.9.3（a）电路中的 R 看作一个负载电阻，这个电路就成为一个电压控制型电流源（VCCS），运算放大器的输出电流为：

$$i_s = i_R = \frac{U_a}{R} = \frac{U_1}{R}$$

即 i_s 只受运算放大器输入电压 u_1 的控制, 与负载电阻 R_L 无关。图 1.9.3(b) 是它的理想电路模型。比例系数:

$$g_m = \frac{i_s}{U_1} = \frac{1}{R}$$

g_m 具有电导的量纲, 称为转移电导。图 1.9.3 所示电路中, 输入、输出无公共接地点, 这种联系方式称为浮地联接。

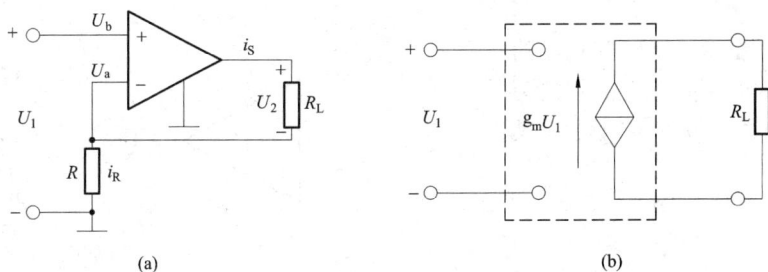

图 1.9.3　电压控制型电流源

4. 一个简单的电流控制型电压源(CCVS)电路如图 1.9.4(a) 所示。由于运算放大器的"+"端接地, 即 $U_b = 0$, 所以"−"端电压 U_a 也为零, 在这种情况下, 运算放大器的"−"端称为"虚地点", 显然流过电阻 R 的电流即为网络输入端口电流 i_1, 运算放大器的输出电压 $U_2 - i_1 R$, 它受电流 i_1 所控制。

图 1.9.4(b) 是它的理想电路模型。其比例系数:

$$r_m = \frac{U_2}{i_1} = -R$$

r_m 具有电阻的量纲, 称为转移电阻, 联接方式为共地联接。

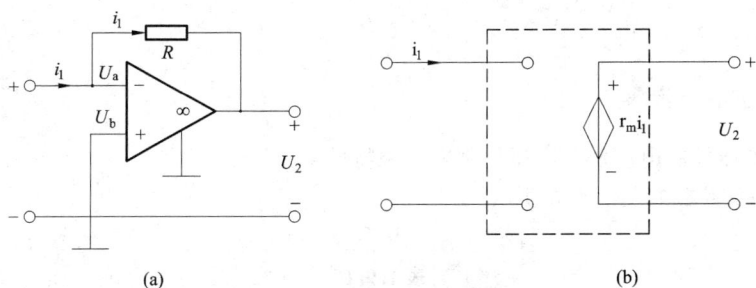

图 1.9.4　电流控制型电压源

5. 运算放大器还可构成一个电流控制电流源(CCCS)如图 1.9.5(a) 所示, 由于

$$U_c = -i_{R2} R_2 = -i_1 R_2$$

因为

$$i_{R3} = -\frac{U_c}{R_3} = i_1 \frac{R_2}{R_3}$$

所以

$$i_s = i_{R2} + i_{R3} = i_1 + i_1 \frac{R_2}{R_3} = \left(1 + \frac{R_2}{R_3}\right) i_1$$

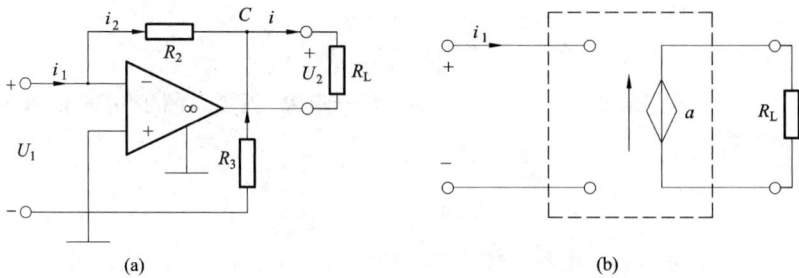

图 1.9.5 电流控制型电流源

即输出电流 i_s 受输入端口电流 i_1 的控制,与负载电阻 R_1 无关。它的理想电路模型如图 1.9.5(b)所示。其电流比

$$\alpha = \frac{i_s}{i_1} = 1 + \frac{R_2}{R_3}$$

α 为无量纲,称为电流放大系数。这个电路实际上起着电流放大的作用,联接方式为浮地联接。

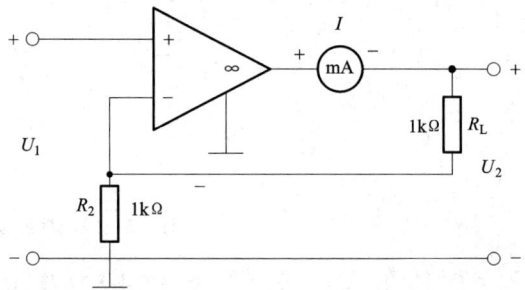

图 1.9.6 电压控制电压源和电压控制电流源特性试电路

6. 本次实验中,受控源全部采用直流电源激励(输入),对于交流电源激励和其他电源激励,实验效果完全相同。由于运算放大器的输出电流较小,因此测量电压时必须用高内阻电压表,如用万用表等。

三、仪器设备

1. 电路分析实验箱,一台。
2. 直流毫安表,一只。
3. 数字万用表,一只。

四、实验内容与步骤

1. 测试电压控制电压源和电压控制电流源特性。
实验线路及参数如图 1.9.6 所示。

表 1.9.1

给定值		U_1/V	0	0.5	1	1.5	2	2.5
VCVS	测量值	U_2/V						
	计算值	μ						
VCCS	测量值	I_s/mA						
	计算值	g_m/s						

(1)电路接好后,先不给激励电源 U_1,将运算放大器"+"端对地短路,接通实验箱电源工作正常时,应用 $U_2 = 0$ 和 $I_s = 0$。

(2)接入激励电源 U_1,取 U_1 分别为 0.5 V、1 V、1.5 V、2 V、2.5 V(操作时每次都要注意测定一下),测量 U_2 及 I_s 值并逐一记入表 1.9.1 中。

(3)保持 U_1 为 1.5 V,改变 R_1(即 R_L)的阻值,分别测量 U_2 及 I_s 值并逐一记入表 1.9.2 中。

表 1.9.2

给定值		$R_1/\text{k}\Omega$	1	2	3	4	5
VCVS	测量值	U_2/V					
	计算值	μ					
VCVS	测量值	I_s/mA					
	计算值	g_m/s					

(4)计算表 1.9.1 和表 1.9.2 中的各 μ 和 g_m 值,分析受控源特性。

2. 测试电流控制电压源特性。

实验电路如图 1.9.5 所示,输入电流由电压源 U_s 与串联电阻 R_i 所提供。

(1)给定 R 为 1 kΩ,U_s 为 1.5 V,改变 R_i 的阻值,分别测量 I_1 和 U_2 的值,并逐一记录于表 1.9.3 中,注意 U_2 的实际方向。

表 1.9.3

给定值	$R_1/\text{k}\Omega$	1	2	3	4	5
测量值	I_1/mA					
	U_2/V					
计算值	r_m/s					

(2)保持 U_1 为 1.5 V,改变 R_i 的阻值,分别测量 I_1 及 U_2 值,并逐一记入表 1.9.4 中。

表 1.9.4

给定值	$R_1/\text{k}\Omega$	1	2	3	4	5
测量值	I_1/mA					
	U_2/V					
计算值	r_m/s					

(3)计算表 1.9.3 和表 1.9.4 中的各 r_m 值,分析受控源特性。

五、注意事项

1. 实验电路确认无误后,方可接通电源,每次在运算放大器外部换接电路元件时,必须先断开电源。

2. 实验中,作受控源的运算放大器输出端不能与地端短接。

3. 做电流源实验时,不要使电流源负载开路。

六、实验报告要求

1. 整理各组实验数据,并从原理上加以讨论和说明。

2. 写出通过实验对实际受控源特性所加深的认识。

3. 试分析引起本次实验数据误差的原因。

实验 1.10　负阻抗变换器

一、实验目的

1. 加深对负阻抗概念的认识,掌握对含有负阻电路的分析研究方法。

2. 了解负阻抗变换器的组成原理及其应用。

3. 掌握负阻抗变换器的各种测试方法。

二、实验说明

1. 负阻抗是电路理论中的一个重要基本概念,在工程实践中也有广泛的应用。负阻的产生除了某些非线性元件在某个电压或电流的范围内具有负阻特性外,一般都由一个有源双口网络来形成一个等值的线性负阻抗。该网络由线性集成电路或晶体管等元件组成,这样的网络称作负阻抗变换器。

按有源网络输入电压和电流与输出电压和电流的关系,可分为电流倒置型和电压代表团型两种(INIC 和 VNIC)。

2. 实验用线性运算放大器组成如图 1.10.1 所示的电路,在一定的电压、电流范围内可获得良好的线性度。

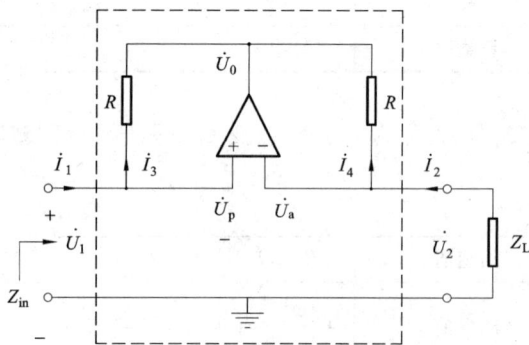

图 1.10.1　电流倒置型负阻抗变换器

(1)图 1.10.1 中虚线框所示电路是一个用运算放大器组成的电流倒置型负阻抗变换器(INIC)。设运算放大器是理想的,由于它的正输入端("+")与负输入端("−")之间为虚短路,输入阻抗为无限大,故有

$$U_p = U_a$$
$$U_1 = U_2$$

即

运算放大器输出端电压

$$U_o = U_1 - I_3 R = U_2 - I_4 R$$

因为

$$I_3 = I_4$$

又因为

$$I_1 = I_3 \quad I_2 = I_4$$

所以

$$I_1 = I_2$$

又由负载端电压和电流的参考方向，有

$$I_2 = -\frac{U_2}{Z_L}$$

即

$$\frac{U_2}{I_2} = -Z_L$$

因此，整个电路激励端的输入阻抗

$$Z_m = \frac{U_1}{I_1} = \frac{U_2}{I_2} = -Z_L$$

可见，这个电路的输入阻抗为负载阻抗的负值，也就是说当负载端接入任意一个无源阻抗元件时，在激励端就等效为一个负的阻抗元件，简称负阻元件。

（2）负阻抗变换器元件 $-Z$ 和普通的无源 R、L、C 元件 Z' 作串、并联联接时，等值阻抗的计算方法与无源元件的串、并联计算公式相同，即对于串联连接，有

$$Z_串 = -Z + Z'$$

对于并联连接，有

$$Z_并 = \frac{-Z \cdot Z'}{-Z + Z'}$$

三、仪器设备

电路分析实验箱，1 台。
数字万用表，1 只。

四、实验内容与步骤

测量负电阻的伏安特性。
（1）按实验线路接线。
（2）测出对应的 U、I 值，计算负电阻阻值，将数据记录于表 1.10.1 中。
（3）画出等效电阻的伏安特性。

表 1.10.1　$R_L = 2\ \mathrm{k}\Omega$ 时测出的 U、I 值

U/V		−7	−6	−5	−4	−3	−2	−1.5	0	1.5	2	3	4	5	6	7
I/mA																
等效阻抗 /Ω	测量值															
	理论值															

五、注意事项

整个实验中激励电源不得超过实验给定值。

第二章 低频电子线路实验

实验 2.1 晶体管共射极单管放大器

一、实验目的

1. 学会放大器静态工作点的调试方法，分析静态工作点对放大器性能的影响。
2. 掌握放大器电压放大倍数、输入电阻、输出电阻及最大不失真输出电压的测试方法。
3. 熟悉常用电子仪器及模拟电路实验设备的使用。

二、实验原理

图 2.1.1 为电阻分压式工作点稳定单管放大器实验电路图。它的偏置电路是采用 R_{B1} 和 R_{B2} 组成的分压电路，并在发射极中接有电阻 R_E，以稳定放大器的静态工作点。当在放大器的输入端加入输入信号 U_i 后，在放大器的输出端便可得到一个与 U_i 相位相反，幅值被放大了的输出信号 U_o，从而实现了电压放大。

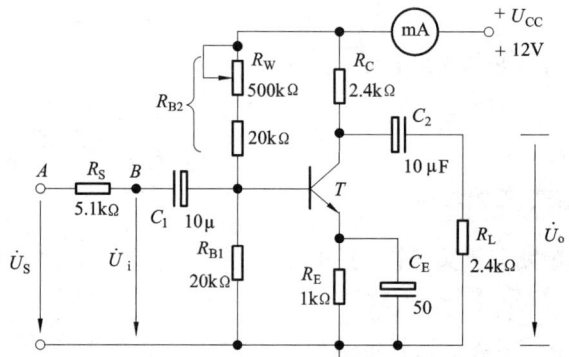

图 2.1.1 共射极单管放大器实验电路

在图 2.1.1 电路中，当流过偏置电阻 R_{B1} 和 R_{B2} 的电流远大于晶体管 T 的基极电流 I_B 时（一般为 5~10 倍），则它的静态工作点可用下式估算

$$U_B \approx \frac{R_{B1}}{R_{B1}+R_{B2}}U_{CC}$$

$$I_E \approx \frac{U_B-U_{BE}}{R_E} \approx I_C$$

$$U_{CE} = U_{CC}-I_C(R_C+R_E)$$

电压放大倍数 $\qquad\qquad A_V = -\beta\dfrac{R_C//R_L}{r_{be}}$

输入电阻 $\qquad\qquad R_i = R_{B1}//R_{B2}//r_{be}$

输出电阻 $\qquad\qquad R_o \approx R_C$

由于电子器件性能的分散性比较大，因此在设计和制作晶体管放大电路时，离不开测量和调试技术。在设计前应测量所用元器件的参数，为电路设计提供必要的依据，在完成设计和装配以后，还必须测量和调试放大器的静态工作点和各项性能指标。一个优质放大器，必

定是理论设计与实验调整相结合的产物。因此，除了学习放大器的理论知识和设计方法外，还必须掌握必要的测量和调试技术。

放大器的测量和调试一般包括：放大器静态工作点的测量与调试，消除干扰与自激振荡及放大器各项动态参数的测量与调试等。

1. 放大器静态工作点的测量与调试。

（1）静态工作点的测量。

测量放大器的静态工作点，应在输入信号 $U_i = 0$ 的情况下进行，即将放大器输入端与地端短接，然后选用量程合适的直流毫安表和直流电压表，分别测量晶体管的集电极电流 I_C 以及各电极对地的电位 U_B、U_C 和 U_E。一般实验中，为了避免断开集电极，所以采用测量电压 U_E 或 U_C，然后算出 I_C 的方法，例如，只要测出 U_E，即可用 $I_C \approx I_E = \dfrac{U_E}{R_E}$ 算出 I_C（也可根据 $I_C = \dfrac{U_{CC} - U_C}{R_C}$，由 U_C 确定 I_C），同时也能算出 $U_{BE} = U_B - U_E$，$U_{CE} = U_C - U_E$。

为了减小误差，提高测量精度，应选用内阻较高的直流电压表。

（2）静态工作点的调试。

放大器静态工作点的调试是指对管子集电极电流 I_C（或 U_{CE}）的调整与测试。

静态工作点是否合适，对放大器的性能和输出波形都有很大影响。如工作点偏高，放大器在加入交流信号以后易产生饱和失真，此时 U_o 的负半周将被削底，如图 2.1.2(a) 所示；如工作点偏低则易产生截止失真，即 U_o 的正半周被缩顶（一般截止失真不如饱和失真明显），如图 2.1.2(b) 所示。这些情况都不符合不失真放大的要求。所以在选定工作点以后还必须进行动态调试，即在放大器的输入端加入一定的输入电压 U_i，检查输出电压 U_o 的大小和波形是否满足要求。如不满足，则应调节静态工作点的位置。

改变电路参数 U_{CC}、R_C、R_B（R_{B1}、R_{B2}）都会引起静态工作点的变化，如图 2.1.3 所示。但通常多采用调节偏置电阻 R_{B2} 的方法来改变静态工作点，如减小 R_{B2}，则可使静态工作点提高等。

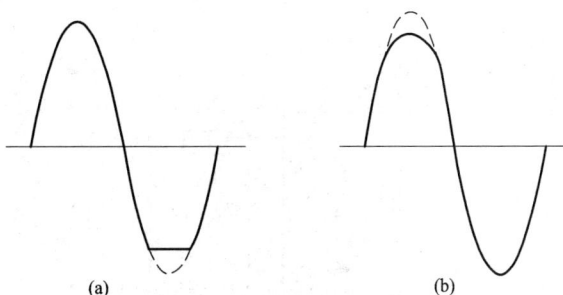

图 2.1.2 静态工作点对 U_o 波形失真的影响

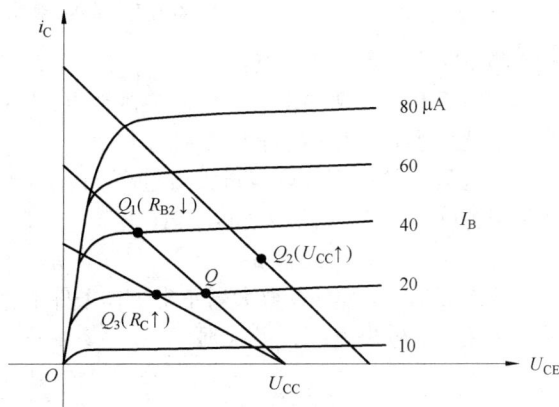

图 2.1.3 电路参数对静态工作点的影响

最后还要说明的是，上面所说的工作点"偏高"或"偏低"不是绝对的，应该是相对信号的幅度而言，如输入信号幅度很小，即使工作点较高或较低也不一定会出现失真。所以确切地说,产生波形失真是信号幅度与静态工作点设置配合不当所致。如需满足较大信号幅度的要求,静态工作点最好尽量靠近交流负载线的中点。

2. 放大器动态指标测试。

放大器动态指标包括电压放大倍数、输入电阻、输出电阻、最大不失真输出电压(动态范围)和通频带等。

(1)电压放大倍数 A_V 的测量。

调整放大器到合适的静态工作点,然后加入输入电压 U_i,在输出电压 U_o 不失真的情况下,用交流毫伏表测出 U_i 和 U_o 的有效值 U_i 和 U_o,则

$$A_V = \frac{U_o}{U_i}$$

(2)输入电阻 R_i 的测量。

为了测量放大器的输入电阻,按图 2.1.4 电路在被测放大器的输入端与信号源之间串入一已知电阻 R,在放大器正常工作的情况下,用交流毫伏表测出 U_S 和 U_i,则根据输入电阻的定义可得

$$R_i = \frac{U_i}{I_i} = \frac{U_i}{U_R}R = \frac{U_i}{U_s - U_i}R$$

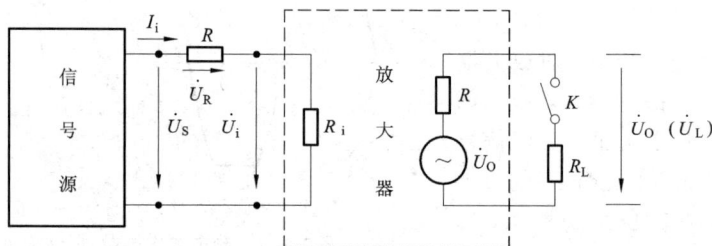

图 2.1.4　输入、输出电阻测量电路

测量时应注意下列几点:

①由于电阻 R 两端没有电路公共接地点,所以测量 R 两端电压 U_R 时必须分别测出 U_S 和 U_i,然后按 $U_R = U_S - U_i$ 求出 U_R 值。

②电阻 R 的值不宜取得过大或过小,以免产生较大的测量误差,通常取 R 与 R_i 为同一数量级为好,本实验可取 $R = 1 \sim 2 \text{ k}\Omega$。

(3)输出电阻 R_o 的测量。

按图 2.1.4 电路,在放大器正常工作条件下,测出输出端不接负载 R_L 的输出电压 U_o 和接入负载后的输出电压 U_L,根据

$$U_L = \frac{R_L}{R_o + R_L}U_o$$

即可求出

$$R_o = \left(\frac{U_o}{U_L} - 1\right)R_L$$

在测试中应注意,必须保持 R_L 接入前后输入信号的大小不变。

（4）最大不失真输出电压 U_{OPP} 的测量（最大动态范围）。

如上所述，为了得到最大动态范围，应将静态工作点调在交流负载线的中点。为此在放大器正常工作情况下，逐步增大输入信号的幅度，并同时调节 R_W（改变静态工作点），用示波器观察 U_o，当输出波形同时出现削底和缩顶现象（如图 2.1.5）时，说明静态工作点已调在交流负载线的中点。然后反复调整输入信号，使波形输出幅度最大，且无明显失真时，用交流毫伏表测出 U_o（有效值），则动态范围等于 $2\sqrt{2}\,U_o$。或用示波器直接读出 U_{OPP} 来。

（5）放大器幅频特性的测量。

放大器的幅频特性是指放大器的电压放大倍数 A_U 与输入信号频率 f 之间的关系曲线。单管阻容耦合放大电路的幅频特性曲线如图 2.1.6 所示，A_{um} 为中频电压放大倍数，通常规定电压放大倍数随频率变化下降到中频放大倍数的 $1/\sqrt{2}$ 倍，即 $0.707\,A_{um}$ 所对应的频率分别称为下限频率 f_L 和上限频率 f_H，则通频带 $f_{BW}=f_H-f_L$

放大器的频率特性就是测量不同频率信号时的电压放大倍数 A_U。为此，可采用前述测 A_U 的方法，每改变一个信号频率，测量其相应的电压放大倍数，测量时应注意取点要恰当，在低频段与高频段应多测几点，在中频段可以少测几点。此外，在改变频率时，要保持输入信号的幅度不变，且输出波形不得失真。

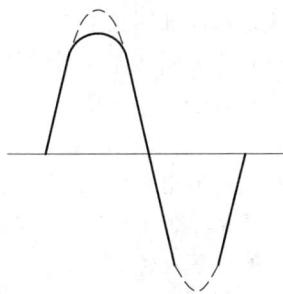

图 2.1.5　静态工作点正常，输入信号太大引起的失真

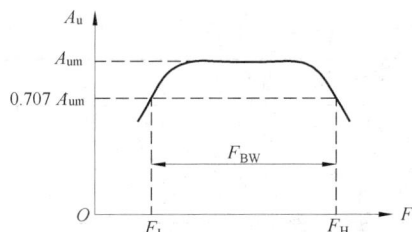

图 2.1.6　幅频特性曲线

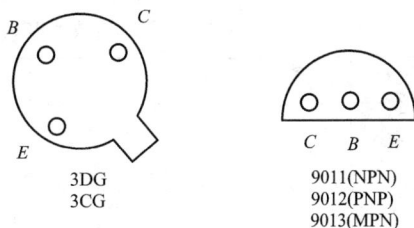

图 2.1.7　晶体三极管管脚排列

三、实验设备与器件

1. +12 V 直流电源；　　2. 函数信号发生器；

3. 双踪示波器；　　4. 交流毫伏表；

5. 直流电压表；　　6. 直流毫安表；

7. 频率计；　　8. 万用电表；

9. 晶体三极管 3DG6×1（$\beta=50\sim100$）或 9011×1（管脚排列如图 2.1.7 所示）、电阻器、电容器若干。

四、实验内容

实验电路如图 2.1.1 所示。为防止干扰,各仪器的公共端必须连在一起,同时信号源、交流毫伏表和示波器的引线应采用专用电缆线或屏蔽线,如使用屏蔽线,则屏蔽线的外包金属网应接在公共接地端上。

1. 调试静态工作点。

接通直流电源前,先将 R_W 调至最大,函数信号发生器输出旋钮旋至零。接通 +12 V 电源、调节 R_W,使 $I_C = 2.0$ mA(即 $U_E = 2.0$ V),用直流电压表测量 U_B、U_E、U_C 及用万用电表测量 R_{B2} 值。记入表 2.1.1。

表 2.1.1 静压工作点、调试($I_C = 2$ mA)

测 量 值				计 算 值		
U_B/V	U_E/V	U_C/V	R_{B2}/kΩ	U_{BE}/V	U_{CE}/V	I_C/mA

2. 测量电压放大倍数。

在放大器输入端加入频率为 1 kHz 的正弦信号 U_S,调节函数信号发生器的输出旋钮,使放大器输入电压 $U_i \approx 10$ mV,同时用示波器观察放大器输出电压 U_o 波形,在波形不失真的条件下用交流毫伏表测量下述三种情况下的 U_o 值,并用双踪示波器观察 U_o 和 U_i 的相位关系,记入表 2.1.2。

表 2.1.2 电压放大倍数的测量[$I_c = 2.0$ mA $U_i = ($)mV]

R_C/kΩ	R_L/kΩ	U_o/V	A_V	观察记录一组 U_o 和 U_1 波形
2.4	∞			
1.2	∞			
2.4	2.4			

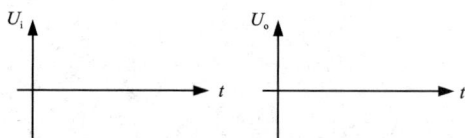

3. 观察静态工作点对电压放大倍数的影响。

置 $R_C = 2.4$ kΩ,$R_L = \infty$,U_i 适量,调节 R_W,用示波器监视输出电压波形,在 U_o 不失真的条件下,测量数组 I_C 和 U_o 值,记入表 2.1.3。

表 2.1.3 静态工作点对电压放大倍数的影响($R_C = 2.4$ kΩ $R_L = \infty$ $U_i = ($)mV)

I_C/mA			2.0		
U_o/V					
A_V					

测量 I_C 时，要先将信号源输出旋钮旋至零(即使 $U_i=0$)。

4. 观察静态工作点对输出波形失真的影响。

置 $R_C=2.4\ \text{k}\Omega$，$R_L=2.4\ \text{k}\Omega$，$U_i=0$，调节 R_W，使 $I_C=2.0\ \text{mA}$，测出 U_{CE} 值，再逐步加大输入信号，使输出电压 U_o 足够大但不失真。然后保持输入信号不变，分别增大和减小 R_W，使波形出现失真，绘出 U_o 的波形，并测出失真情况下的 I_C 和 U_{CE} 值，记入表 2.1.4 中。每次测 I_C 和 U_{CE} 值时都要将信号源的输出旋钮旋至零。

表 2.1.4　静态工作点对输出波形的影响[$R_C=2.4\ \text{k}\Omega$　$R_L=2.4\ \text{k}\Omega$　$U_i=(\quad)\text{mV}$]

I_C/mA	U_{CE}/V	U_o 波形	失真情况	管子工作状态
2.0				

5. 测量最大不失真输出电压。

置 $R_C=2.4\ \text{k}\Omega$，$R_L=2.4\ \text{k}\Omega$，按照实验原理中所述方法，同时调节输入信号的幅度和电位器 R_W，用示波器和交流毫伏表测量 U_{OPP} 及 U_o 值，记入表 2.1.5。

表 2.1.5　最大不失真输出电压的测量($R_C=2.4\ \text{k}\Omega$　$R_L=2.4\ \text{k}\Omega$)

I_C/mA	U_{im}/mV	U_{om}/V	U_{OPP}/V

*6. 测量输入电阻和输出电阻。

置 $R_C=2.4\ \text{k}\Omega$，$R_L=2.4\ \text{k}\Omega$，$I_C=2.0\ \text{mA}$。输入 $f=1\ \text{kHz}$ 的正弦信号，在输出电压 U_o 不失真的情况下，用交流毫伏表测出 U_S，U_i 和 U_L 记入表 2.1.6。

保持 U_S 不变，断开 R_L，测量输出电压 U_o，记入表 2.1.6。

表 2.1.6　输入、输出电阻的测量($I_C = 2$ mA　$R_C = 2.4$ kΩ　$R_L = 2.4$ kΩ)

U_S/mV	U_i/mV	R_i/kΩ		U_L/V	U_o/V	R_o/kΩ	
		测量值	计算值			测量值	计算值

*7. 测量幅频特性曲线。

取 $I_C = 2.0$ mA，$R_C = 2.4$ kΩ，$R_L = 2.4$ kΩ。保持输入信号 U_i 的幅度不变，改变信号源频率 f，逐点测出相应的输出电压 U_o，记入表 2.1.7。

表 2.1.7　幅频特性的测量[$U_i =$ (　) mV]

	f_1	f_2	…	f_n
f/kHz				
U_o/V				
$A_V = U_o/U_i$				

为了信号源频率 f 取值合适，可先粗测一下，找出中频范围，然后再仔细读数。

说明：本实验内容较多，其中 6、7 可作为选作内容。

五、实验总结

1. 列表整理测量结果，并把实测的静态工作点、电压放大倍数、输入电阻、输出电阻之值与理论计算值比较(取一组数据进行比较)，分析产生误差原因。

2. 总结 R_C，R_L 及静态工作点对放大器电压放大倍数、输入电阻、输出电阻的影响。

3. 讨论静态工作点变化对放大器输出波形的影响。

4. 分析讨论在调试过程中出现的问题。

六、预习要求

1. 阅读教材中有关单管放大电路的内容并估算实验电路的性能指标。

假设：3DG6 的 $\beta = 100$，$R_{B1} = 20$ kΩ，$R_{B2} = 60$ kΩ，$R_C = 2.4$ kΩ，$R_L = 2.4$ kΩ。

估算放大器的静态工作点，电压放大倍数 A_V，输入电阻 R_i 和输出电阻 R_o。

2. 阅读实验附录中有关放大器干扰和自激振荡消除内容。

3. 能否用直流电压表直接测量晶体管的 U_{BE}？为什么实验中要采用测 U_B、U_E，再间接算出 U_{BE} 的方法？

4. 怎样测量 R_{B2} 的阻值？

5. 当调节偏置电阻 R_{B2}，使放大器输出波形出现饱和或截止失真时，晶体管的管压降 U_{CE} 怎样变化？

6. 改变静态工作点对放大器的输入电阻 R_i 有否影响？改变外接电阻 R_L 对输出电阻 R_o 有否影响？

7. 在测试 A_V，R_i 和 R_o 时怎样选择输入信号的大小和频率？为什么信号频率一般选 1 kHz，而不选 100 kHz 或更高？

8. 测试中，如果将函数信号发生器、交流毫伏表、示波器中任一仪器的二个测试端子接线换位（即各仪器的接地端不再连在一起），将会出现什么问题？

注：图 2.1.8 所示为共射极单管放大器与带有负反馈的两级放大器共用实验模块。如将 K_1、K_2 断开，则前级（Ⅰ）为典型电阻分压式单管放大器；如将 K_1、K_2 接通，则前级（Ⅰ）与后级（Ⅱ）接通，组成带有电压串联负反馈两级放大器。

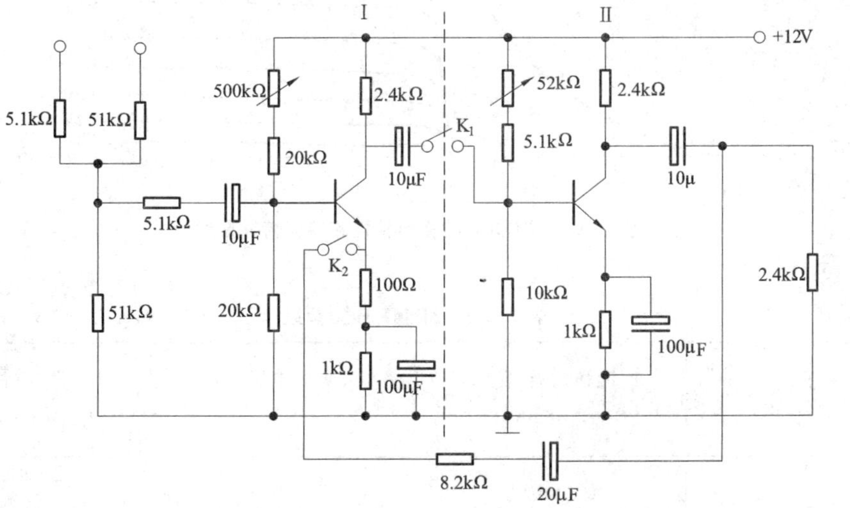

图 2.1.8　共射极单管放大器与带有负反馈的两级放大器电路

实验 2.2　场效应管放大器

一、实验目的

1. 了解结型场效应管的性能和特点。
2. 进一步熟悉放大器动态参数的测试方法。

二、实验原理

场效应管是一种电压控制型器件。按结构可分为结型和绝缘栅型两种类型。由于场效应管栅源之间处于绝缘或反向偏置，所以输入电阻很高（一般可达上百兆欧），又由于场效应管是一种多数载流子控制器件，因此热稳定性好，抗辐射能力强，噪声系数小。加之制造工艺较简单，便于大规模集成，因此得到越来越广泛的应用。

1. 结型场效应管的特性和参数。

场效应管的特性主要有输出特性和转移特性。图 2.2.1 所示为 N 沟道结型场效应管 3DJ6F 的输出特性和转移特性曲线。其直流参数主要有饱和漏极电流 I_{DSS}，夹断电压 U_P 等；交流参数主要有低频跨导

$$g_m = \frac{\Delta I_D}{\Delta U_{GS}} \mid U_{DS} = 常数$$

表 2.2.1 列出了 3DJ6F 的典型参数值及测试条件。

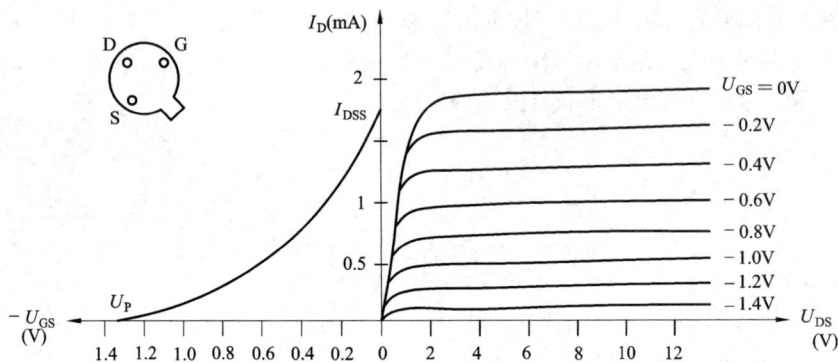

图 2.2.1　3DJ6F 的输出特性和转移特性曲线

表 2.2.1　3DJ6F 典型参数

参数名称	饱和漏极电流 I_{DSS}/mA	夹断电压 U_P/V	跨　导 $g_m/(\mu A \cdot V)^{-1}$
测试条件	$U_{DS} = 10\ V$ $U_{GS} = 0\ V$	$U_{DS} = 10\ V$ $I_{DS} = 50\ \mu A$	$U_{DS} = 10\ V$ $I_{DS} = 3\ mA$ $f = 1\ kHz$
参数值	1~3.5	<∣−9∣	>100

2. 场效应管放大器性能分析。

图 2.2.2 为结型场效应管组成的共源级放大电路。其静态工作点

$$U_{GS} = U_G - U_S = \frac{R_{g1}}{R_{g1} + R_{g2}} U_{DD} - I_D R_S$$

$$I_D = I_{DSS} \left(1 - \frac{U_{GS}}{U_P} \right)^2$$

中频电压放大倍数

$$A_V = -g_m R_L' = -g_m R_D /\!/ R_L$$

输入电阻　　　　　　　　$R_i = R_G + R_{g1} /\!/ R_{g2}$

输出电阻　　　　　　　　$R_o \approx R_D$

式中跨导 g_m 可由特性曲线用作图法求得，或用公式

$$g_m = -\frac{2 I_{DSS}}{U_P} \left(1 - \frac{U_{GS}}{U_P} \right)$$

计算。但要注意，计算时 U_{GS} 要用静态工作点处之数值。

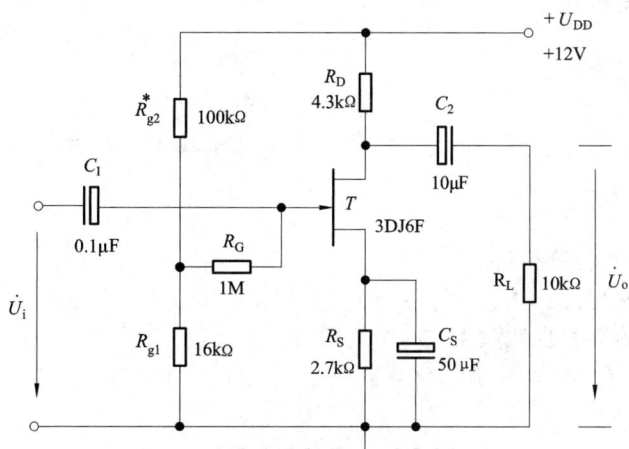

图 2.2.2 结型场效应管共源级放大器

3. 输入电阻的测量方法。

场效应管放大器的静态工作点、电压放大倍数和输出电阻的测量方法，与实验二中晶体管放大器的测量方法相同。其输入电阻的测量，从原理上讲，也可采用实验二中所述方法，但由于场效应管的 R_i 比较大，如直接测输入电压 U_S 和 U_i，则限于测量仪器的输入电阻有限，必然会带来较大的误差。因此为了减小误差，常利用被测放大器的隔离作用，通过测量输出电压 U_o 来计算输入电阻。测量电路如图 2.2.3 所示。

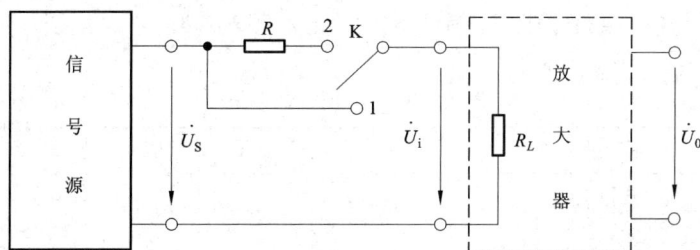

图 2.2.3 输入电阻测量电路

在放大器的输入端串入电阻 R，把开关 K 掷向位置 1（即使 $R=0$），测量放大器的输出电压 $U_{o1} = A_V U_S$；保持 U_S 不变，再把 K 掷向 2（即接入 R），测量放大器的输出电压 U_{o2}。由于两次测量中 A_V 和 U_S 保持不变，故

$$U_{o2} = A_V U_i = \frac{R_i}{R+R_i} U_S A_V$$

由此可以求出

$$R_i = \frac{U_{o2}}{U_{o1}-U_{o2}} R$$

式中 R 和 R_i 不要相差太大，本实验可取 $R = 100 \sim 200 \text{ k}\Omega$。

三、实验设备与器件

1. +12 V 直流电源;　　　　　　　　2. 函数信号发生器;
3. 双踪示波器;　　　　　　　　　　4. 交流毫伏表;
5. 直流电压表;　　　　　　　　　　6. 结型场效应管 3DJ6F×1、电阻器、电容器若干。

四、实验内容

1. 静态工作点的测量和调整。

按图 2.2.2 连接电路,令 $U_i = 0$,接通 +12 V 电源,用直流电压表测量 U_G、U_S 和 U_D。检查静态工作点是否在特性曲线放大区的中间部分。如合适,则把结果记入表 2.2.2;若不合适,则适当调整 R_{g2} 和 R_S,调好后,再测量 U_G、U_S 和 U_D,记入表 2.2.2。

表 2.2.2　静态工作点测量

测　量　值						计　算　值		
U_G/V	U_S/V	U_D/V	U_{DS}/V	U_{GS}/V	I_D/mA	U_{DS}/V	U_{GS}/V	I_D/mA

2. 电压放大倍数 A_V、输入电阻 R_i 和输出电阻 R_o 的测量。

(1) A_V 和 R_o 的测量。

在放大器的输入端加入 $f = 1$ kHz 的正弦信号 U_i($\approx 50 \sim 100$ mV),并用示波器监视输出电压 U_o 的波形。在输出电压 U_o 没有失真的条件下,用交流毫伏表分别测量 $R_L = \infty$ 和 $R_L = 10$ kΩ 时的输出电压 U_o(注意:保持 U_i 幅值不变),记入表 2.2.3。

表 2.2.3　A_V 和 R_o 的测量

	测　量　值				计　算　值		U_i 和 U_o 波形
	U_i/V	U_o/V	A_V	R_o/kΩ	A_V	R_o/kΩ	
$R_L = \infty$							
$R_L = 10$ kΩ							

用示波器同时观察 U_i 和 U_o 的波形,描绘出来并分析它们的相位关系。

(2) R_i 的测量。

按图 2.2.3 改接实验电路,选择合适大小的输入电压 U_S(约 $50 \sim 100$ mV),将开关 K 掷向"1",测出 $R = 0$ 时的输出电压 U_{o1},然后将开关掷向"2"(即接入 R),保持 U_S 不变,再测出 U_{o2},根据公式

$$R_i = \frac{U_{o2}}{U_{o1} - U_{o2}} R$$

求出 R_i，记入表 2.2.4。

表 2.2.4 R_i 的测量

测 量 值			计 算 值
U_{o1}/V	U_{o2}/V	$R_i/k\Omega$	$R_i/k\Omega$

五、实验总结

1. 整理实验数据，将测得的 A_V、R_i、R_o 和理论计算值进行比较。

2. 把场效应管放大器与晶体管放大器进行比较，总结场效应管放大器的特点。

3. 分析测试中的问题，总结实验收获。

六、预习要求

1. 复习有关场效应管部分内容，并分别用图解法与计算法估算管子的静态工作点(根据实验电路参数)，求出工作点处的跨导 g_m。

2. 场效应管放大器输入回路的电容 C_1 为什么可以取得小一些(可以取 $C_1 = 0.1~\mu F$)？

3. 在测量场效应管静态工作电压 U_{GS} 时，能否用直流电压表直接并在 G、S 两端测量？为什么？

4. 为什么测量场效应管输入电阻时要用测量输出电压的方法？

实验 2.3 负反馈放大器

一、实验目的

加深理解放大电路中引入负反馈的方法和负反馈对放大器各项性能指标的影响。

二、实验原理

负反馈在电子电路中有着非常广泛的应用，虽然它使放大器的放大倍数降低，但能在多方面改善放大器的动态指标，如稳定放大倍数，改变输入、输出电阻，减小非线性失真和展宽通频带等。因此，几乎所有的实用放大器都带有负反馈。

负反馈放大器有四种组态，即电压串联、电压并联、电流串联、电流并联。本实验以电压串联负反馈为例，分析负反馈对放大器各项性能指标的影响。

1. 图 2.3.1 为带有负反馈的两级阻容耦合放大电路，在电路中通过 R_f 把输出电压 U_o 引回到输入端，加在晶体管 T_1 的发射极上，在发射极电阻 R_{F1} 上形成反馈电压 U_f。根据反馈的判断法可知，它属于电压串联负反馈。

主要性能指标如下：

(1)闭环电压放大倍数。

$$A_{Vf} = \frac{A_V}{1+A_V F_V}$$

其中　$A_V = U_o / U_i$——基本放大器(无反馈)的电压放大倍数，即开环电压放大倍数。

$1+A_V F_V$——反馈深度，它的大小决定了负反馈对放大器性能改善的程度。

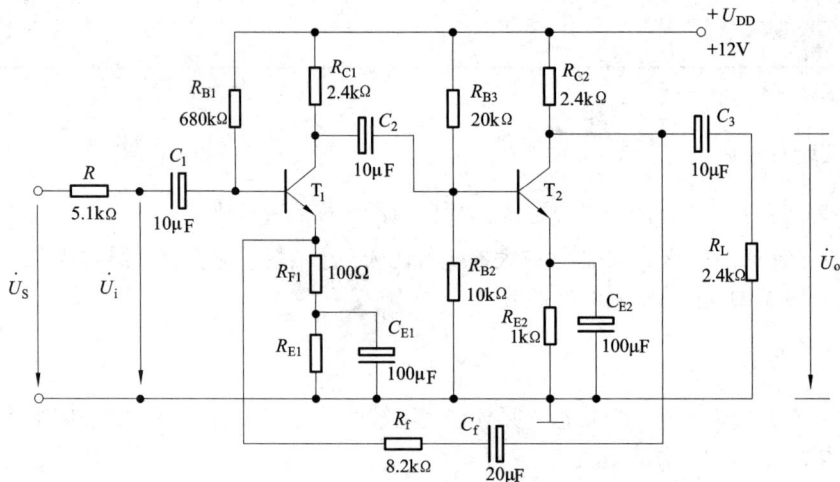

图 2.3.1　带有电压串联负反馈的两级阻容耦合放大器

(2)反馈系数。

$$F_V = \frac{R_{F1}}{R_f d + R_{F1}}$$

(3)输入电阻。

$$R_{if} = (1+A_V F_V) R_i$$

式中：R_i——基本放大器的输入电阻

(4)输出电阻。

$$R_{Of} = \frac{R_o}{1+A_{VO} F_V}$$

式中：R_o——基本放大器的输出电阻

A_{VO}——基本放大器 $R_L = \infty$ 时的电压放大倍数

2. 本实验还需要测量基本放大器的动态参数，怎样实现无反馈而得到基本放大器呢？不能简单地断开反馈支路，而是要去掉反馈作用，但又要把反馈网络的影响(负载效应)考虑到基本放大器中去。因此：

(1)在画基本放大器的输入回路时，因为是电压负反馈，所以可将负反馈放大器的输出端交流短路，即令 $U_o = 0$，此时 R_f 相当于并联在 R_{F1} 上。

(2)在画基本放大器的输出回路时，由于输入端是串联负反馈，因此需将反馈放大器的输入端(T_1 管的射极)开路，此时($R_f + R_{F1}$)相当于并接在输出端。可近似认为 R_f 并接在输出端。

根据上述规律,就可得到所要求的如图2.3.2所示的基本放大器。

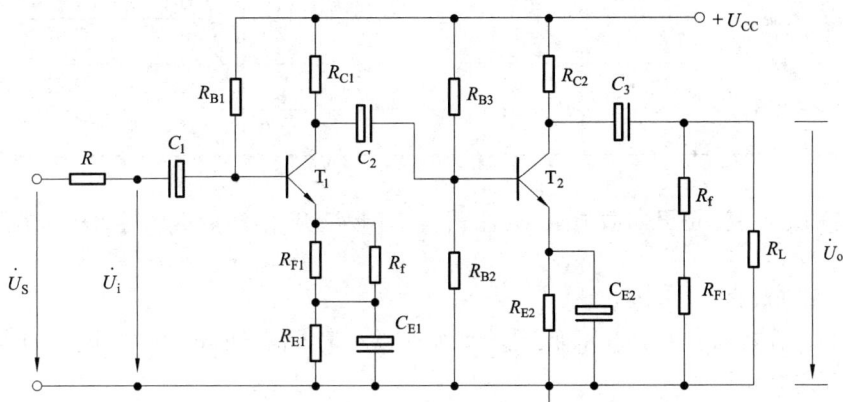

图 2.3.2 基本放大器

三、实验设备与器件

1. +12 V 直流电源;　　　　　2. 函数信号发生器;

3. 双踪示波器;　　　　　　　4. 频率计;

5. 交流毫伏表;　　　　　　　6. 直流电压表;

7. 晶体三极管 3DG6×2(β=50~100)或 9011×2、电阻器、电容器若干。

四、实验内容

1. 测量静态工作点。

按图2.3.1连接实验电路,取 U_{CC}=+12 V, U_i=0,用直流电压表分别测量第一级、第二级的静态工作点,记入表2.3.1。

表 2.3.1　静态工作点的测量

	U_B/V	U_E/V	U_C/V	I_C/mA
第一级				
第二级				

2. 测试基本放大器的各项性能指标。

将实验电路按图2.3.2改接,即把 R_f 断开后分别并在 R_{F1} 和 R_L 上,其他连线不动。

(1)测量中频电压放大倍数 A_V,输入电阻 R_i 和输出电阻 R_o。

①以 f=1 kHz, U_S 约 5 mV 正弦信号输入放大器,用示波器监视输出波形 U_o,在 U_o 不失真的情况下,用交流毫伏表测量 U_S、U_i、U_L,记入表2.3.2。

表 2.3.2　放大器性能指标测量

基本放大器	U_S/mV	U_i/mV	U_L/V	U_o/V	A_V	R_i/kΩ	R_o/kΩ
负反馈放大器	U_S/mV	U_i/mV	U_L/V	U_o/V	A_{Vf}	R_{if}/kΩ	R_{Of}/kΩ

②保持 U_S 不变,断开负载电阻 R_L(注意,R_f 不要断开),测量空载时的输出电压 U_o,记入表 2.3.2。

(2)测量通频带。

接上 R_L,保持(1)中的 U_S 不变,然后增加和减小输入信号的频率,找出上、下限频率 f_H 和 f_L,记入表 2.3.3。

3. 测试负反馈放大器的各项性能指标。

将实验电路恢复为图 2.3.1 的负反馈放大电路。适当加大 U_S(约 10 mV),在输出波形不失真的条件下,测量负反馈放大器的 A_{Vf}、R_{if} 和 R_{Of},记入表 2.3.2;测量 f_{Hf} 和 f_{Lf},记入表 2.3.3。

表 2.3.3　放大器通频带测量　　　　　　　　　　　　　单位:kHz

基本放大器	f_L	f_H	Δf
负反馈放大器	f_{Lf}	f_{Hf}	Δf_f

*4. 观察负反馈对非线性失真的改善。

(1)实验电路改接成基本放大器形式,在输入端加入 f = 1 kHz 的正弦信号,输出端接示波器,逐渐增大输入信号的幅度,使输出波形开始出现失真,记下此时的波形和输出电压的幅度。

(2)再将实验电路改接成负反馈放大器形式,增大输入信号幅度,使输出电压幅度的大小与(1)相同,比较有负反馈时,输出波形的变化。

五、实验总结

1. 将基本放大器和负反馈放大器动态参数的实测值和理论估算值列表进行比较。

2. 根据实验结果,总结电压串联负反馈对放大器性能的影响。

六、预习要求

1. 复习教材中有关负反馈放大器的内容。

2. 按实验电路图 2.3.1 估算放大器的静态工作点(取 $\beta_1 = \beta_2 = 100$)。

3. 怎样把负反馈放大器改接成基本放大器?为什么要把 R_f 并接在输入和输出端?

4. 估算基本放大器的 A_V,R_i 和 R_o;估算负反馈放大器的 A_{Vf}、R_{if} 和 R_{Of},并验算它们之

间的关系。

5. 如按深负反馈估算，则闭环电压放大倍数 A_{Vf}，和测量值是否一致？为什么？

6. 如输入信号存在失真，能否用负反馈来改善？

7. 怎样判断放大器是否存在自激振荡？如何进行消振？

实验 2.4 射极跟随器

一、实验目的

1. 掌握射极跟随器的特性及测试方法。

2. 进一步学习放大器各项参数测试方法。

二、实验原理

射极跟随器的原理图如图 2.4.1 所示。它是一个电压串联负反馈放大电路，它具有输入电阻高，输出电阻低，电压放大倍数接近于 1，输出电压能够在较大范围内跟随输入电压作线性变化以及输入、输出信号同相等特点。

射极跟随器的输出取自发射极，故称其为射极输出器。

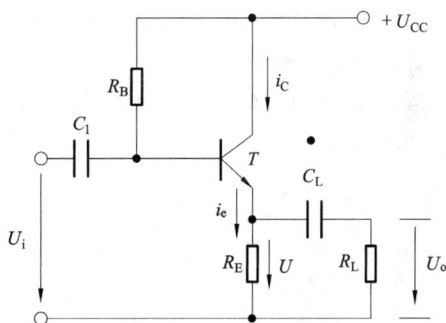

图 2.4.1 射极跟随器

1. 输入电阻 R_i：

图 2.4.1 电路中

$$R_i = r_{be} + (1+\beta) R_E$$

如考虑偏置电阻 R_B 和负载 R_L 的影响，则

$$R_i = R_B /\!/ [r_{be} + (1+\beta) (R_E /\!/ R_L)]$$

由上式可知射极跟随器的输入电阻 R_i 比共射极单管放大器的输入电阻 $R_i = R_B /\!/ r_{be}$ 要高得多，但由于偏置电阻 R_B 的分流作用，输入电阻难以进一步提高。

输入电阻的测试方法同单管放大器，实验线路如图 2.4.2 所示。

$$R_i = \frac{U_i}{I_i} = \frac{U_i}{U_s - U_i} R$$

即只要测得 A、B 两点的对地电位即可计算出 R_i。

2. 输出电阻 R_o：

图 2.4.1 电路中

$$R_o = \frac{r_{be}}{\beta} /\!/ R_e \approx \frac{r_{be}}{\beta}$$

如考虑信号源内阻 R_S，则

$$R_o = \frac{r_{be} + (R_S /\!/ R_B)}{\beta} /\!/ R_E \approx \frac{r_{be} + (R_S /\!/ R_B)}{\beta}$$

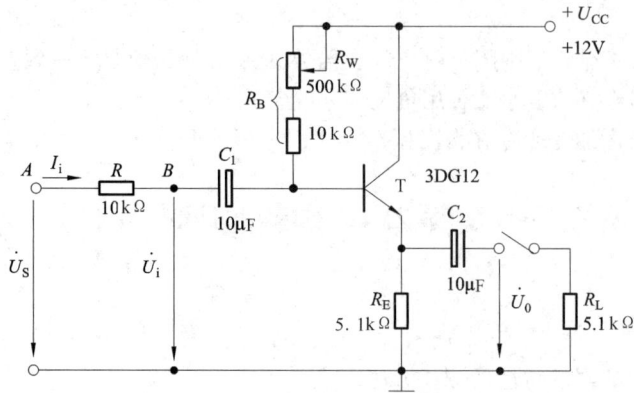

图 2.4.2　射极跟随器实验电路

由上式可知射极跟随器的输出电阻 R_o 比共射极单管放大器的输出电阻 $R_o \approx R_C$ 低得多。三极管的 β 愈高，输出电阻愈小。

输出电阻 R_o 的测试方法亦同单管放大器，即先测出空载输出电压 U_o，再测接入负载 R_L 后的输出电压 U_L，根据

$$U_L = \frac{R_L}{R_o + R_L} U_o$$

即可求出

$$R_o = \left(\frac{U_o}{U_L} - 1 \right) R_L$$

3. 电压放大倍数。

图 2.4.1 电路中

$$A_V = \frac{(1+\beta)(R_E /\!/ R_L)}{r_{be} + (1+\beta)(R_E /\!/ R_L)} \leqslant 1$$

上式说明射极跟随器的电压放大倍数小于或接近于 1，且为正值。这是深度电压负反馈的结果，但它的射极电流仍比基流大 $(1+\beta)$ 倍，所以它具有一定的电流和功率放大作用。

4. 电压跟随范围。

电压跟随范围是指射极跟随器输出电压 u_o 跟随输入电压 u_i 作线性变化的区域。当 u_i 超过一定范围时，u_o 便不能跟随 u_i 作线性变化，即 u_o 波形产生了失真。为了使输出电压 u_o 正、负半周对称，并充分利用电压跟随范围，静态工作点应选在交流负载线中点，测量时可直接用示波器读取 u_o 的峰值，即电压跟随范围；或用交流毫伏表读取 u_o 的有效值，则电压跟随范围

$$U_{0P-P} = 2\sqrt{2} U_o$$

三、实验设备与器件

1. +12 V 直流电源；　　　　2. 函数信号发生器；

3. 双踪示波器；　　　　　　4. 交流毫伏表；

5. 直流电压表；　　　　　　6. 频率计；

7. 3DG12×1($\beta = 50 \sim 100$)或 9013、电阻器、电容器若干。

四、实验内容

按图 2.4.2 连接电路。

1. 静态工作点的调整。

接通 +12 V 直流电源，在 B 点加入 $f = 1$ kHz 正弦信号 U_i，输出端用示波器监视输出波形，反复调整 R_W 及信号源的输出幅度，使在示波器的屏幕上得到一个最大不失真输出波形，然后置 $U_i = 0$，用直流电压表测量晶体管各电极对地电位，将测得数据记入表 2.4.1。

表 2.4.1　晶体管各电极对地电位测量

U_E/V	U_B/V	U_C/V	I_E/mA

在下面整个测试过程中应保持 R_W 值不变(即保持静工作点 I_E 不变)。

2. 测量电压放大倍数 A_V。

接入负载 $R_L = 1$ kΩ，在 B 点加 $f = 1$ kHz 正弦信号 U_i，调节输入信号幅度，用示波器观察输出波形 U_o，在输出最大不失真情况下，用交流毫伏表测 U_i、U_L 值，记入表 2.4.2。

表 2.4.2　放大器增益测量

U_i/V	U_L/V	A_V

3. 测量输出电阻 R_o。

接入负载 $R_L = 1$ kΩ，在 B 点加 $f = 1$ kHz 正弦信号 U_i，用示波器监视输出波形，测空载输出电压 U_o，有负载时输出电压 U_L，记入表 2.4.3。

表 2.4.3　放大器输出电阻测量

U_o/V	U_L/V	R_o/kΩ

4. 测量输入电阻 R_i。

在 A 点加 $f = 1$ kHz 的正弦信号 u_S，用示波器监视输出波形，用交流毫伏表分别测出 A、B 点对地的电位 U_S、U_i，记入表 2.4.4。

表 2.4.4　放大器输入电阻测量

U_S/V	U_i/V	R_i/kΩ

5. 测试跟随特性。

接入负载 $R_L = 1$ kΩ，在 B 点加入 $f = 1$ kHz 正弦信号 U_i，逐渐增大信号 U_i 幅度，用示波器监视输出波形直至输出波形达最大不失真，测量对应的 U_L 值，记入表 2.4.5。

表 2.4.5　放大器跟随特性测量

U_i/V	
U_L/V	

6. 测试频率响应特性。

保持输入信号 U_i 幅度不变，改变信号源频率，用示波器监视输出波形，用交流毫伏表测量不同频率下的输出电压 U_L 值，记入表 2.4.6。

表 2.4.6　放大器频率响应测量

f/kHz	
U_L/V	

五、预习要求

1. 复习射极跟随器的工作原理。
2. 根据图 2.4.2 的元件参数值估算静态工作点，并画出交、直流负载线。

六、实验报告

1. 整理实验数据，并画出曲线 $U_L=f(U_i)$ 及 $U_L=f(f)$ 曲线。
2. 分析射极跟随器的性能和特点。

附：采用自举电路的射极跟随器

在一些电子测量仪器中，为了减轻仪器对信号源所取用的电流，以提高测量精度，通常采用图 2.4.3 所示带有自举电路的射极跟随器，以提高偏置电路的等效电阻，从而保证射极跟随器有足够高的输入电阻。

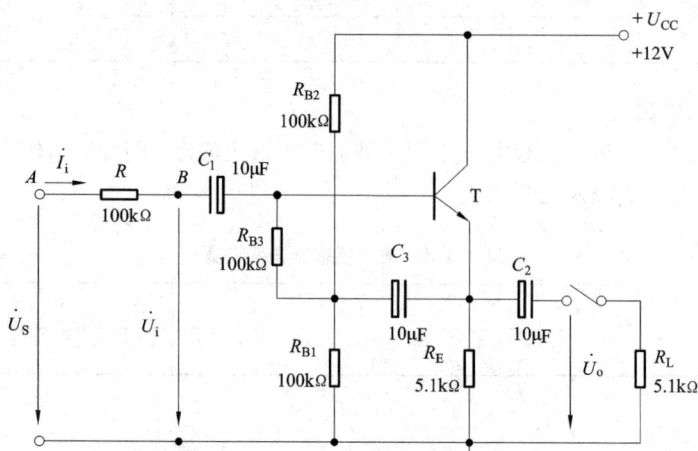

图 2.4.3　有自举电路的射极跟随器

实验 2.5 差动放大器

一、实验目的

1. 加深对差动放大器性能及特点的理解。
2. 学习差动放大器主要性能指标的测试方法。

二、实验原理

图 2.5.1 是差动放大器的基本结构。它由两个元件参数相同的基本共射放大电路组成。当开关 K 拨向左边时，构成典型的差动放大器。调零电位器 R_P 用来调节 T_1、T_2 管的静态工作点，使得输入信号 $U_i = 0$ 时，双端输出电压 $U_o = 0$。R_E 为两管共用的发射极电阻，它对差模信号无负反馈作用，因而不影响差模电压放大倍数，但对共模信号有较强的负反馈作用，故可以有效地抑制零漂，稳定静态工作点。

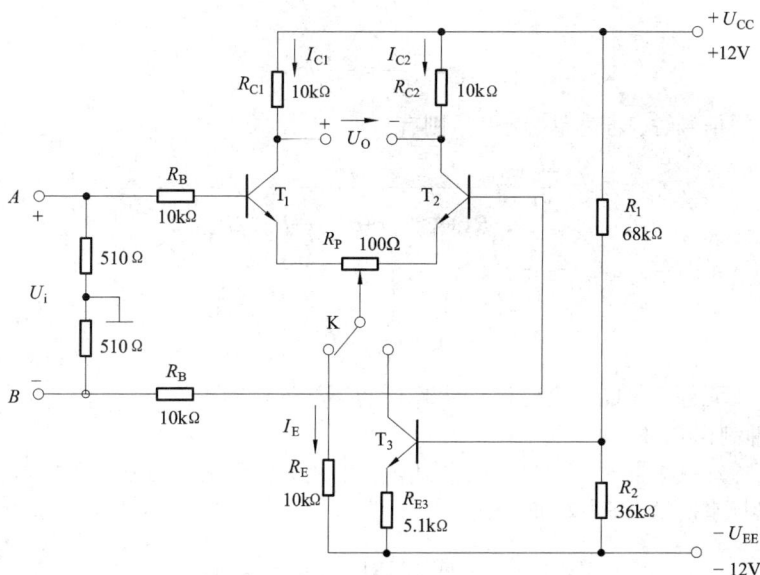

图 2.5.1 差动放大器实验电路

当开关 K 拨向右边时，构成具有恒流源的差动放大器。它用晶体管恒流源代替发射极电阻 R_E，可以进一步提高差动放大器抑制共模信号的能力。

1. 静态工作点的估算。

$$I_E \approx \frac{|U_{EE}| - U_{BE}}{R_E} \quad (认为 U_{B1} = U_{B2} \approx 0)$$

$$I_{C1} = I_{C2} = \frac{1}{2} I_E$$

恒流源电路

$$I_{C3} \approx I_{E3} \approx \frac{\dfrac{R_2}{R_1+R_2}(U_{CC}+|U_{EE}|)-U_{BE}}{R_{E3}}$$

$$I_{C1} = I_{C1} = \frac{1}{2}I_{C3}$$

2. 差模电压放大倍数和共模电压放大倍数。

当差动放大器的射极电阻 R_E 足够大，或采用恒流源电路时，差模电压放大倍数 A_d 由输出端方式决定，而与输入方式无关。

双端输出：$R_E=\infty$，R_P 在中心位置时，

$$A_d = \frac{\Delta U_o}{\Delta U_i} = -\frac{\beta R_c}{R_B+r_{be}+\dfrac{1}{2}(1+\beta)R_P}$$

单端输出

$$A_{d1} = \frac{\Delta U_{c1}}{\Delta U_i} = \frac{1}{2}A_d$$

$$A_{d2} = \frac{\Delta U_{c2}}{\Delta U_i} = -\frac{1}{2}A_d$$

当输入共模信号时，若为单端输出，则有

$$A_{c1} = A_{c2} = \frac{\Delta U_{c1}}{\Delta U_i} = \frac{-\beta R_c}{R_B+r_{be}+(1+\beta)(\dfrac{1}{2}R_p+2R_E)} \approx -\frac{R_C}{2R_E}$$

若为双端输出，在理想情况下

$$A_C = \frac{\Delta U_o}{\Delta U_i} = 0$$

实际上由于元件不可能完全对称，因此 A_C 也不会绝对等于零。

3. 共模抑制比 CMRR。

为了表征差动放大器对有用信号(差模信号)的放大作用和对共模信号的抑制能力，通常用一个综合指标来衡量，即共模抑制比

$$\text{CMRR} = \left|\frac{A_d}{A_c}\right| \quad \text{或} \quad \text{CMRR} = 20\lg\left|\frac{A_d}{A_c}\right| \quad (\text{dB})$$

差动放大器的输入信号可采用直流信号也可采用交流信号。本实验由函数信号发生器提供频率 $f=1$ kHz 的正弦信号作为输入信号。

三、实验设备与器件

1. ±12 V 直流电源；　　　　　2. 函数信号发生器；

3. 双踪示波器；　　　　　　　4. 交流毫伏表；

5. 直流电压表；

6. 晶体三极管 3DG6×3，要求 T_1、T_2 管特性参数一致(或 9011×3)、电阻器、电容器若干。

四、实验内容

1. 典型差动放大器性能测试。

按图 2.5.1 连接实验电路,开关 K 拨向左边构成典型差动放大器。

(1)测量静态工作点。

①调节放大器零点。

信号源不接入。将放大器输入端 A、B 与地短接,接通 ±12 V 直流电源,用直流电压表测量输出电压 U_o,调节调零电位器 R_P,使 $U_o = 0$。调节要仔细,力求准确。

②测量静态工作点。

零点调好以后,用直流电压表测量 T_1、T_2 管各电极电位及射极电阻 R_E 两端电压 U_{RE},记入表 2.5.1。

表 2.5.1 静态工作点测量

测量值	U_{C1}/V	U_{B1}/V	U_{E1}/V	U_{C2}/V	U_{B2}/V	U_{E2}/V	U_{RE}/V
计算值	I_C/mA			I_B/mA			U_{CE}/V

(2)测量差模电压放大倍数。

断开直流电源,将函数信号发生器的输出端接放大器输入 A 端,地端接放大器输入 B 端构成单端输入方式,调节输入信号为频率 $f = 1$ kHz 的正弦信号,并使输出旋钮旋至零,用示波器监视输出端(集电极 C_1 或 C_2 与地之间)。

接通 ±12 V 直流电源,逐渐增大输入电压 U_i(约 100 mV),在输出波形无失真的情况下,用交流毫伏表测 U_i、U_{C1}、U_{C2},记入表 2.5.2 中,并观察 u_i、u_{C1}、u_{C2} 之间的相位关系及 U_{RE} 随 U_i 改变而变化的情况。

(3)测量共模电压放大倍数。

将放大器 A、B 短接,信号源接 A 端与地之间,构成共模输入方式,调节输入信号 $f = 1$ kHz,$U_i = 1$ V,在输出电压无失真的情况下,测量 U_{C1},U_{C2} 之值记入表 2.5.2,并观察 u_i,u_{C1},u_{C2} 之间的相位关系及 U_{RE} 随 U_i 改变而变化的情况。

表 2.5.2 共模增益测量

	典型差动放大电路		具有恒流源差动放大电路	
	单端输入	共模输入	单端输入	共模输入
U_i	100 mV	1 V	100 mV	1 V
U_{C1}/V				
U_{C2}/V				
$A_{d1} = \dfrac{U_{C1}}{U_i}$		/		/

续表 2.5.2

	典型差动放大电路		具有恒流源差动放大电路	
	单端输入	共模输入	单端输入	共模输入
$A_{\mathrm{d}} = \dfrac{U_{\mathrm{o}}}{U_{\mathrm{i}}}$		/		/
$A_{\mathrm{C1}} = \dfrac{U_{\mathrm{C1}}}{U_{\mathrm{i}}}$	/		/	
$\mathrm{CMRR} = \left\| \dfrac{A_{\mathrm{d1}}}{A_{\mathrm{C1}}} \right\|$				

2. 具有恒流源的差动放大电路性能测试。

将图 2.5.1 电路中开关 K 拨向右边,构成具有恒流源的差动放大电路。重复内容(2)、(3)的要求,记入表 2.5.2。

五、实验总结

1. 整理实验数据,列表比较实验结果和理论估算值,分析误差原因。

(1)静态工作点和差模电压放大倍数。

(2)典型差动放大电路单端输出时的 CMRR 实测值与理论值比较。

(3)典型差动放大电路单端输出时的 CMRR 实测值与具有恒流源的差动放大器 CMRR 实测值比较。

2. 比较 u_{i}、u_{C1} 和 u_{C2} 之间的相位关系。

3. 根据实验结果,总结电阻 R_{E} 和恒流源的作用。

六、预习要求

1. 根据实验电路参数,估算典型差动放大器和具有恒流源的差动放大器的静态工作点及差模电压放大倍数(取 $\beta_1 = \beta_2 = 100$)。

2. 测量静态工作点时,放大器输入端 A、B 与地应如何连接?

3. 实验中怎样获得双端和单端输入差模信号?怎样获得共模信号?画出 A、B 端与信号源之间的连接图。

4. 怎样进行静态调零点?用什么仪表测 U_{o}?

5. 怎样用交流毫伏表测双端输出电压 U_{o}?

实验 2.6　集成运算放大器应用(模拟运算电路)

一、实验目的

1. 研究由集成运算放大器组成的比例、加法、减法和积分等基本运算电路的功能。

2. 了解运算放大器在实际应用时应考虑的一些问题。

二、实验原理

集成运算放大器是一种具有高电压放大倍数的直接耦合多级放大电路。当外部接入不同的线性或非线性元器件组成输入和负反馈电路时，可以灵活地实现各种特定的函数关系。在线性应用方面，可组成比例、加法、减法、积分、微分、对数等模拟运算电路。

理想运算放大器特性：

在大多数情况下，将运放视为理想运放，就是将运放的各项技术指标理想化，满足下列条件的运算放大器称为理想运放。

开环电压增益 $A_{ud} = \infty$

输入阻抗 $r_i = \infty$

输出阻抗 $r_o = 0$

带宽 $f_{BW} = \infty$

失调与漂移均为零等。

理想运放在线性应用时的两个重要特性：

(1) 输出电压 U_o 与输入电压之间满足关系式：

$$U_o = A_{ud}(U_+ - U_-)$$

由于 $A_{ud} = \infty$，而 U_o 为有限值，因此，$U_+ - U_- \approx 0$，即 $U_+ \approx U_-$，称为"虚短"。

(2) 由于 $r_i = \infty$，故流进运放两个输入端的电流可视为零，即 $I_{IB} = 0$，称为"虚断"。这说明运放对其前级吸取电流极小。

1. 反相比例运算电路。

电路如图 2.6.1 所示。对于理想运放，该电路的输出电压与输入电压之间的关系为

$$U_o = -\frac{R_F}{R_1}U_i$$

为了减小输入级偏置电流引起的运算误差，在同相输入端应接入平衡电阻 $R_2 = R_1 // R_F$。

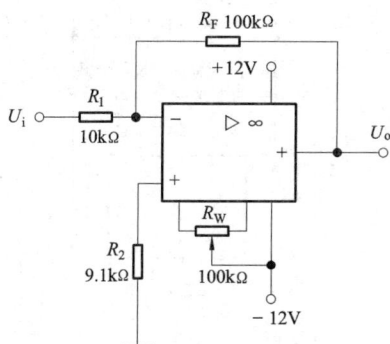

图 2.6.1 反相比例运算电路

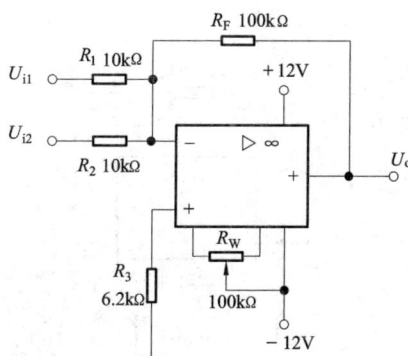

图 2.6.2 反相加法运算电路

2. 反相加法运算电路。

电路如图 2.6.2 所示，输出电压与输入电压之间的关系为

$$U_o = -\left(\frac{R_F}{R_1}U_{i1} + \frac{R_F}{R_2}U_{i2}\right), \quad R_3 = R_1 // R_2 // R_F$$

3. 同相比例运算电路。

图 2.6.3(a)是同相比例运算电路,它的输出电压与输入电压之间的关系为

$$U_o = \left(1 + \frac{R_F}{R_1}\right)U_i, \quad R_2 = R_1 /\!/ R_F$$

当 $R_1 \to \infty$ 时,$U_o = U_i$,即得到如图 2.6.3(b)所示的电压跟随器。图中 $R_2 = R_F$,用以减小漂移和起保护作用。一般 R_F 取 10 kΩ,R_F 太小起不到保护作用,太大则影响跟随性。

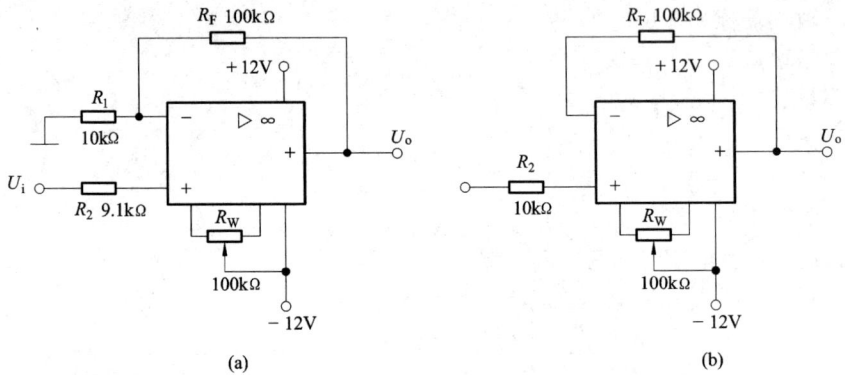

(a)   (b)

图 2.6.3　同相比例运算电路

4. 差动放大电路(减法器)。

对于图 2.6.4 所示的减法运算电路,当 $R_1 = R_2$,$R_3 = R_F$ 时,有如下关系式

$$U_o = \frac{R_F}{R_1}(U_{i2} - U_{i1})$$

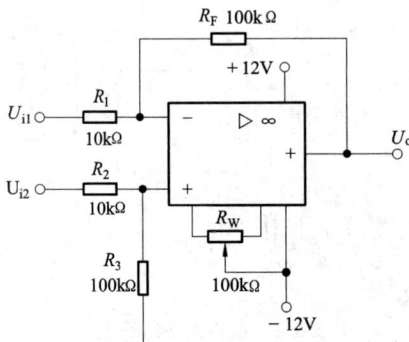

图 2.6.4　减法运算电路图

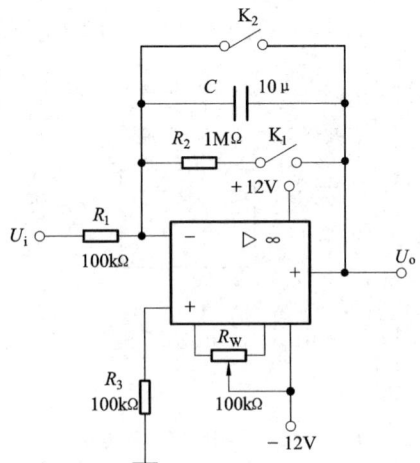

图 2.6.5　积分运算电路

5. 积分运算电路。

反相积分电路如图 2.6.5 所示。在理想化条件下,输出电压 u_o 等于

$$u_o(t) = -\frac{1}{R_1 C} \int_0^t u_i \mathrm{d}t + u_c(o)$$

式中 $u_c(o)$ 是 $t=0$ 时，电容 C 两端的电压值，即初始值。

如果 $u_i(t)$ 是幅值为 E 的阶跃电压，并设 $u_c(o)=0$，则

$$u_o(t) = -\frac{1}{R_1 C} \int_0^t E\mathrm{d}t = -\frac{E}{R_1 C}t$$

即输出电压 $u_o(t)$ 随时间增长而线性下降。显然 RC 的数值越大，达到给定的 U_o 值所需的时间就越长。积分输出电压所能达到的最大值受集成运放最大输出范围的限制。

在进行积分运算之前，首先应对运放调零。为了便于调节，将图中 K_1 闭合，即通过电阻 R_2 的负反馈作用帮助实现调零。但在完成调零后，应将 K_1 打开，以免因 R_2 的接入造成积分误差。K_2 的设置一方面为积分电容放电提供通路，同时可实现积分电容初始电压 $u_c(o)=0$，另一方面，可控制积分起始点，即在加入信号 u_i 后，只要 K_2 一打开，电容就将被恒流充电，电路也就开始进行积分运算。

三、实验设备与器件

1. ±12 V 直流电源；   2. 函数信号发生器；
3. 交流毫伏表；   4. 直流电压表；
5. 集成运算放大器 μA741×1、电阻器、电容器若干。

四、实验内容

实验前要看清运放组件各管脚的位置；切忌正、负电源极性接反和输出端短路，否则将会损坏集成块。

1. 反相比例运算电路。
(1) 按图 2.6.1 连接实验电路，接通 ±12 V 电源，输入端对地短路，进行调零和消振。
(2) 输入 $f=100$ Hz，$U_i=0.5$ V 的正弦交流信号，测量相应的 U_o，并用示波器观察 u_o 和 u_i 的相位关系，记入表 2.6.1。

表 2.6.1 $U_i = 0.5$ V，$f = 100$ Hz

U_i/V	U_o/V	u_i 波形	u_o 波形	A_V	
				实测值	计算值

2. 同相比例运算电路。
(1) 按图 2.6.3(a) 连接实验电路。实验步骤同内容 1，将结果记入表 2.6.2。
(2) 将图 2.6.3(a) 中的 R_1 断开，得图 2.6.3(b) 电路，重复内容(1)。

表 2.6.2　$U_i = 0.5\,V$　$f = 100\,Hz$

U_i/V	U_o/V	u_i 波形	u_o 波形	A_V	
				实测值	计算值

3. 反相加法运算电路。

按图 2.6.2 连接实验电路。调零和消振。

输入信号采用直流信号, 图 2.6.6 所示电路为简易直流信号源, 由实验者自行完成。实验时要注意选择合适的直流信号幅度以确保集成运放工作在线性区。用直流电压表测量输入电压 U_{i1}、U_{i2} 及输出电压 U_o, 记入表 2.6.3。

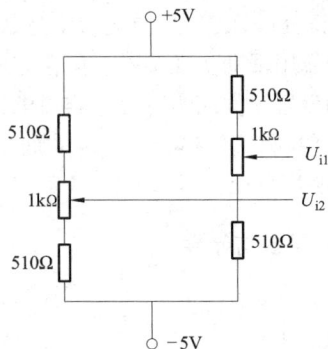

图 2.6.6　简易可调直流信号源

表 2.6.3　反相加法运算电路测量

U_{i1}/V					
U_{i2}/V					
U_o/V					

4. 减法运算电路。

(1)按图 2.6.4 连接实验电路。调零和消振。

(2)采用直流输入信号, 实验步骤同内容 3, 记入表 2.6.4。

表 2.6.4　减法运算电路测量

U_{i1}/V					
U_{i2}/V					
U_o/V					

5. 积分运算电路。

实验电路如图 2.6.5 所示。

(1)打开 K_2, 闭合 K_1, 对运放输出进行调零。

(2)调零完成后, 再打开 K_1, 闭合 K_2, 使 $u_C(o) = 0$。

(3)预先调好直流输入电压 $U_i = 0.5\,V$, 接入实验电路, 再打开 K_2, 然后用直流电压表测

量输出电压 U_o，每隔 5 秒读一次 U_o，记入表 2.6.5，直到 U_o 不继续明显增大为止。

表 2.6.5　积分运算电路测量

t/s	0	5	10	15	20	25	30	…
U_o/V								

五、实验总结

1. 整理实验数据，画出波形图(注意波形间的相位关系)。
2. 将理论计算结果和实测数据相比较，分析产生误差的原因。
3. 分析讨论实验中出现的现象和问题。

六、预习要求

1. 复习集成运放线性应用部分内容，并根据实验电路参数计算各电路输出电压的理论值。
2. 在反相加法器中，如 U_{i1} 和 U_{i2} 均采用直流信号，并选定 $U_{i2}=-1\,V$，当考虑到运算放大器的最大输出幅度(±12 V)时，$|U_{i1}|$ 的大小不应超过多少伏?
3. 在积分电路中，如 $R_1=100\,k\Omega$，$C=4.7\,\mu F$，求时间常数。
   假设 $U_i=0.5\,V$，问要使输出电压 U_o 达到 5 V，需多长时间[设 $u_C(o)=0$]?
4. 为了不损坏集成块，实验中应注意什么问题?

实验 2.7　集成运算放大器应用(有源滤波器)

一、实验目的

1. 熟悉用运放、电阻和电容组成有源低通滤波、高通滤波和带通、带阻滤波器。
2. 学会测量有源滤波器的幅频特性。

二、实验原理

由 RC 元件与运算放大器组成的滤波器称为 RC 有源滤波器，其功能是让一定频率范围内的信号通过，抑制或急剧衰减此频率范围以外的信号。可用在信息处理、数据传输、抑制干扰等方面，但因受运算放大器频带限制，这类滤波器主要用于低频范围。根据对频率范围的选择不同，可分为低通(LPF)、高通(HPF)、带通(BPF)与带阻(BEF)等四种滤波器，它们的幅频特性如图 2.7.1 所示。

具有理想幅频特性的滤波器是很难实现的，只能用实际的幅频特性去逼近理想的。一般来说，滤波器的幅频特性越好，其相频特性越差，反之亦然。滤波器的阶数越高，幅频特性衰减的速率越快，但 RC 网络的节数越多，元件参数计算越繁琐，电路调试越困难。任何高阶滤波器均可以用较低的二阶 RC 有源滤波器级联实现。

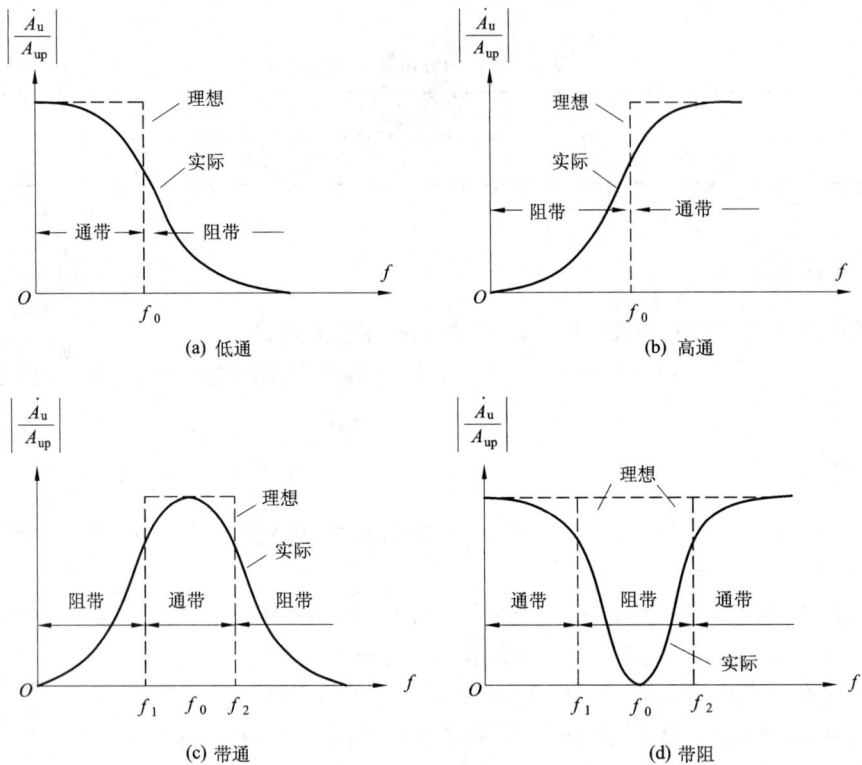

图 2.7.1　四种滤波电路的幅频特性

1. 低通滤波器(LPF)。

低通滤波器是用来通过低频信号衰减或抑制高频信号。

如图 2.7.2(a)所示,为典型的二阶有源低通滤波器。它由两级 *RC* 滤波环节与同相比例运算电路组成,其中第一级电容 C 接至输出端,引入适量的正反馈,以改善幅频特性。

图 2.7.2(b)为二阶低通滤波器幅频特性曲线。

电路性能参数

$$A_{uP} = 1 + \frac{R_f}{R_1}$$　二阶低通滤波器的通带增益

$$f_o = \frac{1}{2\pi RC}$$　截止频率,它是二阶低通滤波器通带与阻带的界限频率。

$$Q = \frac{1}{3 - A_{uP}}$$　品质因数,它的大小影响低通滤波器在截止频率处幅频特性的形状。

2. 高通滤波器(HPF)。

与低通滤波器相反,高通滤波器用来通过高频信号,衰减或抑制低频信号。

只要将图 2.7.2 低通滤波电路中起滤波作用的电阻、电容互换,即可变成二阶有源高通滤波器,如图 2.7.3(a)所示。高通滤波器性能与低通滤波器相反,其频率响应和低通滤波器是"镜像"关系,仿照 LPF 分析方法,不难求得 HPF 的幅频特性。

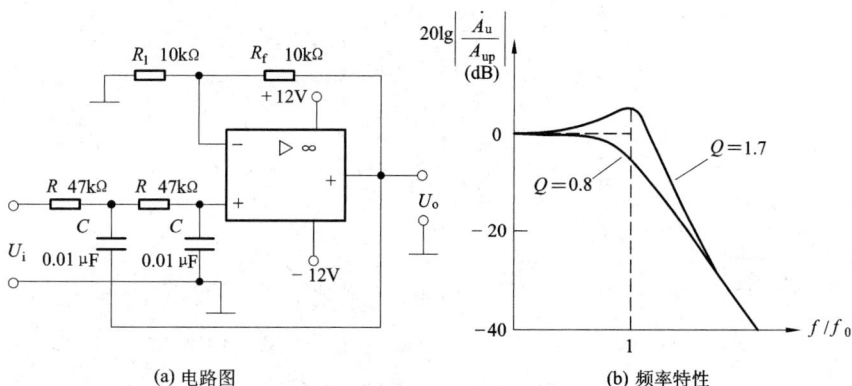

(a) 电路图   (b) 频率特性

图 2.7.2 二阶低通滤波器

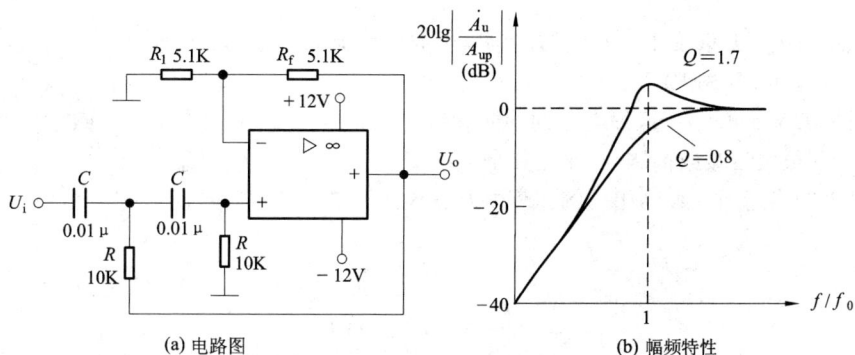

(a) 电路图   (b) 幅频特性

图 2.7.3 二阶高通滤波器

电路性能参数 A_{up}、f_o、Q 各量的含义同二阶低通滤波器。

图 2.7.3(b) 为二阶高通滤波器的幅频特性曲线, 可见, 它与二阶低通滤波器的幅频特性曲线有"镜像"关系。

3. 带通滤波器(BPF)。

这种滤波器的作用是只允许在某一个通频带范围内的信号通过, 而比通频带下限频率低和比上限频率高的信号均加以衰减或抑制。

典型的带通滤波器可以从二阶低通滤波器中将其中一级改成高通而成, 如图 2.7.4(a) 所示。

电路性能参数

通带增益 $A_{up} = \dfrac{R_4 + R_f}{R_4 R_1 CB}$

中心频率 $f_o = \dfrac{1}{2\pi} \sqrt{\dfrac{1}{R_2 C^2} \left(\dfrac{1}{R_1} + \dfrac{1}{R_3} \right)}$

通带宽度 $B = \dfrac{1}{C} \left(\dfrac{1}{R_1} + \dfrac{2}{R_2} - \dfrac{R_f}{R_3 R_4} \right)$

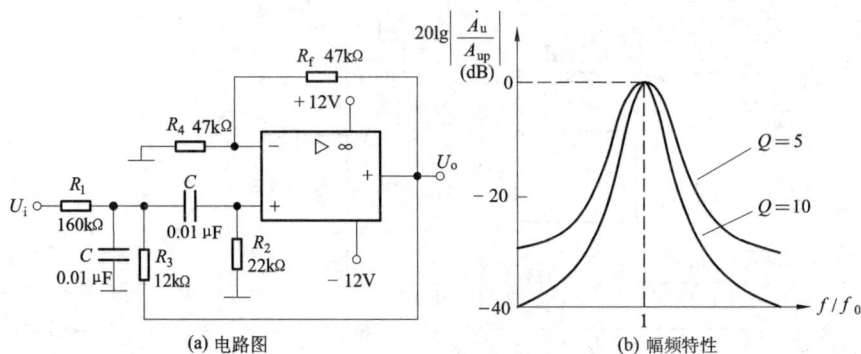

图 2.7.4 二阶带通滤波器

选择性　　　　$Q = \dfrac{\omega_0}{B}$

此电路的优点是改变 R_f 和 R_4 的比例就可改变频宽而不影响中心频率。

4. 带阻滤波器(BEF)。

如图 2.7.5(a)所示,这种电路的性能和带通滤波器相反,即在规定的频带内,信号不能通过(或受到很大衰减或抑制),而在其余频率范围,信号则能顺利通过。

在双 T 网络后加一级同相比例运算电路就构成了基本的二阶有源 BEF。

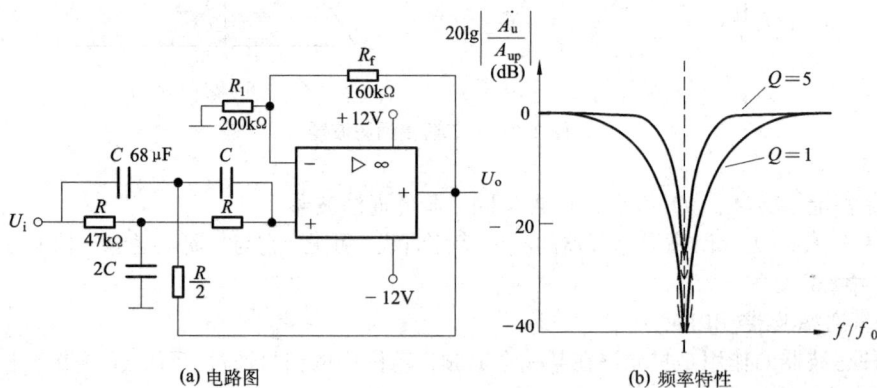

图 2.7.5 二阶带阻滤波器

电路性能参数

通带增益　　　　$A_{up} = 1 + \dfrac{R_f}{R_1}$

中心频率　　　　$f_o = \dfrac{1}{2\pi RC}$

带阻宽度　　　　$B = 2(2 - A_{up})f_o$

选择性　　　　　$Q = \dfrac{1}{2(2 - A_{up})}$

三、实验设备与器件

1. ±12 V 直流电源；　　　　　　2. 函数信号发生器；

3. 双踪示波器；　　　　　　　　4. 交流毫伏表；

5. 频率计；　　　　　　　　　　6. μA741×1、电阻器、电容器若干。

四、实验内容

1. 二阶低通滤波器。

实验电路如图 2.7.2(a)。

(1)粗测：接通±12 V 电源。u_i接函数信号发生器，令其输入为 $U_i = 1$ V 的正弦波信号，在滤波器截止频率附近改变输入信号频率，用示波器或交流毫伏表观察输出电压幅度的变化是否具备低通特性，如不具备，应排除电路故障。

(2)在输出波形不失真的条件下，选取适当幅度的正弦输入信号，在维持输入信号幅度不变的情况下，逐点改变输入信号频率。测量输出电压，记入表 2.7.1 中，描绘频率特性曲线。

表 2.7.1　低通滤波器的测量

f/Hz	
U_o/V	

2. 二阶高通滤波器。

实验电路如图 2.7.3(a)。

(1)粗测：输入 $U_i = 1$ V 正弦波信号，在滤波器截止频率附近改变输入信号频率，观察电路是否具备高通特性。

(2)测绘高通滤波器的幅频特性曲线，记入表 2.7.2。

表 2.7.2　高通滤波器测量

f/Hz	
U_o/V	

3. 带通滤波器。

实验电路如图 2.7.4(a)，测量其频率特性。记入表 2.7.3。

(1)实测电路的中心频率f_o。

(2)以实测中心频率为中心，测绘电路的幅频特性。

表 2.7.3　带通滤波器的测量

f/Hz	
U_o/V	

4. 带阻滤波器。

实验电路如图 2.7.5(a)所示。

(1)实测电路的中心频率 f_0。

(2)测绘电路的幅频特性,记入表 2.7.4。

表 2.7.4　带阻滤波器的测量

f /Hz	
U_o/V	

五、实验总结

1. 整理实验数据,画出各电路实测的幅频特性。
2. 根据实验曲线,计算截止频率、中心频率、带宽及品质因数。
3. 总结有源滤波电路的特性。

六、预习要求

1. 复习教材有关滤波器内容。
2. 分析图 2.7.2,图 2.7.3,图 2.7.4,图 2.7.5 所示电路,写出它们的增益特性表达式。
3. 计算图 2.7.2,图 2.7.3 的截止频率,图 2.7.4,图 2.7.5 的中心频率。
4. 画出上述四种电路的幅频特性曲线。

实验 2.8　集成运算放大器应用(电压比较器)

一、实验目的

1. 掌握电压比较器的电路构成及特点。
2. 学会测试比较器的方法。

二、实验原理

电压比较器是集成运放非线性应用电路,它将一个模拟量电压信号和一个参考电压相比较,在二者幅度相等的附近,输出电压将产生跃变,相应输出高电平或低电平。比较器可以组成非正弦波形变换电路及应用于模拟与数字信号转换等领域。

图 2.8.1 所示为一最简单的电压比较器,U_R 为参考电压,加在运放的同相输入端,输入电压 U_i 加在反相输入端。

当 $U_i < U_R$ 时,运放输出高电平,稳压管 D_Z 反向稳压工作。输出端电位被其箝位在稳压管的稳定电压 U_Z,即 $U_o = U_Z$。

当 $U_i > U_R$ 时,运放输出低电平,D_Z 正向导通,输出电压等于稳压管的正向压降 U_D,即 $U_o = -U_D$。

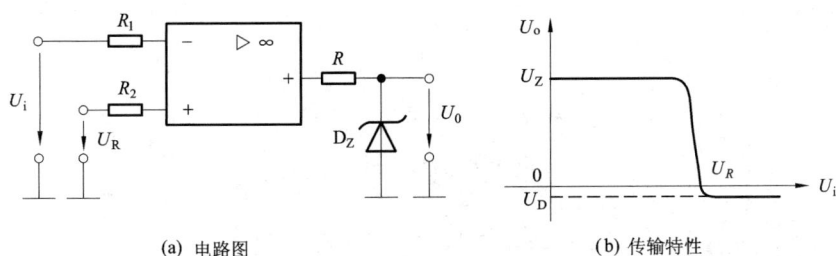

(a) 电路图　　　　　　　　　　　　(b) 传输特性

图 2.8.1　电压比较器

因此，以 U_R 为界，当输入电压 U_i 变化时，输出端反映出两种状态：高电位和低电位。

表示输出电压与输入电压之间关系的特性曲线，称为传输特性。图 2.8.1(b) 为图 2.8.1 (a) 比较器的传输特性。

常用的电压比较器有过零比较器、具有滞回特性的过零比较器、双限比较器（又称窗口比较器）等。

1. 过零比较器。

电路如图 2.8.2 所示为加限幅电路的过零比较器，D_Z 为限幅稳压管。信号从运放的反相输入端输入，参考电压为零，从同相端输入。当 $U_i > 0$ 时，输出 $U_o = -(U_Z + U_D)$，当 $U_i < 0$ 时，$U_o = +(U_Z + U_D)$。其电压传输特性如图 2.8.2(b) 所示。

过零比较器结构简单，灵敏度高，但抗干扰能力差。

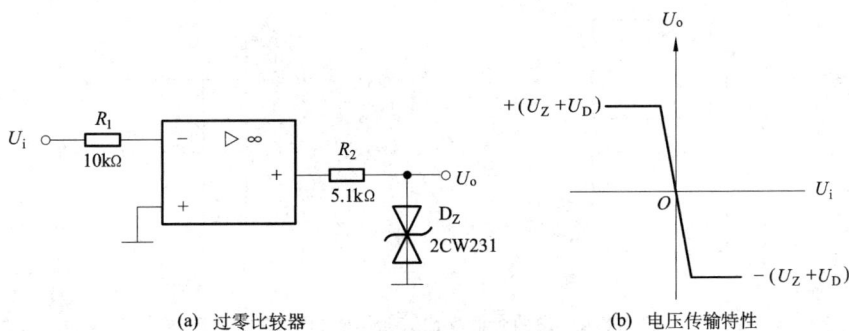

(a) 过零比较器　　　　　　　　　　(b) 电压传输特性

图 2.8.2　过零比较器

2. 滞回比较器。

图 2.8.3(a) 为具有滞回特性的过零比较器。

过零比较器在实际工作时，如果 u_i 恰好在过零值附近，则由于零点漂移的存在，U_o 将不断由一个极限值转换到另一个极限值，这在控制系统中，对执行机构将是很不利的。为此，就需要输出特性具有滞回现象。如图 2.8.3(a) 所示，从输出端引一个电阻分压正反馈支路到同相输入端，若 U_o 改变状态，Σ 点也随着改变电位，使过零点离开原来位置。当 U_o 为正（记作 U_+）$U_\Sigma = \dfrac{R_2}{R_f + R_2} U_+$，则当 $U_i > U_\Sigma$ 后，U_o 即由正变负（记作 U_-），此时 U_Σ 变为 $-U_\Sigma$。故只有当 U_i 下降到 $-U_\Sigma$ 以下，才能使 U_o 再度回升到 U_+，于是出现图 2.8.3(b) 中所示的滞回特性。

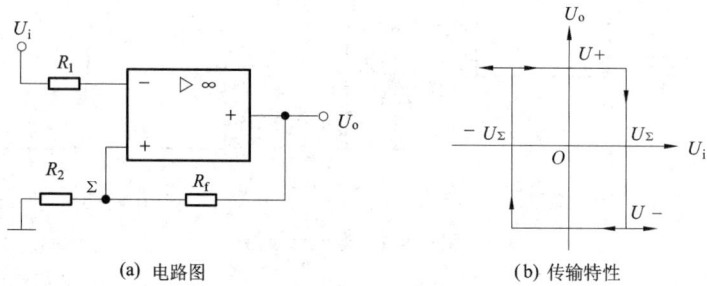

(a) 电路图　　　　　　　　　　(b) 传输特性

图 2.8.3　滞回比较器

$-U_\Sigma$ 与 U_Σ 的差别称为回差。改变 R_2 的数值可以改变回差的大小。

3. 窗口(双限)比较器。

简单的比较器仅能鉴别输入电压 u_i 比参考电压 U_R 高或低的情况，窗口比较电路是由两个简单比较器组成，如图 2.8.4(a)所示，它能指出 u_i 值是否处于 U_R^+ 和 U_R^- 之间。如 $U_R^- < U_i < U_R^+$，窗口比较器的输出电压 U_o 等于运放的正饱和输出电压($+U_{omax}$)，如果 $U_i < U_R^-$ 或 $U_i > U_R^+$，则输出电压 U_o 等于运放的负饱和输出电压($-U_{omax}$)。

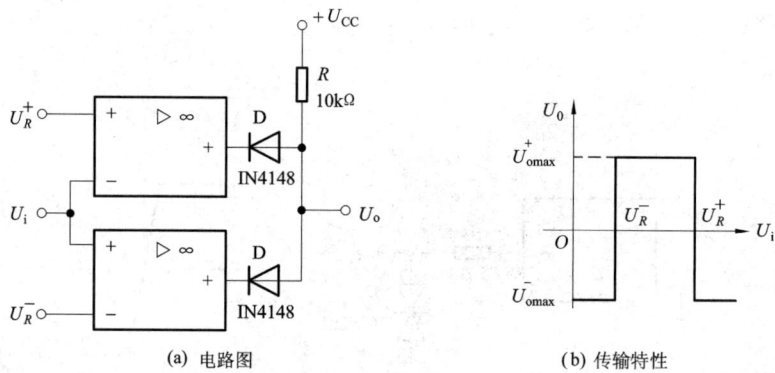

(a) 电路图　　　　　　　　　　(b) 传输特性

图 2.8.4　由两个简单比较器组成的窗口比较器

三、实验设备与器件

1. ±12 V 直流电源；　　　　　2. 函数信号发生器；

3. 双踪示波器；　　　　　　　4. 直流电压表；

5. 交流毫伏表；　　　　　　　6. 运算放大器 μA741×2；

7. 稳压管 2CW231×1；　　　　8. 二极管 4148×2 电阻器等。

四、实验内容

1. 过零比较器。

实验电路如图 2.8.2 所示。

（1）接通±12 V 电源。

（2）测量 u_i 悬空时的 U_o 值。

（3）u_i 输入 500 Hz、幅值为 2 V 的正弦信号，观察 $u_i \to u_o$ 波形并记录。

（4）改变 u_i 幅值，测量传输特性曲线。

2. 反相滞回比较器。

实验电路如图 2.8.5 所示。

（1）按图接线，u_i 接+5 V 可调直流电源，测出 u_o 由$+U_{omax} \to -U_{omax}$ 时 u_i 的临界值。

（2）同上，测出 u_o 由$-U_{omax} \to +U_{omax}$ 时 u_i 的临界值。

（3）u_i 接 500 Hz，峰值为 2 V 的正弦信号，观察并记录 $u_i \to u_o$ 波形。

（4）将分压支路 100 kΩ 电阻改为 200 kΩ，重复上述实验，测定传输特性。

3. 同相滞回比较器。

实验线路如图 2.8.6 所示。

（1）参照 2，自拟实验步骤及方法。

（2）将结果与 2 进行比较。

4. 窗口比较器。

参照图 2.8.4 自拟实验步骤和方法测定其传输特性。

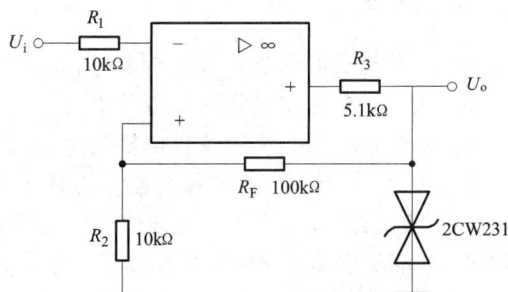

图 2.8.5　反相滞回比较器

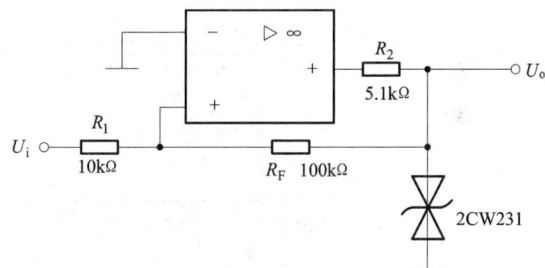

图 2.8.6　同相滞回比较器

五、实验总结

1. 整理实验数据，绘制各类比较器的传输特性曲线。
2. 总结几种比较器的特点，阐明它们的应用。

六、预习要求

1. 复习教材有关比较器的内容。
2. 画出各类比较器的传输特性曲线。
3. 若要将图 2.8.4 窗口比较器的电压传输曲线高、低电平对调，应如何改动比较器电路。

实验 2.9　集成运算放大器应用（波形发生器）

一、实验目的

1. 学习用集成运放构成正弦波、方波和三角波发生器。
2. 学习波形发生器的调整和主要性能指标的测试方法。

二、实验原理

由集成运放构成的正弦波、方波和三角波发生器有多种形式,本实验选用最常用的、线路比较简单的几种电路加以分析。

1. R_C 桥式正弦波振荡器(文氏电桥振荡器)。

图2.9.1为 RC 桥式正弦波振荡器。其中 R_C 串、并联电路构成正反馈支路,同时兼作选频网络, R_1、R_2、R_W 及二极管等元件构成负反馈和稳幅环节。调节电位器 R_W,可以改变负反馈深度,以满足振荡的振幅条件和改善波形。利用两个反向并联二极管 D_1、D_2 正向电阻的非线性特性来实现稳幅。D_1、D_2 采用硅管(温度稳定性好),且要求特性匹配,才能保证输出波形正、负半周对称。R_3 的接入是为了削弱二极管非线性的影响,以改善波形失真。

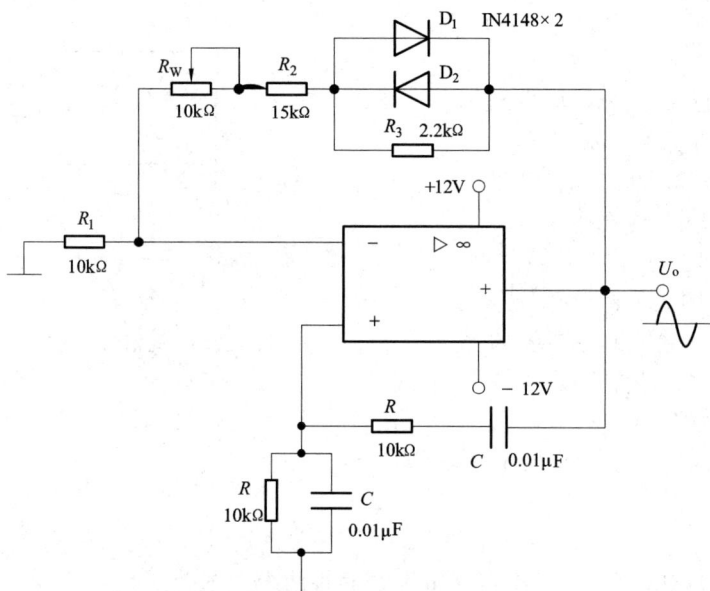

图 2.9.1　RC 桥式正弦波振荡器

电路的振荡频率
$$f_o = \frac{1}{2\pi RC}$$

起振的幅值条件
$$\frac{R_f}{R_1} \geqslant 2$$

式中 $R_f = R_W + R_2 + (R_3 /\!/ r_D)$,$r_D$——二极管正向导通电阻。

调整反馈电阻 R_f(调 R_W),使电路起振,且波形失真最小。如不能起振,则说明负反馈太强,应适当加大 R_f。如波形失真严重,则应适当减小 R_f。

改变选频网络的参数 C 或 R,即可调节振荡频率。一般采用改变电容 C 作频率量程切换,而调节 R 作量程内的频率细调。

2. 方波发生器。

由集成运放构成的方波发生器和三角波发生器,一般均包括比较器和 RC 积分器两大部分。图 2.9.2 所示为由滞回比较器及简单 RC 积分电路组成的方波—三角波发生器。它的特点是线路简单，但三角波的线性度较差。主要用于产生方波，或对三角波要求不高的场合。

电路振荡频率
$$f_o = \frac{1}{2R_f C_f \ln\left(1+\frac{2R_2}{R_1}\right)}$$

式中
$$R_1 = R_1' + R_W' \qquad R_2 = R_2' + R_W''$$

方波输出幅值
$$U_{om} = \pm U_Z$$

三角波输出幅值
$$U_{cm} = \frac{R_2}{R_1+R_2} U_Z$$

调节电位器 R_W（即改变 R_2/R_1），可以改变振荡频率，但三角波的幅值也随之变化。如要互不影响，则可通过改变 R_f（或 C_f）来实现振荡频率的调节。

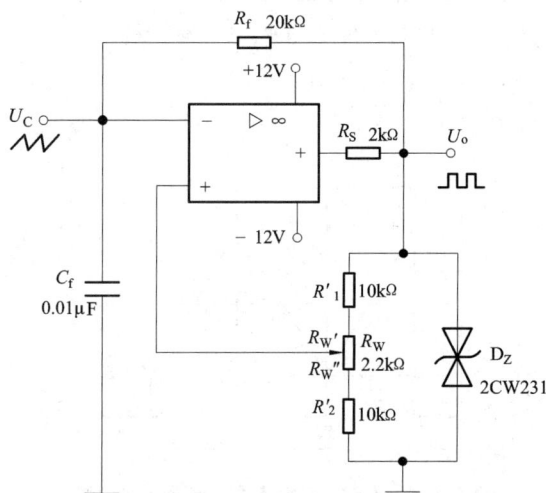

图 2.9.2 方波发生器

3. 三角波和方波发生器。

如把滞回比较器和积分器首尾相接形成正反馈闭环系统，如图 2.9.3 所示，则比较器 A_1 输出的方波经积分器 A_2 积分可得到三角波，三角波又触发比较器自动翻转形成方波，这样即可构成三角波、方波发生器。图 2.9.4 为方波、三角波发生器输出波形图。由于采用运放组成的积分电路，因此可实现恒流充电，使三角波线性大大改善。

电路振荡频率
$$f_o = \frac{R_2}{4R_1(R_f+R_W)C_f}$$

方波幅值
$$U_{om}' = \pm U_Z$$

三角波幅值
$$U_{cm} = \frac{R_1}{R_2} U_Z$$

调节 R_W 可以改变振荡频率，改变比值 $\dfrac{R_1}{R_2}$ 可调节三角波的幅值。

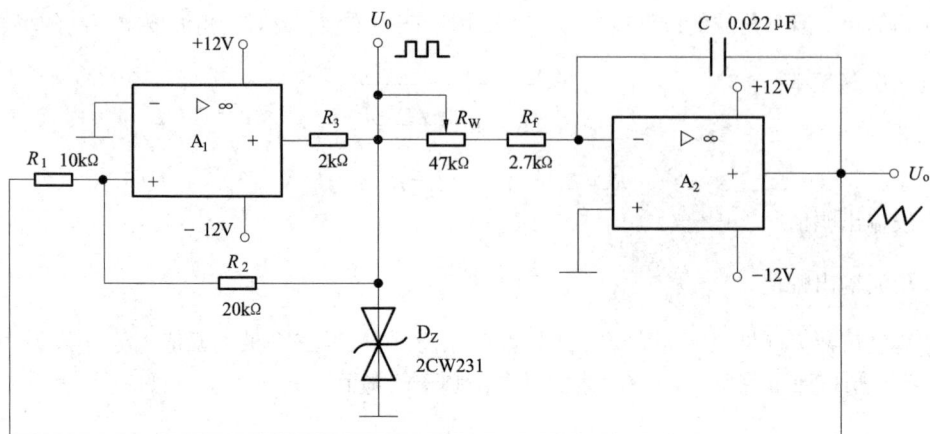

图 2.9.3 三角波、方波发生器

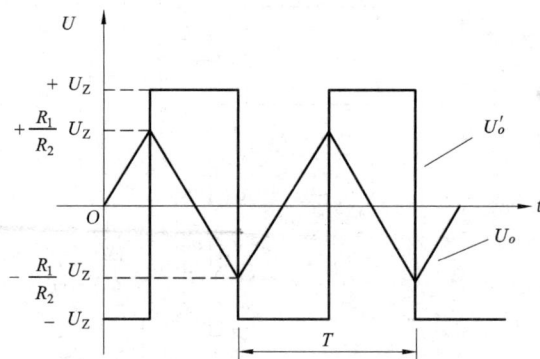

图 2.9.4 方波、三角波发生器输出波形图

三、实验设备与器件

1. ±12 V 直流电源；
2. 双踪示波器；
3. 交流毫伏表；
4. 频率计；
5. 集成运算放大器 μA741×2；
6. 二极管 IN4148×2；
7. 稳压管 2CW231×1、电阻器、电容器若干。

四、实验内容

1. RC 桥式正弦波振荡器。

按图 2.9.1 连接实验电路。

(1)接通±12 V 电源，调节电位器 R_W，使输出波形从无到有，从正弦波到出现失真。描绘 u_o 的波形，记下临界起振、正弦波输出及失真情况下的 R_W 值，分析负反馈强弱对起振条件及输出波形的影响。

(2)调节电位器 R_W，使输出电压 u_o 幅值最大且不失真，用交流毫伏表分别测量输出电压

U_o、反馈电压 U^+ 和 U^-，分析研究振荡的幅值条件。

（3）用示波器或频率计测量振荡频率 f_o，然后在选频网络的两个电阻 R 上并联同一阻值电阻，观察记录振荡频率的变化情况，并与理论值进行比较。

（4）断开二极管 D_1、D_2，重复（2）的内容，将测试结果与（2）进行比较，分析 D_1、D_2 的稳幅作用。

*（5）RC 串并联网络幅频特性观察。

将 RC 串并联网络与运放断开，由函数信号发生器注入 3 V 左右正弦信号，并用双踪示波器同时观察 RC 串并联网络输入、输出波形。保持输入幅值（3 V）不变，从低到高改变频率，当信号源达某一频率时，RC 串并联网络输出将达最大值（约 1 V），且输入、输出同相位。此时的信号源频率

$$f = f_o = \frac{1}{2\pi RC}$$

2. 方波发生器。

按图 2.9.2 连接实验电路。

（1）将电位器 R_W 调至中心位置，用双踪示波器观察并描绘方波 u_o 及三角波 u_C 的波形（注意对应关系），测量其幅值及频率，记录之。

（2）改变 R_W 动点的位置，观察 u_o、u_C 幅值及频率变化情况。把动点调至最上端和最下端，测出频率范围，记录之。

（3）将 R_W 恢复至中心位置，将一只稳压管短接，观察 u_o 波形，分析 D_Z 的限幅作用。

3. 三角波和方波发生器。

按图 2.9.3 连接实验电路。

（1）将电位器 R_W 调至合适位置，用双踪示波器观察并描绘三角波输出 u_0 及方波输出 u_o'，测其幅值、频率及 R_W 值，记录之。

（2）改变 R_W 的位置，观察对 u_o、u_o' 幅值及频率的影响。

（3）改变 R_1（或 R_2），观察对 u_o、u_o' 幅值及频率的影响。

五、实验总结

1. 正弦波发生器。

（1）列表整理实验数据，画出波形，把实测频率与理论值进行比较

（2）根据实验分析 RC 振荡器的振幅条件

（3）讨论二极管 D_1、D_2 的稳幅作用。

2. 方波发生器。

（1）列表整理实验数据，在同一坐标纸上，按比例画出方波和三角波的波形图（标出时间和电压幅值）。

（2）分析 R_W 变化时，对 u_o 波形的幅值及频率的影响。

（3）讨论 D_Z 的限幅作用。

3. 三角波和方波发生器。

（1）整理实验数据，把实测频率与理论值进行比较。

（2）在同一坐标纸上，按比例画出三角波及方波的波形，并标明时间和电压幅值。

(3)分析电路参数变化(R_1、R_2 和 R_w)对输出波形频率及幅值的影响。

六、预习要求

1. 复习有关 RC 正弦波振荡器、三角波及方波发生器的工作原理，并估算图 2.9.1、图 2.9.2、图 2.9.3 电路的振荡频率。

2. 设计实验表格。

3. 为什么在 RC 正弦波振荡电路中要引入负反馈支路？为什么要增加二极管 D_1 和 D_2？它们是怎样稳幅的？

4. 电路参数变化对图 2.9.2、图 2.9.3 产生的方波和三角波频率及电压幅值有什么影响？（或者：怎样改变图 2.9.2、图 2.9.3 电路中方波及三角波的频率及幅值？）

5. 在波形发生器各电路中，"相位补偿"和"调零"是否需要？为什么？

6. 怎样测量非正弦波电压的幅值？

实验 2.10 RC 正弦波振荡器

一、实验目的

1. 进一步学习 RC 正弦波振荡器的组成及其振荡条件。
2. 学会测量、调试振荡器。

二、实验原理

从结构上看，正弦波振荡器是没有输入信号的，带选频网络的正反馈放大器。若用 R、C 元件组成选频网络，就称为 RC 振荡器，一般用来产生 1 Hz~1 kHz 的低频信号。

1. RC 移相振荡器。

电路如图 2.10.1 所示，选择 $R \gg R_i$。

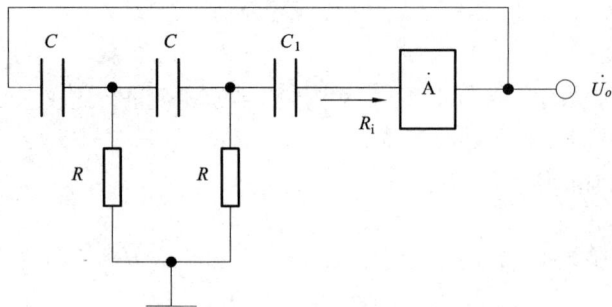

图 2.10.1 *RC* 移相振荡器原理图

振荡频率 $f_o = \dfrac{1}{2\pi\sqrt{6}RC}$

起振条件   放大器 A 的电压放大倍数 $|\dot{A}| > 29$

电路特点简便，但选频作用差，振幅不稳，频率调节不便，一般用于频率固定且稳定性要求不高的场合。

　　频率范围：几赫至数十千赫。

　　2. RC 串并联网络(文氏桥)振荡器。

　　电路如图 2.10.2 所示。

振荡频率　　　$f_o = \dfrac{1}{2\pi RC}$

起振条件　　　$|\dot{A}| > 3$

　　3. 双 T 选频网络振荡器。

　　电路如图 2.10.3 所示。

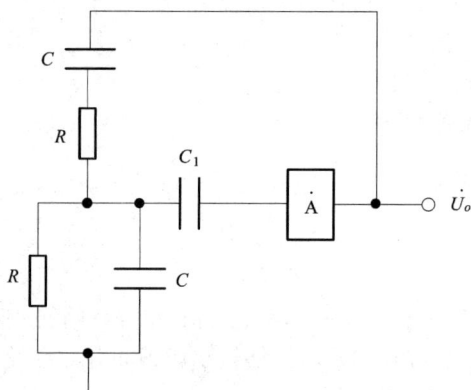

图 2.10.2　RC 串并联网络振荡器原理图　　　图 2.10.3　双 T 选频网络振荡器原理图

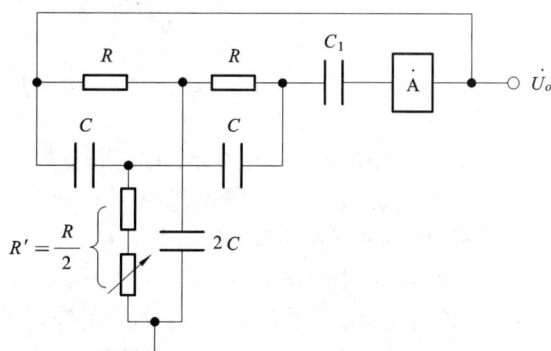

振荡频率　　　$f_o = \dfrac{1}{5RC}$

起振条件　　　$R' < \dfrac{R}{2}$　　　$|\dot{A}\dot{F}| > 1$

电路特点　　　选频特性好，调频困难，适于产生单一频率的振荡。

注：本实验采用两级共射极分立元件放大器组成 RC 正弦波振荡器。

三、实验设备与器件

1. +12 V 直流电源；　　　　2. 函数信号发生器；

3. 双踪示波器；　　　　　　4. 频率计；

5. 直流电压表；　　　　　　6. 3DG12×2 或 9013×2、电阻、电容、电位器等。

四、实验内容

1. RC 串并联选频网络振荡器。

(1)按图 2.10.4 组接线路。

(2)断开 RC 串并联网络，测量放大器静态工作点及电压放大倍数。

(3)接通 RC 串并联网络，并使电路起振，用示波器观测输出电压 u_o 波形，调节 R_f 获得满意的正弦信号，记录波形及其参数。

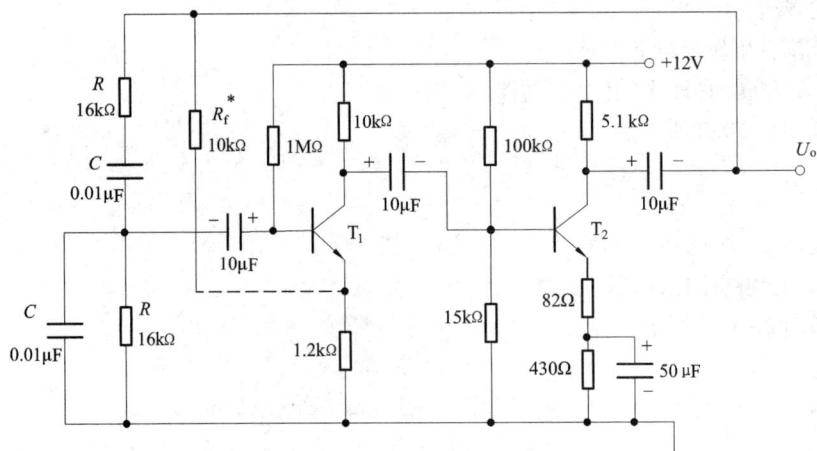

图 2.10.4 *RC* 串并联选频网络振荡器

(4)测量振荡频率,并与计算值进行比较。

(5)改变 *R* 或 *C* 值,观察振荡频率变化情况。

(6)*RC* 串并联网络幅频特性的观察。

将 *RC* 串并联网络与放大器断开,用函数信号发生器的正弦信号注入 *RC* 串并联网络,保持输入信号的幅度不变(约 3 V),频率由低到高变化,*RC* 串并联网络输出幅值将随之变化,当信号源达某一频率时,*RC* 串并联网络的输出将达最大值(约 1 V 左右),且输入、输出同相位,此时信号源频率为

$$f = f_o = \frac{1}{2\pi RC}$$

2. 双 T 选频网络振荡器。

(1)按图 2.10.5 组接线路。

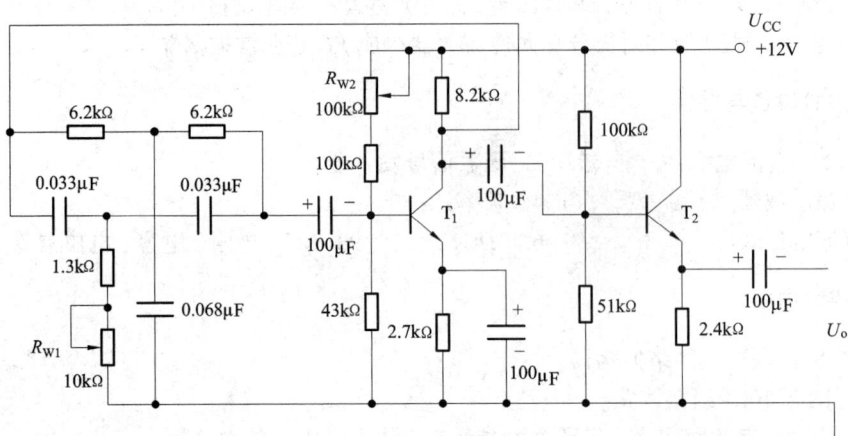

图 2.10.5 双 T 网络 *RC* 正弦波振荡器

（2）断开双 T 网络，调试 T_1 管静态工作点，使 U_{C1} 为 6~7 V。

（3）接入双 T 网络，用示波器观察输出波形。若不起振，调节 R_{W1}，使电路起振。

（4）测量电路振荡频率，并与计算值比较。

*3. RC 移相式振荡器的组装与调试。

（1）按图 2.10.6 组接线路。

（2）断开 RC 移相电路，调整放大器的静态工作点，测量放大器电压放大倍数。

（3）接通 RC 移相电路，调节 R_{B2} 使电路起振，并使输出波形幅度最大，用示波器观测输出电压 u_o 波形，同时用频率计和示波器测量振荡频率，并与理论值比较。

* 参数自选，时间不够可不做。

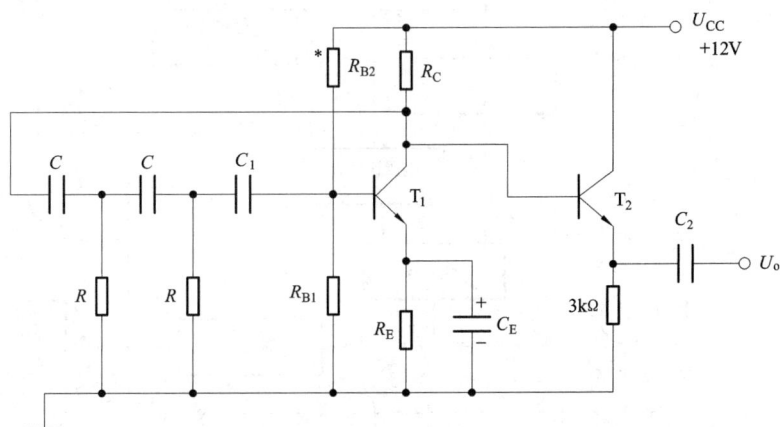

图 2.10.6 RC 移相式振荡器

五、实验总结

1. 由给定电路参数计算振荡频率，并与实测值比较，分析误差产生的原因。
2. 总结三类 RC 振荡器的特点。

六、预习要求

1. 复习教材有关三种类型 RC 振荡器的结构与工作原理。
2. 计算三种实验电路的振荡频率。
3. 如何用示波器来测量振荡电路的振荡频率。

实验 2.11　函数信号发生器的组装与调试

一、实验目的

1. 了解单片多功能集成电路函数信号发生器的功能及特点。
2. 进一步掌握波形参数的测试方法。

二、实验原理

1. ICL8038 是单片集成函数信号发生器,其内部框图如图 2.11.1 所示。它由恒流源 I_1 和 I_2、电压比较器 A 和 B、触发器、缓冲器和三角波变正弦波电路等组成。

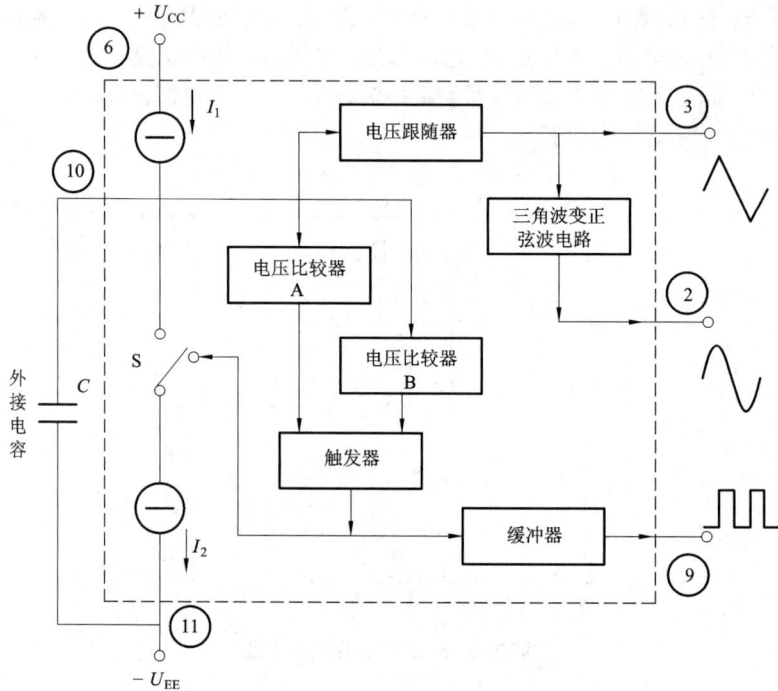

图 2.11.1　ICL8038 原理框图

外接电容 C 由两个恒流源充电和放电,电压比较器 A、B 的阈值分别为电源电压(指 U_{CC} +U_{EE})的 2/3 和 1/3。恒流源 I_1 和 I_2 的大小可通过外接电阻调节,但必须 $I_2 > I_1$。当触发器的输出为低电平时,恒流源 I_2 断开,恒流源 I_1 给 C 充电,它的两端电压 u_C 随时间线性上升,当 u_C 达到电源电压的 2/3 时,电压比较器 A 的输出电压发生跳变,使触发器输出由低电平变为高电平,恒流源 I_2 接通,由于 $I_2 > I_1$(设 $I_2 = 2I_1$),恒流源 I_2 将电流 $2I_1$ 加到 C 上反充电,相当于 C 由一个净电流 I 放电,C 两端的电压 u_C 又转为直线下降。当它下降到电源电压的 1/3 时,电压比较器 B 的输出电压发生跳变,使触发器的输出由高电平跳变为原来的低电平,恒流源 I_2 断开,I_1 再给 C 充电…如此周而复始,产生振荡。若调整电路,使 $I_2 = 2I_1$,则触发器输出为方波,经反相缓冲器由管脚⑨输出方波信号。C 上的电压 u_C,上升与下降时间相等,为三角波,经电压跟随器从管脚③输出三角波信号。将三角波变成正弦波是经过一个非线性的变换网络(正弦波变换器)而得以实现,在这个非线性网络中,当三角波电位向两端顶点摆动时,网络提供的交流通路阻抗会减小,这样就使三角波的两端变为平滑的正弦波,从管脚②输出。

实验电路如图 2.11.3 所示。

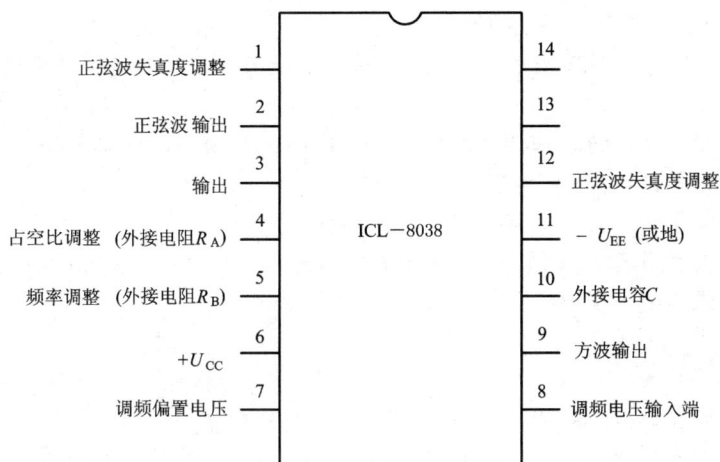

图 2.11.2 ICL8038 管脚图

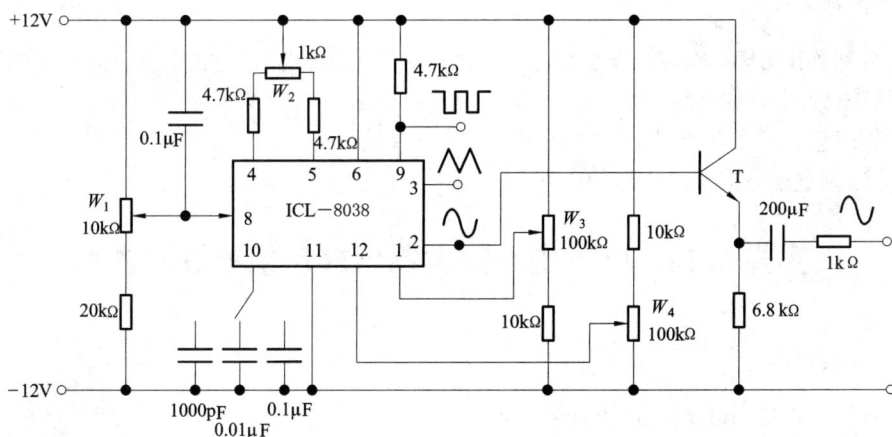

图 2.11.3 ICL8038 实验电路图

三、实验设备与器件

1. ±12 V 直流电源；   2. 双踪示波器；

3. 频率计；   4. 直流电压表；

5. ICL8038；   6. 晶体三极管 3DG12×1(9013)、电位器、电阻器、电容器等。

四、实验内容

1. 按图 2.11.3 所示的电路图组装电路，取 $C = 0.01$ μF，W_1、W_2、W_3、W_4 均置中间位置。

2. 调整电路，使其处于振荡，产生方波，通过调整电位器 W_2，使方波的占空比达到 50%。

3. 保持方波的占空比为 50%不变,用示波器观测 ICL8038 正弦波输出端的波形,反复调整 W_3、W_4,使正弦波不产生明显的失真。

4. 调节电位器 W_1,使输出信号从小到大变化,记录管脚 8 的电位及测量输出正弦波的频率,列表记录之。

5. 改变外接电容 C 的值(取 $C=0.1$ pF 和 1000 pF),观测三种输出波形,并与 $C=0.01$ μF 时测得的波形作比较,有何结论?

6. 改变电位器 W_2 的值,观测三种输出波形,有何结论?

7. 如有失真度测试仪,则测出 C 分别为 0.1 μF,0.01 μF 和 1000 pF 时的正弦波失真系数 r 值(一般要求该值小于 3%)。

五、预习要求

1. 翻阅有关 ICL8038 的资料,熟悉管脚的排列及其功能。

2. 如果改变了方波的占空比,试问此时三角波和正弦波输出端将会变成怎样的一个波形?

六、实验总结

1. 分别画出 $C=0.1$ μF,$C=0.01$ μF $=1000$ pF 时所观测到的方波、三角波和正弦波的波形图,从中得出什么结论。

2. 列表整理 C 取不同值时三种波形的频率和幅值。

组装、调整函数信号发生器的心得、体会。

实验 2.12 低频功率放大器(OTL 功率放大器)

一、实验目的

1. 进一步理解 OTL 功率放大器的工作原理。

2. 学会 OTL 电路的调试及主要性能指标的测试方法。

二、实验原理

图 2.12.1 所示为 OTL 低频功率放大器。其中由晶体三极管 T_1 组成推动级(也称前置放大级),T_2、T_3 是一对参数对称的 NPN 和 PNP 型晶体三极管,它们组成互补推挽 OTL 功放电路。由于每一个管子都接成射极输出器形式,因此具有输出电阻低,负载能力强等优点,适合于作功率输出级。T_1 管工作于甲类状态,它的集电极电流 I_{C1} 由电位器 R_{W1} 进行调节。I_{C1} 的一部分流经电位器 R_{W2} 及二极管 D,给 T_2、T_3 提供偏置。调节 R_{W2},可以使 T_2、T_3 得到合适的静态电流而工作于甲、乙类状态,以克服交越失真。静态时要求输出端中点 A 的电位 U_A $=\frac{1}{2}U_{CC}$,可以通过调节 R_{W1} 来实现,又由于 R_{W1} 的一端接在 A 点,因此在电路中引入交、直流电压并联负反馈,一方面能够稳定放大器的静态工作点,同时也改善了非线性失真。

当输入正弦交流信号 U_i 时,经 T_1 放大、倒相后同时作用于 T_2、T_3 的基极,U_i 的负半周

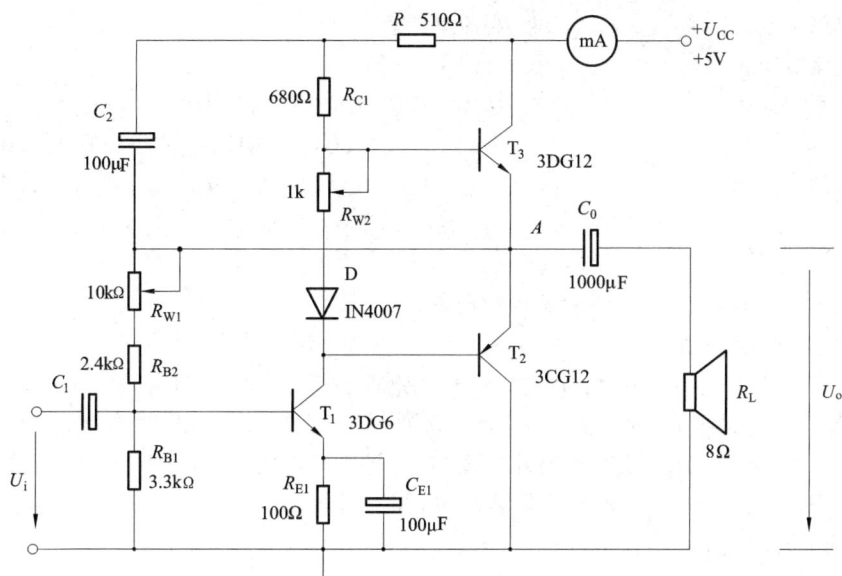

图 2.12.1 OTL 功率放大器实验电路

使 T_2 管导通(T_3 管截止),有电流通过负载 R_L,同时向电容 C_0 充电,在 U_i 的正半周,T_3 导通(T_2 截止),则已充好电的电容器 C_0 起着电源的作用,通过负载 R_L 放电,这样在 R_L 上就得到完整的正弦波。

C_2 和 R 构成自举电路,用于提高输出电压正半周的幅度,以得到大的动态范围。

OTL 电路的主要性能指标

1. 最大不失真输出功率 P_{om}。

理想情况下,$P_{om} = \dfrac{1}{8} \dfrac{U_{CC}^2}{8R_L}$,在实验中可通过测量 R_L 两端的电压有效值,来求得实际的

$P_{om} = \dfrac{U_o^2}{R_L}$。

2. 效率 η。

$$\eta = \frac{P_{om}}{P_E}$$

式中:P_E——直流电源供给的平均功率。

理想情况下,$\eta_{max} = 78.5\%$。在实验中,可测量电源供给的平均电流 I_{dC},从而求得 $P_E = U_{CC} \cdot I_{dC}$,负载上的交流功率已用上述方法求出,因而也就可以计算实际效率了。

3. 频率响应。

详见实验一有关部分内容。

4. 输入灵敏度。

输入灵敏度是指输出最大不失真功率时,输入信号 U_i 之值。

三、实验设备与器件

1. +5 V 直流电源;　　　　2. 函数信号发生器;

3. 双踪示波器；　　　　　　　　4. 交流毫伏表；

5. 直流电压表；　　　　　　　　6. 直流毫安表；

7. 频率计；　　　　　　　　　　8. 晶体三极管 3DG6（9011）3DG12（9013），

　　　　　　　　　　　　　　　　　3CG12（9012）晶体二极管 IN4007，

　　　　　　　　　　　　　　　　　8 Ω 扬声器、电阻器、电容器若干。

四、实验内容

在整个测试过程中，电路不应有自激现象。

1. 静态工作点的测试。

按图 2.12.1 连接实验电路，将输入信号旋钮旋至零（$u_i = 0$），电源进线中串入直流毫安表，电位器 R_{W2} 置最小值，R_{W1} 置中间位置。接通+5 V 电源，观察毫安表指示，同时用手触摸输出级管子，若电流过大，或管子温升显著，应立即断开电源检查原因（如 R_{W2} 开路，电路自激，或输出管性能不好等）。如无异常现象，可开始调试。

（1）调节输出端中点电位 U_A。

调节电位器 R_{W1}，用直流电压表测量 A 点电位，使 $U_A = \dfrac{1}{2} U_{CC}$。

（2）调整输出级静态电流及测试各级静态工作点。

调节 R_{W2}，使 T_2、T_3 管的 $I_{C2} = I_{C3} = 5 \sim 10$ mA。从减小交越失真角度而言，应适当加大输出级静态电流，但该电流过大，会使效率降低，所以一般以 5～10 mA 左右为宜。由于毫安表是串在电源进线中，因此测得的是整个放大器的电流，但一般 T_1 的集电极电流 I_{C1} 较小，从而可以把测得的总电流近似当作末级的静态电流。如要准确得到末级静态电流，则可从总电流中减去 I_{C1} 之值。

调整输出级静态电流的另一方法是动态调试法。先使 $R_{W2} = 0$，在输入端接入 $f = 1$ kHz 的正弦信号 u_i。逐渐加大输入信号的幅值，此时，输出波形应出现较严重的交越失真（注意：没有饱和和截止失真），然后缓慢增大 R_{W2}，当交越失真刚好消失时，停止调节 R_{W2}，恢复 $u_i = 0$，此时直流毫安表读数即为输出级静态电流。一般数值也应在 5～10 mA 左右，如过大，则要检查电路。

输出级电流调好以后，测量各级静态工作点，记入表 2.12.1。

表 2.12.1　$I_{C2} = I_{C3} = $ 　 mA　$U_A = 2.5$ V

	T_1	T_2	T_3
U_B/V			
U_C/V			
U_E/V			

注意：

①在调整 R_{W2} 时，一是要注意旋转方向，不要调得过大，更不能开路，以免损坏输出管。

②输出管静态电流调好，如无特殊情况，不得随意旋动 R_{W2} 的位置。

2. 最大输出功率 P_{om} 和效率 η 的测试。

（1）测量 P_{om}。

输入端接入 $f=1\,kHz$ 的正弦信号 u_i，输出端用示波器观察输出电压 u_o 波形。逐渐增大 u_i，使输出电压达到最大不失真输出，用交流毫伏表测出负载 R_L 上的电压 U_{om}，则

$$P_{om}=\frac{U_{om}^2}{R_L}$$

（2）测量 η。

当输出电压为最大不失真输出时，读出直流毫安表中的电流值，此电流即为直流电源供给的平均电流 I_{dC}（有一定误差），由此可近似求得 $P_E=U_{CC}I_{dC}$，再根据上面测得的 P_{om}，即可求出 $\eta=\dfrac{P_{om}}{P_E}$。

3. 输入灵敏度测试。

根据输入灵敏度的定义，只要测出输出功率 $P_o=P_{om}$ 时的输入电压值 U_i 即可。

4. 频率响应的测试。

测试方法同实验二，记入表 2.12.2。

表 2.12.2 $U_i=(\quad)\,mV$

			f_L		f_o		f_H	
f /Hz					1000			
U_o/V								
A_V								

在测试时，为保证电路的安全，应在较低电压下进行，通常取输入信号为输入灵敏度的 50%。在整个测试过程中，应保持 U_i 为恒定值，且输出波形不得失真。

5. 研究自举电路的作用。

（1）测量有自举电路，且 $P_o=P_{omax}$ 时的电压增益 $A_V=\dfrac{U_{om}}{U_i}$

（2）将 C_2 开路，R 短路（无自举），再测量 $P_o=P_{omax}$ 的 A_V。

用示波器观察（1）、（2）两种情况下的输出电压波形，并将以上两项测量结果进行比较，分析研究自举电路的作用。

6. 噪声电压的测试。

测量时将输入端短路（$u_i=0$），观察输出噪声波形，并用交流毫伏表测量输出电压，即为噪声电压 U_N，本电路若 $U_N<15\,mV$，即满足要求。

7. 试听。

输入信号改为录音机输出，输出端接试听音箱及示波器。开机试听，并观察语言和音乐信号的输出波形。

五、实验总结

1. 整理实验数据，计算静态工作点、最大不失真输出功率 P_{om}、效率 η 等，并与理论值

进行比较。画频率响应曲线。

2. 分析自举电路的作用。

讨论实验中发生的问题及解决办法。

六、预习要求

1. 复习有关 OTL 工作原理部分内容。

2. 为什么引入自举电路能够扩大输出电压的动态范围？

3. 交越失真产生的原因是什么？怎样克服交越失真？

4. 电路中电位器 R_{W2} 如果开路或短路，对电路工作有何影响？

5. 为了不损坏输出管，调试中应注意什么问题？

6. 如电路有自激现象，应如何消除？

实验 2.13   低频功率放大器(集成功率放大器)

一、实验目的

1. 了解功率放大集成块的应用。

2. 学习集成功率放大器基本技术指标的测试。

二、实验原理

集成功率放大器由集成功放块和一些外部阻容元件构成。它具有线路简单，性能优越，工作可靠，调试方便等优点，已经成为在音频领域中应用十分广泛的功率放大器。

电路中最主要的组件为集成功放块，它的内部电路与一般分立元件功率放大器不同，通常包括前置级、推动级和功率级等几部分。有些还具有一些特殊功能(消除噪声、短路保护等)的电路。其电压增益较高(不加负反馈时，电压增益达 70~80 dB，加典型负反馈时电压增益在 40 dB 以上)。

集成功放块的种类很多，本实验采用的集成功放块型号为 LA4112，它的内部电路如图 2.13.1 所示，由三级电压放大、一级功率放大以及偏置、恒流、反馈、退耦电路组成。

1. 电压放大级。

第一级选用由 T_1 和 T_2 管组成的差动放大器，这种直接耦合的放大器零漂较小，第二级的 T_3 管完成直接耦合电路中的电平移动，T_4 是 T_3 管的恒流源负载，以获得较大的增益；第三级由 T_6 管等组成，此级增益最高，为防止出现自激振荡，需在该管的 B、C 级之间外接消振电容。

2. 功率放大级。

由 $T_8 \sim T_{13}$ 等组成复合互补推挽电路。为提高输出级增益和正向输出幅度，需外接"自举"电容。

3. 偏置电路。

为建立各级合适的静态工作点而设立。

除上述主要部分外，为了使电路工作正常，还需要和外部元件一起构成反馈电路来稳定

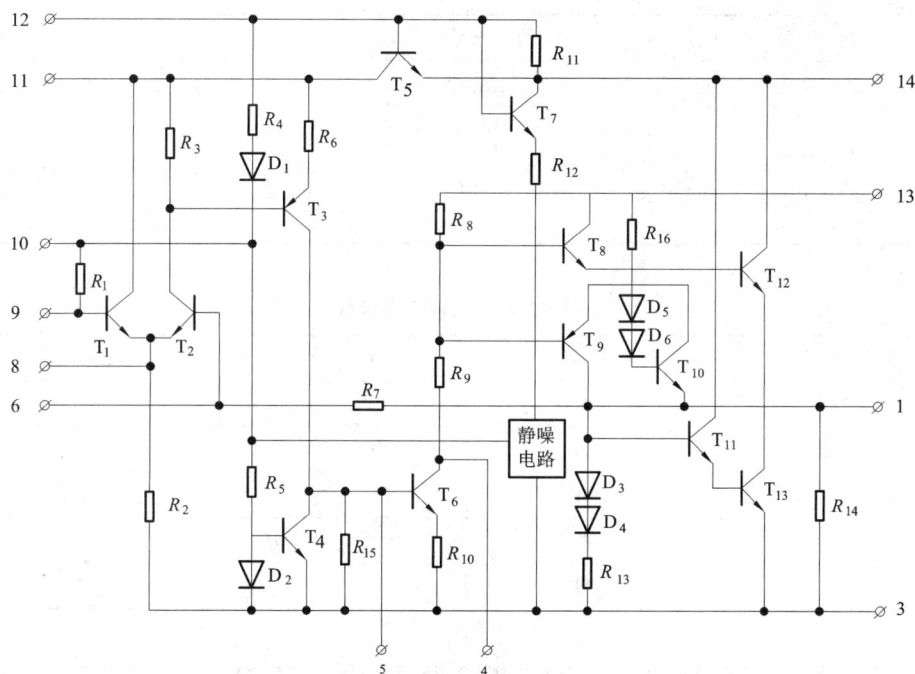

图 2.13.1 LA4112 内部电路图

和控制增益。同时，还设有退耦电路来消除各级间的不良影响。

LA4112 集成功放块是一种塑料封装十四脚的双列直插器件。它的外形如图 2.13.2 所示。表 2.13.1、图 2.13.2 是它的极限参数和电参数。

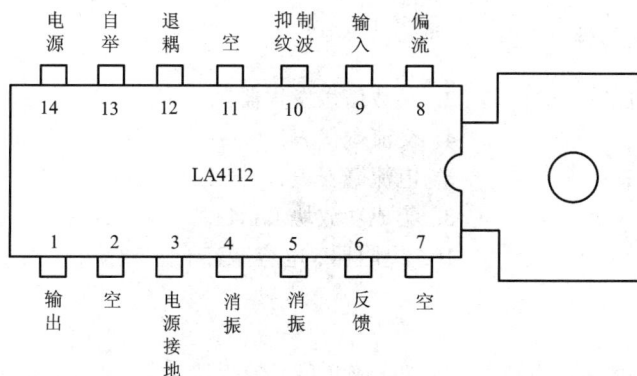

图 2.13.2 LA4112 外形及管脚排列图

与 LA4112 集成功放块技术指标相同的国内外产品还有 FD403、FY4112、D4112 等，可以互相替代使用。

表 2.13.1 LA4112 极限参数

参　　数	符号与单位	额　定　值
最大电源电压	U_{CCmax}/V	13(有信号时)
允许功耗	P_o/W	1.2
		2.25(50 mm×50 mm 铜箔散热片)
工作温度	$T_{opr}/℃$	−20~+70

表 2.13.2 LA4112 电参数

参　　数	符号与单位	测试条件	典 型 值
工作电压	U_{CC}/V		9
静态电流	I_{CCQ}/mA	$U_{CC}=9\ V$	15
开环电压增益	A_{VO}/dB		70
输出功率	P_o/W	$R_L=4\ \Omega,\ f=1\ kHz$	1.7
输入阻抗	$R_i/k\Omega$		20

集成功率放大器 LA4112 的应用电路如图 2.13.3 所示,该电路中各电容和电阻的作用简要说明如下:

C_1、C_9——输入、输出耦合电容,隔直作用。

C_2 和 R_f——反馈元件,决定电路的闭环增益。

C_3、C_4、C_8——滤波、退耦电容。

C_5、C_6、C_{10}——消振电容,消除寄生振荡。

C_7——自举电容,若无此电容,将出现输出波形半边被削波的现象。

三、实验设备与器件

1. +9 V 直流电源;　　　　　　2. 函数信号发生器;

3. 双踪示波器;　　　　　　　　4. 交流毫伏表;

5. 直流电压表;　　　　　　　　6. 电流毫安表;

7. 频率计;　　　　　　　　　　8. 集成功放块 LA4112。

9. 8 Ω 扬声器;　　　　　　　　10. 电阻器、电容器若干。

四、实验内容

按图 2.13.3 连接实验电路,输入端接函数信号发生器,输出端接扬声器。

1. 静态测试。

将输入信号旋钮旋至零,接通+9 V 直流电源,测量静态总电流及集成块各引脚对地电压,记入自拟表格中。

2. 动态测试。

(1)最大输出功率。

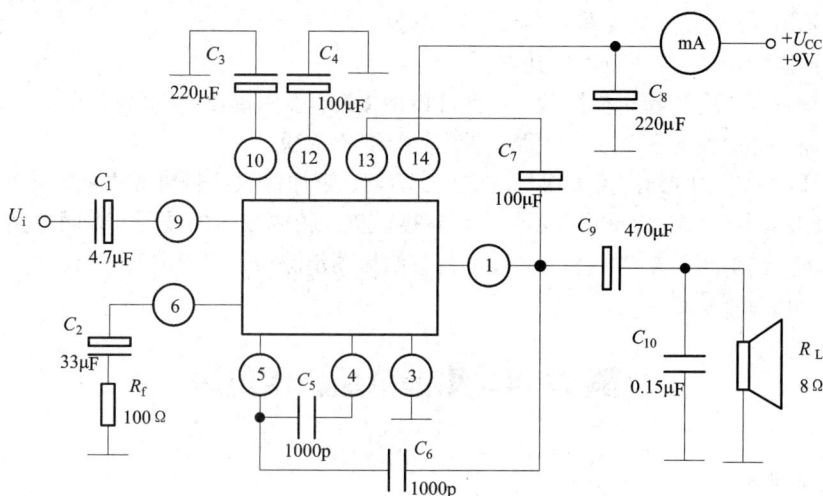

图 2.13.3　由 LA4112 构成的集成功放实验电路

A. 接入自举电容 C_7

输入端接 1 kHz 正弦信号，输出端用示波器观察输出电压波形，逐渐加大输入信号幅度，使输出电压为最大不失真输出，用交流毫伏表测量此时的输出电压 U_{om}，则最大输出功率

$$P_{om} = \frac{U_{om}^2}{R_L}$$

B. 断开自举电容 C_7

观察输出电压波形变化情况。

（2）输入灵敏度。

要求 $U_i < 100$ mV，测试方法同实验 2.12。

（3）频率响应。

测试方法同实验 2.12。

（4）噪声电压。

要求 $U_N < 2.5$ mV，测试方法同实验 2.12。

五、实验总结

1. 整理实验数据，并进行分析。
2. 画频率响应曲线。
3. 讨论实验中发生的问题及解决办法。

六、预习要求

1. 复习有关集成功率放大器部分内容。
2. 若将电容 C_7 除去，将会出现什么现象？
3. 若在无输入信号时，从接在输出端的示波器上观察到频率较高的波形，正常否？如何消除?

4. 如何由+12 V 直流电源获得+9 V 直流电源?

5. 进行本实验时,应注意以下几点:

(1)电源电压不允许超过极限值,不允许极性接反,否则集成块将遭损坏。

(2)电路工作时绝对避免负载短路,否则将烧毁集成块。

(3)接通电源后,时刻注意集成块的温度,有时,未加输入信号集成块就发热过甚,同时直流毫安表指示出较大电流及示波器显示出幅度较大、频率较高的波形,说明电路有自激现象,应即关机,然后进行故障分析,处理。待自激振荡消除后,才能重新进行实验。

(4)输入信号不要过大。

实验 2.14　集成直流稳压电源

一、实验目的

1. 研究集成稳压器的特点和性能指标的测试方法。
2. 了解集成稳压器扩展性能的方法。

二、实验原理

随着半导体工艺的发展,稳压电路也制成了集成器件。由于集成稳压器具有体积小,外接线路简单、使用方便、工作可靠和通用性等优点,因此在各种电子设备中应用十分普遍,基本上取代了由分立元件构成的稳压电路。集成稳压器的种类很多,应根据设备对直流电源的要求来进行选择。对于大多数电子仪器、设备和电子电路来说,通常是选用串联线性集成稳压器。而在这种类型的器件中,又以三端式稳压器应用最为广泛。

W7800、W7900 系列三端式集成稳压器的输出电压是固定的,在使用中不能进行调整。W7800 系列三端式稳压器输出正极性电压,一般有 5 V、6 V、9 V、12 V、15 V、18 V、24 V 七个挡次,输出电流最大可达 1.5 A(加散热片)。同类型 78M 系列稳压器的输出电流为 0.5 A,78L 系列稳压器的输出电流为 0.1 A。若要求负极性输出电压,则可选用 W7900 系列稳压器。

图 2.14.1 为 W7800 系列的外形和接线图。

它有三个引出端

输入端(不稳定电压输入端)	标以"1"
输出端(稳定电压输出端)	标以"3"
公共端	标以"2"

除固定输出三端稳压器外,尚有可调式三端稳压器,后者可通过外接元件对输出电压进行调整,以适应不同的需要。

本实验所用集成稳压器为三端固定正稳压器 W7812,它的主要参数有:输出直流电压 U_o =+12 V,输出电流 L: 0.1 A, M: 0.5 A,电压调整率 10 mV/V,输出电阻 R_o=0.15 Ω,输入电压 U_I 的范围 15~17 V。因为一般 U_I 要比 U_o 大 3~5 V,才能保证集成稳压器工作在线性区。

图 2.14.2 是用三端式稳压器 W7812 构成的单电源电压输出串联型稳压电源的实验电路图。其中整流部分采用了由四个二极管组成的桥式整流器成品(又称桥堆),型号为 2W06

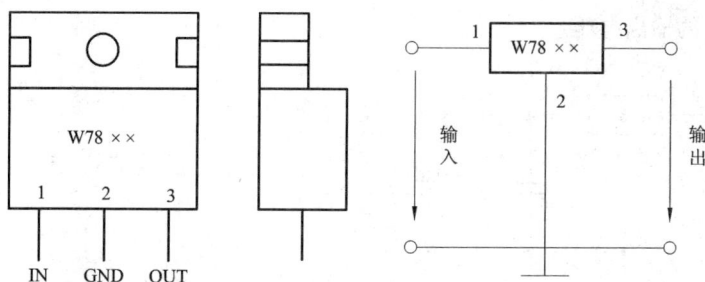

图 2.14.1 W7800 系列外形及接线图

（或 KBP306），内部接线和外部管脚引线如图 2.14.3 所示。滤波电容 C_1、C_2 一般选取几百~几千微法。当稳压器距离整流滤波电路比较远时，在输入端必须接入电容器 C_3（数值为 0.33 μF），以抵消线路的电感效应，防止产生自激振荡。输出端电容 C_4（0.1 μF）用以滤除输出端的高频信号，改善电路的暂态响应。

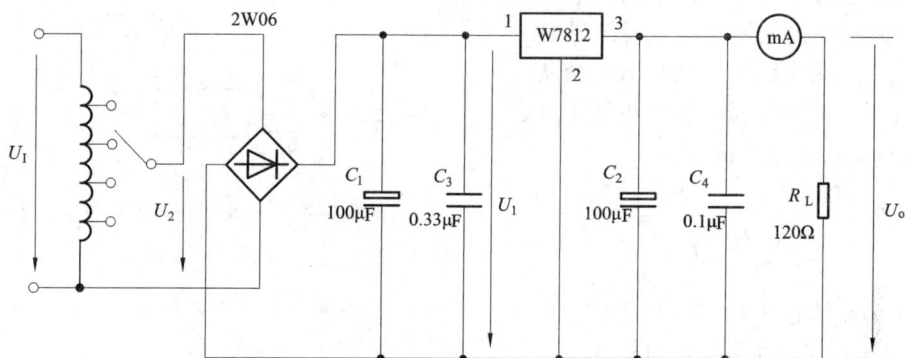

图 2.14.2 由 W7812 构成的串联型稳压电源

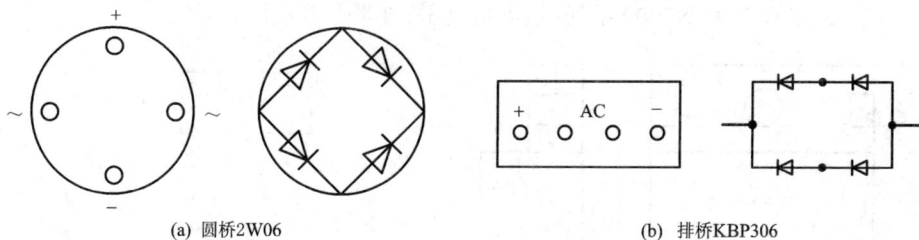

(a) 圆桥2W06　　　　　　　　　(b) 排桥KBP306

图 2.14.3 桥堆管脚图

图 2.14.4 为正、负双电压输出电路，例如需要 $U_{o1} = +15$ V，$U_{o2} = -15$ V，则可选用 W7815 和 W7915 三端稳压器，这时的 U_1 应为单电压输出时的两倍。

当集成稳压器本身的输出电压或输出电流不能满足要求时，可通过外接电路来进行性能扩展。图 2.14.5 是一种简单的输出电压扩展电路。如 W7812 稳压器的 3、2 端间输出电压为

12 V，因此只要适当选择 R 的值，使稳压管 D_W 工作在稳压区，则输出电压 $U_o = 12 + U_Z$，可以高于稳压器本身的输出电压。

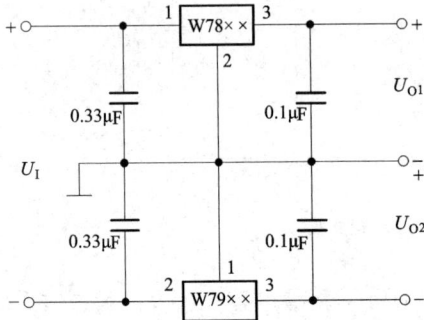

图 2.14.4　正、负双电压输出电路

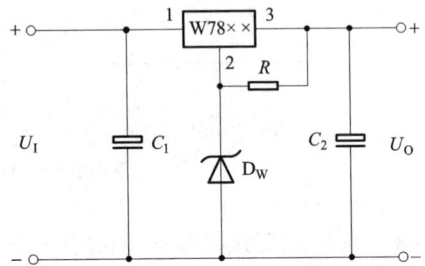

图 2.14.5　输出电压扩展电路

图 2.14.6 是通过外接晶体管 T 及电阻 R_1 来进行电流扩展的电路。电阻 R_1 的阻值由外接晶体管的发射结导通电压 U_{BE}、三端式稳压器的输入电流 I_i（近似等于三端稳压器的输出电流 I_{o1}）和 T 的基极电流 I_B 来决定，即

$$R_1 = \frac{U_{BE}}{I_R} = \frac{U_{BE}}{I_i - I_B} = \frac{U_{BE}}{I_{o1} - \dfrac{I_C}{\beta}}$$

式中：I_C 为晶体管 T 的集电极电流，它应等于 $I_C = I_0 - I_{o1}$；β 为 T 的电流放大系数；对于锗管 U_{BE} 可按 0.3 V 估算，对于硅管 U_{BE} 按 0.7 V 估算。

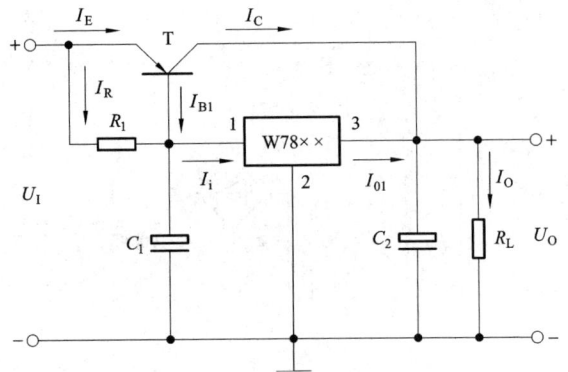

图 2.14.6　输出电流扩展电路

附：(1)图 2.14.7 为 W7900 系列(输出负电压)外形及接线图。

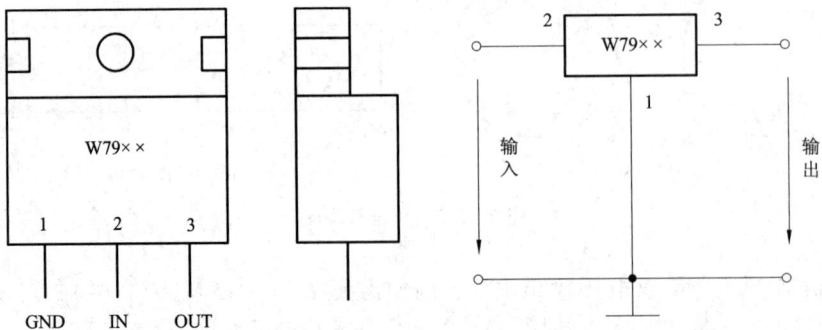

图 2.14.7　W7900 系列外形及接线图

（2）图 2.14.8 为可调输出正三端稳压器 W317 外形及接线图。

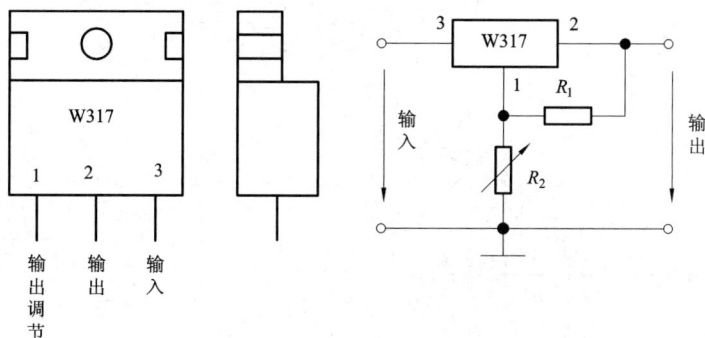

图 2.14.8　W317 外形及接线图

输出电压计算公式　　$U_o \approx 1.25(1+\dfrac{R_2}{R_1})$ （V）

最大输入电压　　　　$U_{Im} = 40$ （V）
输出电压范围　　　　$U_o = 1.2 \sim 37$ （V）

三、实验设备与器件

1. 可调工频电源；　　　　　　2. 双踪示波器；
3. 交流毫伏表；　　　　　　　4. 直流电压表；
5. 直流毫安表；　　　　　　　6. 三端稳压器 W7812、W7815、W7915；
7. 桥堆 2W06(或 KBP306)，电阻器、电容器若干。

四、实验内容

1. 整流滤波电路测试。

按图 2.14.9 连接实验电路，取可调工频电源 14 V 电压作为整流电路输入电压 u_2。接通工频电源，测量输出端直流电压 U_L 及纹波电压 $\tilde{U}_L$，用示波器观察 u_2，u_L 的波形，把数据及波形记入自拟表格中。

2. 集成稳压器性能测试。

断开工频电源，按图 2.14.2 改接实验电路，取负载电阻 $R_L = 120$ Ω。

（1）初测。

接通工频 14 V 电源，测量 U_2 值；测量滤波电路输出电压 U_I(稳压器输入电压)，集成稳压器输出电压 U_o，它们的数值应与理论值大致符合，否则说明电路出了故障。设法查找故障并加以排除。

电路经初测进入正常工作状态后，才能进行各项指标的测试。

（2）各项性能指标测试。

①输出电压 U_o 和最大输出电流 I_{omix} 的测量。

在输出端接负载电阻 $R_L = 120$ Ω，由于 W7812 输出电压 $U_o = 12$ V，因此流过 R_L 的电流 $I_{omix} = \dfrac{12}{120} = 100$ mA。这时 U_o 应基本保持不变，若变化较大则说明集成块性能不良。

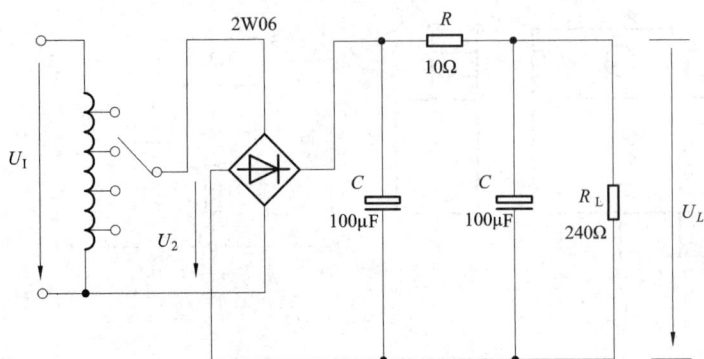

图 2.14.9   整流滤波电路

②稳压系数 S 的测量。

③输出电阻 R_o 的测量。

④输出纹波电压的测量。

②、③、④的测试方法同实验 2.10，把测量结果记入自拟表格中。

*（3）集成稳压器性能扩展。

根据实验器材，选取图 2.14.4、图 2.14.5 或图 2.14.8 中各元器件，并自拟测试方法与表格，记录实验结果。

五、实验总结

1. 整理实验数据，计算 S 和 R_o，并与手册上的典型值进行比较。

2. 分析讨论实验中发生的现象和问题。

六、预习要求

1. 复习教材中有关集成稳压器部分内容。

2. 列出实验内容中所要求的各种表格。

3. 在测量稳压系数 S 和内阻 R_o 时，应怎样选择测试仪表？

实验 2.15   温度监测及控制电路

一、实验目的

1. 学习由双臂电桥和差动输入集成运放组成的桥式放大电路。

2. 掌握滞回比较器的性能和调试方法。

3. 学会系统测量和调试。

二、实验原理

实验电路如图 2.15.1 所示，它是由负温度系数电阻特性的热敏电阻（NTC 元件）R_t 为一臂组成测温电桥，其输出经测量放大器放大后由滞回比较器输出"加热"与"停止"信号，经三极管放大后控制加热器"加热"与"停止"。改变滞回比较器的比较电压 U_R 即改变控温的范围，而控温的精度则由滞回比较器的滞回宽度确定。

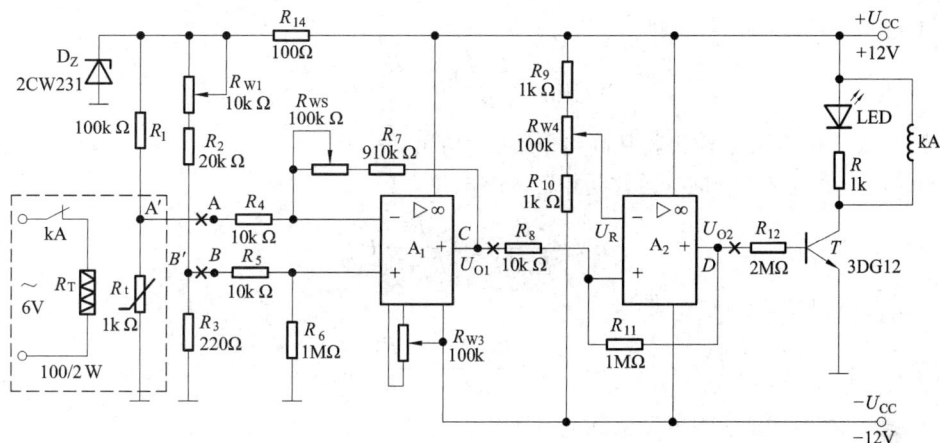

图 2.15.1　温度监测及控制实验电路

1. 测温电桥。

由 R_1、R_2、R_3、R_{W1} 及 R_t 组成测温电桥，其中 R_t 是温度传感器。其呈现出的阻值与温度成线性变化关系且具有负温度系数，而温度系数又与流过它的工作电流有关。为了稳定 R_t 的工作电流，达到稳定其温度系数的目的，设置了稳压管 D_2。R_{W1} 可决定测温电桥的平衡。

2. 差动放大电路。

由 A_1 及外围电路组成的差动放大电路，将测温电桥输出电压 ΔU 按比例放大。其输出电压

$$U_{o1} = -\left(\frac{R_7 + R_{W2}}{R_4}\right) U_A + \left(\frac{R_4 + R_7 + R_{W2}}{R_4}\right)\left(\frac{R_6}{R_5 + R_6}\right) U_B$$

当 $R_4 = R_5$，$(R_7 + R_{W2}) = R_6$ 时

$$U_{o1} = \frac{R_7 + R_{W2}}{R_4}(U_B - U_A)$$

R_{W3} 用于差动放大器调零。

可见差动放大电路的输出电压 U_{o1} 仅取决于 2 个输入电压之差和外部电阻的比值。

3. 滞回比较器。

差动放大器的输出电压 U_{o1} 输入由 A_2 组成的滞回比较器。

滞回比较器的单元电路如图 2.15.2 所示，设比较器输出高电平为 U_{OH}，输

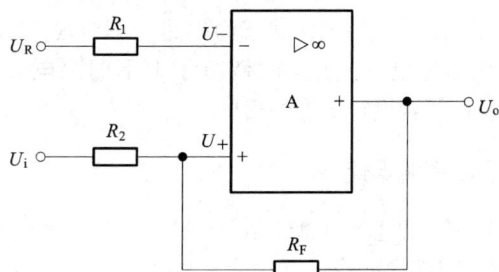

图 2.15.2　同相滞回比较器

出低电平为 U_{OL}，参考电压 U_R 加在反相输入端。

当输出为高电平 U_{OH} 时，运放同相输入端电位

$$u_{+H}=\frac{R_F}{R_2+R_F}u_i+\frac{R_2}{R_2+R_F}U_{OH}$$

当 u_i 减小到使 $u_{+H}=U_R$，即

$$u_i=u_{TL}=\frac{R_2+R_F}{R_F}U_R-\frac{R_2}{R_F}U_{OH}$$

此后，u_i 稍有减小，输出就从高电平跳变为低电平。

当输出为低电平 U_{OL} 时，运放同相输入端电位

$$u_{+L}=\frac{R_F}{R_2+R_F}u_i+\frac{R_2}{R_2+R_F}U_{OL}$$

当 u_i 增大到使 $u_{+L}=U_R$，即

$$u_i=U_{TH}=\frac{R_2+R_F}{R_F}U_R-\frac{R_2}{R_F}U_{OL}$$

此后，u_i 稍有增加，输出又从低电平跳变为高电平。

因此 U_{TL} 和 U_{TH} 为输出电平跳变时对应的输入电平，常称 U_{TL} 为下门限电平，U_{TH} 为上门限电平，而两者的差值

$$\Delta U_T=U_{TR}-U_{TL}=\frac{R_2}{R_F}(U_{OH}-U_{OL})$$

称为门限宽度，它们的大小可通过调节 R_2/R_F 的比值来调节。

图 2.15.3 为滞回比较器的电压传输特性。

由上述分析可见差动放大器输出电压 u_{o1} 经分压后 A_2 组成的滞回比较器，与反相输入端的参考电压 U_R 相比较。当同相输入端的电压信号大于反相输入端的电压时，A_2 输出正饱和电压，三极管 T 饱和导通。通过发光二极管 LED 的发光情况，可见负载的工作状态为加热。反之，为同相输入信号小于反相输入端电压时，A_2 输出负饱和电压，三极管 T 截止，LED 熄灭，负载的工作状态为停止。调节 R_{W4} 可改变参考电平，也同时调节了上下门限电平，从而达到设定温度的目的。

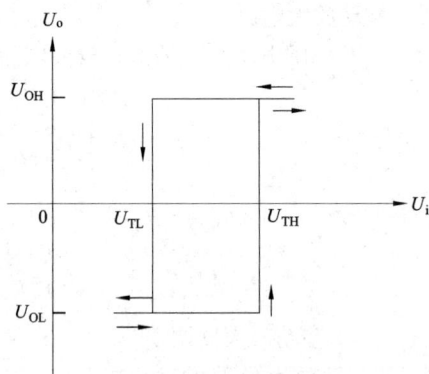

图 2.15.3 电压传输特性

三、实验设备

1. ±12 V 直流电源；　　　　　　2. 函数信号发生器；

3. 双踪示波器；　　　　　　　　4. 热敏电阻（NTC）；

5. 运算放大器 μA741×2、晶体三极管 3DG12、稳压管 2CW231、发光管 LED。

四、实验内容

按图 2.15.2 连接实验电路，各级之间暂不连通，形成各级单元电路，以便各单元分别进行调试。

1. 差动放大器。

差动放大电路如图 2.15.4 所示。它可实现差动比例运算。

(1)运放调零。将 A、B 两端对地短路，调节 R_{W3} 使 $U_o = 0$。

(2)去掉 A、B 端对地短路线。从 A、B 端分别加入不同的两个直流电平。

当电路中 $R_7 + R_{W2} = R_6$，$R_4 = R_5$ 时，其输出电压

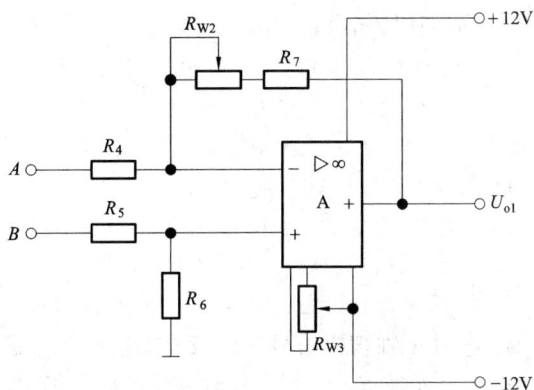

图 2.15.4　差动放大电路

$$U_o = \frac{R_7 + R_{W2}}{R_4}(U_B - U_A)$$

在测试时，要注意加入的输入电压不能太大，以免放大器输出进入饱和区。

(3)将 B 点对地短路，把频率为 100 Hz、有效值为 10 mV 的正弦波加入 A 点。用示波器观察输出波形。在输出波形不失真的情况下，用交流毫伏表测出 U_i 和 U_o 的电压。算得此差动放大电路的电压放大倍数 A。

2. 桥式测温放大电路。

将差动放大电路的 A、B 端与测温电桥的 A'、B' 端相连，构成一个桥式测温放大电路。

(1)在室温下使电桥平衡。

在实验室室温条件下，调节 R_{W1}，使差动放大器输出 $U_{o1} = 0$(注意：前面实验中调好的 R_{W3} 不能再动)。

(2)温度系数 $K(V/℃)$。

由于测温需升温槽，为使实验简易，可虚设室温 T 及输出电压 U_{o1}，温度系数 K 也定为一个常数，具体参数由读者自行填入表格内

表 2.15.1　温度系数的测量

温度 $T/℃$	室温/℃				
输出电压 U_{o1}/V	0				

从表 2.15.1 中可得到 $K = \Delta U / \Delta T$。

(3)桥式测温放大器的温度—电压关系曲线。

根据前面测温放大器的温度系数 K，可画出测温放大器的温度—电压关系曲线，实验时要标注相关的温度和电压的值，如图 2.15.4 所示。从图中可求得在其他温度时，放大器实际应输出的电压值。也可得到在当前室温时，U_{o1} 实际对应值 U_S。

（4）重调 R_{W1}，使测温放大器在当前室温下输出 U_S。即调 R_{W1}，使 $U_{o1} = U_S$。

3. 滞回比较器。

滞回比较器电路如图 2.15.5 所示。

（1）直流法测试比较器的上下门限电平。

首先确定参考电平 U_R 值。调 R_{W4}，使 $U_R = 2$ V。然后将可变的直流电压 U_i 加入比较器的输入端。比较器的输出电压 U_o 送入示波器 Y 输入端（将示波器的"输入耦合方式开关"置于"DC"，X 轴"扫描触发方式开关"置于"自动"）。改变直流输入电压 U_i 的大小，从示波器屏幕上观察到当 U_o 跳变时所对应的 U_i 值，即为上、下门限电平。

（2）交流法测试电压传输特性曲线。

将频率为 100 Hz，幅度 3 V 的正弦信号加入比较输入端，同时送入示波器的 X 轴输入端，作为 X 轴扫描信号。比较器的输出信号送入示波器的 Y 轴输入端。微调正弦信号的大小，可从示波器显示屏上得到完整的电压传输特性曲线。

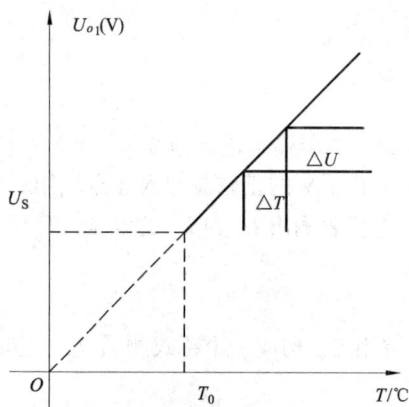

图 2.15.5　温度—电压关系曲线

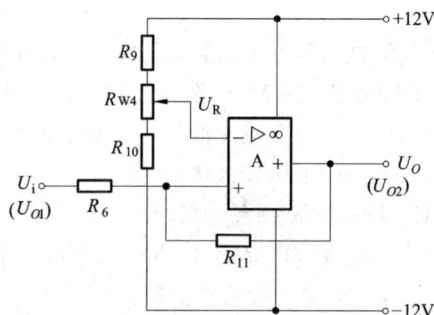

图 2.15.6　滞回比较器电路

4. 温度检测控制电路整机工作状况。

（1）按图 2.15.1 连接各级电路。（注意：可调元件 R_{W1}、R_{W2}、R_{W3} 不能随意变动。如有变动，必须重新进行前面内容。）

（2）根据所需检测报警或控制的温度 T，从测温放大器温度—电压关系曲线中确定对应的 U_{o1} 值。

（3）调节 R_{W4} 使参考电压 $U'_R = U_R = U_{o1}$

（4）用加热器升温，观察温升情况，直至报警电路动作报警（在实验电路中当 LED 发光时作为报警），记下动作时对应的温度值 t_1 和 U_{o11} 的值。

（5）用自然降温法使热敏电阻降温，记下电路解除时所对应的温度值 t_2 和 U_{o12} 的值。

（6）改变控制温度 T，重做（2）、（3）、（4）、（5）内容。把测试结果记入表 2.15.2。

根据 t_1 和 t_2 值，可得到检测灵敏度 $t_o = (t_2 - t_1)$。

注：实验中的加热装置可用一个 100 Ω/2W 的电阻 R_T 模拟，将此电阻靠近 R_t 即可。

五、实验总结

1. 整理实验数据，画出有关曲线、数据表格以及实验线路。
2. 用方格纸画出测温放大电路温度系数曲线及比较器电压传输特性曲线。
3. 实验中的故障排除情况及体会。

表 2.15.2

	设定温度 $T/℃$								
设定 电压	从曲线上查得 U_{o1}								
	U_R								
动作 温度	$T_1/℃$								
	$T_2/℃$								
动作 电压	U_{o11}/V								
	U_{o12}/V								

六、预习要求

阅读教材中有关集成运算放大器应用部分的章节。了解集成运算放大器构成的差动放大器等电路的性能和特点。

根据实验任务，拟出实验步骤及测试内容，画出数据记录表格。

依照实验线路板上集成运放插座的位置，从左到右安排前后各级电路。

画出元件排列及布线图。元件排列既要紧凑，又不能相碰，以便缩短连线，防止引入干扰。同时又要便于实验中测试方便。

思考并回答下列问题：

(1) 如果放大器不进行调零，将会引起什么结果？

(2) 如何设定温度检测控制点？

第三章 数字电路实验

实验 3.1 TTL 集成逻辑门的逻辑功能与参数测试

一、实验目的

1. 掌握 TTL 集成与非门的逻辑功能和主要参数的测试方法。
2. 掌握 TTL 器件的使用规则。
3. 进一步熟悉数字电路实验装置的结构、基本功能和使用方法。

二、实验原理

本实验采用四输入双与非门 74LS20，即在一块集成块内含有两个互相独立的与非门，每个与非门有四个输入端。其逻辑框图、逻辑符号及引脚排列如图 3.1.1(a)、(b)、(c)所示。

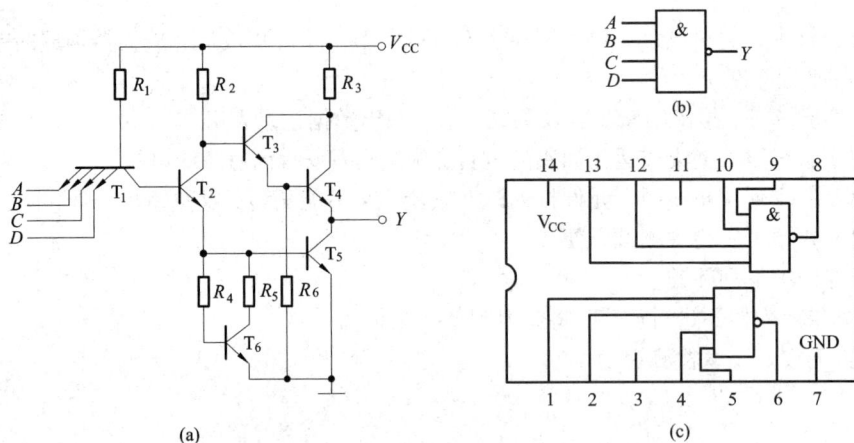

图 3.1.1 74LS20 逻辑框图、逻辑符号及引脚排列

1. 与非门的逻辑功能。

与非门的逻辑功能是：当输入端中有一个或一个以上是低电平时，输出端为高电平；只有当输入端全部为高电平时，输出端才是低电平(即有"0"得"1"，全"1"得"0")。

其逻辑表达式为 $Y = \overline{AB\cdots}$

2. TTL 与非门的主要参数。

(1)低电平输出电源电流 I_{CCL} 和高电平输出电源电流 I_{CCH}。

与非门处于不同的工作状态，电源提供的电流是不同的。I_{CCL} 是指所有输入端悬空，输出端空载时，电源提供器件的电流。I_{CCH} 是指输出端空载，每个门各有一个以上的输入端接地，其余输入端悬空，电源提供给器件的电流。通常 $I_{CCL}>I_{CCH}$，它们的大小标志着器件静态功耗的大小。器件的最大功耗为 $P_{CCL}=V_{CC}I_{CCL}$。手册中提供的电源电流和功耗值是指整个器件总的电源电流和总的功耗。I_{CCL} 和 I_{CCH} 测试电路如图 3.1.2(a)、(b)所示。

[注意]：TTL 电路对电源电压要求较严，电源电压 V_{CC} 只允许在+5 V±10%的范围内工作，超过 5.5 V 将损坏器件；低于 4.5 V 器件的逻辑功能将不正常。

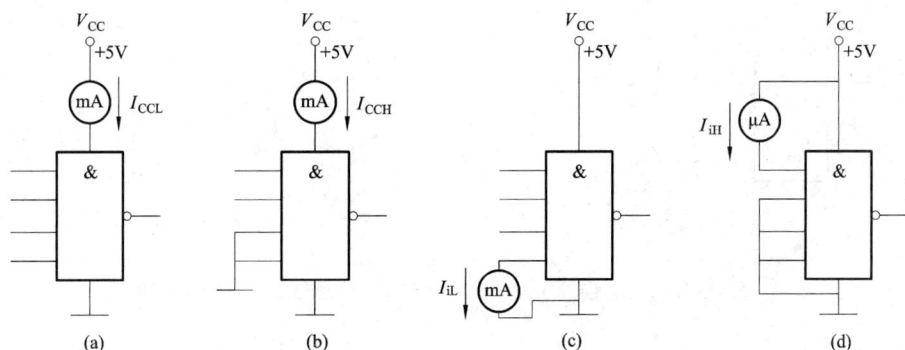

图 3.1.2 TTL 与非门静态参数测试电路图

(2)低电平输入电流 I_{iL} 和高电平输入电流 I_{iH}。

I_{iL} 是指被测输入端接地，其余输入端悬空，输出端空载时，由被测输入端流出的电流值。在多级门电路中，I_{iL} 相当于前级门输出低电平时，后级门向前级门灌入的电流，因此它关系到前级门的灌电流负载能力，即直接影响前级门电路带负载的个数，因此希望 I_{iL} 小些。

I_{iH} 是指被测输入端接高电平，其余输入端接地，输出端空载时，流入被测输入端的电流值。在多级门电路中，它相当于前级门输出高电平时，前级门的拉电流负载，其大小关系到前级门的拉电流负载能力，希望 I_{iH} 小些。由于 I_{iH} 较小，难以测量，一般免于测试。

I_{iL} 与 I_{iH} 的测试电路如图 3.1.2(c)、(d)所示。

(3)扇出系数 N_o。

扇出系数 N_o 是指门电路能驱动同类门的个数，它是衡量门电路负载能力的一个参数，TTL 与非门有两种不同性质的负载，即灌电流负载和拉电流负载，因此有两种扇出系数，即低电平扇出系数 N_{OL} 和高电平扇出系数 N_{OH}。通常 $I_{iH}<I_{iL}$，则 $N_{OH}>N_{OL}$，故常以 N_{OL} 作为门的扇出系数。

N_{OL} 的测试电路如图 3.1.3 所示，门的输入端全部悬空，输出端接灌电流负载 R_L，调节 R_L 使 I_{OL} 增大，V_{OL} 随之增高，当 V_{OL} 达到 V_{OLm}(手册中规定低电平规范值 0.4 V)时的 I_{OL} 就是允许灌入的最大负载电流，则

$$N_{OL}=\frac{I_{OL}}{I_{iL}} \qquad 通常 N_{OL}\geq8$$

(4)电压传输特性。

门的输出电压 v_o 随输入电压 v_i 而变化的曲线 $v_o=f(v_i)$ 称为门的电压传输特性，通过它可读得门电路的一些重要参数，如输出高电平 V_{OH}、输出低电平 V_{OL}、关门电平 V_{off}、开门电平

V_{ON}、阈值电平 V_T 及抗干扰容限 V_{NL}、V_{NH} 等值。测试电路如图 3.1.4 所示,采用逐点测试法,即调节 R_W,逐点测得 V_i 及 V_o,然后绘成曲线。

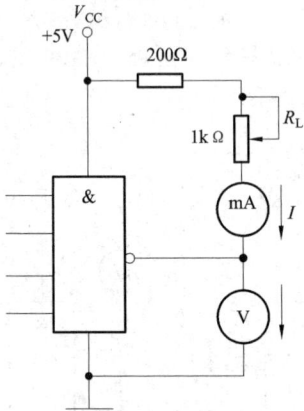

图 3.1.3　扇出系数测试电路　　　　　　图 3.1.4　传输特性测试电路

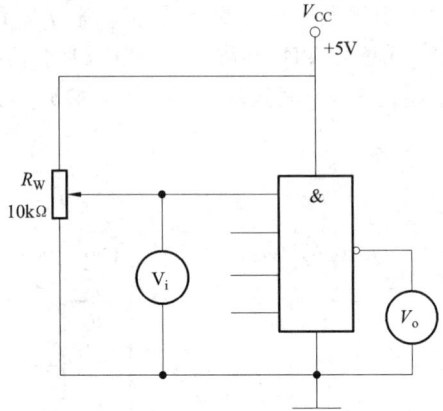

(5)平均传输延迟时间 t_{pd}。

t_{pd} 是衡量门电路开关速度的参数,它是指输出波形边沿的 $0.5\,V_m$ 至输入波形对应边沿 $0.5\,V_m$ 点的时间间隔,如图 3.1.5(a)所示。

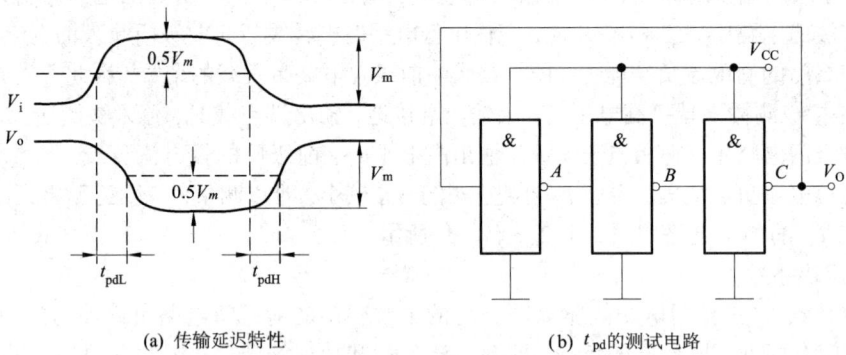

(a) 传输延迟特性　　　　　　　　　(b) t_{pd} 的测试电路

图 3.1.5　传输延迟特性示意图

图 3.1.5(a)中的 t_{pdL} 为导通延迟时间,t_{pdH} 为截止延迟时间,平均传输延迟时间为

$$t_{pd}=\frac{1}{2}(t_{pdL}+t_{pdH})$$

t_{pd} 的测试电路如图 3.1.5(b)所示,由于 TTL 门电路的延迟时间较小,直接测量时对信号发生器和示波器的性能要求较高,故实验采用测量由奇数个与非门组成的环形振荡器的振荡周期 T 来求得。其工作原理是:假设电路在接通电源后某一瞬间,电路中的 A 点为逻辑"1",经过三级门的延迟后,使 A 点由原来的逻辑"1"变为逻辑"0";再经过三级门的延迟后,A 点电平又重新回到逻辑"1"。电路中其他各点电平也跟随变化。说明使 A 点发生一个周期

的振荡, 必须经过六级门的延迟时间, 因此平均传输延迟时间为

$$t_{pd} = \frac{T}{6}$$

TTL 电路的 t_{pd} 一般在 10~40 ns 之间。

74LS20 主要电参数规范如表 3.1.1 所示。

表 3.1.1 74LS20 主要电参数规范表

参数名称和符号			规范值	单位	测 试 条 件
直流参数	通导电源电流	I_{CCL}	<14	mA	$V_{CC} = 5$ V, 输入端悬空, 输出端空载
	截止电源电流	I_{CCH}	<7	mA	$V_{CC} = 5$ V, 输入端接地, 输出端空载
	低电平输入电流	I_{iL}	≤1.4	mA	$V_{CC} = 5$ V, 被测输入端接地, 其他输入端悬空, 输出端空载
	高电平输入电流	I_{iH}	<50	μA	$V_{CC} = 5$ V, 被测输入端 $V_{in} = 2.4$ V, 其他输入端接地, 输出端空载
			<1	mA	$V_{CC} = 5$ V, 被测输入端 $V_{in} = 5$ V, 其他输入端接地, 输出端空载
	输出高电平	V_{OH}	≥3.4	V	$V_{CC} = 5$ V, 被测输入端 $V_{in} = 0.8$ V, 其他输入端悬空, $I_{OH} = 400$ μA
	输出低电平	V_{OL}	<0.3	V	$V_{CC} = 5$ V, 输入端 $V_{in} = 2.0$ V, $I_{OL} = 12.8$ mA
	扇出系数	N_o	4~8	V	同 V_{OH} 和 V_{OL}
交流参数	平均传输延迟时间	t_{pd}	≤20	ns	$V_{CC} = 5$ V, 被测输入端输入信号: $V_{in} = 3.0$ V, $f = 2$ kHz

三、实验设备与器件

1. +5 V 直流电源;　　　　　2. 逻辑电平开关;
3. 逻辑电平显示器;　　　　　4. 直流数字电压表;
5. 直流毫安表;　　　　　　　6. 直流微安表;
7. 74LS20×2、1 kΩ、10 kΩ 电位器, 200 Ω 电阻器(0.5 W)。

四、实验内容

在合适的位置选取一个 14P 插座, 按定位标记插好 74LS20 集成块。

验证 TTL 集成与非门 74LS20 的逻辑功能按图 3.1.6 接线, 门的四个输入端接逻辑开关输出插口, 以提供"0"与"1"电平信号, 开关向上, 输出逻辑"1", 向下为逻辑"0"。门的输出端接由 LED 发光二极管组成的逻辑电平显示器(又称 0-1 指示器)的显示插口, LED 亮为逻辑"1", 不亮为逻辑"0"。按表 3.1.2 的真值表逐个测试集成块中两个与非门的逻辑功能。74LS20 有 4 个输入端, 有 16 个最小项, 在实际测试时, 只要通过对输入 1111、0111、1011、1101、1110 五项进行检测就可判断其逻辑功能是否正常。

表 3.1.2　真值表

输　入				输　出	
A_n	B_n	C_n	D_n	Y_1	Y_2
1	1	1	1		
0	1	1	1		
1	0	1	1		
1	1	0	1		
1	1	1	0		

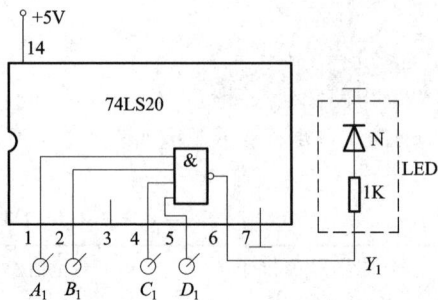

图 3.1.6　与非门逻辑功能测试电路

74LS20 主要参数的测试：

（1）分别按图 3.1.2、3.1.3、表 3.1.5(b)接线并进行测试,将测试结果记入表 3.1.3 中。

表 3.1.3　电流测试结果表

I_{CCL}/mA	I_{CCH}/mA	I_{iL}/mA	I_{OL}/mA	$N_o = \dfrac{I_{OL}}{I_{iL}}$	$t_{pd} = T/6(ns)$

（2）接图 3.1.4 接线,调节电位器 R_W,使 V_i 从 0 V 向高电平变化,逐点测量 V_i 和 v_o 的对应值,记入表 3.1.4 中。

表 3.1.4　输出电压测试结果表

V_i/V	0	0.2	0.4	0.6	0.8	1.0	1.5	2.0	2.5	3.0	3.5	4.0	4.5
V_o/V													

五、实验报告

1. 记录、整理实验结果,并对结果进行分析。
2. 画出实测的电压传输特性曲线,并从中读出各有关参数值。

六、集成电路芯片简介

数字电路实验中所用到的集成芯片都是双列直插式的,其引脚排列规则如图 3.1.1 所示。识别方法是：正对集成电路型号(如 74LS20)或看标记(左边的缺口或小圆点标记),从左下角开始按逆时针方向以 1,2,3…依次排列到最后一脚(在左上角)。在标准形 TTL 集成电路中,电源端 V_{CC} 一般排在左上端,接地端 GND 一般排在右下端。如 74LS20 为 14 脚芯片,14 脚为 V_{CC},7 脚为 GND。若集成芯片引脚上的功能标号为 NC,则表示该引脚为空脚,与内部电路不连接。

七、TTL 集成电路使用规则

1. 接插集成块时，要认清定位标记，不得插反。

2. 电源电压使用范围为+4.5 V~+5.5 V 之间，实验中要求使用 V_{CC} = +5 V。电源极性绝对不允许接错。

3. 闲置输入端处理方法。

(1)悬空，相当于正逻辑"1"，对于一般小规模集成电路的数据输入端，实验时允许悬空处理，但易受外界干扰，导致电路的逻辑功能不正常。因此，对于接有长线的输入端，中规模以上的集成电路和使用集成电路较多的复杂电路，所有控制输入端必须按逻辑要求接入电路，不允许悬空。

(2)直接接电源电压 V_{CC}(也可以串入一只 1~10 kΩ 的固定电阻)或接至某一固定电压(+ 2.4 V≤V≤4.5 V)的电源上，或与输入端为接地的多余与非门的输出端相接。

(3)若前级驱动能力允许，可以与使用的输入端并联。

4. 输入端通过电阻接地，电阻值的大小将直接影响电路所处的状态。当 $R ≤ 680$ Ω 时，输入端相当于逻辑"0"；当 $R ≥ 4.7$ kΩ 时，输入端相当于逻辑"1"。对于不同系列的器件，要求的阻值不同。

5. 输出端不允许并联使用[集电极开路门(OC)和三态输出门电路(3S)除外]，否则不仅会使电路逻辑功能混乱，并会导致器件损坏。

6. 输出端不允许直接接地或直接接+5 V 电源，否则将损坏器件，有时为了使后级电路获得较高的输出电平，允许输出端通过电阻 R 接至 V_{CC}，一般取 R = 3~5.1 kΩ。

实验 3.2　CMOS 集成逻辑门的逻辑功能与参数测试

一、实验目的

1. 掌握 CMOS 集成门电路的逻辑功能和器件的使用规则。
2. 学会 CMOS 集成门电路主要参数的测试方法。

二、实验原理

CMOS 集成电路是将 N 沟道 MOS 晶体管和 P 沟道 MOS 晶体管同时用于一个集成电路中，成为组合二种沟道 MOS 管性能的更优良的集成电路。CMOS 集成电路的主要优点是：

(1)功耗低，其静态工作电流在 10^{-9}A 数量级，是目前所有数字集成电路中最低的，而 TTL 器件的功耗则大得多。

(2)高输入阻抗，通常大于 10^{10}Ω，远高于 TTL 器件的输入阻抗。

(3)接近理想的传输特性，输出高电平可达电源电压的 99.9% 以上，低电平可达电源电压的 0.1% 以下，因此输出逻辑电平的摆幅很大，噪声容限很高。

(4)电源电压范围广，可在+3 V~+18 V 范围内正常运行。

(5)由于有很高的输入阻抗，要求驱动电流很小，约 0.1 μA，输出电流在+5 V 电源下约为 500 μA，远小于 TTL 电路，如以此电流来驱动同类门电路，其扇出系数将非常大。在一般低频率时，无需考虑扇出系数，但在高频时，后级门的输入电容将成为主要负载，使其扇出能力下降，所以在较高频率工作时，CMOS 电路的扇出系数一般取 10~20。

1. CMOS 门电路逻辑功能。

尽管 CMOS 与 TTL 电路内部结构不同，但它们的逻辑功能完全一样。本实验将测定与门 CC4081，或门 CC4071，与非门 CC4011，或非门 CC4001 的逻辑功能，如图 3.2.1 所示。各集成块的逻辑功能与真值表参阅教材及有关资料。

2. CMOS 与非门的主要参数。

CMOS 与非门主要参数的定义及测试方法与 TTL 电路相仿，从略。

3. CMOS 电路的使用规则。

由于 CMOS 电路有很高的输入阻抗，这给使用者带来一定的麻烦，即外来的干扰信号很容易在一些悬空的输入端上感应出很高的电压，以致损坏器件。CMOS 电路的使用规则如下：

(1) V_{DD} 接电源正极，V_{SS} 接电源负极（通常接地⊥），不得接反。CC4000 系列的电源允许电压在 +3~+18 V 范围内选择，实验中一般要求使用 +5~+15 V。

(2) 所有输入端一律不准悬空。

闲置输入端的处理方法：

A. 按照逻辑要求，直接接 V_{DD}（与非门）或 V_{SS}（或非门）。

B. 在工作频率不高的电路中，允许输入端并联使用。

(3) 输出端不允许直接与 V_{DD} 或 V_{SS} 连接，否则将导致器件损坏。

(4) 在装接电路，改变电路连接或插、拔电路时，均应切断电源，严禁带电操作。

(5) 焊接、测试和储存时的注意事项：

A. 电路应存放在导电的容器内，有良好的静电屏蔽。

B. 焊接时必须切断电源，电烙铁外壳必须良好接地，或拔下烙铁，靠其余热焊接。

C. 所有的测试仪器必须良好接地。

三、实验设备与器件

1. +5 V 直流电源；　　　　　　2. 双踪示波器；

3. 连续脉冲源；　　　　　　　　4. 逻辑电平开关；

5. 逻辑电平显示器；　　　　　　6. 直流数字电压表；

7. 直流毫安表；　　　　　　　　8. 直流微安表；

9. CC4011、CC4001、CC4071、CC4081、电位器 100 kΩ、电阻 1 kΩ。

四、实验内容

1. CMOS 与非门 CC4011 参数测试（方法与 TTL 电路相同）。

(1) 测试 CC4011 一个门的 I_{CCL}，I_{CCH}，I_{iL}，I_{iH}。

(2) 测试 CC4011 一个门的传输特性（一个输入端作信号输入，另一个输入端接逻辑高电平）。

(3) 将 CC4011 的三个门串接成振荡器，用示波器观测输入、输出波形，并计算出 t_{pd} 值。

2. 验证 CMOS 各门电路的逻辑功能。

验证与非门 CC4011、与门 CC4081、或门 CC4071 及或非门 CC4001 逻辑功能，其引脚见附录。

以 CC4011 为例：测试时，选好某一个 14P 插座，插入被测器件，其输入端 A、B 接逻辑开关的输出插口，其输出端 Y 接至逻辑电平显示器输入插口，拨动逻辑电平开关，逐个测试各门的逻辑功能，并记入表 3.2.1 中。

表 3.2.1　逻辑功能表

输　　入		输　　出		
AB	Y_1	Y_2	Y_3	Y_4
0　0	0			
0　1				
1　0				
1　1				

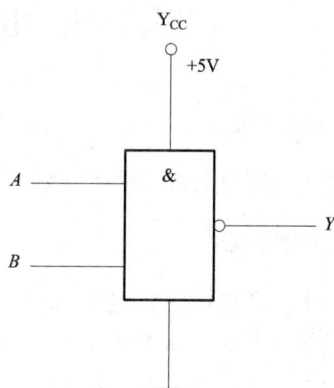

图 3.2.1　与非门逻辑功能测试

3. 观察与非门、与门、或非门对脉冲的控制作用。

选用与非门按图 3.2.2(a)、(b)接线，将一个输入端接连续脉冲源(频率为 20 kHz)，用示波器观察两种电路的输出波形，记录之。

然后测定"与门"和"或非门"对连续脉冲的控制作用。

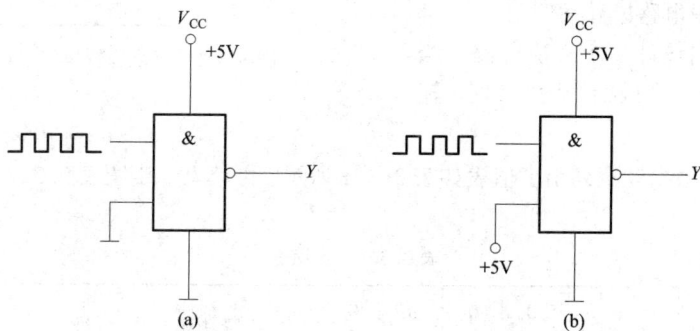

图 3.2.2　与非门对脉冲的控制作用

五、预习要求

1. 复习 CMOS 门电路的工作原理。
2. 熟悉实验用各集成门引脚功能。
3. 画出各实验内容的测试电路与数据记录表格。
4. 画好实验用各门电路的真值表表格。

5. 各 CMOS 门电路闲置输入端如何处理?

六、实验报告

1. 整理实验结果,用坐标纸画出传输特性曲线。
2. 根据实验结果,写出各门电路的逻辑表达式,并判断被测电路的功能好坏。

实验 3.3　组合逻辑电路的设计与测试

一、实验目的

掌握组合逻辑电路的设计与测试方法。

二、实验原理

使用中、小规模集成电路来设计组合电路是最常见的逻辑电路。设计组合电路的一般步骤如图 3.3.1 所示。

根据设计任务的要求建立输入、输出变量,并列出真值表。然后用逻辑代数或卡诺图化简法求出简化的逻辑表达式。并按实际选用逻辑门的类型修改逻辑表达式。根据简化后的逻辑表达式,画出逻辑图,用标准器件构成逻辑电路。最后,用实验来验证设计的正确性。

1. 组合逻辑电路设计举例。

用"与非"门设计一个表决电路。当四个输入端中有三个或四个为"1"时,输出端才为"1"。

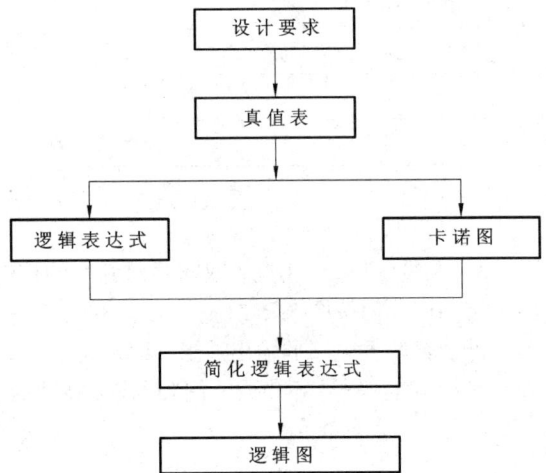

图 3.3.1　组合逻辑电路设计流程图

设计步骤:根据题意列出真值表如表 3.3.1 所示,再填入卡诺图表 3.3.2 中。

表 3.3.1　真值表

D	0	0	0	0	0	0	0	0	1	1	1	1	1	1	1	1
A	0	0	0	0	1	1	1	1	0	0	0	0	1	1	1	1
B	0	0	1	1	0	0	1	1	0	0	1	1	0	0	1	1
C	0	1	0	1	0	1	0	1	0	1	0	1	0	1	0	1
Z	0	0	0	0	0	0	0	1	0	0	0	1	0	1	1	1

由卡诺图得出逻辑表达式,并演化成"与非"的形式:

$$Z=ABC+BCD+ACD+ABD=\overline{\overline{ABC} \cdot \overline{BCD} \cdot \overline{ACD} \cdot \overline{ABC}}$$

根据逻辑表达式画出用"与非门"构成的逻辑电路如图 3.3.2 所示。

表 3.3.2 卡诺图表

BC＼DA	00	01	11	10
00				
01				1
11		1	1	1
10				1

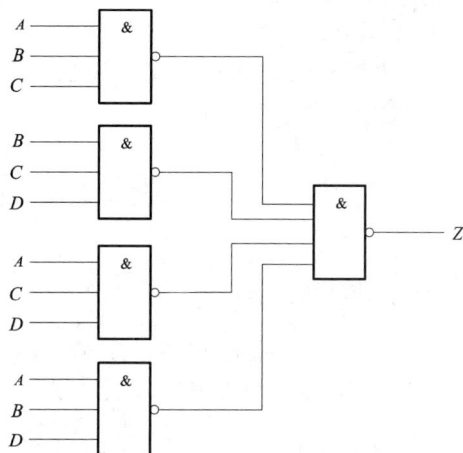

图 3.3.2 表决电路逻辑图

2. 验证逻辑功能。

在实验装置适当位置选定三个 14P 插座,按照集成块定位标记插好集成块 CC4012。

按图 3.3.2 接线,输入端 A、B、C、D 接至逻辑开关输出插口,输出端 Z 接逻辑电平显示输入插口,按真值表(自拟)要求,逐次改变输入变量,测量相应的输出值,验证逻辑功能,与表 3.3.1 进行比较,验证所设计的逻辑电路是否符合要求。

三、实验设备与器件

1. +5 V 直流电源;   2. 逻辑电平开关;
3. 逻辑电平显示器;   4. 直流数字电压表;
5. CC4011×2(74LS00),   CC4012×3(74LS20),   CC4030(74LS86)
    CC4081(74LS08),   74LS54×2(CC4085),   CC4001(74LS02)。

四、实验内容

1. 设计用与非门及用异或门、与门组成的半加器电路。
要求按本文所述的设计步骤进行,直到测试电路逻辑功能符合设计要求为止。
2. 设计一个一位全加器,要求用异或门、与门、或门组成。
3. 设计一位全加器,要求用与或非门实现。
4. 设计一个对两个两位无符号的二进制数进行比较的电路;根据第一个数是否大于、等于、小于第二个数,使相应的三个输出端中的一个输出为"1",要求用与门、与非门及或非门实现。

五、实验预习要求

1. 根据实验任务要求设计组合电路,并根据所给的标准器件画出逻辑图。
2. 如何用最简单的方法验证"与或非"门的逻辑功能是否完好?

3. "与或非"门中，当某一组与端不用时，应作如何处理？

六、实验报告

1. 列写实验任务的设计过程，画出设计的电路图。
2. 对所设计的电路进行实验测试，记录测试结果。
3. 总结组合电路设计体会。

实验 3.4　译码器及其应用

一、实验目的

1. 掌握中规模集成译码器的逻辑功能和使用方法。
2. 熟悉数码管的使用。

二、实验原理

译码器是一个多输入、多输出的组合逻辑电路。它的作用是把给定的代码进行"翻译"，变成相应的状态，使输出通道中相应的一路有信号输出。译码器在数字系统中有广泛的用途，不仅用于代码的转换、终端的数字显示，还用于数据分配、存贮器寻址和组合控制信号等。不同的功能可选用不同种类的译码器。

译码器可分为通用译码器和显示译码器两大类。前者又分为变量译码器和代码变换译码器。

1. 变量译码器。

变量译码器(又称二进制译码器)，用以表示输入变量的状态，如 2 线~4 线、3 线~8 线和 4 线~16 线译码器。若有 n 个输入变量，则有 2^n 个不同的组合状态，就有 2^n 个输出端供其使用。而每一个输出所代表的函数对应于 n 个输入变量的最小项。

以 3 线~8 线译码器 74LS138 为例进行分析，图 3.4.1(a)、(b)分别为其逻辑图及引脚排列。

其中 A_2、A_1、A_0 为地址输入端，$\overline{Y}_0 \sim \overline{Y}_7$ 为译码输出端，S_1、$\overline{S}_2$、$\overline{S}_3$ 为使能端。表 3.4.1 为 74LS138 功能表。

表 3.4.1　74LS138 功能表

输　　入					输　　出							
S_1	$\overline{S}_2 + \overline{S}_3$	A_2	A_1	A_0	$\overline{Y}_0$	$\overline{Y}_1$	$\overline{Y}_2$	$\overline{Y}_3$	$\overline{Y}_4$	$\overline{Y}_5$	$\overline{Y}_6$	$\overline{Y}_7$
1	0	0	0	0	0	1	1	1	1	1	1	1
1	0	0	0	1	1	0	1	1	1	1	1	1
1	0	0	1	0	1	1	0	1	1	1	1	1
1	0	0	1	1	1	1	1	0	1	1	1	1
1	0	1	0	0	1	1	1	1	0	1	1	1

续表 3.4.1

输　　入					输　　出							
S_1	$\overline{S}_2+\overline{S}_3$	A_2	A_1	A_0	$\overline{Y}_0$	$\overline{Y}_1$	$\overline{Y}_2$	$\overline{Y}_3$	$\overline{Y}_4$	$\overline{Y}_5$	$\overline{Y}_6$	$\overline{Y}_7$
1	0	1	0	1	1	1	1	1	1	0	1	1
1	0	1	1	0	1	1	1	1	1	1	0	1
1	0	1	1	1	1	1	1	1	1	1	1	0
0	×	×	×	×	1	1	1	1	1	1	1	1
×	1	×	×	×	1	1	1	1	1	1	1	1

当 $S_1=1$，$\overline{S}_2+\overline{S}_3=0$ 时，器件使能，地址码所指定的输出端有信号(为 0)输出，其他所有输出端均无信号(全为 1)输出。当 $S_1=0$，$\overline{S}_2+\overline{S}_3=X$ 时，或 $S_1=X$，$\overline{S}_2+\overline{S}_3=1$ 时，译码器被禁止，所有输出同时为 1。

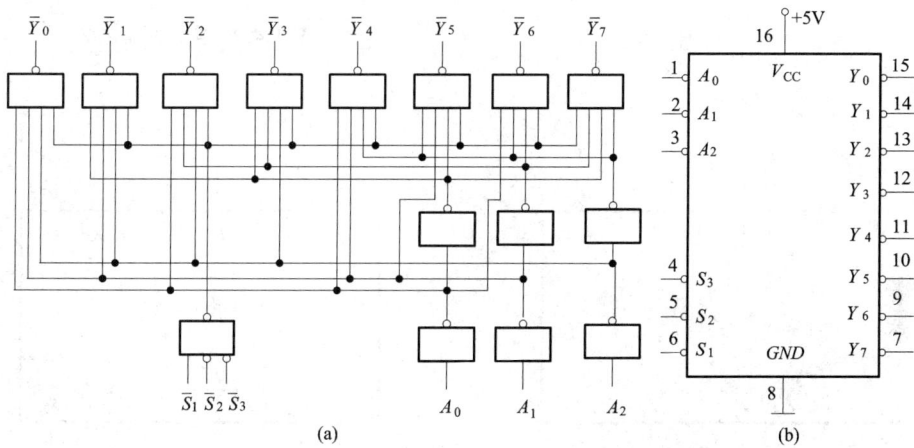

图 3.4.1　3~8 线译码器 74LS138 逻辑图及引脚排列

二进制译码器实际上也是负脉冲输出的脉冲分配器。若利用使能端中的一个输入端输入数据信息，器件就成为一个数据分配器(又称多路分配器)，如图 3.4.2 所示。若在 S_1 输入端输入数据信息，$\overline{S}_2=\overline{S}_3=0$，地址码所对应的输出是 S_1 数据信息的反码；若从 $\overline{S}_2$ 端输入数据信息，令 $S_1=1$、$\overline{S}_3=0$，地址码所对应的输出就是 $\overline{S}_2$ 端数据信息的原码。若数据信息是时钟脉冲，则数据分配器便成为时钟脉冲分配器。

根据输入地址的不同组合译出唯一地址，故可用作地址译码器。接成多路分配器，可将一个信号源的数据信息传输到不同的地点。

二进制译码器还能方便地实现逻辑函数，如图 3.4.3 所示，实现的逻辑函数是

$$Z=\overline{A}\ \overline{B}\ C+\overline{A}\ B\ \overline{C}+A\ \overline{B}\ \overline{C}+ABC$$

利用使能端能方便地将两个 3/8 译码器组合成一个 4/16 译码器，如图 3.4.4 所示。

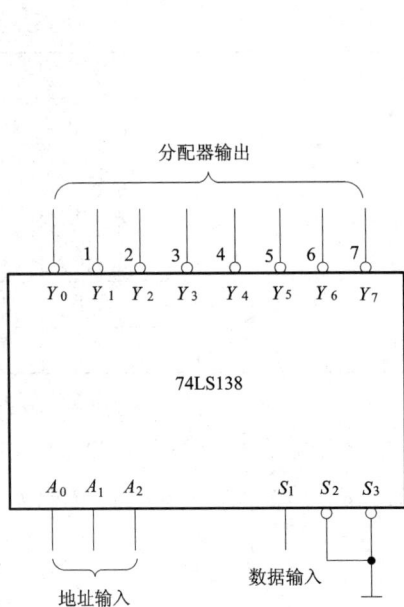

图 3.4.2 作数据分配器

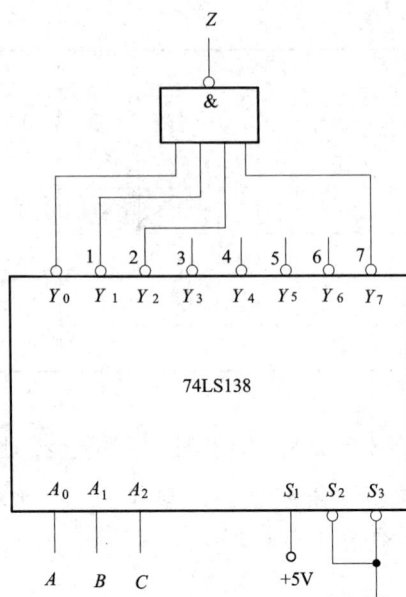

图 3.4.3 实现逻辑函数

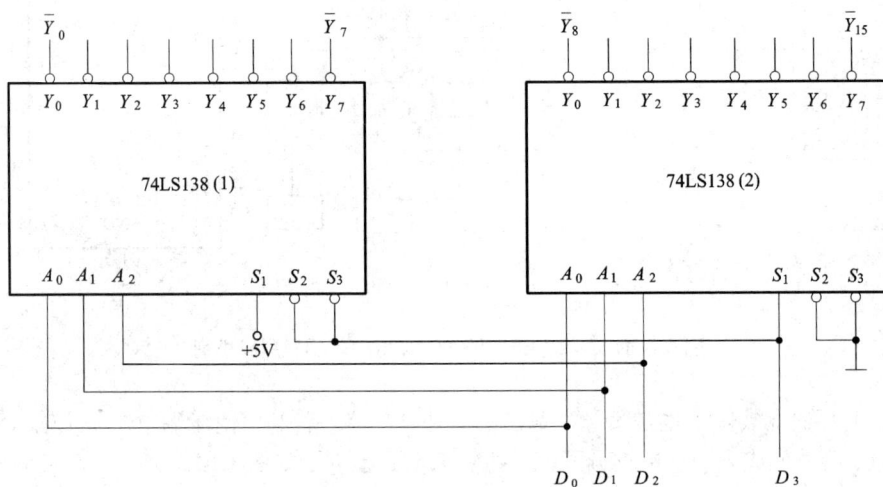

图 3.4.4 用两片 74LS138 组合成 4/16 译码器

2. 数码显示译码器。

(1)七段发光二极管(LED)数码管。

LED 数码管是目前最常用的数字显示器,图 3.4.5(a)、(b)为共阴管和共阳管的电路,图 3.4.5(c)为两种不同出线形式的引出脚功能图。

一个 LED 数码管可用来显示一位 0~9 十进制数和一个小数点。小型数码管(0.5 寸和 0.36 寸)每段发光二极管的正向压降,随显示光(通常为红、绿、黄、橙色)的颜色不同略有差别，通常约为 2~2.5 V，每个发光二极管的点亮电流在 5~10 mA。LED 数码管要显示 BCD 码所表示的十进制数字就需要有一个专门的译码器，该译码器不但要完成译码功能，还要有相当的驱动能力。

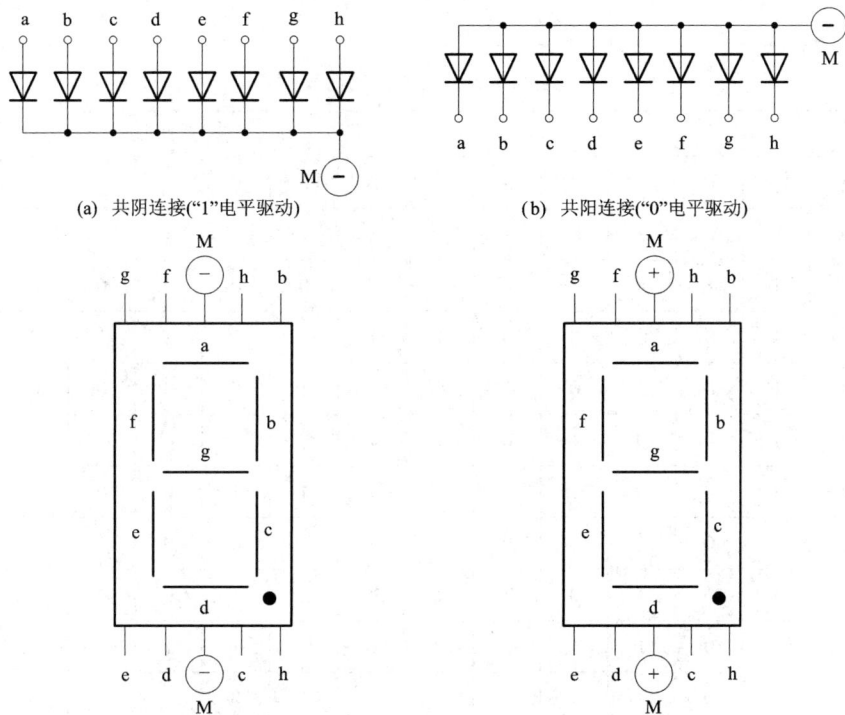

(a) 共阴连接（"1"电平驱动）　　　　(b) 共阳连接（"0"电平驱动）

(c) 符号及引脚功能

图 3.4.5　LED 数码管

（2）BCD 码七段译码驱动器。

此类译码器型号有 74LS47（共阳），74LS48（共阴），CC4511（共阴）等，本实验系采用 CC4511 BCD 码锁存/七段译码/驱动器。驱动共阴极 LED 数码管。

图 3.4.6 为 CC4511 引脚排列。

其中 A、B、C、D——BCD 码输入端。

a、b、c、d、e、f、g——译码输出端，输出"1"有效，用来驱动共阴极 LED 数码管。

图 3.4.6　CC4511 引脚排列

$\overline{LT}$——测试输入端，$\overline{LT}$ = "0" 时，译码输出全为"1"。

$\overline{BI}$——消隐输入端，$\overline{BI}$ = "0" 时，译码输出全为"0"。

LE——锁定端，LE = "1" 时，译码器处于锁定（保持）状态，译码输出保持在 LE = 0 时的

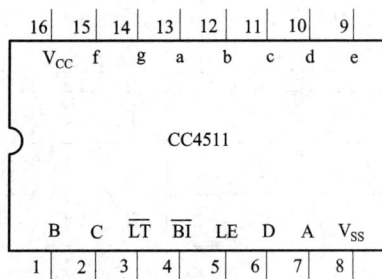

数值，LE=0 为正常译码。

表 3.4.2 为 CC4511 功能表。CC4511 内接有上拉电阻，故只需在输出端与数码管笔段之间串入限流电阻即可工作。译码器还有拒伪码功能，当输入码超过 1001 时，输出全为"0"，数码管熄灭。

表 3.4.2　CC4511 功能表

输入							输出							显示字形
LE	$\overline{BI}$	$\overline{LT}$	D	C	B	A	a	b	c	d	e	f	g	
×	×	0	×	×	×	×	1	1	1	1	1	1	1	8
×	0	1	×	×	×	×	0	0	0	0	0	0	0	消隐
0	1	1	0	0	0	0	1	1	1	1	1	1	0	0
0	1	1	0	0	0	1	0	1	1	0	0	0	0	1
0	1	1	0	0	1	0	1	1	0	1	1	0	1	2
0	1	1	0	0	1	1	1	1	1	1	0	0	1	3
0	1	1	0	1	0	0	0	1	1	0	0	1	1	4
0	1	1	0	1	0	1	1	0	1	1	0	1	1	5
0	1	1	0	1	1	0	0	0	1	1	1	1	1	6
0	1	1	0	1	1	1	1	1	1	0	0	0	0	7
0	1	1	1	0	0	0	1	1	1	1	1	1	1	8
0	1	1	1	0	0	1	1	1	1	0	0	1	1	9
0	1	1	1	0	1	0	0	0	0	0	0	0	0	消隐
0	1	1	1	0	1	1	0	0	0	0	0	0	0	消隐
0	1	1	1	1	0	0	0	0	0	0	0	0	0	消隐
0	1	1	1	1	0	1	0	0	0	0	0	0	0	消隐
0	1	1	1	1	1	0	0	0	0	0	0	0	0	消隐
0	1	1	1	1	1	1	0	0	0	0	0	0	0	消隐
1	1	1	×	×	×	×	锁存							锁存

在本数字电路实验装置上已完成了译码器 CC4511 和数码管 BS202 之间的连接。实验时，只要接通+5 V 电源和将十进制数的 BCD 码接至译码器的相应输入端 A、B、C、D 即可显示 0~9 的数字，四位数码管可接受四组 BCD 码输入。CC4511 与 LED 数码管的连接如图 3.4.7 所示。

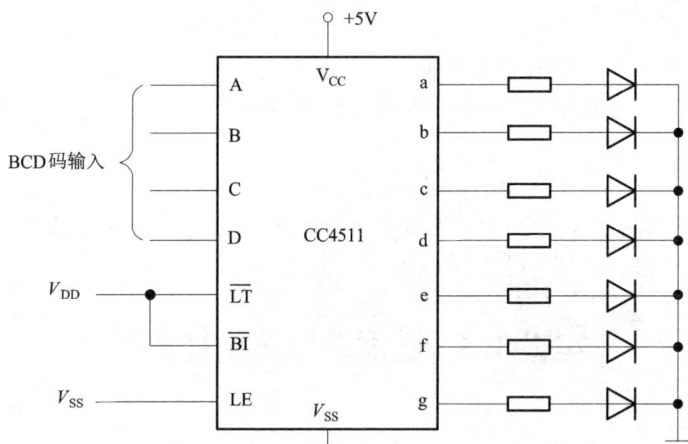

图 3.4.7 CC4511 驱动一位 LED 数码管

三、实验设备与器件

1. +5 V 直流电源;   2. 双踪示波器;
3. 连续脉冲源;   4. 逻辑电平开关;
5. 逻辑电平显示器;   6. 拨码开关组;
8. 译码显示器;   9. 74LS138×2、CC4511。

四、实验内容

1. 数据拨码开关的使用。

将实验装置上的四组拨码开关的输出 A_i、B_i、C_i、D_i 分别接至 4 组显示译码/驱动器 CC4511 的对应输入口,LE、$\overline{BI}$、$\overline{LT}$ 接至三个逻辑开关的输出插口,接上 +5 V 显示器的电源,然后按功能表 3.4.2 输入的要求揿动四个数码的增减键("+"与"-"键)和操作与 LE、$\overline{BI}$、$\overline{LT}$ 对应的三个逻辑开关,观测拨码盘上的四位数与 LED 数码管显示的对应数字是否一致,及译码显示是否正常。

2. 74LS138 译码器逻辑功能测试。

将译码器使能端 S_1、$\overline{S_2}$、$\overline{S_3}$ 及地址端 A_2、A_1、A_0 分别接至逻辑电平开关输出口,八个输出端 $\overline{Y_7}\cdots\overline{Y_{10}}$ 依次连接在逻辑电平显示器的八个输入口上,拨动逻辑电平开关,按表 3.4.1 逐项测试 74LS138 的逻辑功能。

3. 用 74LS138 构成时序脉冲分配器。

参照图 3.4.2 和实验原理说明,时钟脉冲 CP 频率约为 10 kHz,要求分配器输出端 $\overline{Y_7}\cdots\overline{Y_{10}}$ 的信号与 CP 输入信号同相。

画出分配器的实验电路,用示波器观察和记录在地址端 A_2、A_1、A_0 分别取 000～111 8 种不同状态时 $\overline{Y_0}\cdots\overline{Y_7}$ 端的输出波形,注意输出波形与 CP 输入波形之间的相位关系。

用两片 74LS138 组合成一个 4 线～16 线译码器,并进行实验。

五、实验预习要求

1. 复习有关译码器和分配器的原理。
2. 根据实验任务, 画出所需的实验线路及记录表格。

六、实验报告

1. 画出实验线路, 把观察到的波形画在坐标纸上, 并标上对应的地址码。
2. 对实验结果进行分析、讨论。

实验 3.5　数据选择器及其应用

一、实验目的

1. 掌握中规模集成数据选择器的逻辑功能及使用方法。
2. 学习用数据选择器构成组合逻辑电路的方法。

二、实验原理

数据选择器又叫"多路开关"。数据选择器在地址码(或叫选择控制)电位的控制下, 从几个数据输入中选择一个并将其送到一个公共的输出端。数据选择器的功能类似一个多掷开关, 如图 3.5.1 所示, 图中有四路数据 $D_0 \sim D_3$, 通过选择控制信号 A_1、A_0(地址码)从四路数据中选中某一路数据送至输出端 Q。

数据选择器为目前逻辑设计中应用十分广泛的逻辑部件, 它有 2 选 1、4 选 1、8 选 1、16 选 1 等类别。

数据选择器的电路结构一般由与或门阵列组成, 也有用传输门开关和门电路混合而成的。

1. 8 选 1 数据选择器 74LS151。

74LS151 为互补输出的 8 选 1 数据选择器, 引脚排列如图 3.5.2, 功能如表 3.5.1。

选择控制端(地址端)为 $A_2 \sim A_0$, 按二进制译码, 从 8 个输入数据 $D_0 \sim D_7$ 中, 选择一个需要的数据送到输出端 Q, $\bar{S}$ 为使能端, 低电平有效。

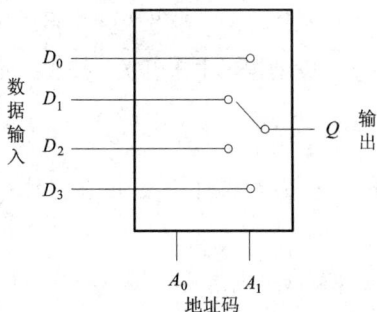

图 3.5.1　4 选 1 数据选择器示意图

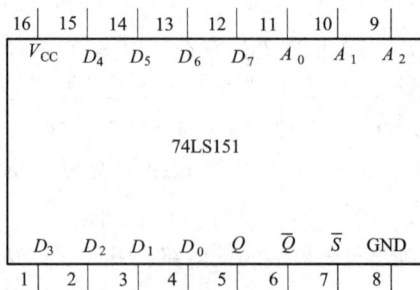

图 3.5.2　74LS151 引脚排列

（1）使能端 $\overline{S} = 1$ 时，不论 $A_2 \sim A_0$ 状态如何，均无输出（ $Q = 0$， $\overline{Q} = 1$ ），多路开关被禁止。

（2）使能端 $\overline{S} = 0$ 时，多路开关正常工作，根据地址码 A_2、A_1、A_0 的状态选择 $D_0 \sim D_7$ 中某一个通道的数据输送到输出端 Q。

如：$A_2 A_1 A_0 = 000$，则选择 D_0 数据到输出端，即 $Q = D_0$。

如：$A_2 A_1 A_0 = 001$，则选择 D_1 数据到输出端，即 $Q = D_1$，其余类推。

2. 双 4 选 1 数据选择器 74LS153。

所谓双 4 选 1 数据选择器就是在一块集成芯片上有两个 4 选 1 数据选择器。引脚排列如图 3.5.3，功能如表 3.5.2。

表 3.5.1　74LS151 功能表

输　　入				输　出	
$\overline{S}$	A_2	A_1	A_0	Q	$\overline{Q}$
1	×	×	×	0	1
0	0	0	0	D_0	$\overline{D_0}$
0	0	0	1	D_1	$\overline{D_1}$
0	0	1	0	D_2	$\overline{D_2}$
0	0	1	1	D_3	$\overline{D_3}$
0	1	0	0	D_4	$\overline{D_4}$
0	1	0	1	D_5	$\overline{D_5}$
0	1	1	0	D_6	$\overline{D_6}$
0	1	1	1	D_7	$\overline{D_7}$

表 3.5.2　74LS153 功能表

输　　入			输　出
$\overline{S}$	A_1	A_0	Q
1	×	×	0
0	0	0	D_0
0	0	1	D_1
0	1	0	D_2
0	1	1	D_3

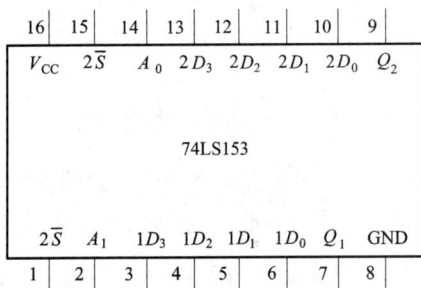

图 3.5.3　74LS153 引脚功能

$1\overline{S}$、$2\overline{S}$ 为两个独立的使能端；A_1、A_0 为公用的地址输入端；$1D_0 \sim 1D_3$ 和 $2D_0 \sim 2D_3$ 分别为两个 4 选 1 数据选择器的数据输入端；$1Q$、$2Q$ 为两个输出端。

（1）当使能端 $1\overline{S}(2\overline{S}) = 1$ 时，多路开关被禁止，无输出，$Q = 0$。

（2）当使能端 $1\overline{S}(2\overline{S}) = 0$ 时，多路开关正常工作，根据地址码 A_1、A_0 的状态，将相应的数据 $D_0 \sim D_3$ 送到输出端 Q。

如：$A_1 A_0 = 00$ 则选择 D_0 数据到输出端，即 $Q = D_0$。

$A_1 A_0 = 01$ 则选择 D_1 数据到输出端，即 $Q = D_1$，其余类推。

数据选择器的用途很多，例如多通道传输，数码比较，并行码变串行码，以及实现逻辑函数等。

3. 数据选择器的应用——实现逻辑函数。

例 1：用 8 选 1 数据选择器 74LS151 实现函数

$$F = A\overline{B} + \overline{A}C + B\overline{C}$$

采用 8 选 1 数据选择器 74LS151 可实现任意三输入变量的组合逻辑函数。

作出函数 F 的功能表，如表 3.5.3 所示，将函数 F 功能表与 8 选 1 数据选择器的功能表相比较,可知(1)将输入变量 C、B、A 作为 8 选 1 数据选择器的地址码 A_2、A_1、A_0。(2)使 8 选 1 数据选择器的各数据输入 $D_0 \sim D_7$ 分别与函数 F 的输出值一一对应。

即: $A_2 A_1 A_0 = CBA$

$D_0 = D_7 = 0$

$D_1 = D_2 = D_3 = D_4 = D_5 = D_6 = 1$

则 8 选 1 数据选择器的输出 Q 便实现了函数 $F = A\overline{B} + \overline{A}C + B\overline{C}$

接线图如图 3.5.4 所示。

表 3.5.3　函数 F 功能表

输　　入			输　出
C	B	A	F
0	0	0	0
0	0	1	1
0	1	0	1
0	1	1	1
1	0	0	1
1	0	1	1
1	1	0	1
1	1	1	0

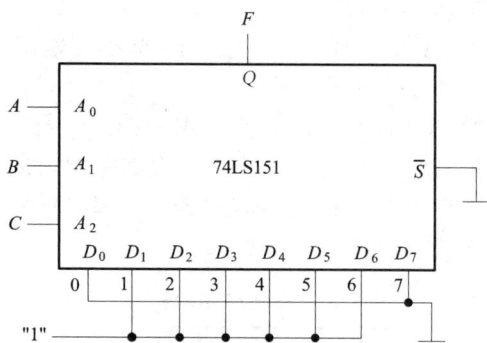

图 3.5.4　用 8 选 1 数据选择器实现 $F = A\overline{B} + \overline{A}C + B\overline{C}$

显然,采用具有 n 个地址端的数据选择实现 n 变量的逻辑函数时,应将函数的输入变量加到数据选择器的地址端(A),选择器的数据输入端(D)按次序以函数 F 输出值来赋值。

例 2: 用 8 选 1 数据选择器 74LS151 实现函数 $F = A\overline{B} + \overline{A}B$

(1)列出函数 F 的功能表如表 3.5.4 所示。

(2)将 A、B 加到地址端 A_1、A_0,而 A_2 接地,由表 3.5.4 可见,将 D_1、D_2 接"1"及 D_0、D_3 接地,其余数据输入端 $D_4 \sim D_7$ 都接地,则 8 选 1 数据选择器的输出 Q,便实现了函数 $F = A\overline{B} + \overline{A}B$。接线图如图 3.5.5 所示。

表 3.5.4　函数 F 功能表

B	A	F
0	0	0
0	1	1
1	0	1
1	1	0

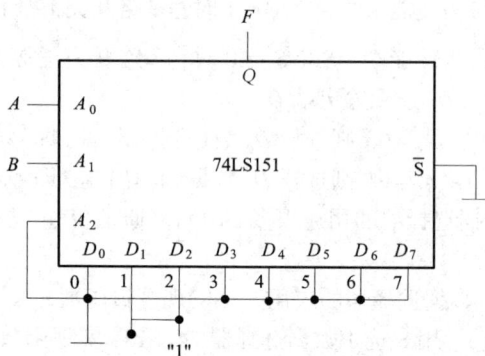

图 3.5.5　用 8 选 1 数据选择器实现 $F = A\overline{B} + \overline{A}B$ 的接线图

显然，当函数输入变量数小于数据选择器的地址端(A)时，应将不用的地址端及不用的数据输入端(D)都接地。

例 3：用 4 选 1 数据选择器 74LS153 实现函数

$$F = \overline{A}BC + A\,\overline{B}C + AB\,\overline{C} + ABC$$

函数 F 的功能如表 3.5.5 所示

表 3.5.5　函数 F 功能表

输　入			输　出	中选数据端
A	B	C	F	
0	0	0	0	$D_0 = 0$
		1	0	
0	1	0	0	$D_1 = C$
		1	1	
1	0	0	0	$D_2 = C$
		1	1	
1	1	0	1	$D_3 = 1$
		1	1	

表 3.5.6　变化后的函数 F 功能表

输　入			输　出
A	B	C	F
0	0	0	0
0	0	1	0
0	1	0	0
0	1	1	1
1	0	0	0
1	0	1	1
1	1	0	1
1	1	1	1

函数 F 有三个输入变量 A、B、C，而数据选择器有两个地址端 A_1、A_0 少于函数输入变量个数，在设计时可任选 A 接 A_1，B 接 A_0。将函数功能表改画成 3.5.6 形式，可见当将输入变量 A、B、C 中 B 接选择器的地址端 A_1、A_0，由表 3.5.6 不难看出：

$$D_0 = 0, \ D_1 = D_2 = C, \ D_3 = 1$$

则 4 选 1 数据选择器的输出，便实现了函数 $F = \overline{A}BC + A\,\overline{B}C + AB\,\overline{C} + ABC$

接线图如图 3.5.6 所示。

当函数输入变量大于数据选择器地址端(A)时，可能随着选用函数输入变量作地址的方案不同，而使其设计结果不同，需对几种方案比较，以获得最佳方案。

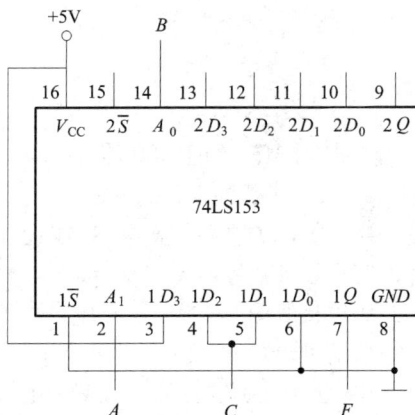

图 3.5.6　用 4 选 1 数据选择器
实现 $F = \overline{A}BC + A\,\overline{B}C + AB\,\overline{C} + ABC$

三、实验设备与器件

1. +5 V 直流电源；　　　　2. 逻辑电平开关；
3. 逻辑电平显示器；　　　　4. 74LS151(或 CC4512)、74LS153(或 CC4539)。

四、实验内容

1. 测试数据选择器 74LS151 的逻辑功能。

按图 3.5.7 接线, 地址端 A_2、A_1、A_0、数据端 $D_0 \sim D_7$、使能端 $\overline{S}$ 接逻辑开关, 输出端 Q 接逻辑电平显示器, 按 74LS151 功能表逐项进行测试, 记录测试结果。

$$F(AB) = A\,\overline{B} + \overline{A}B + AB$$

接逻辑开关输出插口

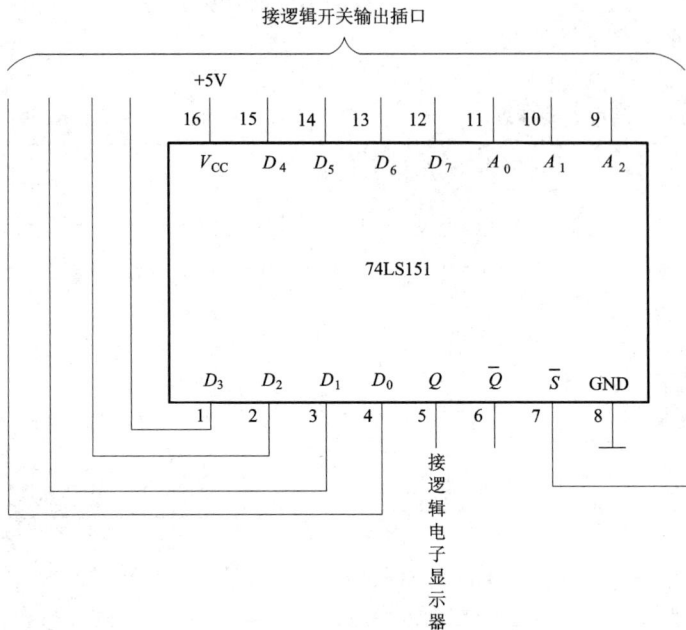

图 3.5.7　74LS151 逻辑功能测试

2. 测试 74LS153 的逻辑功能。

测试方法及步骤同上, 记录之。

3. 用 8 选 1 数据选择器 74LS151 设计三输入多数表决电路。

(1) 写出设计过程。

(2) 画出接线图。

(3) 验证逻辑功能。

4. 用 8 选 1 数据选择器实现逻辑函数。

(1) 写出设计过程。

(2) 画出接线图。

(3) 验证逻辑功能。

5. 用双 4 选 1 数据选择器 74LS153 实现全加器。

(1) 写出设计过程。

(2) 画出接线图。

(3) 验证逻辑功能。

五、预习内容

1. 复习数据选择器的工作原理。

2. 用数据选择器对实验内容中各函数式进行预设计。

六、实验报告

用数据选择器对实验内容进行设计、写出设计全过程、画出接线图、进行逻辑功能测试；总结实验收获、体会。

实验 3.6 触发器及其应用

一、实验目的

1. 掌握基本 RS、JK、D 和 T 触发器的逻辑功能。
2. 掌握集成触发器的逻辑功能及使用方法。
3. 熟悉触发器之间相互转换的方法。

二、实验原理

触发器具有两个稳定状态，用以表示逻辑状态"1"和"0"，在一定的外界信号作用下，可以从一个稳定状态翻转到另一个稳定状态，它是一个具有记忆功能的二进制信息存贮器件，是构成各种时序电路的最基本逻辑单元。

1. 基本 RS 触发器。

图 3.6.1 为由两个与非门交叉耦合构成的基本 RS 触发器，它是无时钟控制低电平直接触发的触发器。基本 RS 触发器具有置"0"、置"1"和"保持"三种功能。通常称 $\bar{S}$ 为置"1"端，因为 $\bar{S}=0(\bar{R}=1)$ 时触发器被置"1"；$\bar{R}$ 为置"0"端，因为 $\bar{R}=0(\bar{S}=1)$ 时触发器被置"0"，当 $\bar{S}=\bar{R}=1$ 时状态保持；$\bar{S}=\bar{R}=0$ 时，触发器状态不定，应避免此种情况发生，表 3.6.1 为基本 RS 触发器的功能表。

基本 RS 触发器。也可以用两个"或非门"组成，此时为高电平触发有效。

表 3.6.1 基本 RS 触发器功能表

输 入		输 出	
$\bar{S}$	$\bar{R}$	Q^{n+1}	$\bar{Q}^{n+1}$
0	1	1	0
1	0	0	1
1	1	Q^n	$\bar{Q}^n$
0	0	φ	φ

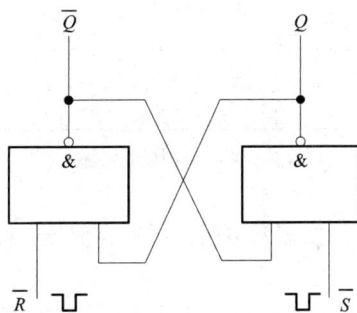

图 3.6.1 基本 RS 触发器

2. JK 触发器。

在输入信号为双端的情况下，JK 触发器是功能完善、使用灵活和通用性较强的一种触发器。本实验采用 74LS112 双 JK 触发器，是下降边沿触发的边沿触发器。引脚功能及逻辑符号如图 3.6.2 所示。

JK 触发器的状态方程为

$$Q^{n+1} = J\overline{Q}^n + \overline{K}Q^n$$

J 和 K 是数据输入端，是触发器状态更新的依据，若 J、K 有两个或两个以上输入端时，组成"与"的关系。Q 与 $\overline{Q}$ 为两个互补输出端。通常把 $Q=0$、$\overline{Q}=1$ 的状态定为触发器"0"状态；而把 $Q=1$，$\overline{Q}=0$ 定为"1"状态。

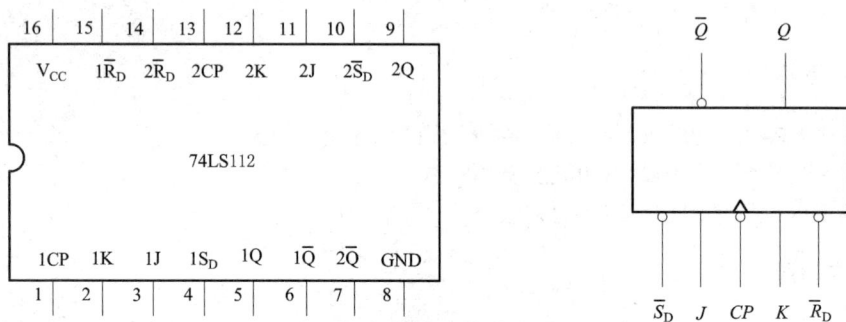

图 3.6.2　74LS112 双 JK 触发器引脚排列及逻辑符号

下降沿触发 JK 触发器的功能如表 3.6.2。

表 3.6.2　下降沿触发 JK 触发器功能表

输　入					输　出	
$\overline{S}_D$	$\overline{R}_D$	CP	J	K	Q^{n+1}	$\overline{Q}^{n+1}$
0	1	×	×	×	1	0
1	0	×	×	×	0	1
0	0	×	×	×	φ	φ
1	1	↓	0	0	Q^n	$\overline{Q}^n$
1	1	↓	1	0	1	0
1	1	↓	0	1	0	1
1	1	↓	1	1	$\overline{Q}^n$	Q^n
1	1	↑	×	×	Q^n	$\overline{Q}^n$

注：×— 任意态　↓— 高到低电平跳变　↑— 低到高电平跳变　$Q^n(\overline{Q}^n)$—现态　$Q^{n+1}(\overline{Q}^{n+1})$—次态　φ— 不定态

JK 触发器常被用作缓冲存储器，移位寄存器和计数器。

3. D 触发器。

在输入信号为单端的情况下，D 触发器用起来最为方便，其状态方程为 $Q^{n+1}=D^n$，其输出状态的更新发生在 CP 脉冲的上升沿，故又称为上升沿触发的边沿触发器，触发器的状态只取决于时钟到来前 D 端的状态，D 触发器的应用很广，可用作数字信号的寄存，移位寄存，分频和波形发生等。有很多种型号可供各种用途的需要而选用，如双 D 74LS74、四 D 74LS175、六 D 74LS174 等。

图 3.6.3 为双 D 74LS74 的引脚排列及逻辑符号，其功能如表 3.6.3。

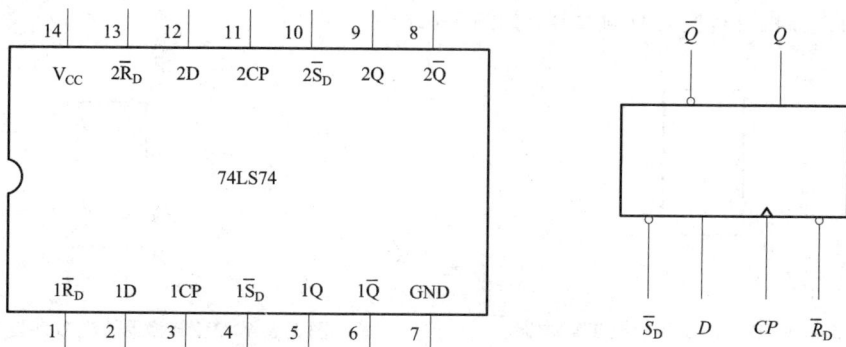

图 3.6.3　74LS74 引脚排列及逻辑符号

表 3.6.3　74LS74 功能表

输　　入				输　　出	
$\bar{S}_D$	$\bar{R}_D$	CP	D	Q^{n+1}	$\bar{Q}^{n+1}$
0	1	×	×	1	0
1	0	×	×	0	1
0	0	×	×	φ	φ
1	1	↑	1	1	0
1	1	↑	0	0	1
1	1	↓	×	Q^n	$\bar{Q}^n$

表 3.6.4　T 触发器功能表

输　　入				输　出
$\bar{S}_D$	$\bar{R}_D$	CP	T	Q^{n+1}
0	1	×	×	1
1	0	×	×	0
1	1	↓	0	Q^n
1	1	↓	1	$\bar{Q}^n$

4. 触发器之间的相互转换。

在集成触发器的产品中，每一种触发器都有自己固定的逻辑功能。但可以利用转换的方法获得具有其他功能的触发器。例如将 JK 触发器的 J、K 两端连在一起，并认它为 T 端，就得到 T 触发器，如图 3.6.4(a)所示，其状态方程为：$Q^{n+1}=T\bar{Q}^n+\bar{T}Q^n$

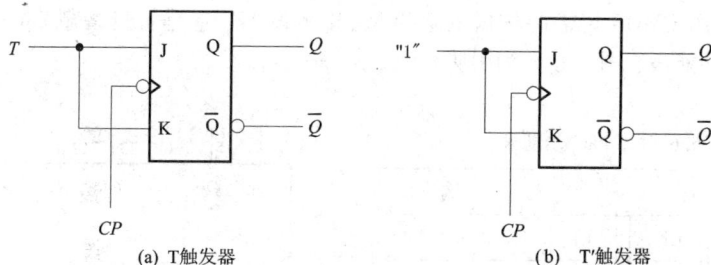

(a) T触发器　　　　(b) T′触发器

图 3.6.4　JK 触发器转换为 T、T′触发器

T 触发器的功能如表 3.6.4。由功能表可见，当 $T=0$ 时，时钟脉冲作用后，其状态保持不变；当 $T=1$ 时，时钟脉冲作用后，触发器状态翻转。所以，若将 T 触发器的 T 端置"1"，如图 3.6.4(b)所示，即得 T′触发器。在 T′触发器的 CP 端每来一个 CP 脉冲信号，触发器的状态就翻转一次，故称之为反转触发器，广泛用于计数电路中。

同样，若将 D 触发器 $\bar{Q}$ 端与 D 端相连，便转换成 T′触发器，如图 3.6.5 所示。

JK 触发器也可转换为 D 触发器, 如图 3.6.6。

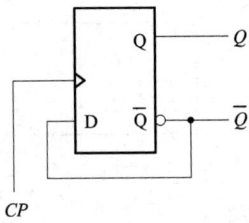

图 3.6.5　D 触发器转换成 T'触发器

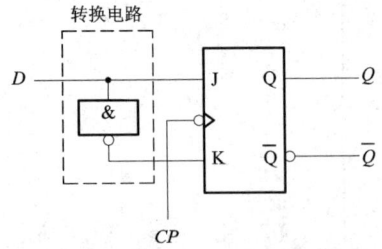

图 3.6.6　JK 转换器转成 D 触发器

5. CMOS 触发器。

(1) CMOS 边沿型 D 触发器。

CC4013 是由 CMOS 传输门构成的边沿型 D 触发器。它是上升沿触发的双 D 触发器, 表 3.6.5 为其功能表, 图 3.6.7 为引脚排列。

表 3.6.5　CC4013 功能表

输　入				输　出
S	R	CP	D	Q^{n+1}
1	0	×	×	1
0	1	×	×	0
1	1	×	×	φ
0	0	↑	1	1
0	0	↑	0	0
0	0	↓	×	Q^n

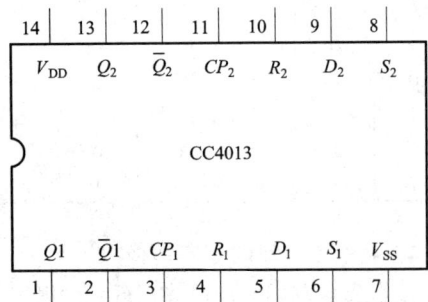

图 3.6.7　双上升沿 D 触发器

(2) CMOS 边沿型 JK 触发器。

CC4027 是由 CMOS 传输门构成的边沿型 JK 触发器, 它是上升沿触发的双 JK 触发器, 表 3.6.6 为其功能表, 图 3.6.8 为引脚排列。

表 3.6.6　CC4027 功能表

输　入					输　出
S	R	CP	J	K	Q^{n+1}
1	0	×	×	×	1
0	1	×	×	×	0
1	1	×	×	×	φ
0	0	↑	0	0	Q^n
0	0	↑	1	0	1
0	0	↑	0	1	0
0	0	↑	1	1	$\overline{Q^n}$
0	0	↓	×	×	Q^n

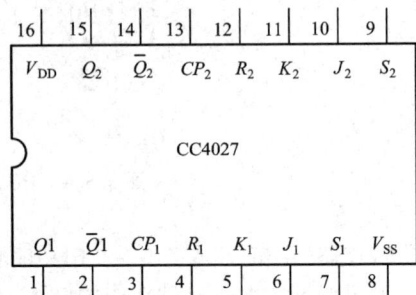

图 3.6.8　双上升沿 J-K 触发器

CMOS 触发器的直接置位、复位输入端 S 和 R 是高电平有效，当 $S=1$（或 $R=1$）时，触发器将不受其他输入端所处状态的影响，使触发器直接置 1（或清 0）。但直接置位、复位输入端 S 和 R 必须遵守 $RS=0$ 的约束条件。CMOS 触发器在按逻辑功能工作时，S 和 R 必须均置 0。

三、实验设备与器件

1. +5 V 直流电源；　　　　2. 双踪示波器；
3. 连续脉冲源；　　　　　4. 单次脉冲源；
5. 逻辑电平开关；　　　　6. 逻辑电平显示器；
7. 74LS112（或 CC4027）、74LS00（或 CC4011）、74LS74（或 CC4013）。

四、实验内容

1. 测试基本 RS 触发器的逻辑功能。

按图 3.6.1，用两个与非门组成基本 RS 触发器，输入端 $\bar{R}$、$\bar{S}$ 接逻辑开关的输出插口，输出端 Q、$\bar{Q}$ 接逻辑电平显示输入插口，按表 3.6.7 要求测试，记录之。

2. 测试双 JK 触发器 74LS112 逻辑功能。

（1）测试 $\bar{R}_D$、$\bar{S}_D$ 的复位、置位功能。

任取一只 JK 触发器，$\bar{R}_D$、$\bar{S}_D$、J、K 端接逻辑开关输出插口，CP 端接单次脉冲源，Q、$\bar{Q}$ 端接至逻辑电平显示输入插口。要求改变 $\bar{R}_D$、$\bar{S}_D$（J、K、CP 处于任意状态），并在 $\bar{R}_D=0$（$\bar{S}_D=1$）或 $\bar{S}_D=0$（$\bar{R}_D=1$）作用期间任意改变 J、K 及 CP 的状态，观察 Q、$\bar{Q}$ 状态。自拟表格并记录之。

（2）测试 JK 触发器的逻辑功能。

按表 3.6.8 的要求改变 J、K、CP 端状态，观察 Q、$\bar{Q}$ 状态变化，观察触发器状态更新是否发生在 CP 脉冲的下降沿（即 CP 由 1→0），记录之。

（3）将 JK 触发器的 J、K 端连在一起，构成 T 触发器。

在 CP 端输入 1HZ 连续脉冲，观察 Q 端的变化。

在 CP 端输入 1 kHz 连续脉冲，用双踪示波器观察 CP、Q、$\bar{Q}$ 端波形，注意相位关系，描绘之。

3. 测试双 D 触发器 74LS74 的逻辑功能。

（1）测试 $\bar{R}_D$、$\bar{S}_D$ 的复位、置位功能。

表 3.6.7　基本 RS 触发器测试结果表

$\bar{R}$	$\bar{S}$	Q	$\bar{Q}$
1	1→0		
	0→1		
1→0	1		
0→1			
0	0		

表 3.6.8　JK 触发器测试结果表

J	K	CP	Q^{n+1}	
			$Q^n=0$	$Q^n=1$
0	0	0→1		
		1→0		
0	1	0→1		
		1→0		
1	0	0→1		
		1→0		
1	1	0→1		
		1→0		

测试方法同实验内容(2)、(1),自拟表格记录。

(2)测试 D 触发器的逻辑功能。

按表 3.6.9 要求进行测试,并观察触发器状态更新是否发生在 CP 脉冲的上升沿(即由 0→1),记录之。

(3)将 D 触发器的 $\overline{Q}$ 端与 D 端相连接,构成 T′触发器。

测试方法同实验内容(2)、(3),记录之。

4. 双相时钟脉冲电路。

用 JK 触发器及与非门构成的双相时钟脉冲电路如图 3.6.9 所示,此电路是用来将时钟脉冲 CP 转换成两相时钟脉冲 CP_A 及 CP_B,其频率相同、相位不同。

分析电路工作原理,并按图 3.6.9 接线,用双踪示波器同时观察 CP、CP_A、CP、CP_B 及 CP_A、CP_B 波形,并描绘之。

表 3.6.9　D 触发器测试结果表

D	CP	Q^{n+1}	
		$Q^n = 0$	$Q^n = 1$
0	0→1		
	1→0		
1	0→1		
	1→0		

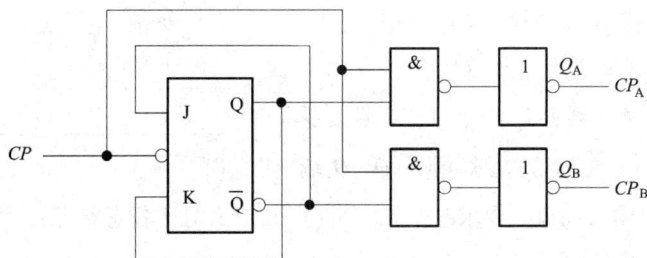

图 3.6.9　双相时钟脉冲电路

五、实验预习要求

1. 复习有关触发器内容。

2. 列出各触发器功能测试表格。

3. 按实验内容 45 的要求设计线路,拟定实验方案。

六、实验报告

1. 列表整理各类触发器的逻辑功能。

2. 总结观察到的波形,说明触发器的触发方式。

3. 体会触发器的应用。

4. 利用普通的机械开关组成的数据开关所产生的信号是否可作为触发器的时钟脉冲信号?为什么?是否可以用作触发器的其他输入端的信号?又是为什么?

实验 3.7 计数器及其应用

一、实验目的

1. 学习用集成触发器构成计数器的方法。
2. 掌握中规模集成计数器的使用及功能测试方法。
3. 运用集成计数器构成 N 进制计数器。

二、实验原理

计数器是一个用以实现计数功能的时序部件，它不仅可用来计脉冲数，还常用作数字系统的定时、分频和执行数字运算以及其他特定的逻辑功能。

计数器种类很多。按构成计数器中的各触发器是否使用一个时钟脉冲源来分，有同步计数器和异步计数器。根据计数制的不同，分为二进制计数器，十进制计数器和任意进制计数器。根据计数的增减趋势，又分为加法、减法和可逆计数器。还有可预置数和可编程序功能计数器等等。目前，无论是 TTL 还是 CMOS 集成电路，都有品种较齐全的中规模集成计数器。使用者只要借助于器件手册提供的功能表和工作波形图以及引出端的排列，就能正确地运用这些器件。

1. 用 D 触发器构成异步二进制加/减计数器。

图 3.7.1 是用四只 D 触发器构成的四位二进制异步加法计数器，它的连接特点是将每只 D 触发器接成 T′ 触发器，再由低位触发器的 $\overline{Q}$ 端和高一位的 CP 端相连接。

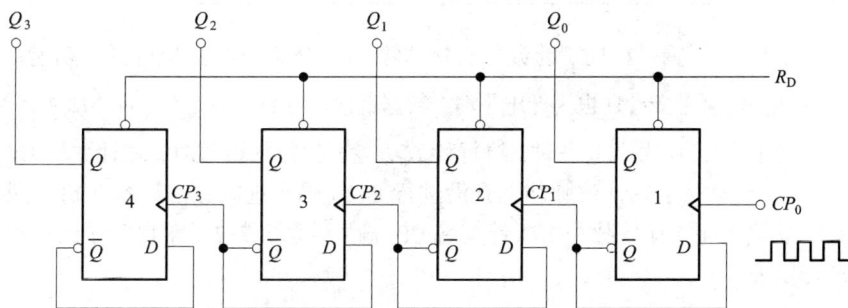

图 3.7.1 四位二进制异步加法计数器

若将图 3.7.1 稍加改动，即将低位触发器的 Q 端与高一位的 CP 端相连接，即构成了一个 4 位二进制减法计数器。

2. 中规模十进制计数器。

CC40192 是同步十进制可逆计数器，具有双时钟输入，并具有清除和置数等功能，其引脚排列及逻辑符号如图 3.7.2 所示。

CC40192(同 74LS192，二者可互换使用)的功能如表 3.7.1。

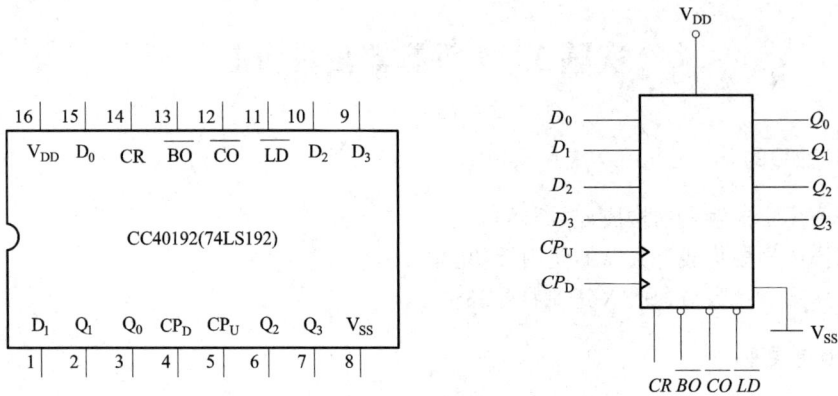

图 3.7.2　CC40192 引脚排列及逻辑符号

注：图中 $\overline{\text{LD}}$—置数端　CP_U—加计数端　CP_D—减计数端　$\overline{\text{CO}}$—非同步进位输出端　$\overline{\text{BO}}$—非同步借位输出端　D_0、D_1、D_2、D_3—计数器输入端　Q_0、Q_1、Q_2、Q_3—数据输出端　CR—清除端

表 3.7.1　CC40192 功能表

输　入								输　出			
CR	$\overline{\text{LD}}$	CP_U	CP_D	D_3	D_2	D_1	D_0	Q_3	Q_2	Q_1	Q_0
1	×	×	×	×	×	×	×	0	0	0	0
0	0	×	×	d	c	b	a	d	c	b	a
0	1	↑	1	×	×	×	×	加　计　数			
0	1	1	↑	×	×	×	×	减　计　数			

当清除端 CR 为高电平"1"时，计数器直接清零；CR 置低电平则执行其他功能。

当 CR 为低电平，置数端 $\overline{\text{LD}}$ 也为低电平时，数据直接从置数端 D_0、D_1、D_2、D_3 置入计数器。

当 CR 为低电平，$\overline{\text{LD}}$ 为高电平时，执行计数功能。执行加计数时，减计数端 CP_D 接高电平，计数脉冲由 CP_U 输入；在计数脉冲上升沿进行 8421 码十进制加法计数。执行减计数时，加计数端 CP_U 接高电平，计数脉冲由减计数端 CP_D 输入，表 3.7.2 为 8421 码十进制加、减计数器的状态转换表。

表 3.7.2　8421 码十进制加、减计数器状态转换表

加法计数 →

输入脉冲数		0	1	2	3	4	5	6	7	8	9
输出	Q_3	0	0	0	0	0	0	0	0	1	1
	Q_2	0	0	0	0	1	1	1	1	0	0
	Q_1	0	0	1	1	0	0	1	1	0	0
	Q_0	0	1	0	1	0	1	0	1	0	1

← 减计数

3. 计数器的级联使用。

一个十进制计数器只能表示 0~9 十个数，为了扩大计数器范围，常用多个十进制计数器级联使用。

同步计数器往往设有进位（或借位）输出端，故可选用其进位（或借位）输出信号驱动下一级计数器。

图 3.7.3 是由 CC40192 利用进位输出 $\overline{CO}$ 控制高一位的 CP_U 端构成的加数级联图。

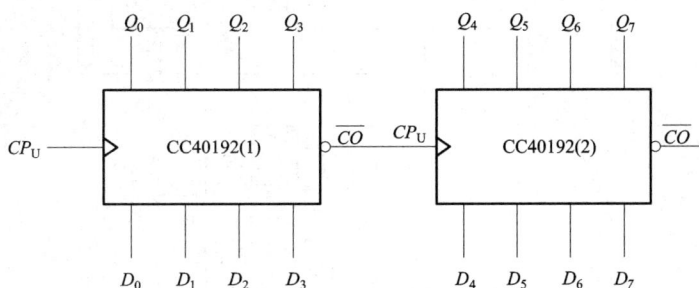

图 3.7.3　CC40192 级联电路

4. 实现任意进制计数。

（1）用复位法获得任意进制计数器。

假定已有 N 进制计数器，而需要得到一个 M 进制计数器时，只要 $M<N$，用复位法使计数器计数到 M 时置"0"，即获得 M 进制计数器。如图 3.7.4 所示为一个由 CC40192 十进制计数器接成的 6 进制计数器。

（2）利用预置功能获 M 进制计数器。

图 3.7.5 为用三个 CC40192 组成的 421 进制计数器。

外加由与非门构成的锁存器可以克服器件计数速度的离散性，保证在反馈置"0"信号作用下计数器可靠置"0"。

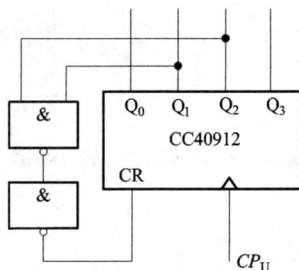

图 3.7.4　六进制计数器

图 3.7.6 是一个特殊 12 进制的计数器电路方案。在数字钟里，对时位的计数序列是 1、2、…11、12、1…是 12 进制的，且无 0 数。如图所示，当计数到 13 时，通过与非门产生一个复位信号，使 CC40192(2)（时十位）直接置成 0000，而 CC40192(1)，即时的个位直接置成 0001，从而实现了 1~12 计数。

CC40912×3

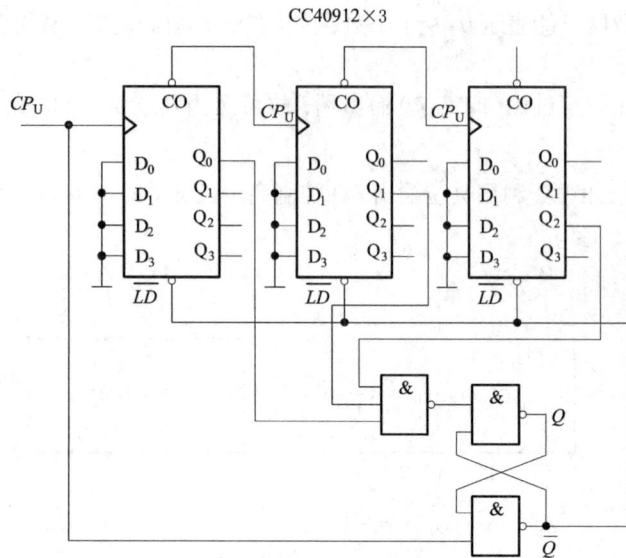

图 3.7.5　421 进制计数器

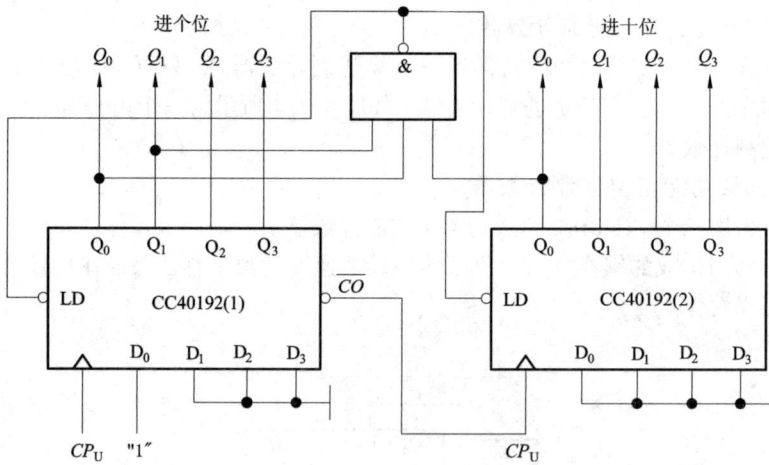

图 3.7.6　特殊 12 进制计数器

三、实验设备与器件

1. +5 V 直流电源；　　　　2. 双踪示波器；
3. 连续脉冲源；　　　　　　4. 单次脉冲源；
5. 逻辑电平开关；　　　　　6. 逻辑电平显示器；
7. 译码显示器；
8. CC4013×2(74LS74)，CC40192×3(74LS192)，
CC4011(74LS00)，　CC4012(74LS20)。

四、实验内容

1. 用 CC4013 或 74LS74 D 触发器构成 4 位二进制异步加法计数器。

(1) 按图 3.7.1 接线，$\overline{R_D}$ 接至逻辑开关输出插口，将低位 CP_0 端接单次脉冲源，输出端 Q_3、Q_2、Q_1、Q_0 接逻辑电平显示输入插口，各 $\overline{S_D}$ 接高电平"1"。

(2) 清零后，逐个送入单次脉冲，观察并列表记录 $Q_3 \sim Q_0$ 状态。

(3) 将单次脉冲改为 1 Hz 的连续脉冲，观察 $Q_3 \sim Q_0$ 的状态。

(4) 将 1 Hz 的连续脉冲改为 1 kHz，用双踪示波器观察 CP、Q_3、Q_2、Q_1、Q_0 端波形，描绘之。

(5) 将图 3.7.1 电路中的低位触发器的 Q 端与高一位的 CP 端相连接，构成减法计数器，按实验内容 (2)、(3)、(4) 进行实验，观察并列表记录 $Q_3 \sim Q_0$ 的状态。

2. 测试 CC40192 或 74LS192 同步十进制可逆计数器的逻辑功能。

计数脉冲由单次脉冲源提供，清除端 CR、置数端 $\overline{LD}$、数据输入端 D_3、D_2、D_1、D_0 分别接逻辑开关，输出端 Q_3、Q_2、Q_1、Q_0 接实验设备的一个译码显示输入相应插口 A、B、C、D；$\overline{CO}$ 和 $\overline{BO}$ 接逻辑电平显示插口。按表 3.7.1 逐项测试并判断该集成块的功能是否正常。

(1) 清除。

令 $CR = 1$，其他输入为任意态，这时 $Q_3Q_2Q_1Q_0 = 0000$，译码数字显示为 0。清除功能完成后，置 $CR = 0$

(2) 置数。

$CR = 0$，CP_U、CP_D 任意，数据输入端输入任意一组二进制数，令 $\overline{LD} = 0$，观察计数译码显示输出，预置功能是否完成，此后置 $\overline{LD} = 1$。

(3) 加计数。

$CR = 0$，$\overline{LD} = CP_D = 1$，CP_U 接单次脉冲源。清零后送入 10 个单次脉冲，观察译码数字显示是否按 8421 码十进制状态转换表进行；输出状态变化是否发生在 CP_U 的上升沿。

(4) 减计数。

$CR = 0$，$\overline{LD} = CP_U = 1$，CP_D 接单次脉冲源。参照 (3) 进行实验。

3. 按图 3.7.3 所示电路，用两片 CC40192 组成两位十进制加法计数器，输入 1 Hz 连续计数脉冲，进行由 00—99 累加计数，记录之。

4. 将两位十进制加法计数器改为两位十进制减法计数器，实现由 99—00 递减计数，记录之。

5. 按图 3.7.4 电路进行实验，记录之。

6. 按图 3.7.5，或图 3.7.6 进行实验，记录之。

7. 设计一个数字钟移位 60 进制计数器并进行实验。

五、实验预习要求

1. 复习有关计数器部分内容。

2. 绘出各实验内容的详细线路图。

3. 拟出各实验内容所需的测试记录表格。

4. 查手册, 给出并熟悉实验所用各集成块的引脚排列图。

六、实验报告

1. 画出实验线路图, 记录、整理实验现象及实验所得的有关波形, 对实验结果进行分析。
2. 总结使用集成计数器的体会。

实验 3.8　移位寄存器及其应用

一、实验目的

1. 掌握中规模 4 位双向移位寄存器逻辑功能及使用方法。
2. 熟悉移位寄存器的应用——实现数据的串行、并行转换和构成环形计数器。

二、实验原理

1. 移位寄存器是一个具有移位功能的寄存器, 是指寄存器中所存的代码能够在移位脉冲的作用下依次左移或右移。既能左移又能右移的称为双向移位寄存器, 只需要改变左、右移的控制信号便可实现双向移位要求。根据移位寄存器存取信息的方式不同分为: 串入串出、串入并出、并入串出、并入并出四种形式。

本实验选用的 4 位双向通用移位寄存器, 型号为 CC40194 或 74LS194, 两者功能相同, 可互换使用, 其逻辑符号及引脚排列如图 3.8.1 所示。

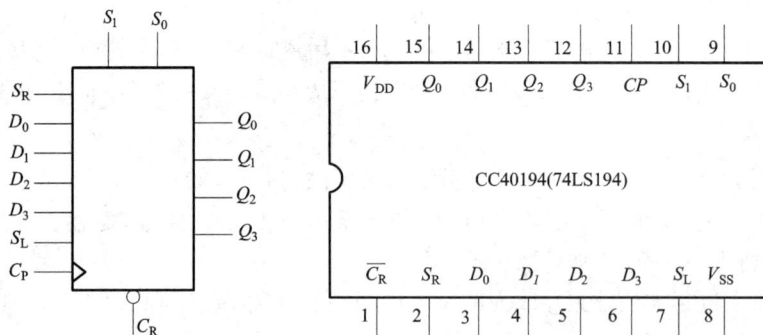

图 3.8.1　CC40194 的逻辑符号及引脚功能

其中 D_0、D_1、D_2、D_3 为并行输入端; Q_0、Q_1、Q_2、Q_3 为并行输出端; S_R 为右移串行输入端, S_L 为左移串行输入端; S_1、S_0 为操作模式控制端; $\overline{C_R}$ 为直接无条件清零端; CP 为时钟脉冲输入端。

CC40194 有 5 种不同操作模式: 即并行送数寄存, 右移(方向由 $Q_0 \to Q_3$), 左移(方向由 $Q_3 \to Q_0$), 保持及清零。

S_1、S_0 和 $\overline{C_R}$ 端的控制作用如表 3.8.1。

表 3.8.1　S_1、S_0 和 $\overline{C_R}$ 控制作用表

功能	输　入										输　出			
	C_P	$\overline{C_R}$	S_1	S_0	S_R	S_L	D_o	D_1	D_2	D_3	Q_0	Q_1	Q_2	Q_3
清除	×	0	×	×	×	×	×	×	×	×	0	0	0	0
送数	↑	1	1	1	×	×	a	b	c	d	a	b	c	d
右移	↑	1	0	1	D_{SR}	×	×	×	×	×	D_{SR}	Q_0	Q_1	Q_2
左移	↑	1	1	0	×	D_{SL}	×	×	×	×	Q_1	Q_2	Q_3	D_{SL}
保持	↑	1	0	0	×	×	×	×	×	×	Q_0^n	Q_1^n	Q_2^n	Q_3^n
保持	↓	1	×	×	×	×	×	×	×	×	Q_0^n	Q_1^n	Q_2^n	Q_3^n

2. 移位寄存器应用很广，可构成移位寄存器型计数器；顺序脉冲发生器；串行累加器；可用作数据转换，即把串行数据转换为并行数据，或把并行数据转换为串行数据等。本实验研究移位寄存器用作环形计数器和数据的串、并行转换。

环形计数器：

把移位寄存器的输出反馈到它的串行输入端，就可以进行循环移位，

如图 3.8.2 所示，把输出端 Q_3 和右移串行输入端 S_R 相连接，设初始状态 $Q_0 Q_1 Q_2 Q_3 =$ 1000，则在时钟脉冲作用下 $Q_0 Q_1 Q_2 Q_3$ 将依次变为 0100→0010→0001→1000→……，如表 3.8.2 所示，可见它是一个具有四个有效状态的计数器，这种类型的计数器通常称为环形计数器。图 3.8.2 电路可以由各个输出端输出在时间上有先后顺序的脉冲，因此也可作为顺序脉冲发生器。

表 3.8.2　环形计数器功能表

CP	Q_0	Q_1	Q_2	Q_3
0	1	0	0	0
1	0	1	0	0
2	0	0	1	0
3	0	0	0	1

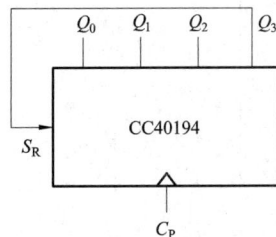

图 3.8.2　环形计数器

如果将输出 Q_o 与左移串行输入端 S_L 相连接，即可达左移循环移位。

3. 实现数据串、并行转换。

A. 串行/并行转换器

串行/并行转换是指串行输入的数码，经转换电路之后变换成并行输出。

图 3.8.3 是用二片 CC40194(74LS194) 四位双向移位寄存器组成的七位串/并行数据转换电路。

电路中 S_0 端接高电平 1，S_1 受 Q_7 控制，二片寄存器连接成串行输入右移工作模式。Q_7 是转换结束标志。当 $Q_7 = 1$ 时，S_1 为 0，使之成为 $S_1 S_0 = 01$ 的串入右移工作方式，当 $Q_7 = 0$

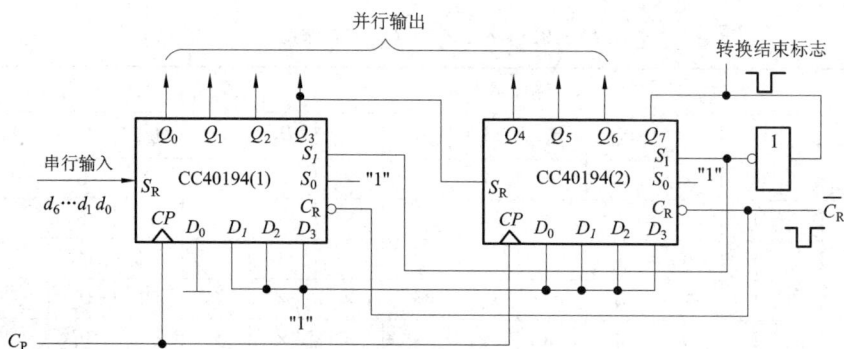

图3.8.3　七位串行/并行转换器

时，$S_1 = 1$，有 $S_1 S_0 = 10$，则串行送数结束，标志着串行输入的数据已转换成并行输出。

串行/并行转换的具体过程如下：

转换前，$\overline{C_R}$ 端加低电平，使 1、2 两片寄存器的内容清 0，此时 $S_1 S_0 = 11$，寄存器执行并行输入工作方式。当第一个 CP 脉冲到来后，寄存器的输出状态 $Q_0 \sim Q_7$ 为 01111111，与此同时 $S_1 S_0$ 变为 01，转换电路变为执行串入右移工作方式，串行输入数据由 1 片的 S_R 端加入。随着 CP 脉冲的依次加入，输出状态的变化可列成表 3.8.3 所示。

表3.8.3　移位输出状态变化表

CP	Q_0	Q_1	Q_2	Q_3	Q_4	Q_5	Q_6	Q_7	说明
0	0	0	0	0	0	0	0	0	清零
1	0	1	1	1	1	1	1	1	送数
2	d_0	0	1	1	1	1	1	1	右移操作七次
3	d_1	d_0	0	1	1	1	1	1	
4	d_2	d_1	d_0	0	1	1	1	1	
5	d_3	d_2	d_1	d_0	0	1	1	1	
6	d_4	d_3	d_2	d_1	d_0	0	1	1	
7	d_5	d_4	d_3	d_2	d_1	d_0	0	1	
8	d_6	d_5	d_4	d_3	d_2	d_1	d_0	0	
9	0	1	1	1	1	1	1	1	送数

由表3.8.3可见，右移操作七次之后，Q_7 变为 0，$S_1 S_0$ 又变为 11，说明串行输入结束。这时，串行输入的数码已经转换成了并行输出了。

当再来一个 CP 脉冲时，电路又重新执行一次并行输入，为第二组串行数码转换作好了准备。

B. 并行/串行转换器

并行/串行转换器是指并行输入的数码经转换电路之后，换成串行输出。

图 3.8.4 是用两片 CC40194(74LS194)组成的七位并行/串行转换电路,它比图 3.8.3 多了两只与非门 G_1 和 G_2,电路工作方式同样为右移。

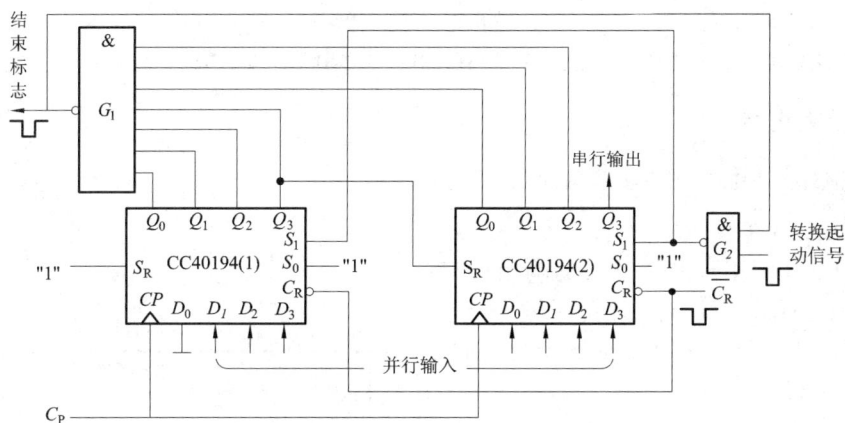

图 3.8.4 七位并行/串行转换器

寄存器清"0"后,加一个转换起动信号(负脉冲或低电平)。此时,由于方式控制 S_1S_0 为 11,转换电路执行并行输入操作。当第一个 CP 脉冲到来后,$Q_0Q_1Q_2Q_3Q_4Q_5Q_6Q_7$ 的状态为 $0D_1D_2D_3D_4D_5D_6D_7$,并行输入数码存入寄存器。从而使得 G_1 输出为 1,G_2 输出为 0,结果,S_1S_2 变为 01,转换电路随着 CP 脉冲的加入,开始执行右移串行输出,随着 CP 脉冲的依次加入,输出状态依次右移,待右移操作七次后,$Q_0 \sim Q_6$ 的状态都为高电平 1,与非门 G_1 输出为低电平,G_2 门输出为高电平,S_1S_2 又变为 11,表示并/串行转换结束,且为第二次并行输入创造了条件。转换过程如表 3.8.4 所示。

表 3.8.4 转换过程表

CP	Q_0	Q_1	Q_2	Q_3	Q_4	Q_5	Q_6	Q_7	串 行 输 出						
0	0	0	0	0	0	0	0	0							
1	0	D_1	D_2	D_3	D_4	D_5	D_6	D_7							
2	1	0	D_1	D_2	D_3	D_4	D_5	D_6	D_7						
3	1	1	0	D_1	D_2	D_3	D_4	D_5	D_6	D_7					
4	1	1	1	0	D_1	D_2	D_3	D_4	D_5	D_6	D_7				
5	1	1	1	1	0	D_1	D_2	D_3	D_4	D_5	D_6	D_7			
6	1	1	1	1	1	0	D_1	D_2	D_3	D_4	D_5	D_6	D_7		
7	1	1	1	1	1	1	0	D_1	D_2	D_3	D_4	D_5	D_6	D_7	
8	1	1	1	1	1	1	1	0	D_1	D_2	D_3	D_4	D_5	D_6	D_7
9	0	D_1	D_2	D_3	D_4	D_5	D_6	D_7							

中规模集成移位寄存器,其位数往往以 4 位居多,当需要的位数多于 4 位时,可把几片移位寄存器用级连的方法来扩展位数。

三、实验设备及器件

1. +5 V 直流电源；　　　　　2. 单次脉冲源；
3. 逻辑电平开关；　　　　　4. 逻辑电平显示器；
5. CC40194×2（74LS194）、CC4011（74LS00）、CC4068（74LS30）。

四、实验内容

1. 测试 CC40194（或 74LS194）的逻辑功能。

按图 3.8.5 接线，$\overline{C}_R$、S_1、S_0、S_L、S_R、D_0、D_1、D_2、D_3 分别接至逻辑开关的输出插口；Q_0、Q_1、Q_2、Q_3 接至逻辑电平显示输入插口。CP 端接单次脉冲源。按表 3.8.5 所规定的输入状态，逐项进行测试。

清除：令 $\overline{C}_R = 0$，其他输入均为任意态，这时寄存器输出 Q_0、Q_1、Q_2、Q_3 应均为 0。清除后，置 $\overline{C}_R = 1$。

（2）送数：令 $\overline{C}_R = S_1 = S_0 = 1$，送入任意 4 位二进制数，如 $D_0 D_1 D_2 D_3 = abcd$，加 CP 脉冲，观察 CP = 0、CP 由 0→1、CP 由 1→0 三种情况下寄存器输出状态的变化，观察寄存器输出状态变化是否发生在 CP 脉冲的上升沿。

图 3.8.5 CC40194 逻辑功能测试

（3）右移：清零后，令 $\overline{C}_R = 1$，$S_1 = 0$，$S_0 = 1$，由右移输入端 S_R 送入二进制数如 0100，由 CP 端连续加 4 个脉冲，观察输出情况，记录之。

（4）左移：先清零或预置，再令 $\overline{C}_R = 1$，$S_1 = 1$，$S_0 = 0$，由左移输入端 S_L 送入二进制数如 1111，连续加四个 CP 脉冲，观察输出端情况，记录之。

（5）保持：寄存器预置任意 4 位二进制数 abcd，令 $\overline{C}_R = 1$，$S_1 = S_0 = 0$，加 CP 脉冲，观察寄存器输出状态，记录之。

2. 环形计数器。

自拟实验线路用并行送数法预置寄存器为某二进制数码（如 0100），然后进行右移循环，观察寄存器输出端状态的变化，记入表 3.8.6 中。

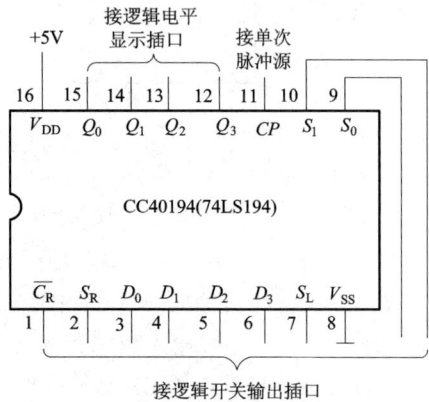

表 3.8.5　功能测试结果表

清除	模　式		时钟	串　行		输　入	输　出	功能总结
$\overline{C}_R$	S_1	S_0	CP	SL	SR	$D_0\ D_1\ D_2\ D_3$	$Q_0\ Q_1\ Q_2\ Q_3$	
0	×	×	×	×	×	× × × ×		
1	1	1	↑	×	×	a　b　c　d		
1	0	1	↑	×	0	× × × ×		

续表 3.8.5

清除	模　式		时钟	串　行		输　入	输　出	功能总结
$\overline{C}_R$	S_1	S_0	CP	SL	SR	$D_0\ D_1\ D_2\ D_3$	$Q_0\ Q_1\ Q_2\ Q_3$	
1	0	1	↑	×	1	× × × ×		
1	0	1	↑	×	0	× × × ×		
1	0	1	↑	×	0	× × × ×		
1	1	0	↑	1	×	× × × ×		
1	1	0	↑	1	×	× × × ×		
1	1	0	↑	1	×	× × × ×		
1	1	0	↑	1	×	× × × ×		
1	0	0	↑	×	×	× × × ×		

3. 实现数据的串、并行转换。

(1)串行输入、并行输出。

按图 3.8.3 接线,进行右移串入、并出实验,串入数码自定;改接线路用左移方式实现并行输出。自拟表格,记录之。

(2)并行输入、串行输出。

按图 3.8.4 接线,进行右移并入、串出实验,并入数码自定。再改接线路用左移方式实现串行输出。自拟表格,记录之。

表 3.8.6　寄存器输出结果表

CP	Q_0	Q_1	Q_2	Q_3
0	0	1	0	0
1				
2				
3				
4				

五、实验预习要求

1. 复习有关寄存器及串行、并行转换器有关内容。

2. 查阅 CC40194、CC4011 及 CC4068 逻辑线路,熟悉其逻辑功能及引脚排列。

3. 在对 CC40194 进行送数后,若要使输出端改成另外的数码,是否一定要使寄存器清零?

4. 使寄存器清零,除采用 $\overline{C}_R$ 输入低电平外,可否采用右移或左移的方法?可否使用并行送数法?若可行,如何进行操作?

5. 若进行循环左移,图 3.8.4 接线应如何改接?

6. 画出用两片 CC40194 构成的七位左移串/并行转换器线路。

7. 画出用两片 CC40194 构成的七位左移并/串行转换器线路。

六、实验报告

1. 分析表 3.8.4 的实验结果,总结移位寄存器 CC40194 的逻辑功能并写入表格功能总结一栏中。

根据实验内容 2 的结果,画出 4 位环形计数器的状态转换图及波形图。

分析串/并、并/串转换器所得结果的正确性。

实验 3.9　555 时基电路及其应用

一、实验目的

1. 熟悉 555 型集成时基电路结构、工作原理及其特点。
2. 掌握 555 型集成时基电路的基本应用。

二、实验原理

集成时基电路又称为集成定时器或 555 电路，是一种数字、模拟混合型的中规模集成电路，应用十分广泛。它是一种产生时间延迟和多种脉冲信号的电路，由于内部电压标准使用了三个 5 kΩ 电阻，故取名 555 电路。其电路类型有双极型和 CMOS 型两大类，二者的结构与工作原理类似。几乎所有的双极型产品型号最后的三位数码都是 555 或 556；所有的 CMOS 产品型号最后四位数码都是 7555 或 7556，二者的逻辑功能和引脚排列完全相同，易于互换。555 和 7555 是单定时器。556 和 7556 是双定时器。双极型的电源电压 V_{CC} = +5 V ~ +15 V，输出的最大电流可达 200 mA，CMOS 型的电源电压为 +3 ~ +18 V。

1. 555 电路的工作原理。

555 电路的内部电路方框图如图 3.9.1 所示。它含有两个电压比较器，一个基本 RS 触发器，一个放电开关管 T，比较器的参考电压由三只 5 kΩ 的电阻器构成的分压器提供。它们分别使高电平比较器 A_1 的同相输入端和低电平比较器 A_2 的反相输入端的参考电平为 $\frac{2}{3}V_{CC}$ 和 $\frac{1}{3}V_{CC}$。A_1 与 A_2 的输出端控制 RS 触发器状态和放电管开关状态。当输入信号自 6 脚，即高电平触发输入并超过参考电平 $\frac{2}{3}V_{CC}$ 时，触发器复位，555 的输出端 3 脚输出低电平，同时放电开关管导通；当输入信号自 2 脚输入并低于 $\frac{1}{3}V_{CC}$ 时，触发器置位，555 的 3 脚输出高电平，同时放电开关管截止。

$\overline{R}_D$ 是复位端（4 脚），当 $\overline{R}_D$ = 0，555 输出低电平，平时 $\overline{R}_D$ 端开路或接 V_{CC}。

V_C 是控制电压端（5 脚），平时输出 $\frac{2}{3}V_{CC}$ 作为比较器 A_1 的参考电平，当 5 脚外接一个输入电压，即改变了比较器的参考电平，从而实现对输出的另一种控制，在不接外加电压时，通常接一个 0.01 μF 的电容器到地，起滤波作用，以消除外来的干扰，以确保参考电平的稳定。

T 为放电管，当 T 导通时，将给接于脚 7 的电容器提供低阻放电通路。

555 定时器主要是与电阻、电容构成充放电电路，并由两个比较器来检测电容器上的电压，以确定输出电平的高低和放电开关管的通断。这就很方便地构成从微秒到数十分钟的延时电路，可方便地构成单稳态触发器，多谐振荡器，施密特触发器等脉冲产生或波形变换电路。

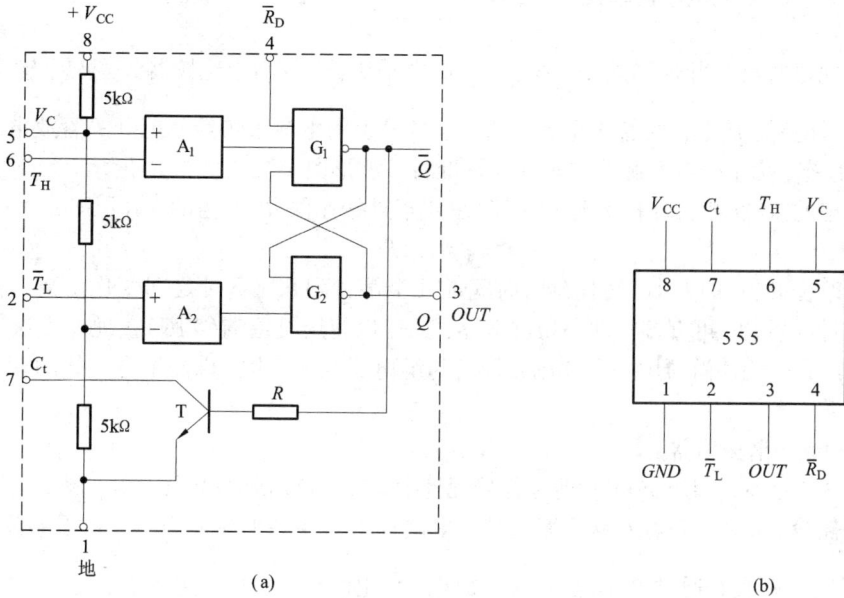

图 3.9.1　555 定时器内部框图及引脚排列

2. 555 定时器的典型应用。

(1)构成单稳态触发器。

图 3.9.2(a)为由 555 定时器和外接定时元件 R、C 构成的单稳态触发器。触发电路由 C_1、R_1、D 构成,其中 D 为钳位二极管,稳态时 555 电路输入端处于电源电平,内部放电开关管 T 导通,输出端 F 输出低电平,当有一个外部负脉冲触发信号经 C_1 加到 2 端。并使 2 端电

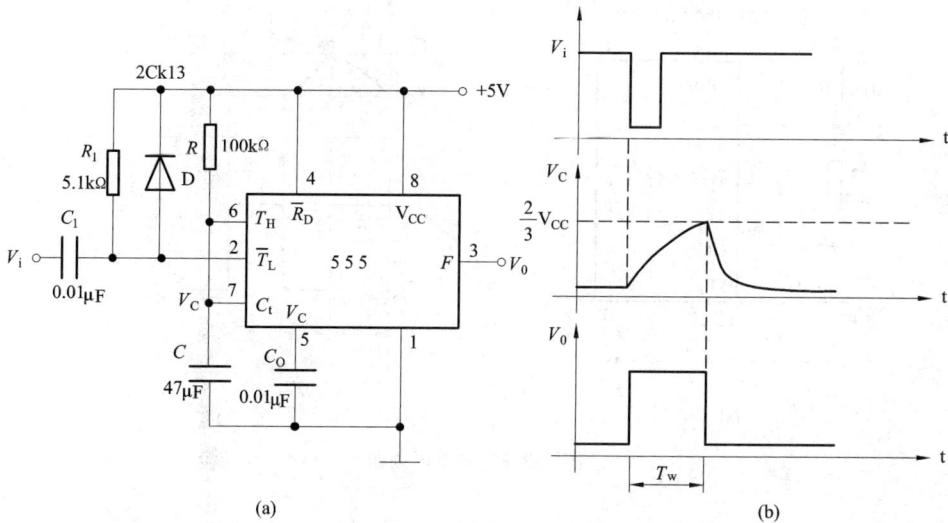

图 3.9.2　单稳态触发器

位瞬时低于 $\frac{1}{3}V_{\text{CC}}$，低电平比较器动作，单稳态电路即开始一个暂态过程，电容 C 开始充电，V_C 按指数规律增长。当 V_C 充电到 $\frac{2}{3}V_{\text{CC}}$ 时，高电平比较器动作，比较器 A_1 翻转，输出 V_0 从高电平返回低电平，放电开关管 T 重新导通，电容 C 上的电荷很快经放电开关管放电，暂态结束，恢复稳态，为下个触发脉冲的来到作好准备。波形图如图 3.9.2(b)所示。

暂稳态的持续时间 t_{W}(即为延时时间)决定于外接元件 R、C 值的大小，即

$$t_{\text{W}} = 1.1RC$$

通过改变 R、C 的大小，可使延时时间在几个微秒到几十分钟之间变化。当这种单稳态电路作为计时器时，可直接驱动小型继电器，并可以使用复位端(4 脚)接地的方法来中止暂态，重新计时。此外尚须用一个续流二极管与继电器线圈并接，以防继电器线圈反电势损坏内部功率管。

(2)构成多谐振荡器。

如图 3.9.3(a)，由 555 定时器和外接元件 R_1、R_2、C 构成多谐振荡器，脚 2 与脚 6 直接相连。电路没有稳态，仅存在两个暂稳态，电路亦不需要外加触发信号，利用电源通过 R_1、R_2 向 C 充电，以及 C 通过 R_2 向放电端 C_1 放电，使电路产生振荡。电容 C 在 $\frac{1}{3}V_{\text{CC}}$ 和 $\frac{2}{3}V_{\text{CC}}$ 之间充电和放电，其波形如图 3.9.3(b)所示。输出信号的时间参数：

$$T = t_{\text{W1}} + t_{\text{W2}}, \quad t_{\text{W1}} = 0.7(R_1 + R_2)C, \quad t_{\text{W2}} = 0.7R_2C$$

555 电路要求 R_1 与 R_2 均应大于或等于 1 kΩ，但 $R_1 + R_2$ 应小于或等于 3.3 MΩ。

外部元件的稳定性决定了多谐振荡器的稳定性，555 定时器配以少量的元件即可获得较高精度的振荡频率和具有较强的功率输出能力。因此这种形式的多谐振荡器应用很广。

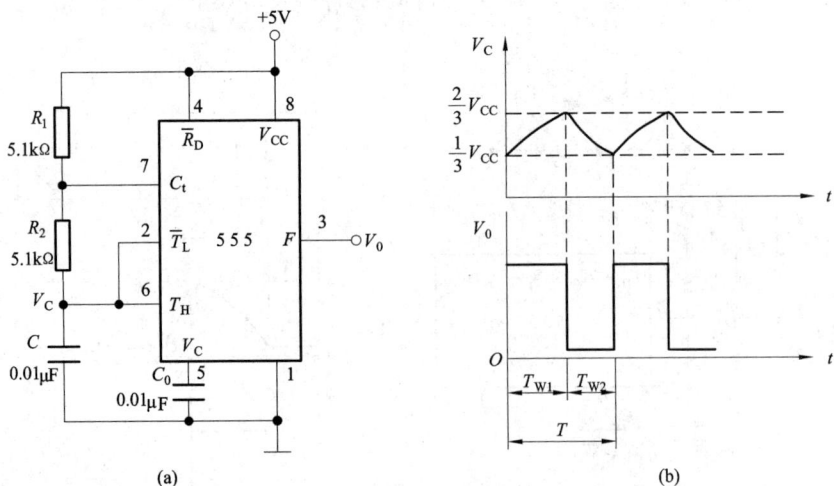

图 3.9.3　多谐振荡器

(3)组成占空比可调的多谐振荡器。

电路如图 3.9.4，它比图 3.9.3 所示电路增加了一个电位器和两个导引二极管。D_1、

D_2用来决定电容充、放电电流流经电阻的途径(充电时 D_1 导通,D_2 截止;放电时 D_2 导通,D_1 截止)。

占空比 $\quad P = \dfrac{t_{s1}}{t_{s1}+t_{s2}} \approx \dfrac{0.7R_AC}{0.7C(R_A+R_B)} = \dfrac{R_A}{R_A+R_B}$

可见,若取 $R_A = R_B$ 电路即可输出占空比为50%的方波信号。

(4)组成占空比连续可调并能调节振荡频率的多谐振荡器。

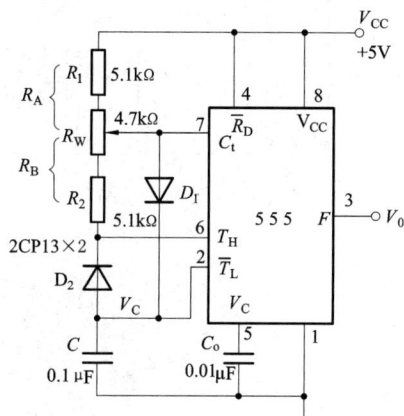

图 3.9.4 占空比可调的多谐振荡器　　　图 3.9.5 占空比与频率均可调的多谐振荡器

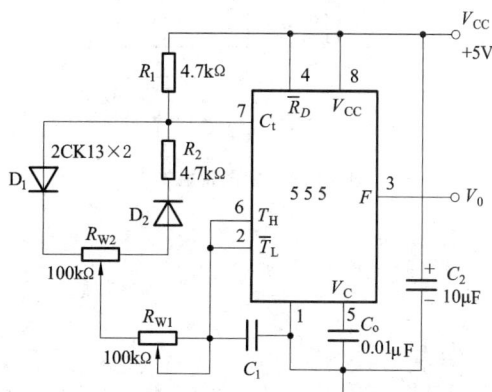

电路如图 3.9.5 所示。对 C_1 充电时,充电电流通过 R_1、D_1、R_{W2} 和 R_{W1};放电时通过 R_{W1}、R_{W2}、D_2、R_2。当 $R_1 = R_2$、R_{W2} 调至中心点,因充放电时间基本相等,其占空比约为 50%,此时调节 R_{W1} 仅改变频率,占空比不变。如 R_{W2} 调至偏离中心点,再调节 R_{W1},不仅振荡频率改变,而且对占空比也有影响。R_{W1} 不变,调节 R_{W2},仅改变占空比,对频率无影响。因此,当接通电源后,应首先调节 R_{W1} 使频率为规定值,再调节 R_{W2},以获得需要的占空比。若频率调节的范围比较大,还可以用波段开关改变 C_1 的值。

(5)组成施密特触发器。

电路如图 3.9.6,只要将脚2、6连在一起作为信号输入端,即得到施密特触发器。图 3.9.7 示出了 V_s、V_i 和 V_o 的波形图。

设被整形变换的电压为正弦波 V_s,其正半波通过二极管 D 同时加到555。

定时器的 2 脚和 6 脚,得 V_i 为半波整流波形。当 V_i 上升到 $\dfrac{2}{3}V_{CC}$ 时,V_o 从高电平翻转为低电平;当 V_i 下降到 $\dfrac{1}{3}V_{CC}$ 时,V_o 又从低电平翻转为高电平。电路的电压传输特性曲线如图 3.9.8 所示。

回差电压 $\Delta V = \dfrac{2}{3} - \dfrac{1}{3}V_{CC} = \dfrac{1}{3}V_{CC}$

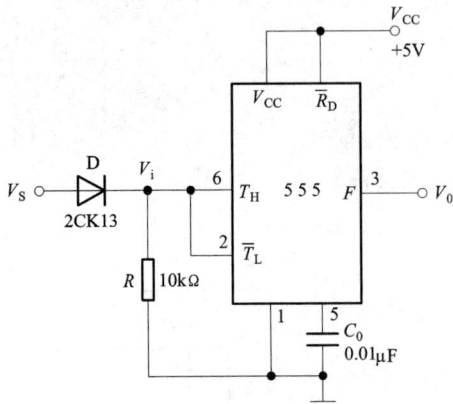

图 3.9.6　施密特触发器

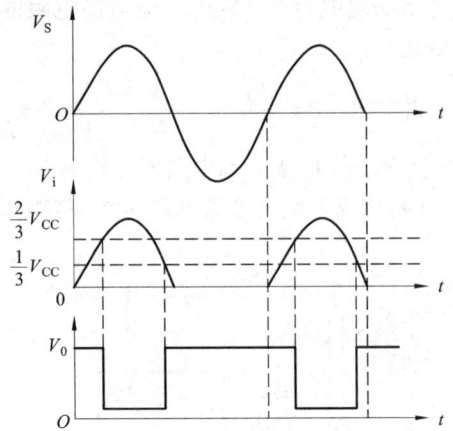

图 3.9.7　波形变换图

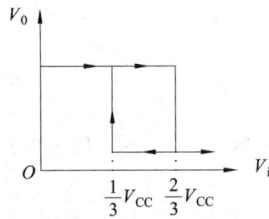

图 3.9.8　电压传输特性

三、实验设备与器件

1. +5 V 直流电源；　　　　2. 双踪示波器；

3. 连续脉冲源；　　　　　4. 单次脉冲源；

5. 音频信号源；　　　　　6. 数字频率计；

7. 逻辑电平显示器；　　　8. 555×2 2CK13×2，电位器、电阻、电容若干。

四、实验内容

1. 单稳态触发器。

(1) 按图 3.9.2 连线，取 $R=100$ kΩ，$C=47$ μF，输入信号 V_i 由单次脉冲源提供，用双踪示波器观测 V_i，V_C，V_0 波形，测定幅度与暂稳时间。

(2) 将 R 改为 1 kΩ，C 改为 0.1 μF，输入端加 1 kHz 的连续脉冲，观测波形 V_i，V_C，V_o，测定幅度及暂稳时间。

2. 多谐振荡器。

(1) 按图 3.9.3 接线，用双踪示波器观测 V_c 与 V_o 的波形，测定频率。

(2) 按图 3.9.4 接线，组成占空比为 50% 的方波信号发生器。观测 V_c，V_o 波形，测定波形参数。

（3）按图 3.9.5 接线，通过调节 R_{W1} 和 R_{W2} 来观测输出波形。

3. 施密特触发器。

按图 3.9.6 接线，输入信号由音频信号源提供，预先调好 V_S 的频率为 1 kHz，接通电源，逐渐加大 V_S 的幅度，观测输出波形，测绘电压传输特性，算出回差电压 ΔU。

4. 模拟声响电路。

按图 3.9.9 接线，组成两个多谐振荡器，调节定时元件，使 I 输出较低频率，II 输出较高频率，连好线，接通电源，试听音响效果。调换外接阻容元件，再试听音响效果。

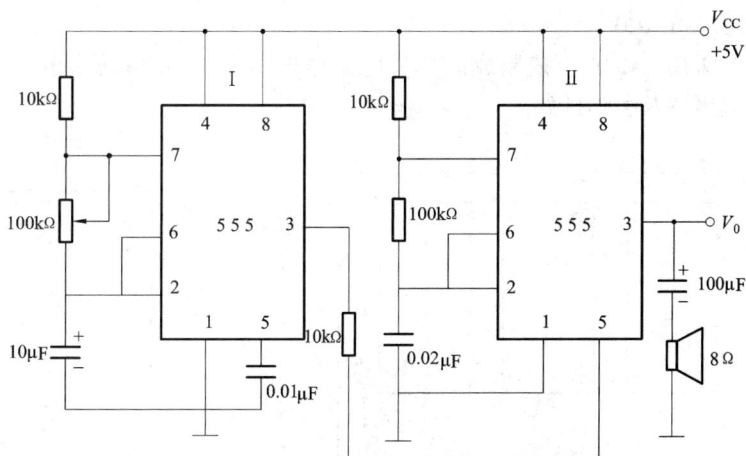

图 3.9.9 模拟声响电路

五、实验预习要求

1. 复习有关 555 定时器的工作原理及其应用。
2. 拟定实验中所需的数据、表格等。
3. 如何用示波器测定施密特触发器的电压传输特性曲线？
4. 拟定各次实验的步骤和方法。

六、实验报告

1. 绘出详细的实验线路图，定量绘出观测到的波形。
2. 分析、总结实验结果。

实验 3.10 A/D、D/A 转换器

一、实验目的

1. 了解 A/D 和 D/A 转换器的基本工作原理和基本结构。
2. 掌握大规模集成 A/D 和 D/A 转换器的功能及其典型应用。

二、实验原理

在数字电子技术的很多应用场合往往需要把模拟量转换为数字量,称为模/数转换器(A/D 转换器,简称 ADC);或把数字量转换成模拟量,称为数/模转换器(D/A 转换器,简称 DAC)。完成这种转换的线路有多种,特别是单片大规模集成 A/D、D/A 转换器问世,为实现上述的转换提供了极大的方便。使用者可借助于手册提供的器件性能指标及典型应用电路,即可正确使用这些器件。本实验将采用大规模集成电路 DAC0832 实现 D/A 转换,ADC0809 实现 A/D 转换。

1. D/A 转换器 DAC0832。

DAC0832 是采用 CMOS 工艺制成的单片电流输出型 8 位数/模转换器。图 3.10.1 是 DAC0832 的逻辑框图及引脚排列。

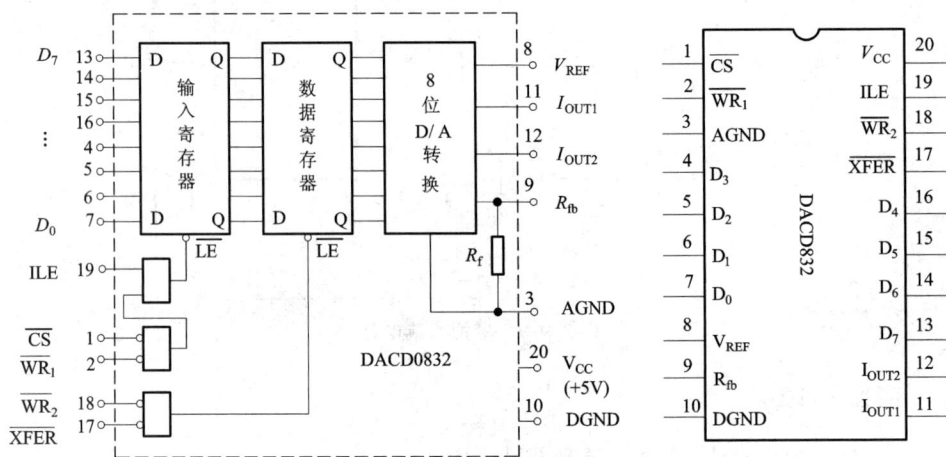

图 3.10.1 DAC0832 单片 D/A 转换器逻辑框图和引脚排列

器件的核心部分采用倒 T 型电阻网络的 8 位 D/A 转换器,如图 3.10.2 所示。它是由倒 T 型 R-$2R$ 电阻网络、模拟开关、运算放大器和参考电压 V_{REF} 四部分组成。

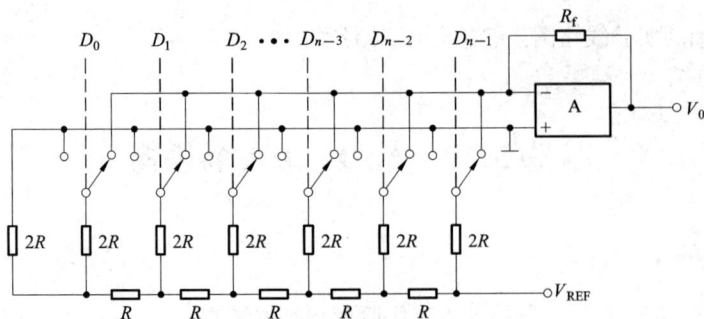

图 3.10.2 倒 T 型电阻网络 D/A 转换电路

运放的输出电压为

$$V_o = \frac{V_{REF} \cdot R_F}{2^n R}(D_{n-1} \cdot 2^{n-1} + D_{n-2} \cdot 2^{n-2} + \cdots + D_0 \cdot 2^0)$$

由上式可见，输出电压 V_o 与输入的数字量成正比，这就实现了从数字量到模拟量的转换。

一个 8 位的 D/A 转换器，它有 8 个输入端，每个输入端是 8 位二进制数的一位，有一个模拟输出端，输入可有 $2^8 = 256$ 个不同的二进制组态，输出为 256 个电压之一，即输出电压不是整个电压范围内任意值，而只能是 256 个可能值。

DAC0832 的引脚功能说明如下：

$D_0 - D_7$：数字信号输入端

ILE：输入寄存器允许，高电平有效

$\overline{CS}$：片选信号，低电平有效

$\overline{WR}_1$：写信号 1，低电平有效

$\overline{XFER}$：传送控制信号，低电平有效

$\overline{WR}_2$：写信号 2，低电平有效

I_{OUT1}，I_{OUT2}：DAC 电流输出端

R_{fb}：反馈电阻，是集成在片内的外接运放的反馈电阻

V_{REF}：基准电压 $(-10 \sim +10)$ V

V_{CC}：电源电压 $(+5 \sim +15)$ V

AGND：模拟地

NGND：数字地，可与 AGND 接在一起使用

DAC0832 输出的是电流，要转换为电压，还必须经过一个外接的运算放大器，实验线路如图 3.10.3 所示。

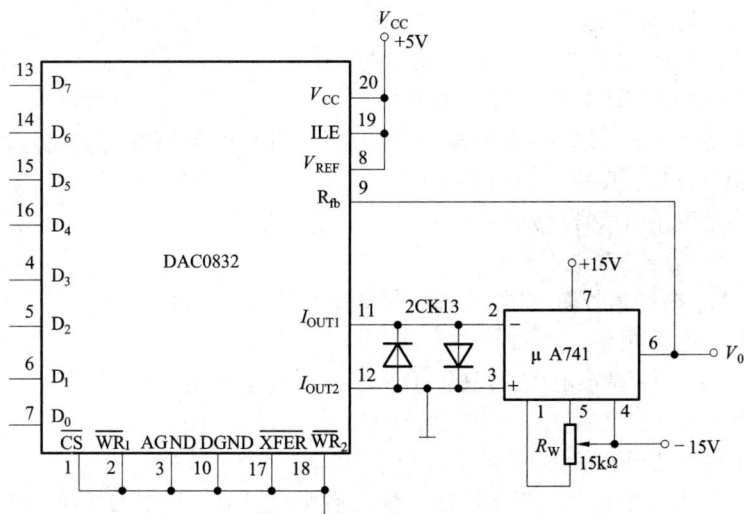

图 3.10.3 D/A 转换器实验线路

2. A/D 转换器 ADC0809。

ADC0809 是采用 CMOS 工艺制成的单片 8 位 8 通道逐次渐近型模/数转换器,其逻辑框图及引脚排列如图 3.10.4 所示。

器件的核心部分是 8 位 A/D 转换器,它由比较器、逐次渐近寄存器、D/A 转换器及控制和定时 5 部分组成。

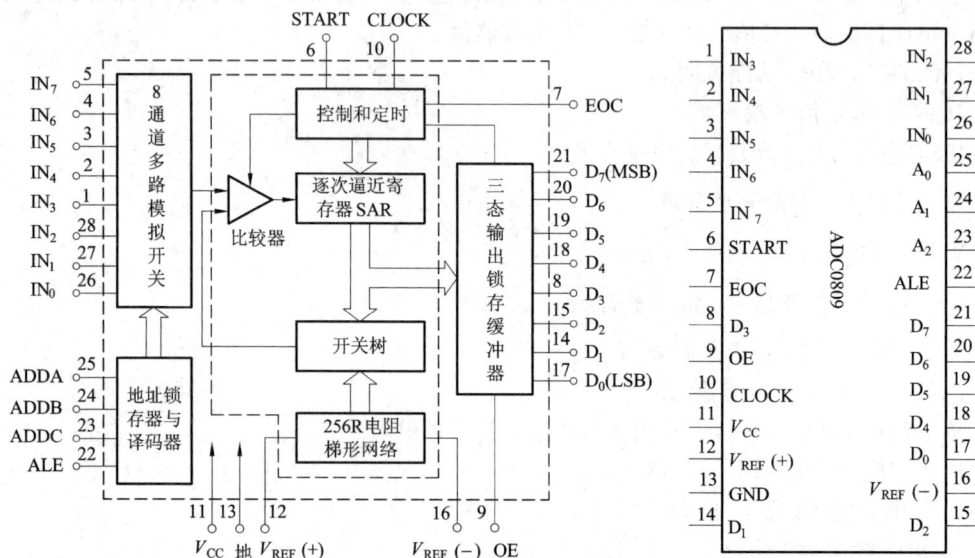

图 3.10.4 ADC0809 转换器逻辑框图及引脚排列

ADC0809 的引脚功能说明如下:

IN_0-IN_7: 8 路模拟信号输入端。

A_2、A_1、A_0: 地址输入端。

ALE: 地址锁存允许输入信号,在此脚施加正脉冲,上升沿有效,此时锁存地址码,从而选通相应的模拟信号通道,以便进行 A/D 转换。

START: 启动信号输入端,应在此脚施加正脉冲,当上升沿到达时,内部逐次逼近寄存器复位,在下降沿到达后,开始 A/D 转换过程。

EOC: 转换结束输出信号(转换结束标志),高电平有效。

OE: 输入允许信号,高电平有效。

CLOCK(CP): 时钟信号输入端,外接时钟频率一般为 640 kHz。

Vcc: +5 V 单电源供电。

$V_{REF}(+)$、$V_{REF}(-)$: 基准电压的正极、负极,一般 $V_{REF}(+)$ 接+5 V 电源,$V_{REF}(-)$ 接地。

D_7-D_0: 数字信号输出端。

(1)模拟量输入通道选择。

8 路模拟开关由 A_2、A_1、A_0 三地址输入端选通 8 路模拟信号中的任何一路进行 A/D 转换,地址译码与模拟输入通道的选通关系如表 3.10.1 所示。

表 3.10.1　地址译码与模拟输入通道选通关系表

被选模拟通道		IN$_0$	IN$_1$	IN$_2$	IN$_3$	IN$_4$	IN$_5$	IN$_6$	IN$_7$
地址	A$_2$	0	0	0	0	1	1	1	1
	A$_1$	0	0	1	1	0	0	1	1
	A$_0$	0	1	0	1	0	1	0	1

（2）D/A 转换过程。

在启动端（START）加启动脉冲（正脉冲），D/A 转换即开始。如将启动端（START）与转换结束端（EOC）直接相连，转换将是连续的，在用这种转换方式时，开始应在外部加启动脉冲。

三、实验设备及器件

1. +5 V、±15 V 直流电源；　　　2. 双踪示波器；
3. 计数脉冲源；　　　　　　　　4. 逻辑电平开关；
5. 逻辑电平显示器；　　　　　　6. 直流数字电压表；
7. DAC0832、ADC0809、μA741、电位器、电阻、电容若干。

四、实验内容

1. D/A 转换器 — DAC0832。

（1）按图 3.10.3 接线，电路接成直通方式，即 $\overline{CS}$、$\overline{WR_1}$、$\overline{WR_2}$、$\overline{XFER}$ 接地；ALE、V_{CC}、V_{REF} 接+5 V 电源；运放电源接±15 V；$D_0 \sim D_7$ 接逻辑开关的输出插口，输出端 V_o 接直流数字电压表。

（2）调零，令 $D_0 \sim D_7$ 全置零，调节运放的电位器使 μA741 输出为零。

（3）按表 3.10.2 所列的输入数字信号，用数字电压表测量运放的输出电压 V_0，并将测量结果填入表中，并与理论值进行比较。

表 3.10.2　数模转换测试结果表

输 入 数 字 量								输出模拟量 V_0/V
D_7	D_6	D_5	D_4	D_3	D_2	D_1	D_0	$V_{CC} = +5$V
0	0	0	0	0	0	0	0	
0	0	0	0	0	0	0	1	
0	0	0	0	0	0	1	0	
0	0	0	0	0	1	0	0	
0	0	0	0	1	0	0	0	
0	0	0	1	0	0	0	0	
0	0	1	0	0	0	0	0	
0	1	0	0	0	0	0	0	
1	0	0	0	0	0	0	0	
1	1	1	1	1	1	1	1	

2. A/D 转换器—ADC0809。

按图 3.10.5 接线, 八路输入模拟信号 1~4.5 V, 由 +5 V 电源经电阻 R 分压组成; 变换结果 $D_0 \sim D_7$ 接逻辑电平显示器输入插口, CP 时钟脉冲由计数脉冲源提供, 取 $f = 100$ kHz; $A_0 \sim A_2$ 地址端接逻辑电平输出插口。

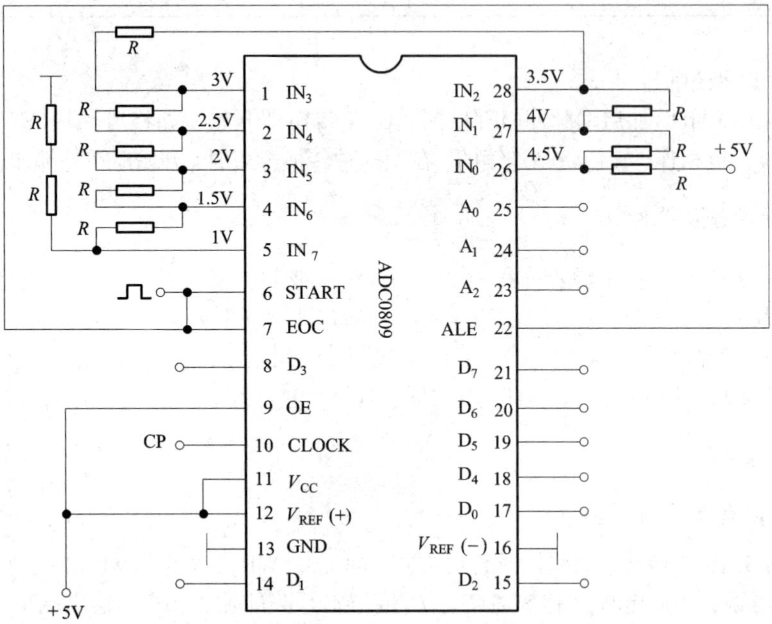

图 3.10.5 ADC0809 实验线路

接通电源后, 在启动端(START)加一正单次脉冲, 下降沿一到即开始 A/D 转换。

按表 3.10.3 的要求观察, 记录 $IN_0 \sim IN_7$ 八路模拟信号的转换结果, 并将转换结果换算成十进制数表示的电压值, 并与数字电压表实测的各路输入电压值进行比较, 分析误差原因。

表 3.10.3 模数转换测试结果表

被选模拟通道	输 入 模拟量	地 址			输 出 数 字 量								
IN	V_i/V	A_2	A_1	A_0	D_7	D_6	D_5	D_4	D_3	D_2	D_1	D_0	十进制
IN_0	4.5	0	0	0									
IN_1	4.0	0	0	1									
IN_2	3.5	0	1	0									
IN_3	3.0	0	1	1									
IN_4	2.5	1	0	0									
IN_5	2.0	1	0	1									
IN_6	1.5	1	1	0									
IN_7	1.0	1	1	1									

五、实验预习要求

1. 复习 A/D、D/A 转换的工作原理。
2. 熟悉 ADC0809、DAC0832 各引脚功能，使用方法。
3. 绘好完整的实验线路和所需的实验记录表格。
4. 拟定各个实验内容的具体实验方案。

六、实验报告

整理实验数据，分析实验结果。

实验 3.11　电子秒表

一、实验目的

1. 学习数字电路中基本 RS 触发器、单稳态触发器、时钟发生器及计数、译码显示等单元电路的综合应用。
2. 学习电子秒表的调试方法。

二、实验原理

图 3.11.1 为电子秒表的电原理图，下面按功能分成四个单元电路进行分析。

1. 基本 RS 触发器。

图 3.11.1 中单元 I 为用集成与非门构成的基本 RS 触发器。属低电平直接触发的触发器，有直接置位、复位的功能。

它的一路输出 $\overline{Q}$ 作为单稳态触发器的输入，另一路输出 Q 作为与非门 5 的输入控制信号。

按动按钮开关 K_2（接地），则门 1 输出 $\overline{Q}=1$；门 2 输出 $Q=0$，K_2 复位后，Q、$\overline{Q}$ 状态保持不变。再按动按钮开关 K_1，则 Q 由 0 变为 1，门 5 开启，为计数器启动作好准备。$\overline{Q}$ 由 1 变 0，送出负脉冲，启动单稳态触发器工作。

基本 RS 触发器在电子秒表中的功能是启动和停止秒表的工作。

2. 单稳态触发器。

图 3.11.1 中单元 II 为用集成与非门构成的微分型单稳态触发器，图 3.11.2 为各点波形图。

单稳态触发器的输入触发负脉冲信号 V_i 由基本 RS 触发器 $\overline{Q}$ 端提供，输出负脉冲 V_o 通过非门加到计数器的清除端 R。

静态时，门 4 应处于截止状态，故电阻 R 必须小于门的关门电阻 R_{Off}。定时元件 RC 取值不同，输出脉冲宽度也不同。当触发脉冲宽度小于输出脉冲宽度时，可以省去输入微分电路的 R_P 和 C_P。

单稳态触发器在电子秒表中的功能是为计数器提供清零信号。

3. 时钟发生器。

图 3.11.1 中单元 III 为用 555 定时器构成的多谐振荡器，是一种性能较好的时钟源。

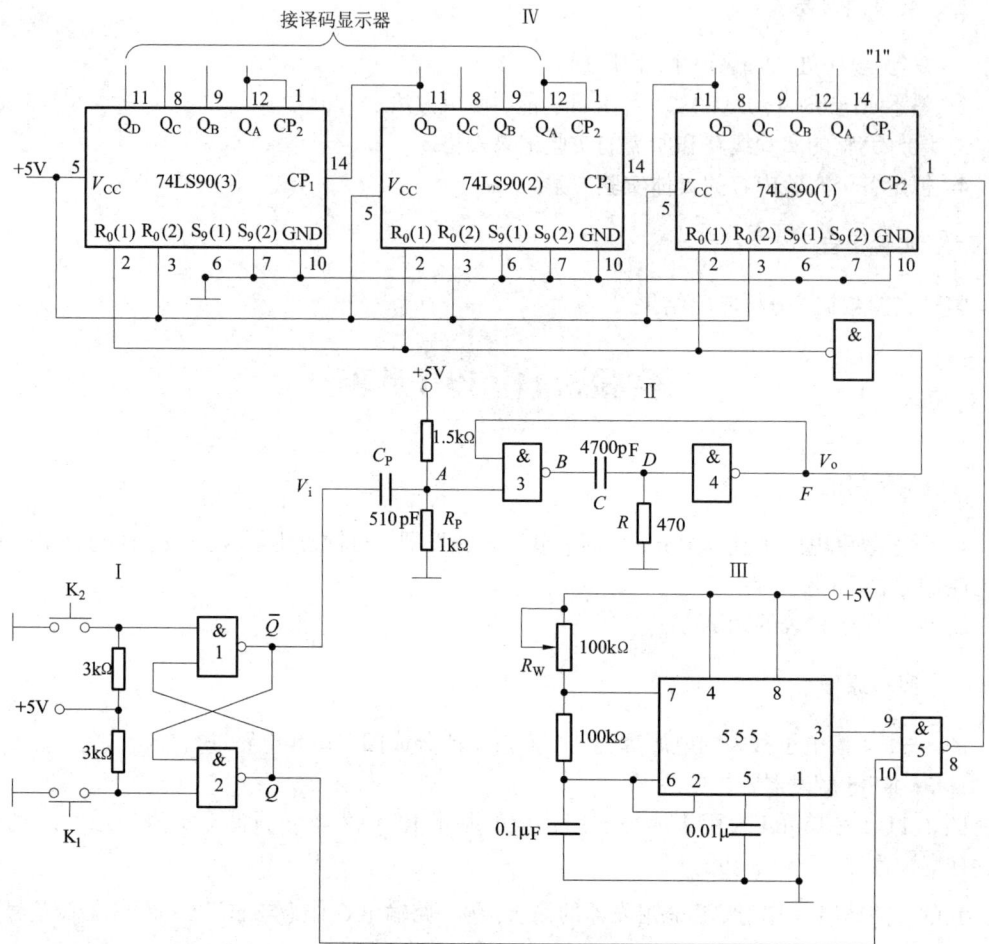

图 3.11.1 电子秒表原理图

调节电位器 R_W，使在输出端 3 获得频率为 50 Hz 的矩形波信号，当基本 RS 触发器 $Q=1$ 时，门 5 开启，此时 50 Hz 脉冲信号通过门 5 作为计数脉冲加于计数器(1)的计数输入端 CP_2。

4. 计数及译码显示。

二—五—十进制加法计数器 74LS90 构成电子秒表的计数单元，如图 3.11.1 中单元 IV 所示。其中计数器(1)接成五进制形式，对频率为 50 Hz 的时钟脉冲进行五分频，在输出端 Q_D 取得周期为 0.1S 的矩形脉冲，作为计数器(2)的时钟输入。计数器(2)及计数器(3)接成 8421 码十进制形式，其输出端与实验装置上译码显示单元的相应输入端连接，可显示 0.1~0.9 秒；1~9.9 秒计时。

74LS90 是异步二—五—十进制加法计数器，它既可以作二进制加法计数器，又可以作五进制和十进制加法计数器。

图 3.11.3 为 74LS90 引脚排列，表 3.11.1 为功能表。

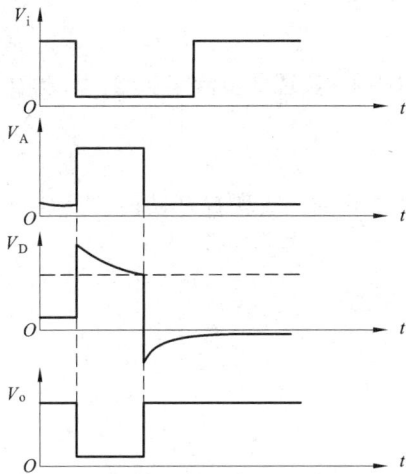

图 3.11.2 单稳态触发器波形图

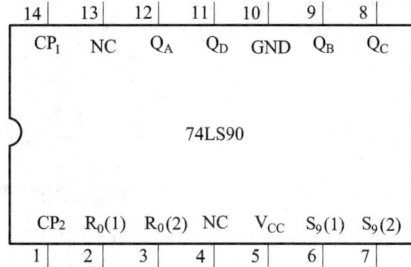

图 3.11.3 74LS90 引脚排列

通过不同的连接方式，74LS90 可以实现四种不同的逻辑功能；而且还可借助 $R_0(1)$、$R_0(2)$ 对计数器清零，借助 $S_9(1)$、$S_9(2)$ 将计数器置 9。其具体功能详述如下：

(1)计数脉冲从 CP_1 输入，Q_A 作为输出端，为二进制计数器。

(2)计数脉冲从 CP_2 输入，$Q_D Q_C Q_B$ 作为输出端，为异步五进制加法计数器。

(3)若将 CP_2 和 Q_A 相连，计数脉冲由 CP_1 输入，Q_D、Q_C、Q_B、Q_A 作为输出端，则构成异步 8421 码十进制加法计数器。

(4)若将 CP_1 与 Q_D 相连，计数脉冲由 CP_2 输入，Q_A、Q_D、Q_C、Q_B 作为输出端，则构成异步 5421 码十进制加法计数器。

表 3.11.1 74LS90 功能表

输　入				输　出	功　能
清 0	置 9	时　钟		$Q_D\ Q_C\ Q_B\ Q_A$	
$R_0(1)$、$R_0(2)$	$S_9(1)$、$S_9(2)$	CP_1　CP_2			
1　　1	0　　× ×　　0	×　　×		0　0　0　0	清 0
0　　× ×　　0	1　　1	×　　×		1　0　0　1	置 9
0　　× ×　　0	0　　× ×　　0	↓　　1		Q_A 输出	二进制计数
		1　　↓		$Q_D Q_C Q_B$ 输出	五进制计数
		↓　　Q_A		$Q_D Q_C Q_B Q_A$ 输出 8421BCD 码	十进制计数
		Q_D　　↓		$Q_A Q_D Q_C Q_B$ 输出 5421BCD 码	十进制计数
		1　　1		不变	保持

（5）清零、置 9 功能。

A. 异步清零

当 $R_0(1)$、$R_0(2)$ 均为"1"，$S_9(1)$、$S_9(2)$ 中有"0"时，实现异步清零功能，即 $Q_D Q_C Q_B Q_A = 0000$。

B. 置 9 功能

当 $S_9(1)$、$S_9(2)$ 均为"1"，$R_0(1)$、$R_0(2)$ 中有"0"时，实现置 9 功能，即 $Q_D Q_C Q_B Q_A = 1001$。

三、实验设备及器件

1. +5 V 直流电源；   2. 双踪示波器；
3. 直流数字电压表；   4. 数字频率计；
5. 单次脉冲源；   6. 连续脉冲源；
7. 逻辑电平开关；   8. 逻辑电平显示器；
9. 译码显示器；   10. 74LS00×2、555×1、74LS90×3、电位器、电阻、电容若干。

四、实验内容

由于实验电路中使用器件较多，实验前必须合理安排各器件在实验装置上的位置，使电路逻辑清楚，接线较短。

实验时，应按照实验任务的次序，将各单元电路逐个进行接线和调试，即分别测试基本 RS 触发器、单稳态触发器、时钟发生器及计数器的逻辑功能，待各单元电路工作正常后，再将有关电路逐级连接起来进行测试……，直到测试电子秒表整个电路的功能。

这样的测试方法有利于检查和排除故障，保证实验顺利进行。

1. 基本 RS 触发器的测试。

测试方法参考实验 3.6。

2. 单稳态触发器的测试。

（1）静态测试。

用直流数字电压表测量 A、B、D、F 各点电位值，记录之。

（2）动态测试。

输入端接 1 kHz 连续脉冲源，用示波器观察并描绘 D 点（V_D、）F 点（V_0）波形，如单稳输出脉冲持续时间太短，难以观察，可适当加大微分电容 C（如改为 0.1 μF）待测试完毕，再恢复 4700 pF。

3. 时钟发生器的测试。

测试方法参考实验 3.9，用示波器观察输出电压波形并测量其频率，调节 R_W，使输出矩形波频率为 50 Hz。

4. 计数器的测试。

（1）计数器（1）接成五进制形式，$R_0(1)$、$R_0(2)$、$S_9(1)$、$S_9(2)$ 接逻辑开关输出插口，CP_2 接单次脉冲源，CP_1 接高电平"1"，$Q_D \sim Q_A$ 接实验设备上译码显示输入端 D、C、B、A，按表 3.11.1 测试其逻辑功能，记录之。

（2）计数器（2）及计数器（3）接成 8421 码十进制形式，同内容（1）进行逻辑功能测试，记录之。

(3)将计数器(1)、(2)、(3)级连,进行逻辑功能测试,记录之。

5. 电子秒表的整体测试。

各单元电路测试正常后,按图3.11.1把几个单元电路连接起来,进行电子秒表的总体测试。

先按一下按钮开关 K_2 ,此时电子秒表不工作,再按一下按钮开关 K_1 ,则计数器清零后便开始计时,观察数码管显示计数情况是否正常,如不需要计时或暂停计时,按一下开关 K_2 ,计时立即停止,但数码管保留所计时之值。

6. 电子秒表准确度的测试。

利用电子钟或手表的秒计时对电子秒表进行校准。

五、实验报告

1. 总结电子秒表整个调试过程。

2. 分析调试中发现的问题及故障排除方法。

六、预习报告

1. 复习数字电路中 RS 触发器,单稳态触发器、时钟发生器及计数器等部分内容。

2. 除了本实验中所采用的时钟源外,选用另外两种不同类型的时钟源,可供本实验用。画出电路图,选取元器件。

3. 列出电子秒表单元电路的测试表格。

4. 列出调试电子秒表的步骤。

实验 3.12　3 位半直流数字电压表

一、实验目的

1. 了解双积分式 A/D 转换器的工作原理。

2. 熟悉 $3\frac{1}{2}$ 位 A/D 转换器 CC14433 的性能及其引脚功能。

3. 掌握用 CC14433 构成直流数字电压表的方法。

二、实验原理

直流数字电压表的核心器件是一个间接型 A/D 转换器,它首先将输入的模拟电压信号变换成易于准确测量的时间量,然后在这个时间宽度里用计数器计时,计数结果就是正比于输入模拟电压信号的数字量。

1. V–T 变换型双积分 A/D 转换器。

图 3.12.1 是双积分 ADC 的控制逻辑框图。它由积分器(包括运算放大器 A_1 和 RC 积分网络)、过零比较器 A_2 , N 位二进制计数器,开关控制电路,门控电路,参考电压 V_R 与时钟脉冲源 CP 组成。

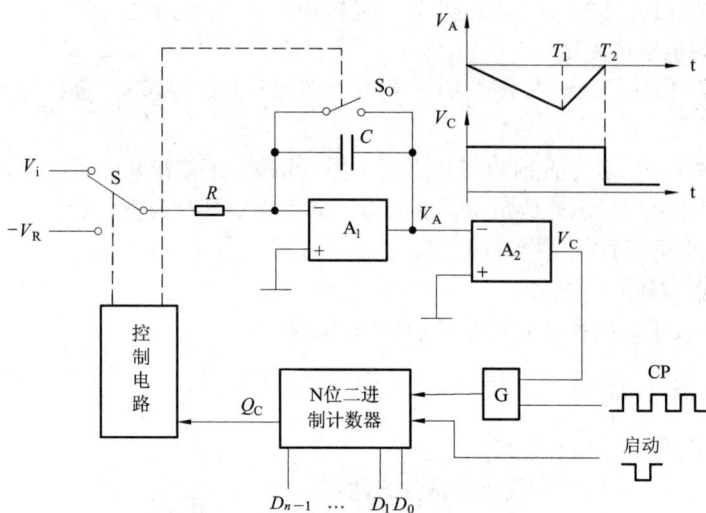

图 3.12.1 双积分 ADC 原理框图

转换开始前，先将计数器清零，并通过控制电路使开关 S_o 接通，将电容 C 充分放电。由于计数器进位输出 $Q_C = 0$，控制电路使开关 S 接通 V_i，模拟电压与积分器接通，同时，门 G 被封锁，计数器不工作。积分器输出 V_A 线性下降，经零值比较器 A_2 获得一方波 V_C，打开门 G，计数器开始计数，当输入 2^n 个时钟脉冲后 $t = T_1$，各触发器输出端 $D_{n-1} \sim D_0$ 由 111…1 回到 000 …0，其进位输出 $Q_C = 1$，作为定时控制信号，通过控制电路将开关 S 转换至基准电压源 $-V_R$，积分器向相反方向积分，V_A 开始线性上升，计数器重新从 0 开始计数，直到 $t = T_2$，V_A 下降到 0，比较器输出的正方波结束，此时计数器中暂存二进制数字就是 V_i 相对应的二进制数码。

2. $3\frac{1}{2}$ 位双积分 A/D 转换器 CC14433 的性能特点。

CC14433 是 CMOS 双积分式 $3\frac{1}{2}$ 位 A/D 转换器，它是将构成数字和模拟电路的约 7700 多个 MOS 晶体管集成在一个硅芯片上，芯片有 24 只引脚，采用双列直插式，其引脚排列与功能如图 3.12.2 所示。

引脚功能说明：

V_{AG}(1 脚)：被测电压 V_x 和基准电压 V_R 的参考地。

V_R(2 脚)：外接基准电压(2 V 或 200 mV)输入端。

V_x(3 脚)：被测电压输入端。

R_1(4 脚)、R_1/C_1(5 脚)、C_1(6 脚)：外接积分阻容元件端。

$C_1 = 0.1$ μF(聚酯薄膜电容器)，$R_1 = 470$ kΩ(2 V 量程)。

$R_1 = 27$ kΩ(200 mV 量程)。

C_{01}(7 脚)、C_{02}(8 脚)：外接失调补偿电容端，典型值 0.1 μF。

DU(9 脚)：实时显示控制输入端。若与 EOC(14 脚)端连接，则每次 A/D 转换均显示。

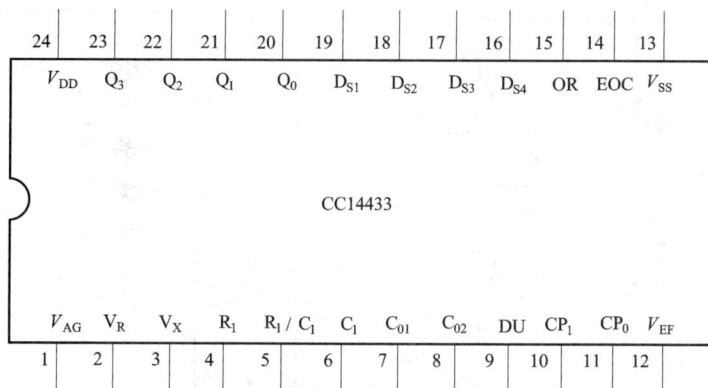

图 3.12.2 CC14433 引脚排列

CP_1(10 脚)、CP_0(11 脚)：时钟振荡外接电阻端，典型值为 470 kΩ。

V_{EE}(12 脚)：电路的电源最负端，接-5 V。

V_{SS}(13 脚)：除 CP 外所有输入端的低电平基准(通常与 1 脚连接)。

EOC(14 脚)：转换周期结束标记输出端，每一次 A/D 转换周期结束，EOC 输出一个正脉冲，宽度为时钟周期的二分之一。

$\overline{OR}$(15 脚)：过量程标志输出端，当 $|V_x|$>V_R 时，$\overline{OR}$ 输出为低电平。

$DS_4 \sim DS_1$(16~19 脚)：多路选通脉冲输入端，DS_1 对应于千位，DS_2 对应于百位，DS_3 对应于十位，DS_4 对应于个位。

$Q_0 \sim Q_3$(20~23 脚)：BCD 码数据输出端，DS_2、DS_3、DS_4 选通脉冲期间，输出三位完整的十进制数，在 DS_1 选通脉冲期间，输出千位 0 或 1 及过量程、欠量程和被测电压极性标志信号。

CC14433 具有自动调零，自动极性转换等功能，可测量正或负的电压值。当 CP_1、CP_0 端接入 470 kΩ 电阻时，时钟频率≈66 kHz，每秒钟可进行 4 次 A/D 转换。它的使用调试简便，能与微处理机或其他数字系统兼容，广泛用于数字面板表，数字万用表，数字温度计，数字量具及遥测、遥控系统。

3. $3\frac{1}{2}$ 位直流数字电压表的组成。

实验线路结构如图 3.12.3 所示。

(1)被测直流电压 V_x 经 A/D 转换后以动态扫描形式输出，数字量输出端 $Q_0 Q_1 Q_2 Q_3$ 上的数字信号(8421 码)按照时间先后顺序输出。位选信号 DS_1，DS_2，DS_3，DS_4 通过位选开关 MC1413 分别控制着千位、百位、十位和个位上的四只 LED 数码管的公共阴极。数字信号经七段译码器 CC4511 译码后，驱动四只 LED 数码管的各段阳极。这样就把 A/D 转换器按时间顺序输出的数据以扫描形式在四只数码管上依次显示出来，由于选通重复频率较高，工作时从高位到低位以每位每次约 300 μS 的速率循环显示。即一个 4 位数的显示周期是 1.2 ms，所以人的肉眼就能清晰地看到四位数码管同时显示三位半十进制数字量。

(2)当参考电压 V_R = 2 V 时，满量程显示 1.999 V；V_R = 200 mV 时，满量程为 199.9 mV。

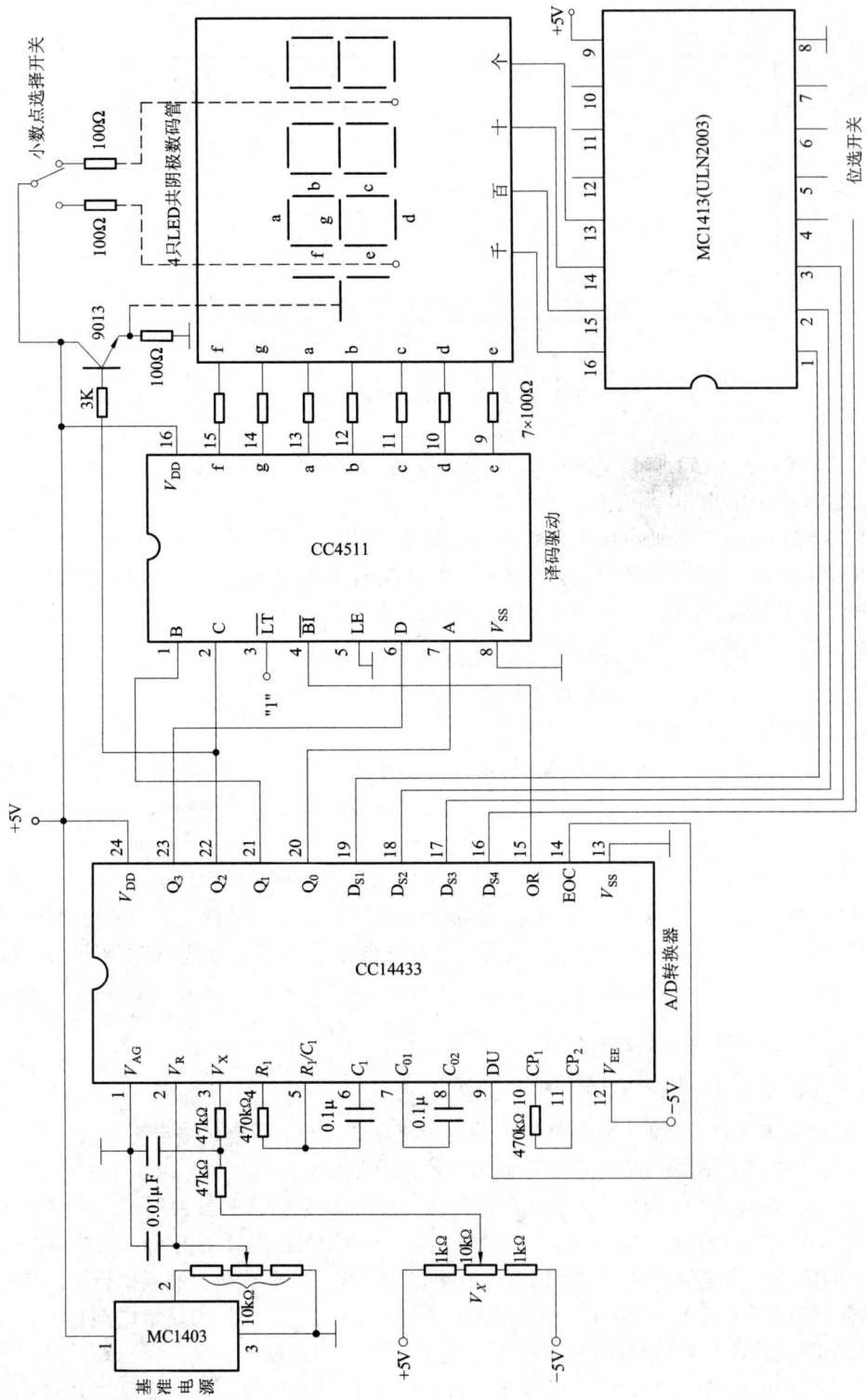

图 3.12.3　三位半直流数字电压表线路图

可以通过选择开关来控制千位和十位数码管的 h 笔经限流电阻实现对相应的小数点显示的控制。

（3）最高位(千位)显示时只有 b、c 二根线与 LED 数码管的 b、c 脚相接，所以千位只显示 1 或不显示，用千位的 g 笔段来显示模拟量的负值(正值不显示)，即由 CC14433 的 Q_2 端通过 NPN 晶体管 9013 来控制 g 段。

（4）精密基准电源 MC1403。

A/D 转换需要外接标准电压源作参考电压。标准电压源的精度应当高于 A/D 转换器的精度。本实验采用 MC1403 集成精密稳压源作参考电压，MC1403 的输出电压为 2.5 V，当输入电压在 4.5~15 V 范围内变化时，输出电压的变化不超过 3 mV，一般只有 0.6 mV 左右，输出最大电流为 10 mA。

MC1403 引脚排列见图 3.12.4。

（5）实验中使用 CMOS BCD 七段译码/驱动器 CC4511，参考实验 3.4 有关部分。

（6）七路达林顿晶体管列阵 MC1413。

MC1413 采用 NPN 达林顿复合晶体管的结构，因此有很高的电流增益和很高的输入阻抗，可直接接受 MOS 或 CMOS 集成电路的输出信号，并把电压信号转换成足够大的电流信号驱动各种负载。该电路内含有 7 个集电极开路反相器(也称 OC 门)。MC1413 电路结构和引脚排列如图 3.12.5 所示，它采用 16 引脚的双列直插式封装。每一驱动器输出端均接有一释放电感负载能量的抑制二极管。

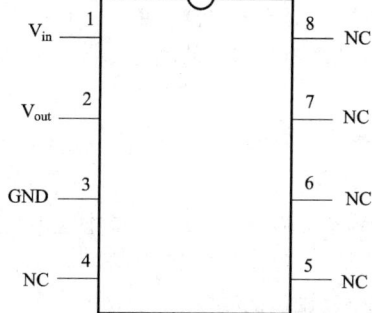

图 3.12.4 MC1403 引脚排列

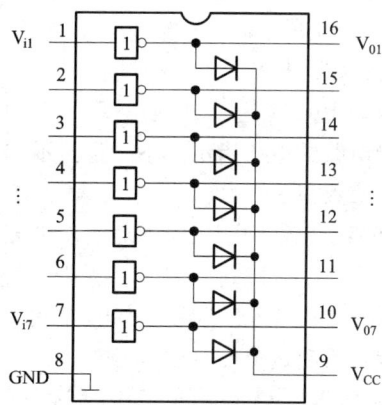

图 3.12.5 MC1413 引脚排列

三、实验设备及器件

1. ±5 V 直流电源；　　　　2. 双踪示波器；

3. 直流数字电压表；　　　　4. 按线路图 3.12.3 要求自拟元、器件清单。

四、实验内容

本实验要求按图 3.12.3 组装并调试好一台三位半直流数字电压表，实验时应一步步地进行。

1. 数码显示部分的组装与调试。

(1)建议将 4 只数码管插入 40P 集成电路插座上,将 4 个数码管同名笔划段与显示译码的相应输出端连在一起,其中最高位只要将 b、c、g 三笔划段接入电路,按图 3.12.3 接好连线,但暂不插所有的芯片,待用。

(2)插好芯片 CC4511 与 MC1413,并将 CC4511 的输入端 A、B、C、D 接至拨码开关对应的 A、B、C、D 四个插口处;将 MC1413 的 1、2、3、4 脚接至逻辑开关输出插口上。

(3)将 MC1413 的 2 脚置"1",1、3、4 脚置"0",接通电源,拨动码盘(按"+"或"−"键)自 0~9 变化,检查数码管是否按码盘的指示值变化。

(4)按实验原理说明 3(5)项的要求,检查译码显示是否正常。

(5)分别将 MC1413 的 3、4、1 脚单独置"1",重复(3)的内容。

如果所有 4 位数码管显示正常,则去掉数字译码显示部分的电源。

2. 标准电压源的连接和调整。

插上 MC1403 基准电源,用标准数字电压表检查输出是否为 2.5 V,然后调整 10 kΩ 电位器,使其输出电压为 2.00 V,调整结束后去掉电源线,供总装时备用。

3. 总装总调。

(1)插好芯片 MC14433,接图 3.12.3 接好全部线路。

(2)将输入端接地,接通+5 V,−5 V 电源(先接好地线),此时显示器将显示"000"值,如果不是,应检测电源正负电压。用示波器测量、观察 D_{S1}~D_{S4},Q_0~Q_3 波形,判别故障所在。

(3)用电阻、电位器构成一个简单的输入电压 V_x 调节电路,调节电位器,4 位数码将相应变化,然后进入下一步精调。

(4)用标准数字电压表(或数字万用表)测量输入电压,调节电位器,使 V_x = 1.000 V,这时被调电路的电压指示值不一定显示"1.000",应调整基准电压源,使指示值与标准电压表误差个位数在 5 之内。

(5)改变输入电压 V_x 极性,使 V_i = −1.000 V,检查"−"是否显示,并按(4)方法校准显示值。

(6)在+1.999 V~0~−1.999 V 量程内再一次仔细调整(调基准电源电压)使全部量程内的误差均不超过个位数在 5 之内。

至此一个测量范围在±1.999 的三位半数字直流电压表调试成功。

4. 记录输入电压为±1.999,±1.500,±1.000,±0.500,0.000 时(标准数字电压表的读数)被调数字电压表的显示值,列表记录之。

5. 用自制数字电压表测量正、负电源电压。如何测量?试设计扩程测量电路。

6. 若积分电容 C_1、C_{02}(0.1 μF)换用普通金属化纸介电容时,观察测量精度的变化。

五、实验预习要求

1. 本实验是一个综合性实验,应作好充分准备。

2. 仔细分析图 3.12.3 各部分电路的连接及其工作原理。

3. 参考电压 V_R 上升,显示值增大还是减少?

4. 要使显示值保持某一时刻的读数,电路应如何改动?

六、实验报告

1. 绘出三位半直流数字电压表的电路接线图。
2. 阐明组装、调试步骤。
3. 说明调试过程中遇到的问题和解决的方法。
4. 组装、调试数字电压表的心得体会。

实验 3.13　数字频率计

数字频率计是用于测量信号(方波、正弦波或其他脉冲信号)的频率,并用十进制数字显示,它具有精度高,测量迅速,读数方便等优点。

一、工作原理

脉冲信号的频率就是在单位时间内所产生的脉冲个数,其表达式为 $f=N/T$,其中 f 为被测信号的频率,N 为计数器所累计的脉冲个数,T 为产生 N 个脉冲所需的时间。计数器所记录的结果,就是被测信号的频率。如在 1 s 内记录 1000 个脉冲,则被测信号的频率为 1000 Hz。

本项目仅讨论一种简单易制的数字频率计,其原理方框图如图 3.13.1 所示。

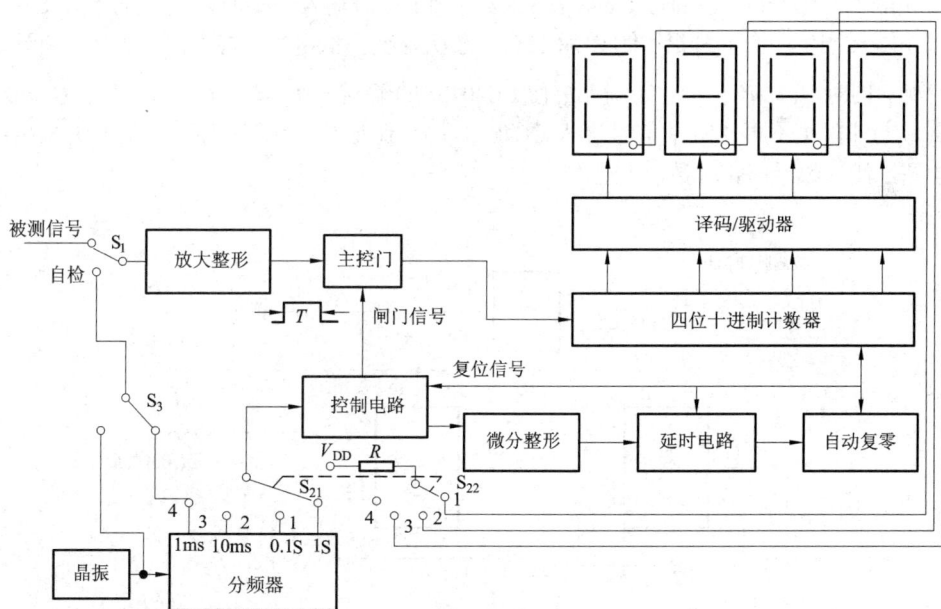

图 3.13.1　数字频率计原理框图

晶振产生较高的标准频率,经分频器后可获得各种时基脉冲(1 ms, 10 ms, 0.1s, 1s 等),时基信号的选择由开关 S_2 控制。被测频率的输入信号经放大整形后变成矩形脉冲加到主控门的输入端,如果被测信号为方波,放大整形可以不要,将被测信号直接加到主控门的输入端。时基信号经控制电路产生闸门信号至主控门, 只有在闸门信号采样期间内(时基信号的一个周期), 输入信号才通过主控门。若时基信号的周期为 T, 进入计数器的输入脉冲数为 N, 则被测信号的频率 $f=N/T$, 改变时基信号的周期 T, 即可得到不同的测频范围。当主控门关闭时, 计数器停止计数, 显示器显示记录结果。此时控制电路输出一个置零信号, 经延时、整形电路的延时, 当达到所调节的延时时间时, 延时电路输出一个复位信号, 使计数器和所有的触发器置 0, 为后续新的一次取样作好准备, 即能锁住一次显示的时间, 保留到接受新的一次取样为止。

当开关 S_2 改变量程时, 小数点能自动移位。

若开关 S_1, S_3 配合使用, 可将测试状态转为"自检"工作状态(即用时基信号本身作为被测信号输入)。

二、有关单元电路的设计及工作原理

1. 控制电路。

控制电路与主控门电路如图 3.13.2 所示。

主控电路由双 D 触发器 CC4013 及与非门 CC4011 构成。CC4013(a)的任务是输出闸门控制信号, 以控制主控门(2)的开启与关闭。如果通过开关 S_2 选择一个时基信号, 当给与非门(1)输入一个时基信号的下降沿时, 门 1 就输出一个上升沿, 则 CC4013(a)的 Q_1 端就由低电平变为高电平, 将主控门(2)开启。允许被测信号通过该主控门并送至计数器输入端进行计数。相隔 1s(或 0.1s, 10 ms, 1 ms)后, 又给与非门(1)输入一个时基信号的下降沿, 与非门 1 输出端又产生一个上升沿, 使 CC4013(a)的 Q_1 端变为低电平, 将主控门关闭, 使计数器停止计数, 同时 $\overline{Q}_1$ 端产生一个上升沿, 使 CC4013(b)翻转成 $Q_2=1$, $\overline{Q}_2=0$, 由于 $\overline{Q}_2=0$, 它立即封锁与非门 1 不再让时基信号进入 CC4013(a), 保证在显示读数的时间内 Q_1 端始终保持低电平, 使计数器停止计数。

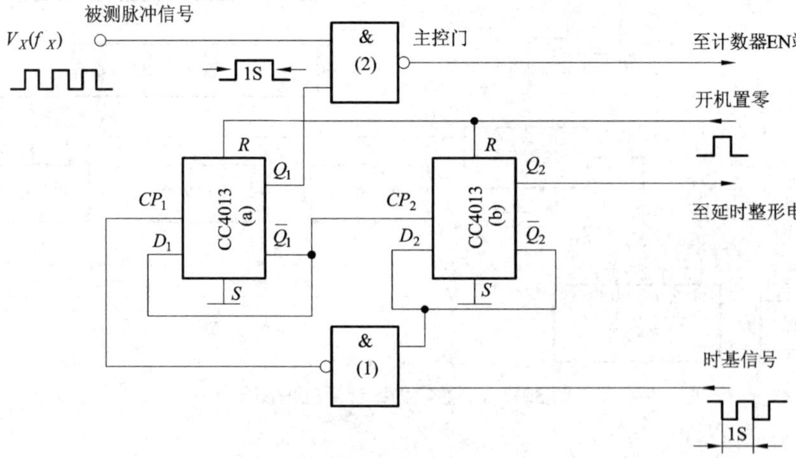

图 3.13.2　控制电路及主控门电路

利用 Q_2 端的上升沿送到下一级的延时、整形单元电路。当到达所调节的延时时间时，延时电路输出端立即输出一个正脉冲，将计数器和所有 D 触发器全部置 0。复位后，$Q_1 = 0$，$\overline{Q}_1 = 1$，为下一次测量作好准备。当时基信号又产生下降沿时，则上述过程重复。

2. 微分、整形电路。

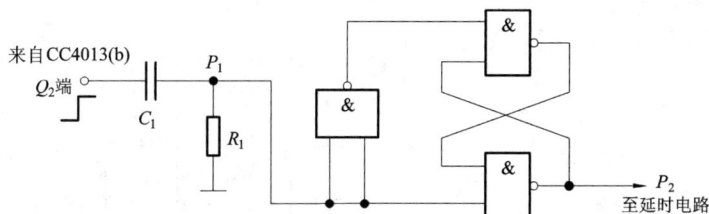

图 3.13.3　微分、整形电路

电路如图 3.13.3 所示。CC4013(b) 的 Q_2 端所产生的上升沿经微分电路后，送到由与非门 CC4011 组成的斯密特整形电路的输入端，在其输出端可得到一个边沿十分陡峭且具有一定脉冲宽度的负脉冲，然后再送至下一级延时电路。

3. 延时电路。

延时电路由 D 触发器 CC4013(c)、积分电路(由电位器 R_{W1} 和电容器 C_2 组成)、非门(3)以及单稳态电路所组成，如图 3.13.4 所示。由于 CC4013(c) 的 D_3 端接 V_{DD}，因此，在 P_2 点所产生的上升沿作用下，CC4013(c) 翻转，翻转后 $\overline{Q}_3 = 0$，由于开机置"0"时或门(1)(见图 3.13.5)输出的正脉冲将 CC4013(c) 的 Q_3 端置"0"，因此 $\overline{Q}_3 = 1$，经二极管 2AP9 迅速给电容 C_2 充电，使 C_2 二端的电压达"1"电平，而此时 $\overline{Q}_3 = 0$，电容器 C_2 经电位器 R_{W1} 缓慢放电。当电容器 C_2 上的电压放电降至非门(3)的阈值电平 V_T 时，非门(3)的输出端立即产生一个上升沿，触发下一级单稳态电路。此时，P_3 点输出一个正脉冲，该脉冲宽度主要取决于时间常数 $R_t C_t$ 的值，延时时间为上一级电路的延时时间及这一级延时时间之和。

由实验求得，如果电位器 R_{W1} 用 510 Ω 的电阻代替，C_2 取 4.7 μF，则总的延迟时间也就是显示器所显示的时间为 3s 左右。如果电位器 R_{W1} 用 2MΩ 的电阻取代，C_2 取 22 μF，则显示时间可达 10s 左右。可见，调节电位器 R_{W1} 可以改变显示时间。

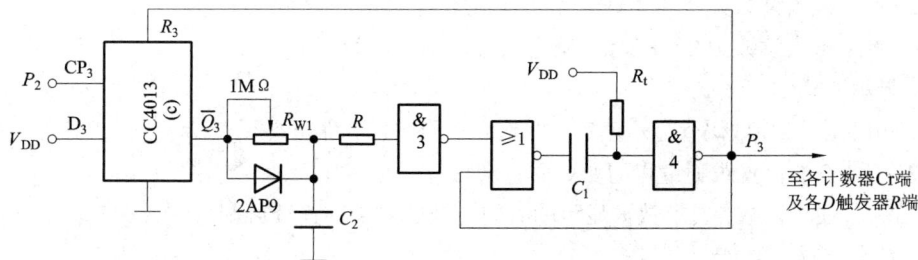

图 3.13.4　延时电路

4. 自动清零电路。

P_3 点产生的正脉冲送到图 3.13.5 所示的或门组成的自动清零电路, 将各计数器及所有的触发器置零。在复位脉冲的作用下, $Q_3 = 0$, $\overline{Q}_3 = 1$, 于是 $\overline{Q}_3$ 端的高电平经二极管 2 AP9 再次对电容 C_2 电, 补上刚才放掉的电荷, 使 C_2 两端的电压恢复为高电平, 又因为 CC4013(b) 复位后使 Q_2 再次变为高电平, 所以与非门 1 又被开启, 电路重复上述变化过程。

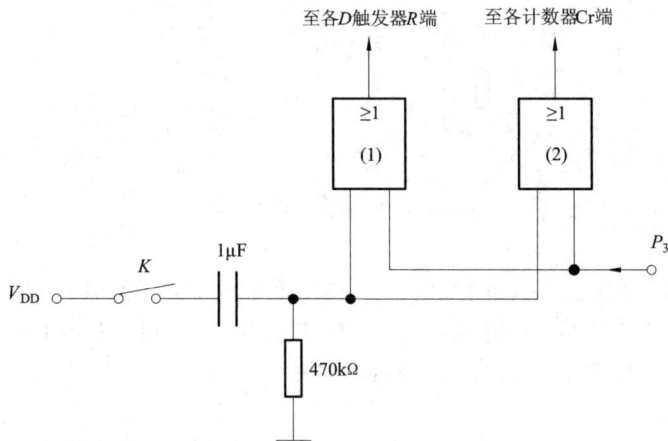

图 3.13.5　自动清零电路

三、设计任务和要求

使用中、小规模集成电路设计与制作一台简易的数字频率计。应具有下述功能:

1. 位数。

通常为 4 位十进制数。

计数位数主要取决于被测信号频率的高低, 如果被测信号频率较高, 精度又较高, 可相应增加显示位数。

2. 量程。

第一挡: 最小量程挡, 最大读数是 9.999 kHz, 闸门信号的采样时间为 1s。

第二挡: 最大读数为 99.99 kHz, 闸门信号的采样时间为 0.1s。

第三挡: 最大读数为 999.9 kHz, 闸门信号的采样时间为 10 ms。

第四挡: 最大读数为 9999 kHz, 闸门信号的采样时间为 1 ms。

3. 显示方式。

(1) 用七段 LED 数码管显示读数, 做到显示稳定、不跳变。

(2) 小数点的位置跟随量程的变更而自动移位。

(3) 为了便于读数, 要求数据显示的时间在 0.5~5 s 内连续可调。

4. 具有"自检"功能。

5. 被测信号为方波信号。

6. 画出设计的数字频率计的电路总图。

7. 组装和调试。

（1）时基信号通常使用石英晶体振荡器输出的标准频率信号经分频电路获得。为了实验调试方便，可用实验设备上脉冲信号源输出的 1 kHz 方波信号经 3 次 10 分频获得。

（2）按设计的数字频率计逻辑图在实验装置上布线。

（3）用 1 kHz 方波信号送入分频器的 CP 端，用数字频率计检查各分频级的工作是否正常。用周期为 1s 的信号作控制电路的时基信号输入，用周期等于 1 ms 的信号作被测信号，用示波器观察和记录控制电路输入、输出波形，检查控制电路所产生的各控制信号能否按正确的时序要求控制各个子系统。用周期为 1s 的信号送入各计数器的 CP 端，用发光二极管指示检查各计数器的工作是否正常。用周期为 1s 的信号作延时、整形单元电路的输入，用两只发光二极管作指示，检查延时、整形单元电路的输入，用两只发光二极管作指示，检查延时、整形单元电路的工作是否正常。若各个子系统的工作都正常了，再将各子系统连起来统调。

8. 调试合格后，写出综合实验报告。

四、实验设备与器件

1. +5 V 直流电源；

2. 双踪示波器；

3. 连续脉冲源；

4. 逻辑电平显示器；

5. 直流数字电压表；

6. 数字频率计；

7. 主要元、器件（供参考）；

CC4518（二—十进制同步计数器）	4 片
CC4553（三位十进制计数器）	2 片
CC4013（双 D 型触发器）	2 片
CC4011（四 2 输入与非门）	2 片
CC4069（六反相器）	1 片
CC4001（四 2 输入或非门）	1 片
CC4071（四 2 输入或门）	1 片
2 AP9（二极管）	1 片
电位器（1MΩ）	1 片
电阻、电容	若干

注：

1. 若测量的频率范围低于 1 kHz，分辨率为 1 Hz，建议采用如图 3.13.6 所示的电路，只要选择参数正确，连线无误，通电后即能正常工作，无需调试。有关它的工作原理留给读者自行研究分析。

2. CC4553 三位十进制计数器引脚排列及功能分别如图 3.13.7 和表 3.13.1。

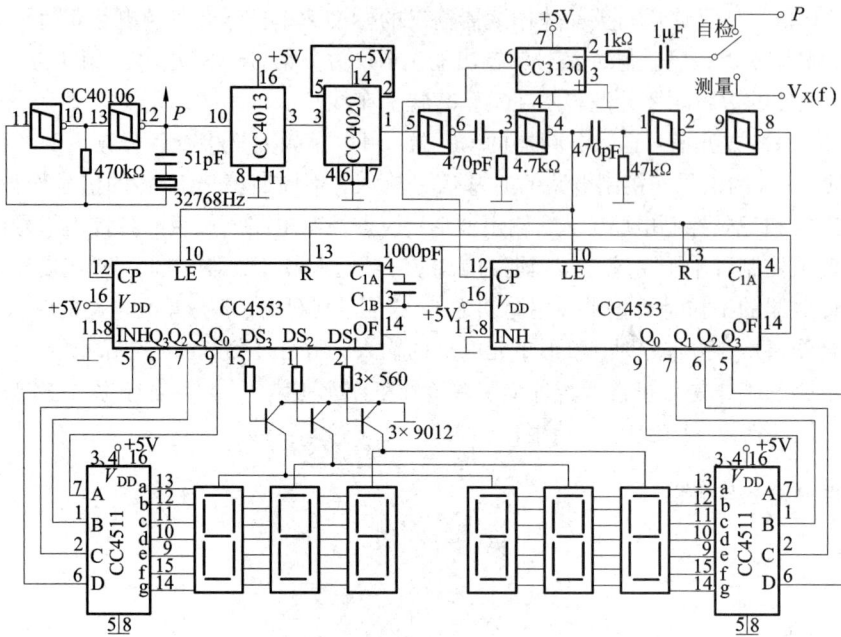

图 3.13.6 0~999999 Hz 数字频率计线路图

表 3.13.1 CC4553 功能表

输 入				输 出
R	CP	INH	LE	
0	↑	0	0	不 变
0	↓	0	0	计 数
0	×	1	×	不 变
0	1	↑	0	计 数
0	1	↓	0	不 变
0	0	×	×	不 变
0	×	×	↑	锁 存
0	×	×	1	锁 存
1	×	×	0	$Q_0 \sim Q_3 = 0$

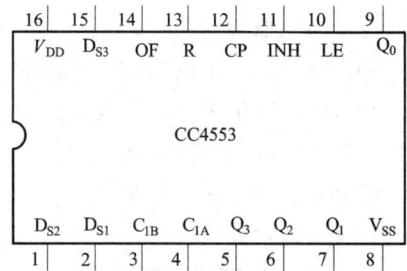

CP：时钟输入端
INH：时钟禁止端
LE：锁存允许端
R：清除端
$DS_1 \sim DS_3$：数据选择输出端
OF：溢出输出端
C_{1A}，C_{1B}：振荡器外接电容端
$Q_0 \sim Q_3$：BCD码输出端

图 3.13.7 CC455 引脚排列图

附录 3.1 数字集成电路常识

一、数字电路的特点

(1)数字电路所处理的信号是数字信号,这种数字信号在数值上和时间上都是离散的,也即这类信号是在数值上和时间上都被各自的最小量化单位量化了的信号。

(2)数字电路中,晶体管和门电路在稳态时工作于开关状态,即管子是工作于导通或截止状态,门电路则处于打开或关闭状态。

(3)数字信号的输出只有"高"、"低"电平两种状态,分别用"0"和"1"表示。对数字电路而言,具体的电压值并不重要,重要的是电路在工作时能区分"0"和"1"两种状态。

(4)数字电路的集成度较高。因此,数字电路实验与模拟电路实验应有所不同,数字电路实验的目的主要是培养学生完成逻辑构思,选择并熟练地应用集成元件,正确设计电路的能力。

二、数字集成电路的分类

所谓集成电路(集成块),就是在一块体积很小的基片材料上,采用特殊的制作工艺,把许许多多的晶体二极管、晶体三极管、电阻、电容等有源无源元件(不包括电感),按照一定的设计要求,集成制作并连接在它的上面,形成芯片,再把芯片进行封装后形成的一种具有某种电路功能的多引脚、单块式电子器件。

1959 年,世界上出现了第一块集成电路,从此以后,半导体技术飞速发展,在一块半导体芯片上集成的电子元件越来越多,按集成的电子元件的多少,可将集成电路分为小规模集成电路(SSI)、中规模集成电路(MSI)、大规模集成电路(LSI)和超大规模集成电路(VLSI)。

SSI:门电路、触发器等,一般在 10 个门以下;

MSI:各类计数器、寄存器、译码器和比较器等,一般包含 10~100 个门;

LSI:各类专用的寄存器等,一般包含 100~1000 个门;

VLSI:各类 CPU、单片袖珍计算机等,一般在 1000 个门以上。

根据晶体管类型的不同,数字集成电路可分为双极型半导体和单极型半导体。

1. 双极型半导体。

双极型集成电路中采用硅平面 NPN 型三极管,常见类型有:

TTL:晶体管-晶体管逻辑电路;

ECL:射极耦合集成电路,特点是高速;

HTL:高阈值集成电路,特点是抗干扰能力强;

IIL:集成注入逻辑电路,特点是集成度高。

2. 单极型半导体。

多采用"金属—氧化物—半导体"的绝缘栅场效应管,简称 MOS 场效应管,常见的有 NMOS、PMOS、CMOS 集成电路。

集成电路各系列分类如附表 3.1.1 所示。

附表 3.1.1　数字集成电路各型号分类

系列	子系列	名　称	国际标准型号
TTL 系列	TTL	标准 TTL 系列	CT54/74
	HTTL	高速 TTL 系列	CT54H/74H
	LTTL	低功耗 TTL 系列	CT54L/74L
	STTL	肖特基 TTL 系列	CT54S/74S
	LSTTL	低功耗肖特基 TTL 系列	CT54LS/74LS
	ALSTTL	先进低功耗肖特基 TTL 系列	CT54ALS/75ALS
	ASTTL	先进肖特基 TTL 系列	CT54AS/74AS
	FTTL	快速 TTL 系列	CT54F/74F
MOS 系列	PMOS	P 沟道场效应管	
	AMOS	N 沟道场效应管	
	CMOS	互补场效应管	
	HCMOS	高速 CMOS 系列	
	HCTMOS	与 TTL 电平兼容的 HCMOS	
	ACMOS	先进 CMOS 系列	
	ACTMOS	与 TTL 电平兼容的 ACMOS	

上表所列系列中，有的已经基本淘汰，如 HTTL 和 LTTL，最常用最流行的是 LSTTL 和 CMOS 两个子系列，它们的产品种类和产量远远超过其他各种。ALSTTL、ASTTL、FTTL 的性能更好一些，目前还处于发展和完善阶段，它们之间相差不大。数字集成电路，只要型号的序列相同，它们的功能就相当，双列直插类型封装的外引线排列也一致，只是在功耗和指标上不同。

三、集成电路的外形、符号与识别

1. 集成电路的外形和符号。

集成电路的英文缩写为"IC"，在一些旧的电路图中通常以其代号"IC"表示，在新的标准中，它的代号规定为"N"。它的外观形态是一种片状单排或双排多引脚结构的电子器件，其大小按其集成度的不同而不同。附图 3.1.1 是几种典型的集成电路的外形图。

2. 型号识别。

集成块上面字符标志的意义见附表 3.1.2。

中国 TTL 集成电路型号命名法有部标和国标两种，此外还有各厂商独自命名的方法。

(1)中国部标 T000 系列。

例如：T　063　A　B
　　　　①　②　③　④

①T 表示 TTL 集成电路；

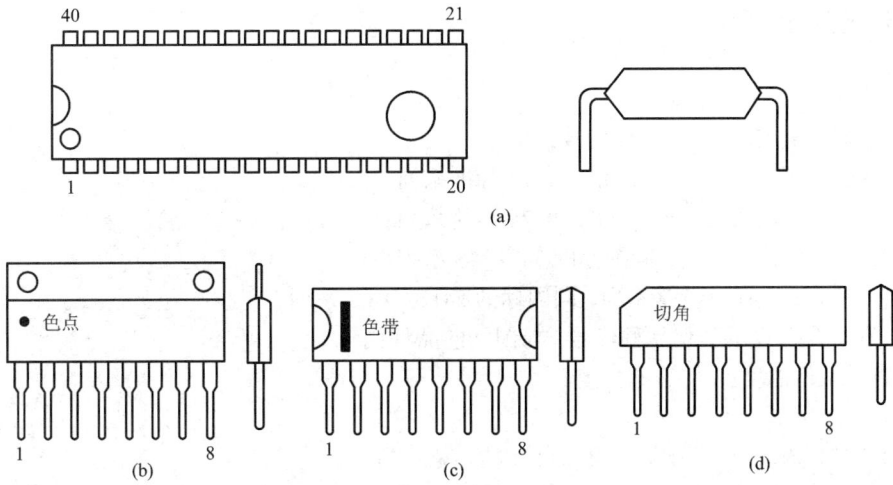

附图 3.1.1 几种典型的集成电路外形

②3 位数码，表示系列品种代号；

③表示开关参数的挡次：A…低挡，B…高挡；

④表示封装形式：A…陶瓷扁平，B…塑料扁平，C…陶瓷双列直插，D…塑料双列直插。

附表 3.1.2 集成块字符标志含义

第 0 部分		第一部分		第二部分	第三部分		第四部分	
用字母表示器件符合国家标准		用字母表示器件的类型		用数字表示器件的系列和品种代号	用字母表示器件的工作温度		用字母表示器件的封装及其形式	
符号	意义	符号	意义		符号	意义	符号	意义
C	中国制造	T	TTL		C	0−70	W	陶瓷扁平
		H	HTL		E	40−85	B	塑料扁平
		E	ECL		R	55−85	F	全密封扁平
		C	CMOS		M	55−125	D	陶瓷直插
		F	线性放大器				P	塑料直插
		D	音视电路				J	黑陶瓷直插
		W	稳压器				K	金属菱形
		J	接口电路				T	金属圆形
		B	非线性电路					
		M	存储器					
		μ	微型机					

（2）中国国标 TTL 型号命名法（间接国标标准法）……T0000 系列。

例如：T　4　020　M　D
　　　　①　②　③　④　⑤

①T 表示 TTL 集成电路；

②一位数码，表示系列品种代号，其中：

　1：表示标准系列，同国标的 54/74 标准系列；

　2：表示高速系列，同国标的 54/74 高速系列；

　3：表示肖特基系列，同国标的 54S/74S 系列；

　4：表示低功耗肖特基系列，同国标的 54LS/74LS 系列；

③3 位数码，表示系列品种代号，与国际的品种代号一致；

④表示工作温度；

⑤表示封装形式。

（3）中国国标 TTL 型号命名法（直接国标标准法）。

例如：C　T　74LS×××　C（或 M）　J（或 D 或 PF）
　　　　①　②　③　　　　④　　　　⑤

①C 表示中国；

②T 表示 TTL 集成电路；

③74 表示通用 74 系列；54 表示通用 54 系列；LS 表示低功耗肖特基系列；S 表示肖特基系列；H 表示高速系列；空白表示标准系列，×××为代码，表示品种代号，同国际标准的一致。

④表示工作温度；

⑤表示封装形式。

（4）国外 TTL 集成电路主要生产公司产品型号的命名规则。

A.（美）德克萨斯公司（TEXAS）

例如：SN　74　LS　195　J
　　　　①　②　③　④　⑤

①表示德克萨斯公司的标准 TTL 电路；

②表示工作温度范围：54…−55～+125℃（军用）；

　　　　　　　　　　　74…0～+70℃（民用）；

③ALS…先进低功耗肖特基系列；

　AS…先进肖特基系列；

　LS…低功耗肖特基系列；

　H…高速系列；空白…标准系列；

④表示品种代号；

⑤表示封装材料和封装形式。

B.（美）摩托罗拉公司（MOTOROLA）

例如：MC　74　196　P
　　　　①　②　③　④

①表示摩托罗拉公司生产的集成电路；

②表示工作温度范围：4，20，30，40，72，74 和 83…0~+75℃；

　　　　　　　　　　　5，21，31，73，82，54 和 93…−55~+125℃；

③表示品种代号；

④表示封装材料和封装形式。

C.（美）仙童公司（FAIRCHILD）

例如：93S　10　D　C

　　　① 　② 　③ 　④

①表示系列：54/74…标准系列；LS…低功耗肖特基系列；

　　　　　　90…中速小规模；93…中速中规模；

　　　　　　93H…高速中规模；96…标准单稳；

　　　　　　96L…低功耗单稳；

②表示系列品种代号；

③表示封装形式；

④表示工作温度范围：M…−55~+125℃；

　　　　　　　　　　C…0~+70℃；

D.（美）西格涅蒂克斯公司（SIGNETICS）

例如：N　74LS　00　N

　　　①　②　③　④

①表示工作温度范围，N：0~75℃，S：−55~+125℃；

②表示系列代号；

③表示品种代号；

④表示封装材料及封装形式。

E.（美）国家半导体公司（NATIONAL SEMICONDUCTOR）

例如：DM　74　LS　161　N

　　　①　②　③　④　⑤

①表示美国国家半导体公司单片数字电路；

②表示工作温度范围，54，70，71，72，75，77，78，93 和 96 系列为军用产品，温度范围为−55~+125℃；74，80，81，82，85，87 和 88 系列为民用产品，温度范围为 0~+70℃；83，86 和 89 也为民用产品，其工作温度范围为 0~+75℃。

③表示系列，空白表示标准系列，H 表示高速系列，L 表示低功耗系列，LS 表示低功耗肖特基系列。

④表示品种代号。

⑤表示封装材料和封装形式。

F.（日本）日立公司（HITACHI）

例如：HD　74　LS　191　P

　　　①　②　③　④　⑤

①表示日立公司的数字集成电路。

②表示工作温度范围：54 系列为军用产品，工作温度范围−55~+125℃，74 系列为民用产品，工作温度范围为 0~+70℃。

③表示系列，与其他产品相同。

④表示品种代号。

⑤表示封装材料和封装形式。

3. 引出脚识别。

面对集成电路的字符标志面，对于单排引脚的集成电路，将引脚朝下，以有圆点、色点、色带或色线、切角等标志特征的一端为起端，向另一端依次为1脚、2脚……；对于双排引脚的集成电路，将引脚朝外，面对有标志的一面，以有半圆口或小圆点的左下方开始为1脚，然后按逆时针方向顺序数依次为2脚、3脚……，直到半圆口的左上方为止。

四、减少数字电路实验故障的方法

一个数字电路或系统，通常是由许多子电路或功能块连接而成在实验过程中，会由于各种各样的原因产生故障。故障的产生原因有多种，有些是由于操作不当(如布线错误、虚焊)引起的，有些故障(如组合逻辑电路的竞争冒险)是由于设计不当，实验电路本身所固有的，有些故障是实验器件使用不当或错误应用造成的。但只要作到以下几点，将实验故障率尽可能减到最低，以顺利完成实验。

(1)实验前准备充分，了解实验的目的和具体要求，写好预习报告；

(2)实验时操作细心，做到胆大心细，所有连线确保准确连线，元件正确安置；

(3)遇到故障时，沉着细致，仔细检查，充分利用各种仪器、仪表查出故障点并排除之。

附录3.2　数字逻辑实验仪功能简介

一、LEXP 系列数字电路实验仪

LEXP 是一种智能多功能数字逻辑实验仪。它的内置单片机存储了大量示范实验软件。它可提供自动和非自动两类实验方式。选用自动方式实验时.它会自动输出并显示所选实验的输入信号和正确的输出信号等；这有助于提高实验的效率。选用非自动方式实验时，实验信号由实验者自动产生，实验过程类同传统的数字逻辑实验过程。LEXP 可提供单拍和连续两种调试运行实验电路手段。

LEXP 数字逻辑电路实验仪系列不仅支持采用 TTL 器件实验，还支持采用 PLD(在线可编程逻辑器件)器件进行 EDA(电子设计自动化)实验。给数字系统的设计带来了革命性的变化。EDA 技术的两个基础是大规模可编程逻辑器件和 E D A 设计工具，非常方便灵活的大规模可编程器件模块化结构硬件和计算机辅助软件的有机结合，不仅能在短时间内完成设计任务，而且能使系统的速度更快、体积更小、重量更轻、功耗更小，满足现代电子发展的需要。

二、LEXP 数字电路实验仪系列的组成结构和功能

1. 电源部分。

提供本机工作电源，单路+5 V。

2. 多功能实验模块。

该模块由多种 IC 插座（ IC-14、IC-16、IC-24 等）、2 路或四路模拟量输出 V01~V02 或 V 01~V 04（0~5 V）、单脉冲输出 P+（正脉冲）和 P-（负脉冲）、两路连续脉冲输出 1~100 kHz 可调和 1Hz~100Hz 可调、16 路开关量输出显示 LE0~LE15、16 路开关量输入 K0~K15（K0~K15 同时提供反向输出信号/K0~/K15）等组成。还配有 6 只 LED 七段数码显示器。

3. 控制计算机和控制面板。

LEXP 采用高性能的单片机作为控制计算机，用于管理控制面板上的指示灯 LS0~LS7、LR0~LR7、LE0~LE7 的显示信息；产生实验信号 S0~S7，同步单脉冲信号 SP 、/SP，异步连续脉冲信号 MP；对开关 K0~K7 产生的信号进行整形；监视控制键十、一和控制开关 KC0~KC2 的状态；接收输入命令，选择所做实验；自动调节实验信号周期，控制单步和连续调试实验电路。

LEXP 提供多种实验方式。其中方式 0 为非自动实验方式（实验序号为 0 时，即为方式 0），即传统的实验方式。在此方式下，向用户提供 16 路开关量输入信号 K0~K15，其中 K0~K7 由软件整形后作为智能状态实验用输入开关量信号并在 LS0~LS7 显示，同时提供 16 路开关量输出显示 LE0~LE15 用于显示学生的实验结果，其中 LE0~LE8 用于智能状态。该方式适宜做各种自选实验。

方式 1、2、3 属自动实验方式。由单片机产生实验信号 S0~S7 并在 LS0~LS7 上显示，由单片机产生的正确实验结果显示在 LR0~LR7，学生的实验结果则显示在 LE0~LE7。学生实验电路输入开关量信号由 K0~K7 提供。

如果在单拍或连续运行过程中，LE0~LE7 和 LR0~LR7 显示状态始终一致，则表明实验正确；如果发现某一拍不一致，则可根据实验信号、正确结果和实际结果来分析实验线路中的错误。

4. 可拆卸式大规模集成电路实验模块。

该模块灵活多样、使用方便，各公司适配板相互独立，在设计编程阶段，可卸下实验模块独立地与上位机联机进行设计并下载目标文件，支持开发下列大规模可编程逻辑器件：

（1）MAX EPM 7128SLC84；

（2）LATTICE ISPLSI 1032/2064LC84；

（3）AMD MACH4-64/32LC44。

三、LEXP 数字电路实验仪系列使用方法

1. 各显示器件功能。

（1）LED3~LED0。LED3~LED0 为四位共阴极七段显示器，其用途如下：

A. 若 KC2 处于"停止"，KC0 处于"序号"，则 LED3、LED2 显示所选择实验序号，LED1、LED0 显示该实验对应方式。

B. 若 KC2 处于"停止"，KC0 处于"周期"，则 LED3、LED2 暗，LED1、LED0 显示周期（10 ms 单位的数值）。

C. 若 KC2 处于"运行"，则根据实验对应的工作方式显示不同内容，见附表 3.2.1。

附表 3.2.1　各显示器件功能表

方　式	LED3、LED2	LED1、LED0
方式 0	所选实验序号	当前节拍号
方式 1	所选实验序号	当前节拍号
方式 2	所选实验序号	实验结果(16 进制数据)
方式 3	所选实验序号	LED1 显式正确结果, LED0 显式实验结果(字型数据)

（2）LS7~LS0。LS7~LS0 为 8 个发光显示二极管, 方式 0 时(序号为 0)用于显示 K0~K7 的状态, 方式 1~3 时, 用于显示单片微机产生的实验信号源 S7~S0 的状态; 1 亮, 0 暗。

（3）LR7~LR0。LR7~LR0 为 8 个发光显示二极管, 用于显示单片微机产生的实验的正确结果, 1 亮, 0 暗。

（4）LE7~LE0。LE7~LE0 为 8 个发光显示二极管, 用于自动方式显示学生实验电路的输出信号 E7~E 0 的状态, 1 亮, 0 暗。

（5）LE8~LE15。LE8~LE15 为 8 个发光显示二极管, 用于非自动方式显示 E8~E15 信号插座的电平状态。

（6）L0~L5。L0~L5 为 6 位共阴极七段显示器, 用户可以根据自己的实验要求换插其他型号的数码管。

2. 各开关键功能。

（1）K0~K7。K0~K7 为 8 个开关, 开关状态连信号插座的 K0~K7, 开关反向输出状态是连/K0~/K7。在方式 0 时, K0~K7 状态通过单片微机控制接口将 K0~K7 状态输出至信号插座的 S7~S0(即 K0~K7 和 S0~S7 作用相同), 并由 LS0~LS7 显示。

（2）K8~K15。K8~K15 亦是 8 个开关, 开关状态连信号插座的 K8~K15, 专用于方式 0, 作为开关量输入信号; K8~K15 的反向输出连到信号插座/K8~/K15。

（3）KC0~KC2。KC2~KC0 为 4 个控制开关。KC2 为"停止"/"运行"（"STOP/RUN"）选择开关, KC1 为"单步"/"连续""STEP/EXEC"）选择开关, KC0 为"序号" /"周期"（"NUMBER/CYCLE"）选择开关。这三个开关的有效使用情况如下附表 3.2.2 所示。

附表 3.2.2　各开关键功能表

KC2	KC1	KC0	功　　能
停止	任意	序号	LED3、LED2 显式序号, LED1、LED0 显式其方式, 按"+"或"-"键使实验序号递增或递减, 选择作某一个实验
停止	任意	周期	LED1、LED0 显式自动连续运行的周期, 开机后初值为 C8H 即 2000 ms。按"+"或"-"键使周期加或减 1(10 ms), 籍以选择连续运行时实验信号源和同步时钟(SP、/SP)的周期
运行	单步	任意	单拍运行, 按"+"键, 实验信号发生一次变化并产生一个同步时钟
运行	单拍	任意	连续运行, 实验信号和同步时钟(SP、/SP)按所选周期连续自动变化

（4）加减键(+ 、−键)。+ 、−键的作用和 KC2、KC1、KC0 状态有关，如附表 3.2.3 所示。

附表 3. 2. 3　加减键功能表

KC2	KC1	KC0	+ 、−键功能
停止	任意	周期	调整实验信号周期，"+"递增，"−"递减
停止	任意	序号	选择所做实验序号，"+"递增，"−"递减
运行	单拍	任意	按"+"键使实验运行一拍，即实验信号发生一次变化，并产生一个同步脉冲

3. 引出信号插座定义。

（1）DS1~DS3。DS1~DS3 为外部信号源接入或示波器连接插座，实验时，若要插入某外部信号或用示波器观察某个信号，只要用导线把此信号接入实验仪 DS0~DS3 信号座即可。

（2）1~100 Hz。1~100 Hz 低频可调连续脉冲输出端，通过调节 W_1 实现。(方式 0 用)

（3）1~100 kHz。1~100 kHz 高频可调连续脉冲输出端，通过调节 W_2 实现。(方式 0 用)

（4）P+、P−。P+、P−分别为手动产生的±单脉冲输出信号(方式 0 用)，P+为正脉冲，P−为负脉冲。按动 AN 钮一次产生一个完整的单脉冲信号。

（5）MP。由单片微机控制产生异步连续脉冲，周期为 2S。(适用于各种方式)

（6）SP、/SP。SP、/SP 分别为单片微机控制产生的同步±单脉冲信号，周期可调。(适用于各种方式，只要 KC2 处于运行状态。)

（7）+5V、DGND。+5V 为主电源引出插孔，DGND 为数字地引出插孔。当配有+12V、−12V 电源时，其地线为 AGND，它和+5V 的地线不共地。

（8）E0~E7。E0~E7 为 8 路学生实验结果输出信号端；其状态由单片微机控制在 LE0~LE7 上或 LED1、LED0 上显示。(适用于各种方式)

（9）S0~S7。S0~S7 为 8 路实验信号源。在方式 0 对，S0~S7 和开关 K0~K7 的状态一致；在其他方式中，S0~S7 由单片微机根据实验自动产生，S0~S7 的状态同时显示在 LS0~LS7 上，1 亮，0 暗。

（10）E8~E15。E8~E15 为扩展的 8 路输出信号端，其状态由 LE8~LE15 显示(只适用于方式0)。

（11）K0~K7。K0~K7 为开关 K0~K7 的状态输出信号端，作为实验电路的输入信号(适用于各种方式)。/K0~K7 作为 K0~K7 的反向输出信号，详见以下的介绍。

（12）K8~K15。K8~K15 为开关 K8~K15 的状态输出信号端，作为 8 路扩展输入(只适用于方式 0)/K8~K15 为 K8~K15 的反向输出信号。

（13）$nL1~nL10$。$nL1~nL10$ 为数码管插座信号引出端，每只数码管插座排列如下：

L10　L9　L8　L7　L6
○　　○　　○　　○　　○
○　　○　　○　　○　　○
L1　L2　L3　L4　L5

4. 编程插座(专用于 EPM7128SLC84−15 系列器件编程)。

通过专用电缆把编程插座和 PC 机打印口连接起来，籍此把在 PC 机上产生的熔丝图文件装入实验仪上的在线可编程逻辑器件,然后就可进行相应的实验和功能验证。

三、实验方式和实验方法

提供四种实验方式,根据所造实验序号由微机自动设置实验方式。

1. 方式 0(非自动方式)。

实验序号选为 0 时便为方式 0 实验,实验内容自定。此时具有如下特点:

(1)S7~S0 和 K7~K0 信号定义一样,由 LS7~LS0 显示,其电平由开关 K7~K0 设定,作为用户输入信号。

(2)K8~K15 同样作为用户输入信号,由开关 K8~K15 设定。

(3)运行时:

A. "+"键相当于单拍脉冲控制键,按"+"键产生一个脉冲(SP 输出正脉冲,/SP 输出负脉冲)。

B. LS7~LS0 显示 K7~K0 状态。

C. LR7~LR0 暗。

D. LE15~LE0 显示输出信号插座 E15~E0 实验结果,正确与否由操作者判断。

2. 方式 1(自动方式 1)。

大多数实验选用方式 1,该方式具有如下特点:

(1)运行时,LED3、LED2 显示实验序号,LED1、LED0 显示当前的节拍号,LS、LR、LE 分别显示实验信号、实验正确结果和实验结果。

(2)实验信号 S0~S7 由实验仪内单片微机根据实验内容自动产生,与开关 K0~K7 状态无关。开关 K0~K7 直接输出至信号座 K0~K7 作为用户开关量输入信号,SP、/SP 为同步正、负脉冲源,M P 为异步连续脉冲。

3. 方式 2(自动方式 2)。

计数器等实验选用方式 2,该方式具有如下特点:

运行时,LED3、LED2 显示实验序号;LED1、LED0 显示实验结果(十六进制数)和 LE7~LE0 状态相对应,其他和方式 1 相同。

4. 方式 3(自动方式 3)。

方式 3 运行时,LED3、LED2 显示实验序号,LED1 显示以正确结果为字形数据的符号,LED 0 显示以实验结果为字形数据的符合。方式 3 只用于 L E D 译码器实验。

四、实验调试过程

1. 准备。

对于 TTL 实验,按实验内容在基本实验模块或多功能实验模块上插好器件,接好线核对正确后,置 KC3 于"常规",置 KC2 于"停止",打开电源。显示器和指示灯全亮全暗自校后,LS7~LS0 显示开关 K7~K0 状态。LE3~LE0 显示实验序号和实验方式。

2. 选择实验序号。

开关 KC2 处于"停止",KC0 处于"序号",按"+"键使实验序号递增,按"-"键使实验序号递减,实验序号显示在 LED3、LED2,相应实验方式显示在 LED1、LED0 上,直至选到所做实验序号为止

3. 调节实验信号周期。

开关 KC2 处于"停止"，KC0 处于"周期"，LED1、LED0 显示 C8(十进制 200)，按"+"键递增，按"−"键递减，直至选到合适周期为止。监控设定连续运行时信号周期为 2 秒(200×10 ms)。"

4. 单拍运行。

开关 KC1 处于"单拍"，开关 KC2 处于"运行"，则处于单拍运行方式，每按一次"+"键运行一拍，即 S0~S7 变化一次，并产生一个同步的正脉冲 SP 和负脉冲/SP。观察 LS0~LS7、LR0~LR7、LE0~LE7 变化。

5. 连续运行。

开关 KC1 处于连续，开关 KC2 处于运行，则处于连续运行方式，LS0~LS7、LR0~LR7、SP、/SP 所选周期连续变化。观察 LED3~LED0、LS0~LS7、LR0~LR7、LE0~LE7 变化，直至 LE0~LE7 等于 LR0~LR7 的状态为止。

附录 3.3　常用数字集成电路外引线排列图

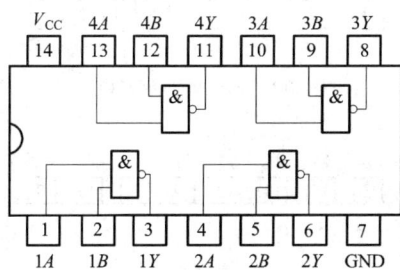

74LS00 二输入端与非门

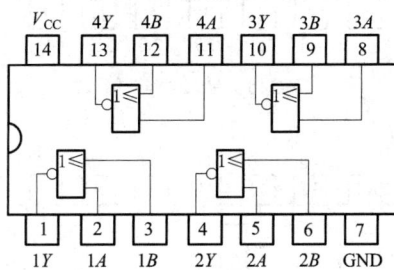

74LS02 二输入端或非门

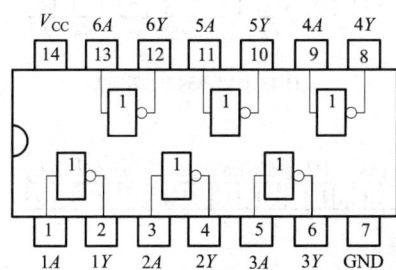

74LS04 六反向器

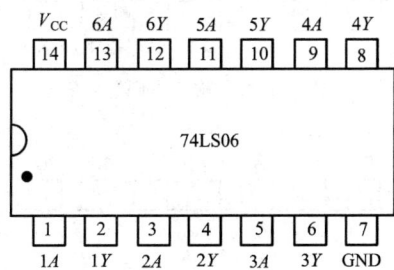

74LS06 缓冲/驱动器

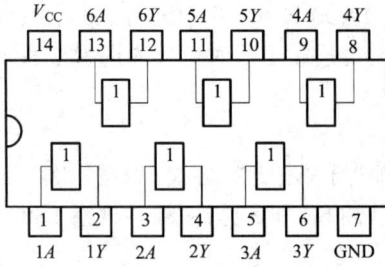

74LS07 六缓冲器/驱动器

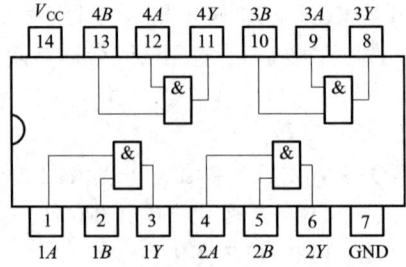

74LS09 二输入端与门

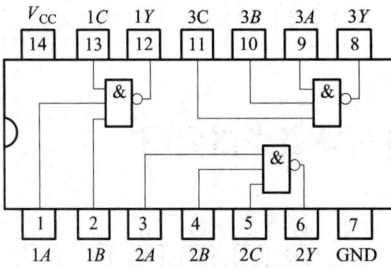

74LS10 三输入端与非门

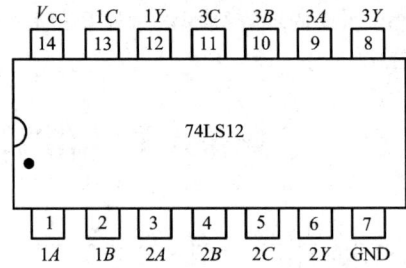

74LS12 三输入端与非门（OC）

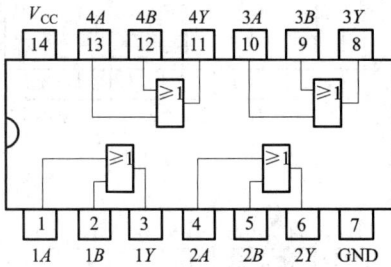

74LS32 二输入端或门

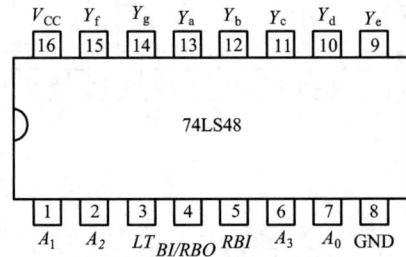

74LS48 七段译码器/驱动器

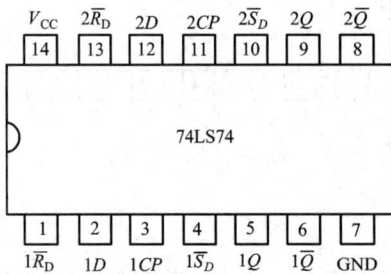

74LS74 双 D 触发器

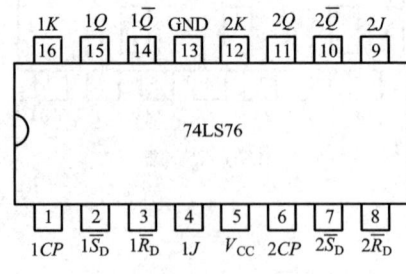

74LS76 双 JK 触发器

14	13	12	11	10	9	8
$\overline{CP_0}$	NC	Q_0	Q_3	GND	Q_1	Q_2

74LS90

$\overline{CP_1}$	R_{0A}	R_{0B}	NC	V_{CC}	S_{9A}	S_{9B}
1	2	3	4	5	6	7

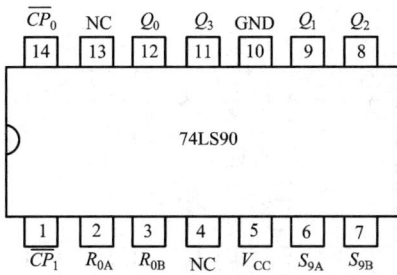

集成十进制计数器

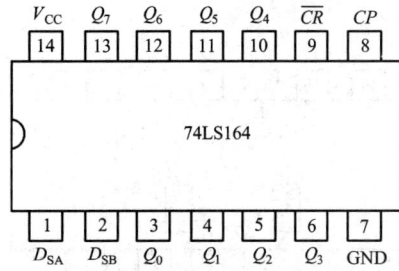

V_{CC}	Q_7	Q_6	Q_5	Q_4	$\overline{CR}$	CP
14	13	12	11	10	9	8

74LS164

1	2	3	4	5	6	7
D_{SA}	D_{SB}	Q_0	Q_1	Q_2	Q_3	GND

8 位并行输出串行移位寄存器

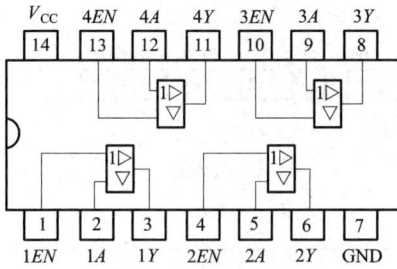

V_{CC}	4EN	4A	4Y	3EN	3A	3Y
14	13	12	11	10	9	8

1	2	3	4	5	6	7
1EN	1A	1Y	2EN	2A	2Y	GND

74LS126 三态输出缓冲门

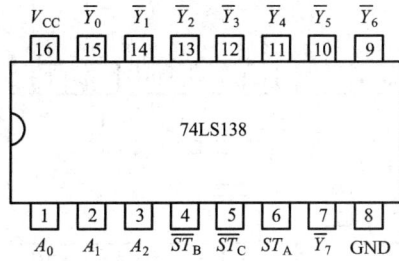

V_{CC}	$\overline{Y_0}$	$\overline{Y_1}$	$\overline{Y_2}$	$\overline{Y_3}$	$\overline{Y_4}$	$\overline{Y_5}$	$\overline{Y_6}$
16	15	14	13	12	11	10	9

74LS138

1	2	3	4	5	6	7	8
A_0	A_1	A_2	$\overline{ST}_B$	$\overline{ST}_C$	ST_A	$\overline{Y_7}$	GND

3~8 线译码器

V_{CC}	Y_S	$\overline{Y}_{EX}$	$\overline{IN_3}$	$\overline{IN_2}$	$\overline{IN_1}$	$\overline{IN_0}$	$\overline{Y_0}$
16	15	14	13	12	11	10	9

74LS148

1	2	3	4	5	6	7	8
$\overline{IN_4}$	$\overline{IN_5}$	$\overline{IN_6}$	$\overline{IN_7}$	$\overline{ST}$	$\overline{Y_2}$	$\overline{Y_1}$	GND

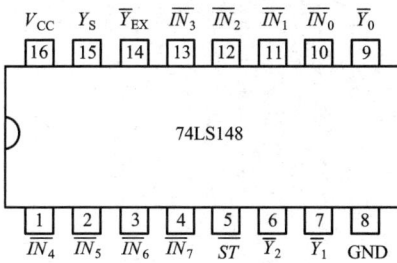

8~3 线优先编码器

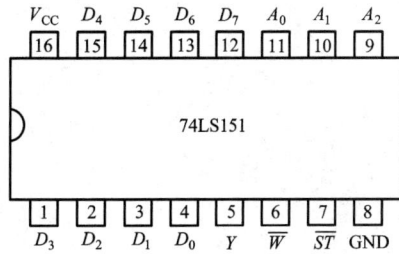

V_{CC}	D_4	D_5	D_6	D_7	A_0	A_1	A_2
16	15	14	13	12	11	10	9

74LS151

1	2	3	4	5	6	7	8
D_3	D_2	D_1	D_0	Y	$\overline{W}$	$\overline{ST}$	GND

8 选 1 数据选择器/多路转换器

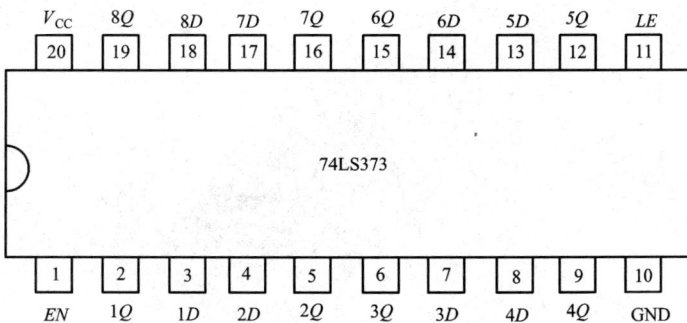

V_{CC}	8Q	8D	7D	7Q	6Q	6D	5D	5Q	LE
20	19	18	17	16	15	14	13	12	11

74LS373

1	2	3	4	5	6	7	8	9	10
EN	1Q	1D	2D	2Q	3Q	3D	4D	4Q	GND

8D 锁存器

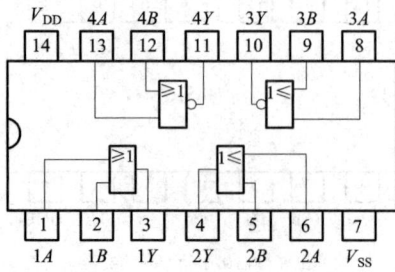

4001 二输入端或非门

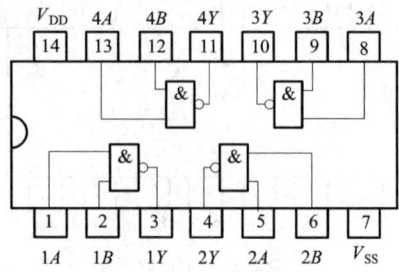

4011 二输入端与非门

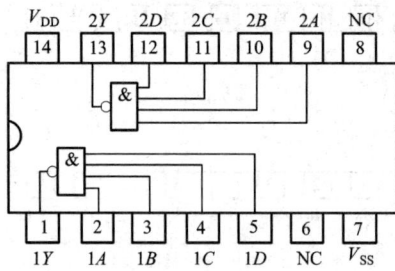

4012 四输入端与非门

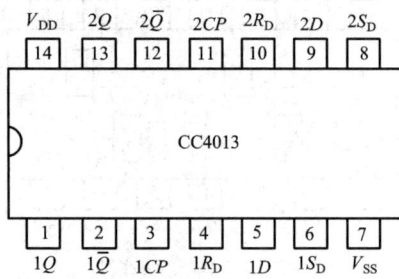

4013 双 D 触发器

第四章 高频电子线路实验

实验 4.1 小信号谐振放大器

一、实验目的

1. 掌握小信号调谐放大器工作原理及工作条件。
2. 通频带与回路 Q 值及增益之间的关系。
3. 熟悉 Q 值的物理意义和提高 Q 值的方法。
4. 熟悉小信号调谐放大器通频带与选频性之间关系。
5. 了解小信号调谐放大器自激原理及防止和消除自激的方法。
6. 计算带宽和矩形系数。

二、实验原理

小信号调谐放大器的工作环境是：它的输入端的信号中，除了所需要的信号外，还有不需要的信号成分。需要的信号和不需要的信号的频谱往往不同，使得人们可利用频谱不同将其区分开来，用选频的方法，选取需要的频率分量，抑制不需要的频率分量。另外输入信号除了频率成分多以外，有用信号的幅度往往很小，有时甚至比不需要信号的幅度还要小。处理这种信号，必须是既选频，又放大，而非一般单纯用滤波器可以完成的。故选频放大器一般由选频与放大两部分组成。其中小信号选频放大器的放大部分，基本工作原理和模拟电子技术基础课中所介绍的小信号放大器是相同的，这里的新问题是放大部分与选频网络连接后的相互影响：放大环节的输出、输入阻抗影响网络的选频特性。有一些选频放大器，选频网络的频响通过器件的内部反馈改变放大特性，严重时会招致放大器的工作不稳定——产生自激。

本实验电路采用二级单调谐放大，谐振频率中心在 6.5 MHz，实验原理图如图 4.1.1。

1. 谐振频率与品质因数 Q。

单调谐回路的谐振特性，也就是选频特性的主要参数，是谐振频率 f_0 和品质因数 Q。

在单调谐电路中，应该选择回路元件 L 和 C 之值，使谐振频率 ω_0 处于所需信号的中心频率，另外回路的品质因数 Q 决定幅频特性曲线的形状，Q 值越高，曲线形状越尖锐，离开谐振频率 ω_0 时的回路阻抗下降得越快。因此如果我们希望将离开 ω_0 所不需要的频率分量抑制得厉害一些，应提高回路的品质因素 Q。

在谐振频率 ω_0 处，回路的感抗与容抗相等，电感和电容在回路内交换能量，信号源能量全部提供给电路的电阻元件，此时输出电压最大。

本实验电路中，谐振频率选择在 6.5 MHz，电感采用电视机中周改制，可以调节电感量。

2. 提高振荡回路 Q 值的方法。

由 $Q=R_P\sqrt{\dfrac{C}{L}}$ 可知，减小回路电感 L，加大电容 C 或增大和回路并联的电阻 R 之值，均

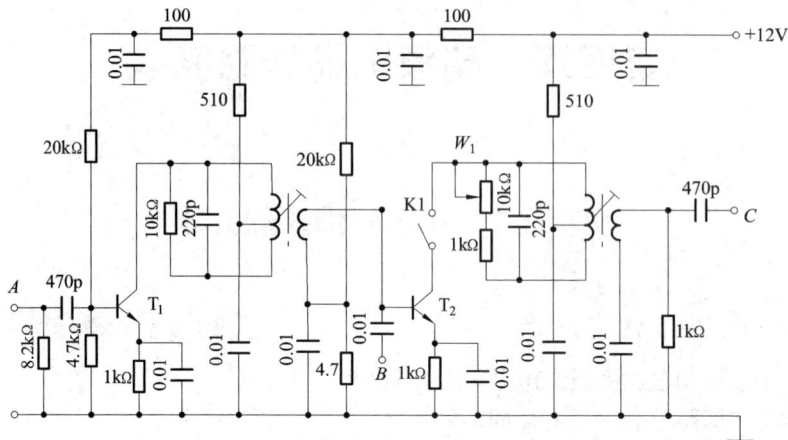

图 4.1.1　小信号调谐放大电路原理图

可提高振荡回路 Q 值。

　　3. 通频带与选择性。

　　作为调谐放大电路，一方面要通过所需的频率成分，因而对其具有通频带的要求，另一方面要抑制不需要信号的频率成分，使不需要的频率成分要处于通频带之外。通过有用信号分量，滤除（或抑制）不需要的频率成分称作电路对频率的选择性。一般认为，对某一类电路，通频带越宽，对某一频率的选择性就越差。但在实际应用中，往往要求通频带以内，传输系数变化尽可能小，这样信号的失真就小。而在通频带以外，传输系数应尽可能地减小，对无用信号抑制能力就强，因此，常用矩形系数

$$k_{r0.1} = \frac{B_{0.1}}{B_{0.7}}$$

来说明调谐放大器的选择性。显然，一个理想的调谐放大器的频率特性曲线，其矩形系数应该等于 1。实际矩形系数越接近 1，则说明选频放大器的通频带与选择性二个指标兼顾得越好。

　　4. 自激产生的原因及消除自激的方法。

　　调谐（选频）网络的频响通过器件内部反馈改变放大特性，严重时会招致放大器工作不稳定甚至产生自激。为了减小内反馈的不良影响，不外乎是减小放大量和减小内反馈量两个途径。具体的做法有：

　　(1) 适当选择负载电阻与振荡回路连接时的接入系数，使得放大器输出的等效负载阻抗不要过大，以减小放大倍数。

　　(2) 降低工作点，减小放大倍数。

　　(3) 采用共射—共基混合连接电路，以减小内反馈。

三、测试方法

　　1. 调谐与谐振频率测试。

　　在小信号调谐放大器输入端 A 点信号接入幅度为 20 mV，频率为 6.5 MHz 的正弦波。调谐二级单调谐电路，改变高频信号频率，测试谐振频率是否在 6.5 MHz。

2. 频率响应曲线。

保持输入信号幅度不变，缓慢减小及增大高频输入频率，测试信号输出幅度，在坐标纸上记录(X轴代表频率，Y轴代表幅度)频率与信号输出电压值，测试 20 个以上点，过有效测试点拟合出频率响应曲线。实验室如果有扫频仪，则用扫频仪测试频率响应曲线。

3. 带宽和矩形系数。

保持输入信号幅度不变，缓慢减小高频输入信号频率，使信号输出幅度降低 3 dB，记录此时的频率，再缓慢地增大信号源频率，使输出信号输出幅度再次比最大值小 3 dB，记录此时的频率，此时，可计算出通频带(3 dB 带宽)，采用同样的方法测出 $B_{0.1}$，计算出矩形系数。

4. 自激与电压放大倍数关系。

增大调谐回路中的并联电阻，即增大电压放大倍数，使小信号调谐电路产生自激。再减小电压放大倍数，使电路停止自激。观察电压放大倍数与自激关系。

四、实验内容

把实验箱的+12 V 和 ⊥ 接至电路。

1. 调谐与谐振频率。

(1)在 A 点输入高频信号，频率 6.5 MHz，幅度在 20 mV，在 B 点接示波器(或扫频仪)，调第一级谐振回路的可变电容，使第一级谐振。

(2)用导线连接第二级开关，在 C 点接示波器(或扫频仪)，调节第二级谐振回路可变电容，使第二级谐振。

(3)用频率计测量谐振时的频率值。

2. 频率响应曲线。

用测试方法 2 逐点测出频率响应特性并画出曲线。

3. 带宽矩形系数。

用测试方法 3 测试带宽和计算矩形系数。

4. 自激。

(1)改变第一级谐振回路的并联电阻至 51 kΩ。

(2)改变第二级谐振回路的并联电阻 51 kΩ，并调节电位器，使输出信号发生自激。

(3)减小第一级、第二级谐振回路的并联电阻，使输出不产生自激，测试电压放大倍数，比较放大倍数与自激关系。

五、实验设备

1. ECS—3 型高频实验箱；   1 台。

2. 双踪示波器；   1 台。

3. 万用表；   1 台。

4. 扫频仪；   1 台。

5. 信号源；   1 台。

6. 高频毫伏表；   1 台。

实验 4.2　LC 正弦波振荡电路

一、实验目的

1. 掌握 LC 三点式振荡电路的基本工作原理。
2. 研究振荡电路的起振条件和影响频率稳定度的因素。
3. 比较 LC 与晶体振荡器的频率稳定度。

二、实验原理及说明

三点式振荡电路，其原理电路示于图 4.2.1。

1. 起振条件。

相位平衡条件：

X_1 和 X_2 必须为同性质的电抗，X_3 必须为异性质的电抗。且它们之间满足下列关系式：

$$X_3 = -(X_1+X_2)$$

幅度的起振条件：

三极管的跨导 g_m 必须满足下列不等式：

$$g_m \geq (g_{oe}+g_L')\frac{1}{K_F}+g_{ie}K_F$$

式中：g_m——晶体管的跨导

　　　g_{oe}——晶体管的输出电导

　　　g_{ie}——晶体管的输入电导

　　　g_L'——晶体管的等效负载电导

　　　K_F——反馈系数

图 4.2.1　三点式振荡电路

2. 频率稳定度。

（1）引起频率不稳的原因：

外因有温度、电压、负载及机械振动等，内因即决定振荡频率的振荡电路元件参数。

（2）稳定频率的措施：

A、设法减小外界因素的变化。

B、减小外界因素对电路参量的影响。

C、使内部参量变化相互抵消，而不影响频率。

3. 实验电路。

实验电路板，其内部电路如 4.2.2 图所示，当 B 点与 B_1 点连接，C 点与②连接，组成高稳定度的西勒电路；当 A 与 A_1 点连接、B 点与 B_1 点连接、C 点与 C_1 点连接组成晶体振荡器，R_{P1} 用来调节振荡级 T_1 的静态工作电流，控制振荡电压幅度。调节 C_{10} 微调电容和 L_2 可改变振荡频率。

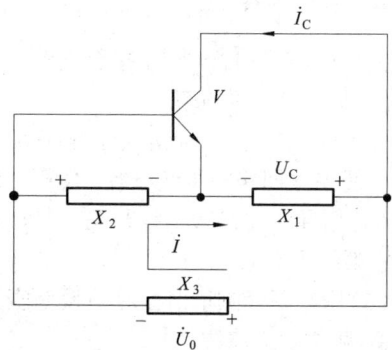

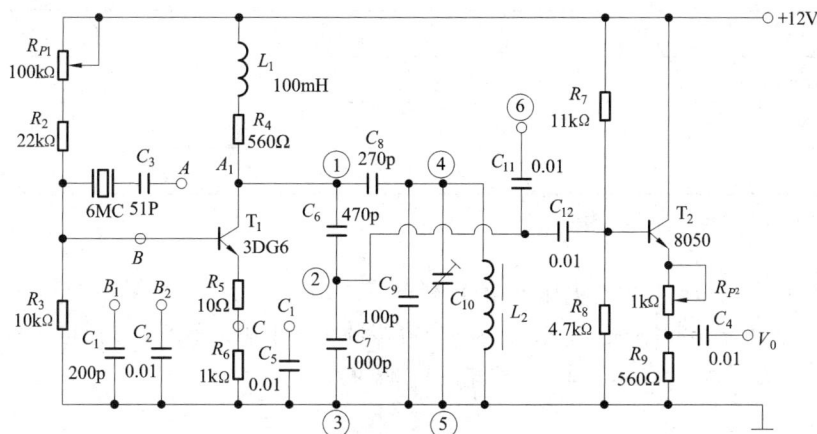

图 4.2.2 正弦波振荡电路原理图

三、实验内容及步骤

接通 12 伏电源，B 点与 B_2 点连接，C 点与②点连接，使电路组成 LC 振荡器。

1. 调整静态工作点，观察振荡情况。

短接插孔④、⑤破坏振荡条件，使振荡器停振，然后调节 R_{P1}，用万用表测量 C 点对地的静态直流电压 U_{EQ}，使其为 5 V，这时表明振荡管的静态工作点电流 $I_{EQ} = U_{EQ}/R_6 = 5$ mA，然后拆除短路线，振荡器应能正常工作，在⑥端观察振荡波形，并测量振荡频率；此时再测量 C 点对地的电压 U_e，比较 U_e 和 U_{EQ}。

2. 观察反馈系数 K_F 对振荡电压的影响。

保持 $I_{EQ} = 5$ mA，改变 C_7，改变反馈系数 $K_F = C_6/C_7$ 相应用毫伏表在⑥端测量振荡电压记入表 4.2.1 中。另可用频率计在 V_o 端监测频率。

表 4.2.1 K_F 对 V_L 的影响

C_7(pF)	470	1000	1200	2200	2500
V_L/V					
f/kHz					

注：表格中给出的电容值是要求在②、③端外接的电容值。

3. 测量振荡电压 V_L 和振荡频率 f 之间的关系，计算波段覆盖系数。

高频毫伏表接⑥端，频率计接 V_o 端，保持 $I_{EQ} = 5$ mA，调节可变电容 C_{10}，测振荡频率和相应的电压 V_L 记入表 4.2.2 中，找出 f_{max} 和 f_{min}，计算 f_{max} 和 f_{min} 波段覆盖系数。作 $f \sim V$ 关系曲线。

表 4.2.2　振荡电压与振荡频率 f 间的关系

$C_{10}(\text{pF})$	10	20	30	40	50	60
f/kHz						
V_L/V						

$f_{max}=$		$f_{max}/f_{min}=$	$f_{min}=$

注：为精确起见应避免两仪表同时测量。

4. 观察直流工作点对振荡电压 V_L 的影响。

调节 C_{10}，使振荡频率最低，按照实验内容步骤 1，用调整静态工作点电流的方法改变 I_{EQ}，测量相应的 V_L 记入表 4.2.3，作出 $I_{EQ} \sim V_L$ 曲线。

表 4.2.3　I_{EQ} 与 V_L 的关系

I_{EQ}/mA	1.5	2	2.5	3	3.5	4	4.5	5
V_L/V								

5. 观察外界因素变化对振荡频率稳定度的影响。

（1）工作电流在静态 $I_{EQ}=5$ mA 的基础上，频率计接 V_o 端，调节振荡频率到最低值，改变电源电压 U_{EC}，按表 4.2.4 进行实验，计算频率变化的相对值。

（2）在 $I_{EQ}=5$ mA，f_{min} 端条件下，插孔④、⑤之间并接 $R=4.7$ kΩ 电阻，减小回路品质因数，重复上次实验，并比较两次测量结果，测试表格自拟。

表 4.2.4　振荡频率的稳定度

U_{EC}/V	12	10	8
f/kHz	(f_o)		
$\dfrac{f}{f_o}=\dfrac{\mid f-f_o \mid}{f_o}$			

6. 比较 LC 振荡器和晶体振荡器的频率稳定度。

A 接 A_1 点、B 接 B_1 点、C 接 C_1 点使电路组成晶体振荡器，按实验与步骤 3 和 5 的第一项内容观察 U_{EC} 对振荡频率的影响，自拟测试表格，计算相对频率稳定度，并比较两种振荡器的频率稳定度，得出什么结论，为什么？

四、实验报告

1. 整理实验结果，绘制振荡电压 V_L 随振荡频率和直流工作点电流变化的曲线。

2. 用所学理论，分析各项实验结果。

五、实验注意事项

1. 正确连接电源到实验板，防止接反。
2. 在仪表对电路进行测量时，正确连接，避免引起较大的测量误差。

六、预习理论内容

1. 振荡器起振应满足的相位和振幅条件，振荡器的各种电路形式，讨论其优劣。
2. 分析各种因素（内外）对频率稳定度的影响，以及预防措施。
3. 讨论晶振稳频的原理，对振荡器进行理论分析计算。

七、实验仪器及设备

1. ECS—3 型高频实验箱；　　　　　1 台。
2. 双踪示波器；　　　　　　　　　1 台。
3. 信号发生器；　　　　　　　　　1 台。
4. 毫伏表；　　　　　　　　　　　1 台。

实验 4.3　高频谐振功率放大器

一、实验目的

1. 加深对高功放工作原理的理解。
2. 掌握高功放的一般调谐方法。
3. 掌握负载阻抗、激励电压和集电极电源电压变化对电路工作状态的影响。

二、实验原理及实验板说明

1. 实验电路。

本实验电路由振荡器、推动级和末级谐振功率放大器组成，如图 4.3.1 所示。图 4.3.1 中，振荡器 T1 接成克拉泼电路，产生频率为 6.5 MHz 的高频信号。当集电极静态工作点电流为 2~3 mA 时，输出高频振荡幅度约为 1 V，调节上偏置电位器 R_{P1}，可以控制振荡器的输出幅度。推动级 T2（静态工作时 I_{co} 约为 5 mA）对振荡信号进行放大，提供末级谐振功率放大器所需的激励功率，末级谐振功率放大器 T3 工作在丙类状态，它的集电极回路采用由 C12、C13、L4 和 L5 组成的并联谐振回路，通过外接不同负载电阻 R_L，可以改变等效到集电极两端的谐振阻抗 R'_p。为了使电流导通角有合适的数值，还采用了分压式偏置电路，提供很小的正向偏置电压（约 0.3 V）。图 4.3.1 中，电阻 R12 为取样电阻，可用来观察集电极电流的波形。

电路中接入电流表，测量末级放大器集电极电流的直流分量 I_{co}，表头两端均并联高频陶瓷电容器，以滤除高频分量。

2. 调谐特性。

所谓调谐特性是指谐振功率放大器集电极回路调谐时，集电极平均电流 I_{co} 的变化特性

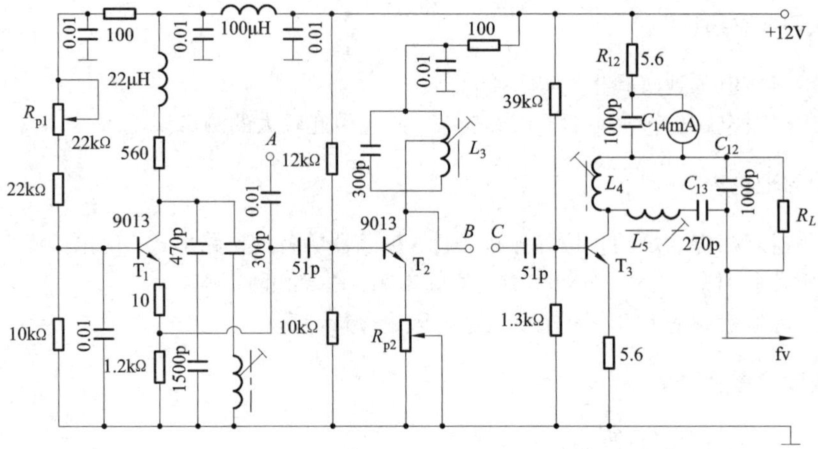

图 4.3.1 高频功率放大器实验电路

如图 4.3.2 所示。当回路调到谐振时，I_{C0} 最小、I_{b0} 最大。当回路偏离谐振时，回路阻抗减小，而且还引入了电抗分量，使 U_{cmin} 和 U_{bmax} 不在同一时刻出现。前者使放大器向欠压方向变化，引起 I_{C0} 增大、I_{b0} 减小；后者进一步加剧了这种变化。理论上，回路调到谐振时，回路两端的电压达到最大，因此测量回路电压也可以表明回路的调谐情况。实际上由于 Q 值很低，测得的电压包含高次谐波成分，不能真实地反映高频电压的大小，所以这种指示调谐的方法不如前一种确切。

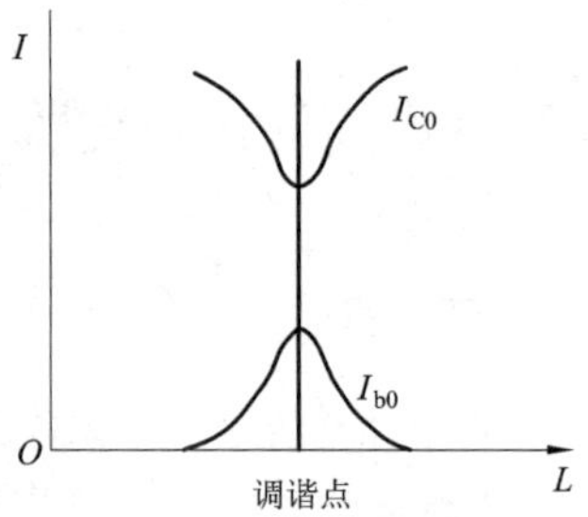

图 4.3.2 调谐特性图

3. 谐振功率放大器的负载特性。

当负载电阻 R_L 由小增大时，等效到集电极回路对基波电流呈现的谐振阻抗 R_S 也将由小增大，相应地集电极电流 i_c 的波形也必将由尖端脉冲变为凹陷脉冲，如图 4.3.3 所示。

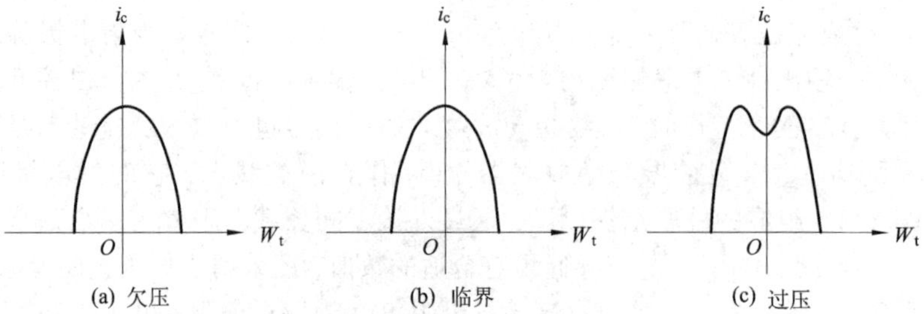

图 4.3.3 三种状态下的电流波形

因此，放大器的工作状态将由欠压通过临界进入过压。由于 R_S 不同时集电极电流波形不同，所以相应的电量值也就不同，描述 R_L 为不同值的条件下各电量变化的特性，称为放大器的负载特性，见下图 4.3.4。

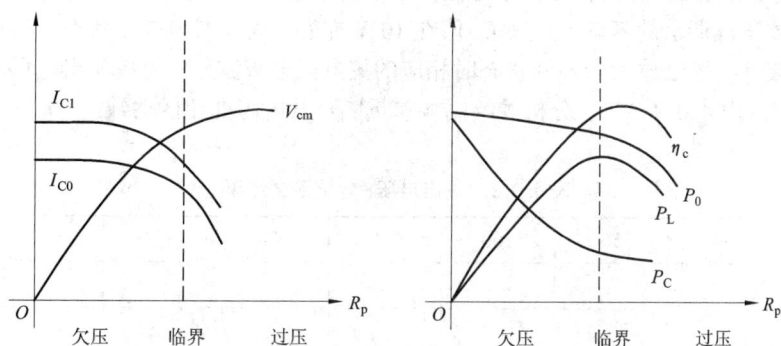

图 4.3.4 负载特性曲线

三、实验内容及步骤

1. 调节振荡器，观察高功放的工作状态。

高功放实验板已经给出，利用稳压电源输出 12 V 电压接入电路，这时观察高功放集电极电流 I_{C0} 应为零，表明高功放在丙类状态工作。（这是由实验板设计时已经调好）。这时分别用示波器和频率计分别对 A 端进行观察，频率计的指示值为 6.5 MHz（设计时已定），调整 R_{P1} 可以改变振荡器的振幅使其满足为 1 V，示波器观察 A 端应为标准的正弦波，若有失真则适当调节 R_{P1} 使其无失真。

2. 调谐放大器回路。

使负载电阻 R_L 脱离电路，即 R_L 为最大值。

（1）调谐推动级集电极回路。

高频毫伏表接 B 端，调节 L_3，使毫伏表指示最大，表明推动级集电极回路调谐在工作频率上。

（2）调谐高功放集电极回路。

从稳压电源输出一路 -12 V 接入电路，高频毫伏表接输出端，调节 L_4，使毫伏表指示最大，并记录此时的输出电压 $V_o = ?$ 高功放集电极回路已调谐。此时，高功放集电极电流 I_{C0} 应为最小值。若用示波器在 R_{12} 两端观察，则集电极电流波形应为对称的凹顶脉冲或尖顶余弦脉冲。

上述实验内容完成后，可在输出端观察频率和输出电压波形。

3. 观察 U_{bm} 为不同时高功放的工作状态。

建议负载选择，在阻值较大状态，保证放大器工作于过压状态。

示波器接在 R_{12} 两，观察集电极电流波形，高频毫伏表接 B 端监测 U_{bm} 值。

调整 R_{P1} 观察 U_{bm} 的数值，描绘高功放在各种工作状态时相应的集电极电流波形以及 $I_{C0} \sim U_{bm}$ 特性曲线，（若在调整过程中示波器出现凹顶电流波形不对称，可微调 L_5 直到对称）。

4. 观察 E_C 为不同值时对高功放工作状态的影响。

在上述实验的基础上，调节 R_L 使放大器工作在临界状态。然后改变 E_2 值（0～20 V 范围），观察并描绘放大器各种状态时相应的集电极电流波形，并分析绘制各参量随 E_C 变化的曲线。

5. 改变负载电阻，观察集电极电流波形，测试负载特性。

在放大器正确调谐的基础上，且 E_2 值在 10 V 左右，放大器为过压状态。然后，改变 R_L（即 R_L 由大变小，描绘放大器各种状态时相应的集电极电流波形，测量输出电压和集电极直流电流 I_{CO} 记入表 4.3.1 中）。分析并绘制各参量随负载电阻变化的曲线。

表 4.3.1　输出电压、电流测试结果

$R_L(\Omega)$	30	56	100	200	270	350	650	∞
电流波形								
I_{CO}/mA								
U_o/V								

四、实验报告

1. 整理数据，描绘不同 R_L、不同 E_C、不同 U_{bm} 时相应的集电极电流波形。

2. 计算不同 R_L 值时的 P_C、P_{cm}、P_0、η_C 大致绘出负载特性曲线。

3. 对上述实验结果进行分析讨论。

五、预习思考题

1. 振荡器电路组成，工作原理，稳频和振幅调整的理论基础。

2. 谐振高频功率放大器的相关理论，重点讨论丙类工作状态时欠压、过压、临界几种情况，同时讨论负载电阻、工作电压、工作电流、激励大小对工作状态的影响。

3. 对照面板图熟悉示波器、高频毫伏表、频率计等仪表的使用，对实验电路做理论上的分析和研究，探讨实验中可能出现的情况。

六、实验设备

1. ECS—3 型高频实验箱；　　　1 台。
2. 双踪示波器；　　　　　　　1 台。
3. 万用表；　　　　　　　　　1 只。
4. 频率计；　　　　　　　　　1 台。
5. 信号源；　　　　　　　　　1 台。
6. 高频毫伏表；　　　　　　　1 只。

实验 4.4　三极管混频器

一、实验目的

1. 加深理解混频器的工作原理。
2. 了解本振电压和晶体管工作点电流对变频增益的影响。
3. 观察混频器中寄生通道干扰。

二、实验原理

实验电路如图 4.4.1 所示，它是基极输入、发射极注入的三极管混频器。图 4.4.1 中，输入信号由磁环绕制的高频变压器加到混频管 T3 的基极。本振电压由实验二中石英晶体振荡器输出产生，在 A 点经耦合电容 C11 注入到 T3 的发射极，本振电压大小控制调节实验 4.2 电路图 4.2.2 中 R_{P2}。混频器的输出中频信号经电容(C15，10 pF)耦合的双调谐耦合回路输出，R14(RL，1 kΩ)为负载电阻，为了保证混频器稳定工作，电源供电电路中采用了 RC 和 LC 滤波器。

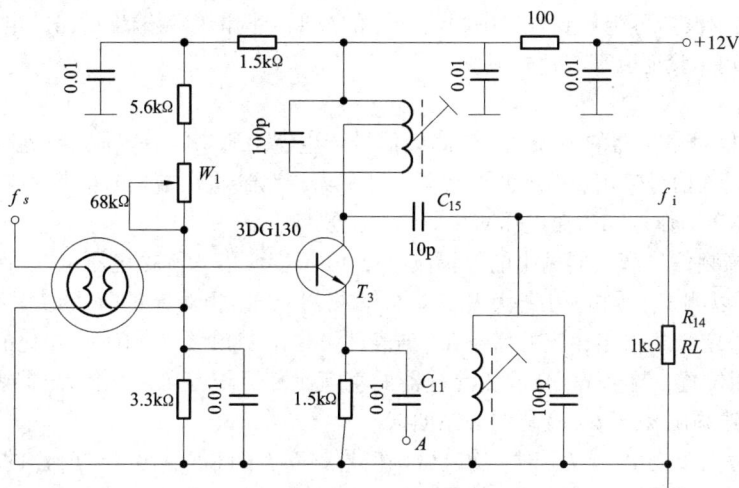

图 4.4.1　混频器实验电路

在三极管混频器中需要考虑的关键问题是：正确选用混频三极管、合理选择本振电压和静态工作点电流。本实验电路中，信号频率由高频信号发生器提供，$f_s = 6.5$ MHz，A 点本振频率 $f_g = 6.0$ MHz，中频频率 $f_i = f_s - f_o = 0.5$ MHz。根据 $f_t > (4 \sim 5)f_s$ 的要求，选用 $f_t \geqslant 100$ MHz 的三极管 3DG6B。本振电压的幅度对三极管混频器变频增益影响很大。随着本振电压幅度的增大，时变跨导中的基波分量增大，因而变频跨导和变频增益也随着增大。但是，考虑到自给偏置效应，当本振电压幅度足够大时，变频跨导和变频增益反而下降。因此，本振电压有一最佳值，与此对应变频增益达到最大值。三极管混频器中，最佳本振电压幅度有效的典型范围为(50~200) mV。

三极管静态工作点电流对变频增益的影响也很大。当本振电压幅度一定时，过大或过小的静态工作点电流都会使变频跨导下的基波分量减小，因而变频跨导和变频增益减小。通常三极管发射极工作点电流 Ie_0 在(0.2~1) mA 时，变频增益最大。由于混频器中三极管是非线性器件，当干扰信号电压 V_t 和本振电压 V_o 同时作用时，输出电流中将包含无数个组合频率分量 $\pm pf_o + qf_t (p, q = 0, 1, 2 \cdots)$。当其中某些组合频率等于或接近于中频频率 f_i 时，这些干扰信号就成为接收机的寄生通道干扰。

三、实验内容

从稳压电源输出 12 V 电压加至实验板上。

1. 测量振荡频率和振荡电压值。

频率计和毫伏表分别接 A 点，测出振荡频率 f_o，调节 R_{P2}，记下振荡电压 V_o 的变化范围。

2. 调谐混频器的输出中频回路。

频率计和毫伏表分别接输出端，调整高频信号产生器输出一频率为 6.5 MHz 左右的等幅信号，接到实验电路的 f_s 输入端，调谐混频级谐振回路，使毫伏表指示最大，这时频率计应指示 500 kHz 左右的中频频率(若无显示或频率偏差太大也可微调高频信号产生器的输出频率)，此时，用示波器可观察到输出中频信号 f_i 的波形。调谐中频输出回路的电感 L，使毫伏表指示最大即可，验证以下表达式成立：

$$f_i = f_s - f_o$$

保持高频信号产生器的 f_s 不变，使高频信号产生器由原来的等幅波输出变为调制频率为 1000 Hz 的调幅波信号输出，用示波器和频率计观察混频器输出端信号的频率和波形。

3. 观察静态工作点和本振电压对变频增益的影响。

(1) 保持高频信号产生器输出的等幅波电压 V_s 不变。(V_s <本振电压 V_o)，调节 W_1，用毫伏表在 A 点可以测 V_o，同时用毫伏表在输出端测出与 V_o 相对应的 V_i 的大小，然后用 $A = V_i / V_s$ 变频增益定义式求出相应的增益 A，列表即可作出变频增益 A 随 V_o 变化的关系曲线。

W_1 置中间位置，调整 W_1 来改变混频器的直流工作点电流 $I_{\Sigma Q}$，用示波器观察输出端波形的变化，大致画出 A 随 $I_{\Sigma Q}$ 变化的关系曲线。

注：(1) 每次改变 V_o 或 $I_{\Sigma Q}$ 时，均应微调信号频率 f_s，确保满足 $f_i = f_s - f_o$ 的频率关系。

(2) V_s 值应保持恒定。

(3) 为减小换挡误差，测量 V_s 和 V_i 的大小时均应利用毫伏表的同一量程挡级。

4. 观察寄生通道干扰频率。

改变高频信号产生器的输出频率 f_t，直至混频器输出端电压幅度为较大值，记下此干扰信号频率。

四、实验报告要求

1. 整理实验数据，描绘 $A \sim V_o$ 和 $A \sim I_{\Sigma Q}$ 关系曲线。

2. 整理实验测得的寄生通道干扰频率，也与理论计算值相比较。

五、注意事项

1. 正确接入电源，熟悉实验电路。

2. 仪表观察和测试分别进行。

3. 能在一个量程进行测试最好不换量程以防引起误差。

六、预习思考题

1. 三极管混频器的电路组成形式，工作原理。

2. 各种参量对混频增益的影响，试分析其特点。

3. 分析寄生干扰产生的原因，并讨论预防措施。

七、实验设备

1. ECS—3 型高频电路实验箱；　　　　　1 台。
2. 数字频率计；　　　　　　　　　　　　1 台。
3. 双踪示波器；　　　　　　　　　　　　1 台。
4. 超高频毫伏表；　　　　　　　　　　　1 块。
5. 直流稳定电源；　　　　　　　　　　　1 台。
6. 万用表；　　　　　　　　　　　　　　1 只。
7. 高频信号产生器；　　　　　　　　　　1 台。

八、实验思考

1. 为什么三极管混频器的混频增益和本振电压幅度和直流工作点电流有关？应如何选择本振电压幅度和直流工作点电流？
2. 混频器正常工作时，混频级应工作于何种状态为什么？

实验 4.5　幅度调制与解调

一、实验目的

1. 通过实验了解调幅与检波的工作原理。掌握用集成模拟乘法器实现调幅与检波的方法。
2. 通过实验了解集成模拟乘法器的使用方法。
3. 了解二极管峰值检波。
4. 学会用示波器测试调幅度。

二、实验原理及说明

所谓调幅就是用低频调制信号去控制高频振荡（载波）的幅度，使其成为带低频信息的调幅波。而检波就是从调幅波上取出低频信号。实现调幅与检波方法很多；而目前由于集成电路的发展，集成模拟相乘器得到广泛的应用，为此本实验将采用价格较低廉的 MC1496 集成模拟相乘器来实现调幅与检波系统之功能。同时考虑到二极管峰值检波具有电路结构简单的特点，因此也把它与相乘器调幅构成一个系统。

1. 调幅与检波系统实验原理如图 4.5.1 所示。

A. 调幅部分说明

图中虚线左半部为调幅部分。$V_\omega(t)$ 是高频载波信号，$V_\Omega(t)$ 是低频调制信号，当 $V_\Omega(t)$ 直流电压为零时，其输出为平衡调幅波如图 4.5.2(b)，当 $V_\Omega(t)$ 直流电压不为零时其输出为正常调幅波。如图 4.5.2(a)。图 4.5.1 中的射极跟随器在相乘器与负载间，起到隔离作用，以减小相互间的影响。

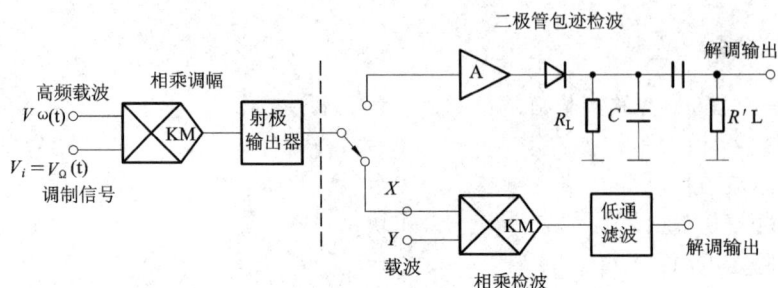

图 4.5.1　调幅与检波系统实验原理图

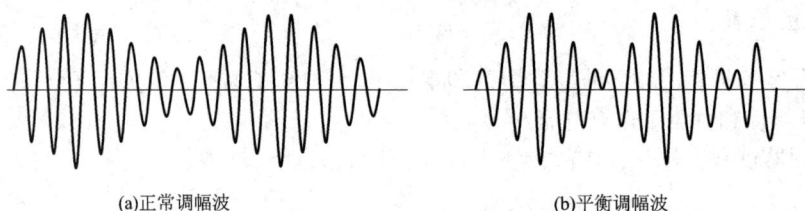

图 4.5.2　两种调幅波示意图

B. 检波部分说明

①相乘器检波。

图 4.5.1 的右半部的下面部分为相乘器检波。相乘器 X 端输入调幅波，Y 端应输入载波。但是当 X 端输入为平衡调幅时，由于它不存在载波分量，因此 Y 端输入无法从平衡调幅波中获取载波，只能自己产生本机振荡的参考信号，它与原载波信号之间相位差的大小影响检波输出的大小，理想情况应与载波同频同相；因此称同步检波。本实验为了简便，直接取自载波信号源。

对于正常调幅波的检波，Y 端所需载波输入可以通过将正常调幅波经限幅器来得到。本实验为了简便也直接取自载波信号源。

②二极管峰值检波。

图 4.5.1 的右半部的上面部分为二极管峰值检波部分。图中输入端加一运算放大器，目的是为了提高由调幅部分送来的正常调幅波的幅度，以满足大信号峰值检波之要求。

2. MC1496 集成模拟相乘器引出端功能及内部电路。

ADJG：增益调节端　　　　　　　　　BI：偏置端

INC+：载波信号输入正端　　　　　　INC-：载波信号输入负端

INS+：信号输入正端　　　　　　　　INS-：信号输入负端

NC：空端　　　　　　　　　　　　　OUT+：正电流输出端

OUT-：负电流输出端　　　　　　　　V-：负电源

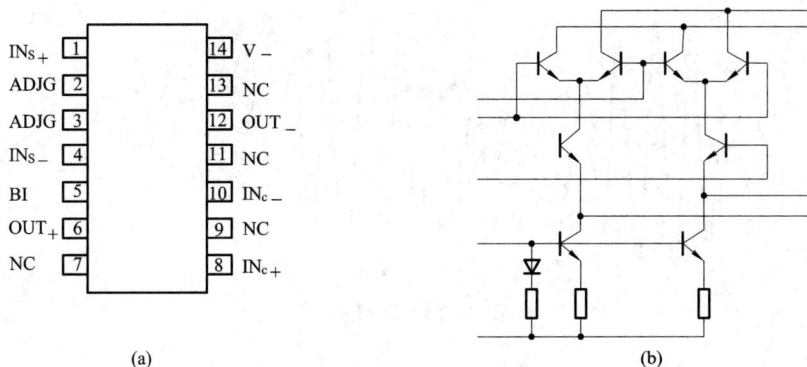

(a)

(b)

图 4.5.3　MC1496 引脚图

三、测试方法

1. 输入失调调零(交流馈通电压的调整)。

集成模拟相乘器在使用之前必须进行输入失调调零,也就是要进行交流馈通电压的调整,交流馈通电压指的是相乘器的一个输入有信号电压,另一个输入端信号为零时输出电压,这个电压越小越好。为了补偿输入失调电压,我们采用图 4.5.4 所示的输入失调调零电路。

调整步骤如下:

(1)在 $V_x=0$ 时,加 V_y(V_y 的大小以输出不失真为宜)调整 W_x,使相乘器输出电压达到最小值。

(2)在 $V_y=0$ 时,加 V_x(V_x 的大小以输出不失真为宜)调整 W_y,使相乘器输出电压达到最小值。

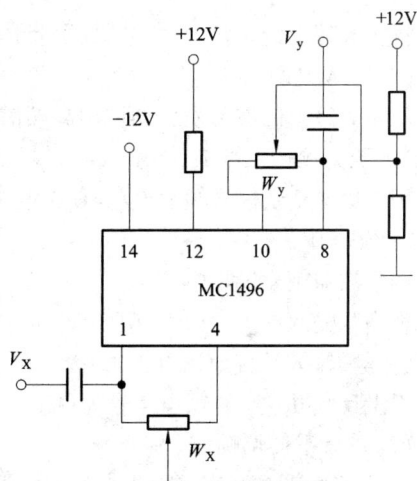

图 4.5.4　失调调零电路

(3)反复进行上述调节,以达到最小值。

2. 调幅度 m 的测试。

如图 4.5.5 所示直接测量调制包络将被测的调幅信号电压加到示波器的 Y 轴输入端,同步选择置外同步、同步信号取低频信号,调节时基旋钮使荧光屏显示几个周期的调幅波波形,如图 4.5.5 所示。

根据 m 的定义

$$m=\frac{A-B}{A+B}\times100\%$$

测出 A 与 B 的大小便可计算 m。

此外,还有专用的调幅测试仪进行测试,请参阅有关资料。

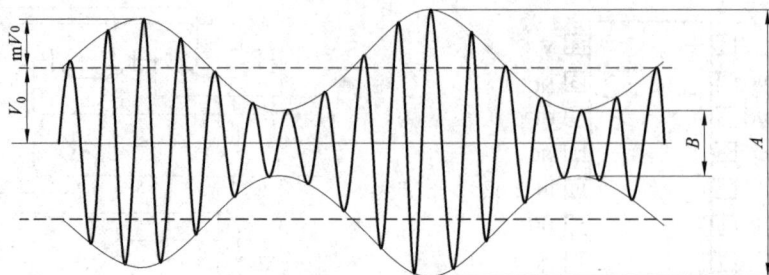

图 4.5.5　调幅波形

四、实验内容与步骤

1. 调幅板调整与测试。

(1)接通供电电源。

将实验箱上的正负 12 V 电源加至调幅板的$+V_{CC}$ 与$-V_{EE}$ 上。

(2)输入失调调零。

从实验箱上的波形发生器取出高频信号 V_ω,其频率f_ω 为 100 kHz,幅度 $V_{p\text{-}p}=0.1$ V(参考值)加至高频输入端 V_ω 处。

用 1 kHz 正弦信号幅度 $V_{p\text{-}p}=0.3$ V(参考值)加至低频输入端 V_Ω 处。调幅器处于平衡调幅状态($V_\Omega=0$)。

用示波器观察输出端波形。

将高频输入端 V_ω 接地,调节 $W_y(R_{P3})$ 使输出最小,然后高频输入端拆除接地。

将低频输入端接地,调节 $W_x(R_{P2})$ 使输出最小,然后低频输入端拆除接地。

以上反复几次,使输出信号为最小。

(3)观察平衡调幅波。

K_1 置平衡调幅状态(左端),用示波器观察输出波形(用低频信号送至示波器外同步输入端),描绘波形并记录波形之峰-峰值。

用示波器观察平衡调幅波过零轴情况(示波器置内同步)、调节示波器时基旋钮使荧光屏出现一个过零点,描绘其波形。

(4)观察正常调幅波。

K_1 置正常调幅状态,用示波器观察输出波形(示波器置外同步,同步信号取低频信号)调节 V_Ω 的大小(调 R_{P1})使正常调幅波峰-峰值为 0.3 V,并描绘其波形。测试上述正常调幅波的调幅度 m。

在上述情况下调节低频调制信号的大小,使调幅度发生变化,最后使调幅度 $m=1$。调节示波器的时基旋钮,使荧光屏出现一个过零点,观察过零轴情况(示波器置内同步)。描绘其波形。

2. 相乘器解调部分的输入失调调零。

V_i 端接地、V_ω 端接载波信号频率为 100 kHz、幅度 $V_{p\text{-}p}=0.1$ V(参考值)、调节 W_x 使输出最小。

V_ω 端接地、V_i 端接载波信号。频率、幅度同上,调节 R_{P1} 使输出最小。

用示波器在 P_1 处观察输出的大小。

3. 调幅部分与相乘器解调部分进行系统联测。

(1)正常调幅波的调幅与解调系统。

调幅部分实验板上 K_1 处于正常调幅状态,调节直流电压 V_i(调 R_{P1})载波幅度及低频调制信号幅度,使调幅波输出的峰—峰值约为 50 mV 左右,调幅度为一适当值。(用示波器在调幅输出端观察)。然后将正常调幅信号接到解调板调幅波输入端 V_ω。将载波信号接到解调部分载波输入端 V_i 处,在解调板输出端用示波器观察解调后输出信号,若输出太小不易观察清楚,可将其输出端接到二极管部分的输入端,在运放输出端示波器观察解调输出信号。

A. 观察调幅度大小与解调输出信号大小的关系,并计算电压传输系数 K_d(以解调板输出端为准)。

B. 观察过调幅时解调输出信号的波形。

(2)平衡调幅板的调幅与解调系统。

调幅部分实验板上 K_1 处于平衡调幅状态,调节载波幅度及低频调制信号幅度。用示波器在调幅输出观察、使平衡调幅波的峰—峰值约为 50 mV 左右。将此信号接到解调板调幅波输入端 V_ω 处。将载波信号接到解调板载波输入端 V_i 处,同样在二极管检波的运放输出端观察解调输出信号。改变低频调制信号的大小观察解调输出信号的大小。增加低频调制信号的幅度、使解调输出信号刚出现失真时记录平衡调幅波的峰—峰值的大小。记录平衡调幅波与解调输出信号的相应的波形图。

4. 调幅与二极管峰值检波系统联测。

调幅板上的开关 K_1 置正常调幅状态。

(1)调节 R_{P1}、($V=$的大小)、载波幅度及低频调制信号幅度,使正常调幅波峰—峰值约为 0.3 V 左右,调幅度为一适当值。将正常调幅波信号接到二极管检波的输入端,在运放输出端测出正常调幅波的大小。

(2)先断开检波器交流负载 R'_L,即 V_0 和 P 处断开,用示波器在检波输出端观察解调输出信号。

A. 调节直流负载 R_L 的大小(调节 R_{P1})和低频调制信号(改变 m)使输出得到一个不失真的解调信号,画出波形,并计算电压传输系数 K_d(将其和以运放输出波形相比)。

B. 调节直流负载 R_L(调节 R_{P1})使输出产生对角切削失真,如果不明显可以加大调幅度(即增大低频调制信号),画出其波形。并计算此时的 m 值。减小调幅度,使对角切削失真消失,并计算此时 m 值。

C. 接通交流负载 R'_L,即 V_0 和 P 处连接,用示波器在检波输出端观察解调输出信号。当交流负载 R'_L 未接入前,先调节使解调信号不失真。然后接入交流负载 R'_L,调节交流负载 R'_L 的大小(调节 R_{P2})使解调信号出现底部切削失真,画出其相应的波形、并计算此时的 m。

当出现底部切削失真后,减小 m(减小低频调制信号幅度)使失真消失,并计算此时的 m。

五、预习要求及思考题

1. 复习调幅与检波的工作原理,以及相乘器的功能及使用方法。

2. 认真阅读本实验指导内容。

3. 回答以下思考题。

(1)三极管调幅与相乘器调幅,当它们处于过调幅时两者波形有何不同?

(2)如果平衡调幅波出现如图 4.5.7 所示波形,是何缘故?

图 4.5.7 平衡调幅波

(3)检波电路的电压传输系数 K_d 如何定义?

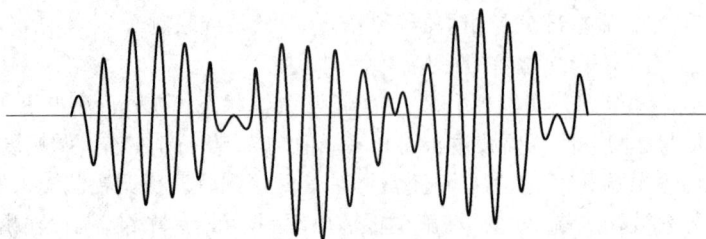

六、实验报告要求

1. 整理实验步骤所得的数据,用方格纸绘制记录的波形,并作出相应的结论。

2. 请你对本实验体会最深的问题进行分析讨论。

七、实验设备

1. ECS—3 型高频电路实验箱;   1台。

2. 万用表;   1台。

3. 双踪示波器;   1台。

4. 低频信号发生器;   1台。

实验 4.6 频率调制和解调

一、实验目的

1. 了解变容二极管频率调制器直接调频工作原理,鉴频器工作原理。

2. 熟悉频率调制特性,频偏测量技术,学会用 BT—3 对鉴频特性,调谐中频放大器和鉴频器 S 曲线的测试方法。

3. 观察调频波形及变容二极管静态工作点变化对调频波形的影响。

4. 对频率调制、解调各环节的联系和相应的波形变换有全面的认识。

二、实验原理

1. 变容二极管结电容具有随着结反向电压的变化而发生变化的特性,即把受调制信号控制的变容二极管接入振荡器既可以改变振荡频率,直接实现调频。变容二极管随静态工作点变化其调频性能也发生变化,称为静态调制特性。动态调制特性是指调制频偏随调制电压变化的情况。

2. 比例鉴频器:

当调频波瞬时频率偏离中心频率时,初次级相电压 V_1、V_2 的相位将不在保持正交,V_2 将超前或滞后 V_1 某个角度,从而施加于检波管的交变电压 V_{D1} 和 V_{D2} 的幅度不在相等,一个电压增大、另一个电压减小，因而流过检波管的电流随调频信号瞬时频率的变化而变化。图 4.6.1 画出了在 $f=f_0$，$f<f_0$ 和 $f>f_0$ 三种情况下鉴频器内各部分电流和电压的矢量图。

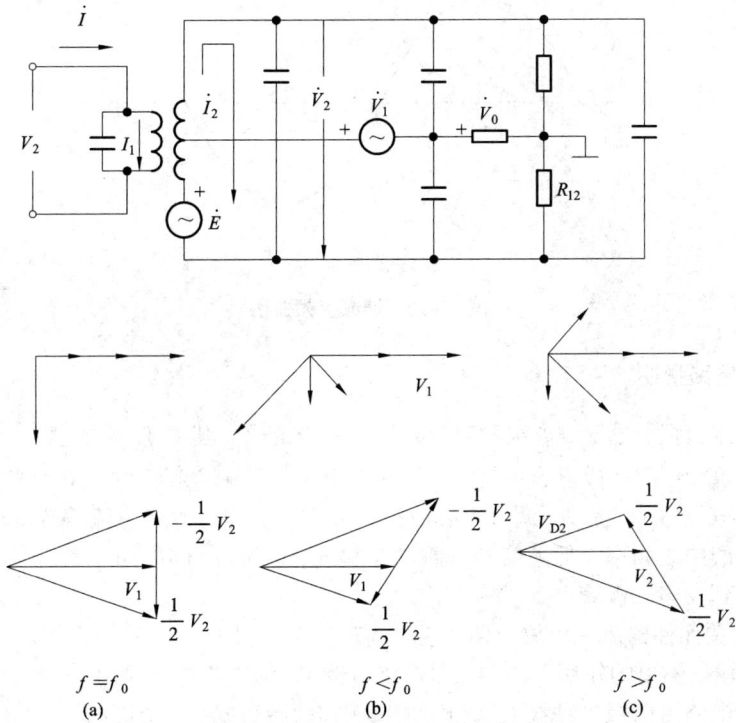

图 4.6.1 鉴频器电流电压关系的矢量图

由于不同瞬时频率时施加于两检波管的电压不同，因此鉴频器输出信号的频域响应可用曲线来表示，频率与电压的对应关系为

$$f=f_0 \text{ 时，} |V_{D1}| = |V_{D2}|,\ V_0=0$$
$$f>f_0 \text{ 时，} |V_{D1}| < |V_{D2}|,\ V_0 \text{为负}$$
$$f<f_0 \text{ 时，} |V_{D1}| > |V_{D2}|,\ V_0 \text{为正}$$

3. 调频器的静动态调制曲线，鉴频器的 S 曲线。如图 4.6.2 所示：

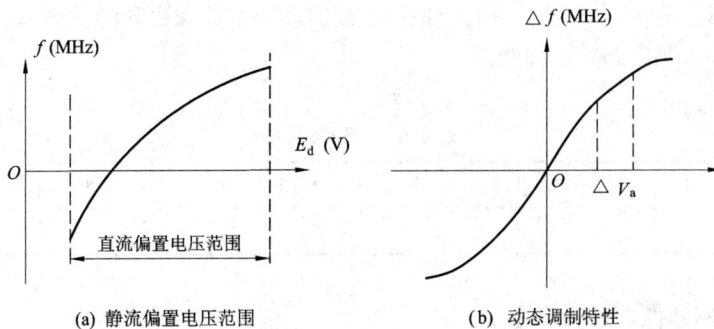

(a) 静流偏置电压范围   (b) 动态调制特性

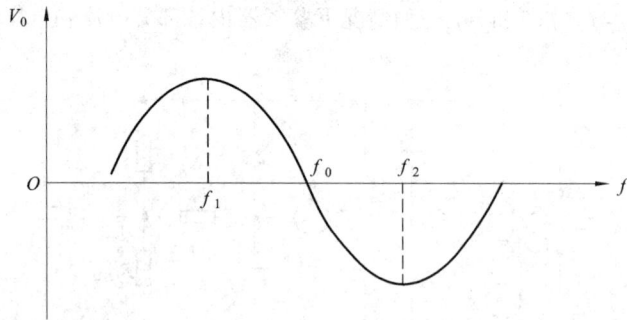

(c)鉴频器s曲线

图 4.6.2　调频鉴频曲线

三、实验电路说明

直接调频器由振荡器、隔离级和射极跟随器三级组成。其中 T_1 与电感 L_2、电容 C_7、C_8、C_D 及变容二极管 D_1 等构成电容反馈式三点振荡电路。其中心频率约为 6.5 MHz。变容管的直流偏置通过电位器 W_1 提供，调节中心抽头 M 点位置，即可改变直流偏置电压 E_d，从而改变频率调制器的中心频率。低频信号由插口 N 输入，通过隔直电容 C_1 和由 L_1、C_2、C_3 组成的 π 网络，加到变容二极管上。

T_2 与其有关元件构成一个放大器，它对调频振荡器具有一定的隔离作用。T_3 是射极跟随器，也起着输出隔离的作用。已调信号由电位器 W_2 的中心抽头输出。

鉴频实验电路由两级中频放大器和一级比例鉴频器组成，三个谐振回路分别由中频变压器 T_{r1}、T_{r2} 和 T_{r3} 及相应的可变电容器组成，回路中心频率均调谐在 6.5 MHz。并联电阻为各回路的阻尼电阻，以扩展回路的通频带，调频信号由 A 端输入，经两级放大后，由中频变压器 T_{r2} 和 T_{r3} 的次级分别输出交变电压 V_1 和 V_2 作为鉴频器的输入信号，鉴频电路为对称型比例鉴频器，检出的低频信号由负载电容的中心点输出。

四、实验内容

1. 静态调制特性 $f=\varphi(E_d)$ 测量。

条件 $C_S=910$ pF，$E_d=4$ V，$f_o=6.5$ MHz。

按表格要求，改变 E_d 的大小，对应地用示波器和频率计观察和测量频率变化情况，将数据填入表格，并绘制静态特性曲线。

表 4.6.1　静态调制

E_d/V	0.5	1	1.5	2	2.5	3	3.5	4	4.5	5	5.5	6	6.5	7
f/MHz														

2. 动态调制特性：$\Delta f=\varphi(V\Omega)$。

条件 $E_d=4$ V，$f_o=6.5$ MHz，$C_S=910$ pF。

这时 N 端输入交流调制信号，$F_\Omega = 10$ MHz，$V_\Omega = 100 \sim 800$ mV，改变调制信号幅度对应调制仪测量调制情况，并用示波器观察调频情况的变化，读出相应的频偏值算出灵敏度。

表 4.6.2　动态调制

V_Ω/V	1	2	3	4
$\Delta f /kHz$				

3. 用扫频仪调测鉴频特性。

将扫频仪输出的扫频信号接于 A 端，扫频仪检测探头接于 C 端，作为频标信号源的高频信号产生器调到 6.5 MHz，调谐可变电容 C_3，使第一级中放工作在 6.5 MHz。

将扫频仪检测波头电缆线换成夹子电缆线接到 F 端，调整鉴频器输入回路电容 C11，使 S 曲线中心过零点（0 点）位置频率为 6.5 MHz，再调整初级回路电容 C10 和电位器 W，使 S 曲线上下对称，描下此时 S 曲线形状，调节信号发生器频率度盘，使频标分别移到两峰点位置，记下两峰点的频率值及其幅值（用格数表示）。

4. 曲线的定量测量。

用高频信号发生器作为信号源，使加于 A 端的电压约为 100 mV，用数字式万用表测量鉴频器输出电压 V_o，依次改变信号频率，逐点记下对应的电压值填表 4.6.3 中。

表 4.6.3　S 曲线测量

f/MHz	6.0	6.1	6.2	6.3	6.4	6.5	6.6	6.7	6.8	6.9	7.0
V/mV											

5. 调频电路、鉴频电路实验板的连接测试。

将工作正常的调频电路实验板和鉴频电路实验板按照下图连接，重新微调鉴频器电路实验板各微调电容，使三个回路均调谐在调频信号的中心频率上，观察下列各组波形：

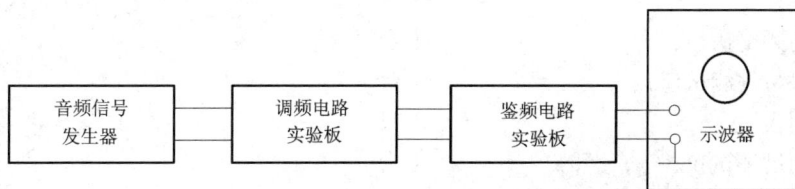

图 4.6.3　频率调制和解调连接示意图

（1）正常工作时，鉴频器 C、D、E、F 点的波形，分别说明它们是什么波形。

（2）鉴频二极管 D_1 断开时输出端 F 点的波形。

（3）次级回路失谐时鉴频器输出端 F 点的波形。

（4）将音频信号发生器调到 $F_\Omega = 2$ kHz，$V_\Omega = 800$ mV，比较鉴频器输出端音频信号和调频输入端调制信号两波形的异同。

五、实验报告

1. 整理数据，绘制各种测得的曲线。

2. 试观察绘制调频、鉴频各点的波形图。

3. 分析有关测得的数据和曲线并与理论相比较作必要的分析和讨论。

六、预习思考题

1. 二极管调频器的工作原理，电路组成及特点。

2. 比例型鉴频器的工作原理，及其主要参数讨论。

3. 熟悉几种仪器、仪表的面板开关及使用方法。

七、复习思考题

1. 与非门鉴相器的主要特点是什么？在线性鉴相范围、其输出电压范围与正弦鉴相器相比有什么差别？由此求得的环路同步带有什么不同？

2. 为什么说鉴相器输出信号波形是稳定的方波，此时是否表明环路锁定？判断环路锁定的方法还有哪些？

3. 切断环路的输入信号，与非门鉴相器仅有来自 V_{co} 的反馈信号、其输出为理想的方波、直流分量为 2.2 V、此时 V_{co} 的频率才是环路的固有振荡频率？

4. 锁相环能否实现无频差，无相差的锁定？为什么？

5. 说明同步带，捕捉带的关系，简述其测试方法？

6. 简述频率计的使用方法，和注意事项。

7. 超高频毫伏表每次在测试前需要进行校准，如何进行校准？

八、实验设备

1. ECS—3 型高频电路实验箱;　　　　　1 台。

2. 双踪示波器;　　　　　　　　　　　1 台。

3. 频率计;　　　　　　　　　　　　　1 台。

4. 超高频毫伏表;　　　　　　　　　　1 台。

5. 频率特性测试仪;　　　　　　　　　1 台。

6. 万用表;　　　　　　　　　　　　　1 只。

7. 调制度测试仪;　　　　　　　　　　1 台。

实验 4.7　锁相调频电路

一、实验目的

1. 进一步了解锁相环路的工作原理及性能特点。

2. 初步熟悉锁相环路及其基本组成的部件性能指标的测试方法。

二、实验原理

1. 锁相环路由鉴相器(Phase Detector)环路滤波器(Loop Fifter)和压控振荡器(Voltage control oscillator)三个基本部分组成。锁相环路实际上是一个相位自动调节系统。锁相环的工作过程可归纳为两种方式,即环路由失锁($\omega_V \neq \omega_R$)进入锁定状态 $\omega_V = \omega_R$ 的捕捉过程,和环路保持锁定状态的同步和跟踪过程。

锁相环锁定和失锁的基本标志是:锁定时 $\omega_R = \omega_V$,$\Delta\omega = 0$ 鉴相器输出一直流电压 V_d 可以用直流电压表测出,也可以用示波器观察。失锁时,$\omega_R \neq \omega_V$ 鉴相器输出一个交变的交流电压,用直流电压表测量时,其 V_d 为零,用示波器观察,则 V_d 为交变的交流信号电压,鉴相器的鉴相灵敏度,V_{CO} 的控制特性,环路滤波器的滤波性能等到参数都对锁相环的性能有很大的影响。

同步过程:起始条件是环路已处于动态平衡中,由于不稳定因素的影响,使 ω_V 产生缓慢漂移时,环路内所发生的使 ω_V 继续锁定在 ω_R 上的过程,同步过程的进行受一定的限制,当起始频差 $\Delta\omega_V$ 达到一定值时,环路是不能再锁定而失锁,这一边界 $\Delta\omega_H$ 称为同步带。

捕捉过程:起始条件是环路失锁,即 $\omega_R \neq \omega_V$ 的情况下,环路由失锁进入锁定时环路内所发生的运动过程。捕捉过程分为快捕和慢捕,通常所指为快捕过程。捕捉带,它是指环路由失锁到进入锁定的两个边界频率之差的 1/2。

2. 实验电路介绍。

实验电路如图 4.7.1 所示:

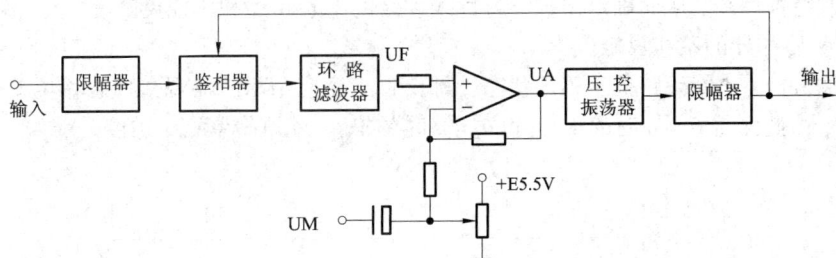

图 4.7.1　锁相环路实验电路方框图

限幅器:对输入的方波信号波形进行整形,消除毛刺、寄生调幅。用 74LS00 与非门来完成。

鉴相器:比较两个信号的相位产生与相位差成下比例的电压、它也利用与非门来完成。(74LS00)74LS00 是二输入端四与非门。

滤波器:选出反映相位差的直流分量去控制 V_{CO},本滤波器为比例滤波器。

放大器:由 LM741 组成的放大器用于变换滤波后的电压,对其进行放大。

V_{CO}:T1、T2、T3 组成的基极定时多谐振荡器,它的振荡频率相位受到控制得以调整输出反馈到鉴相器。

三、实验内容

1. 观察锁相环路的工作过程。

用低频信号发生器产生一频率 $f = 12$ kHz，幅度 $V_i = 2$ V 左右的方波信号加在 f_1 信号输入端，调节 W_1 使环路分别处于锁定和失锁状态，用示波器观察 V_d 的输出信号波形变化情况，用电压表测量 V_A、V_F 观察其变化情况，然后调 W 使环路锁定，改变输入信号频率 $5 \sim 20$ kHz 观察上述变化情况。

2. 测量 V_{co} 的控制特性。

测量控制特性的方框如下图所示：

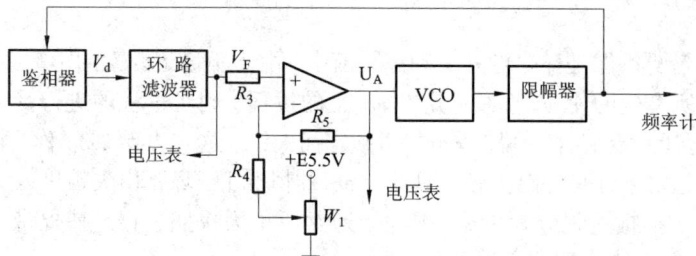

图 4.7.2 V_{co} 控制特性测试方框图

切断信号源，调节 W_1，并相应地用电压表测出 V_A，用频率计观察 V_{co} 的振荡频率，就可测出其控制特性曲线，从而确定出控制特性线性区的中心频率和压控灵敏度。

3. 测量鉴相器的鉴相灵敏度。

接入输入信号，使环路处于锁定状态，调节 W_1，相应用示波器观察稳态相位差 θ_e，用电压表测 V_F，由此测得 $\theta_e = 0$ 时的 V_{Fmin} 和 $\theta_e = \pi$ 时的 V_{Fmax} 就可得鉴相灵敏度。

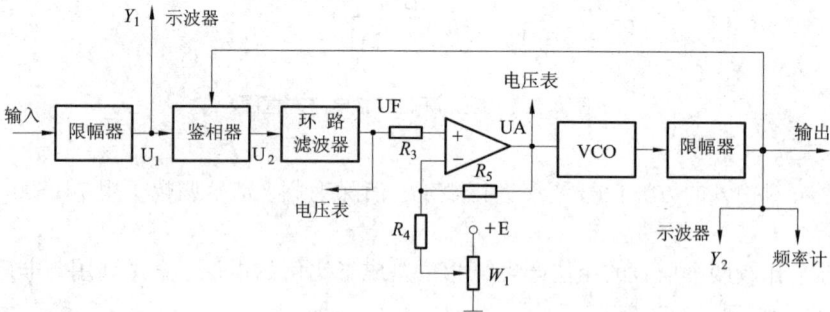

图 4.7.3 鉴相灵敏度、同步带、捕捉带的测试方框图

4. 测量锁相环的同步带。

当输入信号频率在 V_{co} 中心频率附近时，调节 W_1 使环路处于锁定状态，且 $\theta_S = \pi/2$ 然后向增加和减小两方向缓慢改变输入信号频率，直到锁相环失锁（用示波器观察 V_c，或用电压表观察 V_F）就可以确定锁相环的同步带。

5. 测量锁相环的捕捉带。

当环路输入信号频率在 VCO 中心频率附近时，调节 W_1 使环路锁定、且 $\theta_e = \pi/2$，改变输入信号频率（增加减小）使其失锁，然后再改变输入信号频率（与失锁时相反方向改变）使环路重新回到锁定（观察失锁、锁定方法同上）这时对应测出开锁时的输入信号频率、既可以确定捕捉带。

四、实验报告

1. 整理实验的数据和波形、描绘压控特性鉴相特性曲线。

2. 计算运算放大器的 K_A、并根据测量结果计算鉴相灵敏度 K_d 和压控灵敏度 K。据此求出环路的同步带和捕捉带与实验值比较，加以讨论。

五、预习思考题

1. 锁相环的基本工作原理，用法组成。

2. 同步，捕捉过程、以及同步带，捕捉带的概念和测量方法。

3. 环路中各部件的特征研究和测量方法、锁定和失锁的鉴别和判断方法。

六、实验设备

1. ECS—3 型高频电路实验箱；　　　1 台。
2. 双踪示波器；　　　　　　　　　1 台。
3. 信号发生器；　　　　　　　　　1 台。
4. 电子计数式频率计；　　　　　　1 台。

实验 4.8　锁相倍频器

一、实验目的

1. 了解锁相倍频器的工作原理。
2. 掌握锁相倍频器使用方法。

二、实验原理与说明

所谓倍频就是对某一信号频率提升到所需要的频率。如 f_i 的输入频率为 1 MHz，根据实验需要一个 2 MHz 的频率，则可用倍频器来实现。

目前，锁相环得到广泛应用，有相乘倍频器、非线性谐振放大式倍频器、锁相倍频器、为了对锁相环有所了解，本系统用锁相环来实现倍频。模拟锁相环工作频率可达到 50 MHz。

倍频器原理：

用高频信号加至倍频器输入端 f_i，调节输入信号频率使之与本振自由振荡频率相同，对压控振荡器的输出信号进行分频（2 分频）分频后的信号输入至相位比较器的另一个输入端，分频后的高频信号相位与 f_i 输入端的相位不同，二个输入信号的相位差变化带来了相位比较器输出的变化，通过简单的积分电路（滤波器）就可得到随相位差变化的电压，而这一电压的变化，加到压控振荡器的输入端，使压控振荡器的振荡频率随之改变。

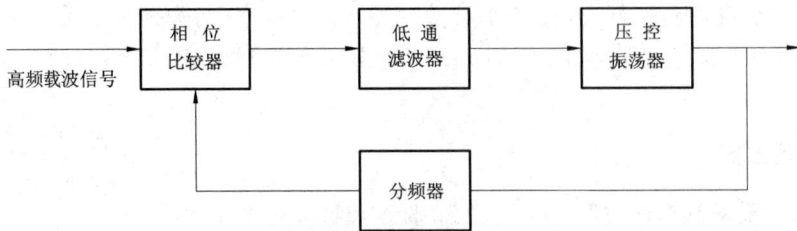

高频载波信号 → 相位比较器 → 低通滤波器 → 压控振荡器 →

分频器

图 4.8.1 锁相倍频器方框图

三、测试方法

这里介绍如何测量自由振荡频率和倍频频率的测量。

1. 自由振荡频率的测量。

f_i 端不加信号，用万用表测量 14 端的直流电压应为 $1/2V_{DD} = 2.5$ V，然后用示波器观察 9 脚的波形应为一个方波。由示波器测量其周期可换算出自由振荡频率 f_o。

2. 倍频器的测量。

用双踪示波器观察二个信号的相位。一路接高频输入信号 f_i 端，一路接相位比较器的一个输入端(该输入端信号经二分频后输出)，观察二个信号的相位差。

用频率计测量 f_i 端高频输入信号频率，测量 f_v 的倍频输出的频率，测量 3 端的倍频输出后再分频的频率。以验证倍频器是否正确。

四、实验内容

调节实验箱 5~12 V 组至 5 V，接至实验板。

1. U_i 端不加信号，用万用表测量 9 端的直流电压应为 $1/2 V_{DD} = 2.5$ V，然后用示波器观察 9 脚的波形应为一个方波。由示波器测量其周期可换算出自由振荡频率 f_o。

2. 相位差的测试。

用双踪示波器一路接高频输入 f_i 端，一路接相位比较器的另一个输入端 A，(将高频输出信号二分频后的输出信号)比较二信号的相位。

3. 倍频的测试。

用频率计测量 f_i 端的频率，再测量 f_v 端的频率，比较二个信号是否为倍频关系。

五、实验板图

实验板图参照实验箱。

六、预习要求与思考题

1. 复习倍频器及锁相环的工作原理。

2. 认真阅读本实验指导书。

3. 思考以下思考题。

(1)采用锁相环倍频时，哪些因素影响倍频的精度？

（2）10 倍频、100 倍频时怎样连接？

七、实验设备

1. ECS—3 型高频实验箱；
2. 双踪示波器；
3. 万用表。

实验 4.9 调幅发射机

一、实验目的

1. 弄清无线电通信原理。
2. 熟悉调幅广播和超外差接收的方框图。
3. 学会小功率发射机的安装与调试技术。
4. 提高综合实验能力。

二、实验原理

图 4.9.1 是一个调幅广播与接收的电路。其特点是电路简单、取材方便、调试容易、实验效果良好。可用来作调幅广播与接收、无线电话等多项实验。该电路由低频振荡（低频放大）、高频振荡及调制发射三部分电路组成。其中晶体管 T_1 及其外围元件构成 RC 移相振荡器。$f_L = 1/(2\pi\sqrt{6}RC) = 1$ kHz，输出的信号作为低频调制信号。当插头插入插口 CK 后，RC 振荡器变为低频放大器，可由外部输入音频信号经放大后作为低频调制信号。R_W、C_5 构成交流负反馈网络，调节 R_W 可连续地改变交流负反馈的强度，从而改变了放大器的增益，因此改变了输出的低频振荡信号或音频信号的幅度，所以 R_W 称为幅度调节电位器。变压器 T_{r1} 可采用收音机中低放电路的输入变压器。晶体管 T_2 及其外围元件构成电容三点式振荡器，该电路输出的高频等幅

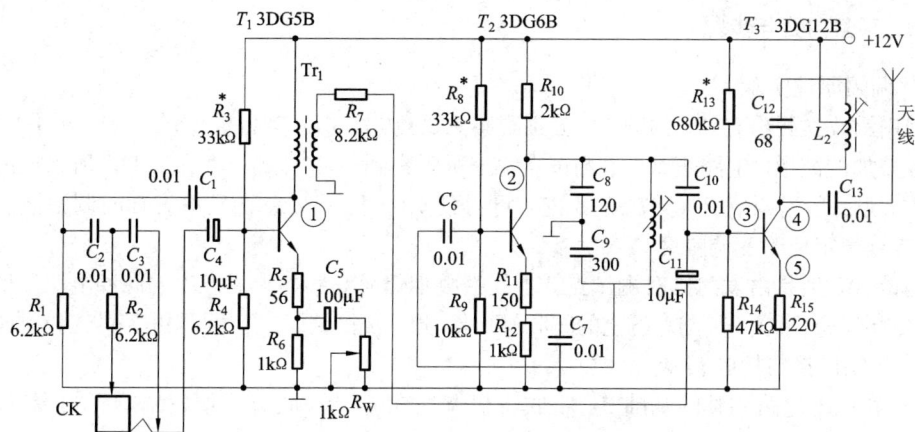

图 4.9.1 调幅发射机电路

正弦信号，作为高频载波 f_H。电感 L_1 采用 TTL-3 中周的初级线圈。

晶体管 T_3 及其外围元件构成调制发射电路。由于硅管发射结的门限电压高，为提高调制灵敏度和减小调制失真，给 T_3 的发射结加上了适当的正向偏压(0.4~0.5 V)，使其工作状态接近于乙类。

当低频调制信号 f_L 和高频载波 f_H 同时加到 T_3 的基极上时，由于发射结的非线性，使输出电流中除了基波分量 f_L 和 F_H 外，还产生了一系列谐波分量，包括差频分量(f_H-f_L)及和频分量(f_H+f_L)。将 T_3 的集电极负载 LC 回路调谐在载波频率 f_H 上，因 LC 回路的选频作用，该回路便产了由 f_H、(f_H-f_L)、(f_H+f_L)所组成的调幅信号。调幅信号由天线发射出去。电感 L_2 采用 TTL-3 中周的初级线圈。

三、设计制作步骤

1. 自制电路板一块(工艺自己设计)。

2. 电路的安装。

3. 检查、处理元件。

4. 按线路图 4.9.1 焊好。

5. 电路的调整：

(1)检查电路的安装有无错误；

(2)接通电源，调整电阻 R_3，使 $I_{C1}=2$ mA。将示波器接在测试点①(T_1 的集电极)上，电路常时可显示出 $f_L=1$ kHz 的正弦波。若无正弦波出现，需调节 R_W 提高放大器的增益，以使电路起振。调节 R_W，观察振荡波形幅度的连续变化，其峰-峰值电压最大可达 10 V 左右。

(3)断开电容 C_6，调整调整电阻 R_6，使 $I_{C2}=0.6~0.8$ mA。

(4)接上 C_6，将示波器接到测试点②，(T_2 的集电极)上，电路正常时可显示出 $f=750$ kHz、V_{p-p} 达 10 V 以上的正弦波。调节 L_1 的磁芯可微调 f_H；若较大范围地改变 f_H，需改变 C_8、C_9。

(5)调整 R_{13}，使 $V_{B3}=0.4~0.5$ V。

四、实验内容与步骤

1. 调幅原理实验。

利用示波器测出 f_L、f_H 的频率，分别观察测试点③、④、⑤上的波形。测试点③上为 f_L、f_H 线性叠加的波形；电路正常时，测试点④上可观察到由 f_H、(f_H-f_L)、(f_H+f_L)所组成的调幅信号的波形，适当调节 R_W 及 L_2 的磁芯，可得到 V_{p-p} 达 20 V 左右且不失真的调幅波。调节 R_W 可连续稳定地改变调幅度。

测试点⑤上是由发射结对测试点③上线性叠加倍号高频整流后产生的脉冲电压波形。

将测试点①、②、③、④、⑤上的波形画下来，根据测试结果，简述调幅电路的工作原理。

2. 调幅广播与接收实验。

(1)在以上电路调整的基础上，将收音机调谐在 f_H 上，收音机便发出响亮的音频叫声，然后不断拉开距离，估计发射距离。

(2)将插头插入插口 CK，低频振荡器变为低频放大器，以处于放音状态的录音机作为信号源，将其输出的音乐信号送入低频放大器，放大后作为低频调制信号。适当调节录音机的音量旋钮及调幅度调节电位器 R_W，使调幅度为 30%~40%，收音机在几十米以外可接收到调幅信号并发出宏亮、悦耳的音乐声，音质不亚于广播电台。当话筒插头插入 CK 后，可进行无线电广播讲话实验。

3. 无线电话实验。

将甲、乙两台发射机选择不同的载波频率〈为避免相互干扰，可使两者载波频率之差大些，并将甲、乙两部收音机分别调谐在对应的甲、乙发射机的载波频率上。

对讲时，将话筒插入 CK 端，若灵敏度不够可将 R_W 调到增益最大的一端，若仍嫌不足，可在电阻 R_5 上并联一个几卡微法的电解电容。然后将发射机、收音机甲乙为一组，拉开距离，可进行效果良好的无线电话实验。

五、仪器设备

1. 示波器一台；
2. 直流稳压电源一台；
3. 超外差收音机一部；
4. 录音机一部；
5. 万用表一块。

六、实验报告

1. 整理实验过程。
2. 画出调幅广播和超外差接收的方框图，简述其作原理。
3. 根据实验记录，写出实验报告。

实验 4.10 调频发射机

一、实验目的

1. 掌握调频发射机的基本构成。
2. 了解三极管结电容调频原理。
3. 掌握调频小功率发射机的安装与调试技术。

二、实验原理

小功率调频发射机主要由调制信号产生电路、载波产生电路、调频波产生电路三部分构成，其电路原理图如图 4.10.1 所示。

1. 调制信号产生电路。

话筒 BM，电容 C_1，电阻 R_1、R_2、R_3、R_4 和三极管 T_1 组成语音基本放大电路，产生调制信号。驻极体话筒通过 R_1 提供工作电源后，可以将话音转换成音频信号，音频信号经过耦合电容 C_1 传到三极管 T_1 的基极，实现音频信号的放大，从而获得所需要的功率，以便对高频载波进行调制。

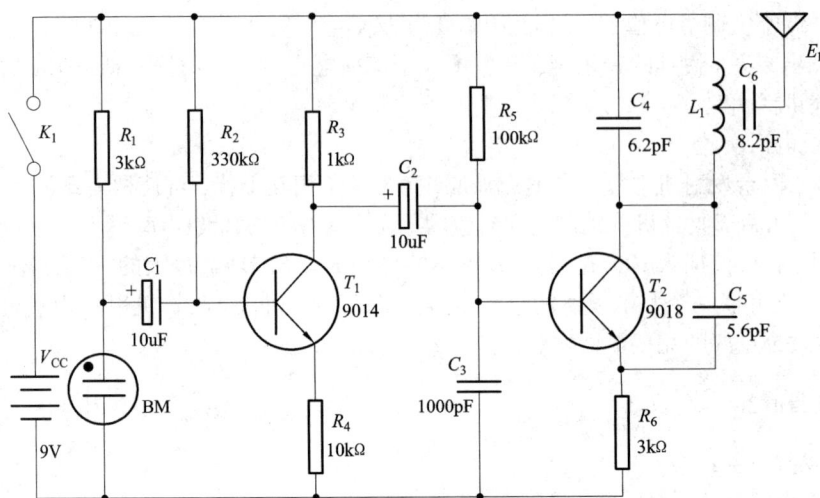

图 4.10.1　小功率调频发射机的原理电路图

2. 载波产生电路。

晶体三极管在高频线性应用时，三极管的结电容 C_{be} 的作用不可忽略。三极管 T_2、电感 L_1、结电容 C_{be}、电容 C_4、电容 C_5 组成了改进型电容三点式高频振荡电路，产生载波信号。载波的频率主要由电感 L、结电容 C_{be}、电容 C_4，电容 C_5 决定。

3. 调频波产生电路。

用放大后的调制信号去控制 T_2 的结电容 C_{be}，实现对载波频率的控制，使得载波的频率随着音频信号的改变而改变，从而实现调频。调频信号通过电容 C_6 传送到发射天线，向外发射 100 MHz 左右的调频电磁波。

三、实验内容及步骤

1. 元件的选择与制作。

所有电阻均选可用 1/32w 以上的金属膜电阻。电容 C_3、C_4、C_5、C_6 可选用高频陶瓷电容，电容 C_1、C_2 可选用耐压 6.3 V 以上的电解电容。三极管 T_1 选用 2SC9014 常用小功率三极管，其特征频率 $f_T \geq 100$ kHz，$\beta \geq 100$；三极管 T_2 选用 2SC9018 高频三极管，其特征频率 $f_T \geq 1000$ kHz，$\beta \geq 100$。话筒 BM 选用驻极体微型话筒，开关 K 选用微型按键开关，电源可选用 9 V 层叠电池。

电感 L：用 ϕ0.51 mm 的漆包线在 ϕ5 mm 的圆棒上平绕 7 匝，脱胎形成。找准第 3 匝与第 4 匝的中心位置，用砂皮磨掉上面的漆，以便稍后方便地焊接上电容 C_6。

天线，可选用 ϕ0.05 mm×5 的多股软胶线或拉杆天线。由公式 $\lambda = C/f$，可求出调频波的波长 λ 等于 3 m。当发射天线的长度与波长可相比拟时，发射信号的效率较高。这里可选四分之一波长天线，长度约为 0.75 m 即可。

元件选择的关键：欲想使调频发射机的发射频率为 100 kHz，其关键元件电感 L、电容 C_4、电容 C_5。必须确保标称容量值与设计值一致。电感值同样必须准确。因此，漆包线的直径，所绕线圈的直径，绕制匝数都须精确。

2. 印制板的设计与制作。

根据电路原理图设计印制板。印制板的设计可灵活多样。除了确保电路连接正确外，板子尺寸、元件排布也要合适。尺寸过大，电路分布参数的影响会加大；尺寸过小，元件与元件之间会相互影响。

焊接时要注意以下几点：

因驻极体话筒正常工作时需要直流电压，所以其外壳相连的一极必须接地，不可搞错。

焊接时，应尽量使元件贴近印制板；焊接后将所有元件引脚剪短，从而减轻分布参数的干扰。

3. 电路调试。

（1）静态工作点的调试。

为保证发射机工作正常，三极管 T_1，T_2 的静态工作点（Q 点）要合适。实际工作时，T_1，T_2 的 Q 值应在设计值附近。但由于所购元件的参数值具有较大分散性，要对 T_1，T_2 的 Q 点进行调试。

调试方法：将一个 $510\,\text{k}\Omega$ 的电位器置换 R_2 电阻。调整电位器，测量 R_4 两端电压为 $5\,\text{V}$，此时即 $I_{CQ1} = 0.5\,\text{mA}$。记下此时电位器的阻值 R_x。再将一固定电阻 $R_2^* = R_x$ 取代电位器 R_x 即可。

$I_{CQ2} = 1.6\,\text{mA}$，R6 两端电压约为 $5\,\text{V}$，因晶体管参数相差较大，如果电路不振，可适当减小 R_6 的电阻，但要使 I_{CQ2} 在 $1.6\,\text{mA}$ 附近。

（2）检测发射信号。

对着话筒讲话，用调频收音机接听信号。若能听到类似噪声的咝咝声，则表明发射信号存在。若无，则电路连接或调试有误，必须进行检查。

（3）接听话音。

一人对着话筒讲话，另一人在数米外用调频收音机在 $88 \sim 108\,\text{MHz}$ 的频率范围内仔细搜索信号。可用手改变线圈的疏密程度，调整线圈的电感量，使发射频率接近于接收频率。当接听到较清晰的话音，便用热熔胶将电感线圈固定好。

4. 外包装的制作。

可自己动手设计并制作外包装，为了减小频率漂移，电路可采用金属屏蔽包装。

四、实验报告

1. 画出调频发射机的方框图，简述其工作原理。
2. 根据实验记录，写出调试报告。

五、复习思考题

1. 如何提高中心频率的稳定度，减小频率漂移，谈谈自己的改进方法及设计方案。
2. 如何提高发射功率，谈谈自己的想法。

六、实验设备

1. 万用表；　　　　　　1台。
2. 双踪示波器；　　　　1台。
3. 调频收音机；　　　　1台。

第五章　信号与系统实验

实验 5.1　基本运算单元

一、实验目的

1. 熟悉由运算放大器为核心元件组成的基本运算单元。
2. 掌握基本运算单元特性的测试方法。

二、实验仪器与设备

1. 信号与系统实验箱 THKSS-A 型或 THKSS-B 型或 THKSS-C 型。
2. 双踪示波器。
3. 函数信号发生器。

三、实验原理

1. 运算放大器。

运算放大器实际就是高增益直流放大器,当它与反馈网络连接后,就可实现对输入信号的求和、积分、微分、比例放大等多种数学运算,运算放大器因此而得名。运算放大器的电路符号如图 5.1.1 所示。它具有两个输入端和一个输出端:当信号从"−"端输入时,输出信号与输入信号反相,故"−"端称为反相输入端;而从"+"端输入时,输出信号与输入信号同相,故称"+"端为同相输入端。运算放大器有以下的特点:

图 5.1.1　运算放大器电路符号

(1)高增益。

运算放大器的电压放大倍数用下式表示:

$$A = \frac{u_0}{u_- - u_+} \tag{5.1.1}$$

式中,u_0 为运放的输出电压;u_+ 为"+"输入端对地电压;u_- 为"−"输入端对地电压。不加反馈(开环)时,直流电压放大倍数高达 $10^4 \sim 10^6$。

(2)高输入阻抗。

运算放大器的输入阻抗一般在 $10^6 \sim 10^{11} \Omega$ 范围内。

(3)低输出阻抗。

运算放大器的输出阻抗一般为几十到一二百欧姆。当它工作于深度负反馈状态,则其闭环输出阻抗将更小。

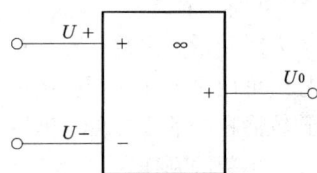

为使电路的分析简化起见，人们常把上述的特性理想化，即认为运算放大器的电压放大倍数和输入阻抗均为无穷大，输出阻抗为零。据此得出下面两个结论：

①由于输入阻抗为无穷大，因而运放的输入电流等于零。

②基于运放的电压放大倍数为无穷大，输出电压为一有限值，由式(5.1.1)可知，差动输入电压$(u_+ - u_-)$趋于零值，即$u_+ = u_-$。

2. 基本运算单元。

在对系统模拟中，常用的基本运算单元有加法器、比例运算器、积分器和微分器四种，现简述如下：

（1）加法器。

图5.1.2为加法器的电路原理图。基于运算放大器的输入电流为零，则由图5.1.2得

$$i_p = \frac{-u_-}{R/3} = \frac{-3u_-}{R}$$

$$u_0 = u_- - i_p R_F = 4u_-$$

$$u_- = \frac{1}{4}u_0 \qquad (5.1.2)$$

同理得：

$$\frac{u_+}{R} = \frac{u_1 - u_+}{R} + \frac{u_2 - u_+}{R} + \frac{u_3 - u_+}{R}$$

由上式求得：

$$u_+ = \frac{u_1 + u_2 + u_3}{4} \qquad (5.1.3)$$

因为 $\qquad u_- = u_+$

所以 $\qquad\qquad u_o = u_1 + u_2 + u_3 \qquad\qquad (5.1.4)$

即运算放大器的输出电压等于输入电压的代数和。

（2）比例运算器。

①反相运算器。

图5.1.3为反相运算器的电路图。由于放大器的"+"端和"−"端均无输入电流，所以$u_+ = u_- = 0$，图中的A点为"虚地"，于是得

$$i_F = i_r$$

即 $\qquad \frac{-u_0}{R_F} = \frac{u_i}{R_r} \Rightarrow \frac{-u_0}{u_i} = \frac{R_F}{R_r} = K \qquad (5.1.5)$

式中$K = R_F/R_r$，"−"号表示输出电压与输入电压反相，故称这种运算器为反相运算器。当$R_F = R_r$时，$K = 1$，式(5.1.5)变为$u_0 = -u_1$，这就是人们常用的反相器。图5.1.3中的电阻R_P用来保证外部电路平衡对称，以补偿运放本身偏置电流及其温度漂移的影响，它的取值一般为$R_P = R_r // R_F$。

②同相运算器。

这种运算器的线路如图5.1.4所示。由该电路图得

$$u_- = u_+ = u_i \qquad i_r = \frac{u_i}{R_r} \qquad i_F = -\frac{u_0 - u_i}{R_F}$$

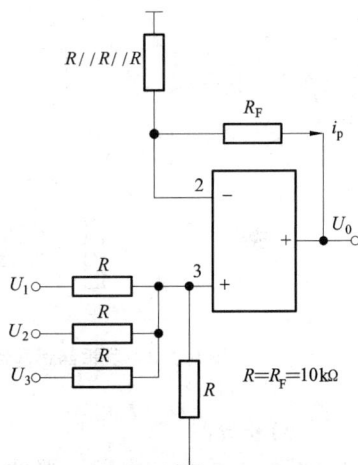

图 5.1.2 加法器

$R // R // R$

R_F

$R = R_F = 10\text{k}\Omega$

由于 $i_r = i_F$，则有

$$\frac{-u_i}{R_r} = \frac{-u_0 + u_i}{R_F}$$

$$U_0 = \left(1 + \frac{R_F}{R_r}\right)u_i = Ku_i \tag{5.1.6}$$

式中 $K = \left(1 + \dfrac{R_F}{R_r}\right) \geqslant 1$

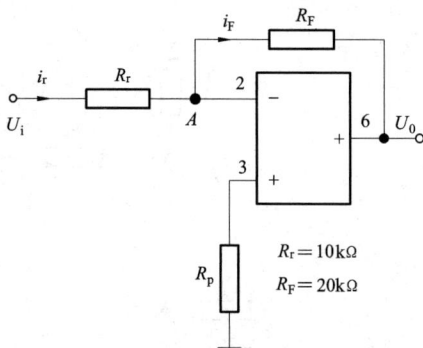

$R_r = 10\text{k}\Omega$
$R_F = 20\text{k}\Omega$

图 5.1.3 反相器运算器

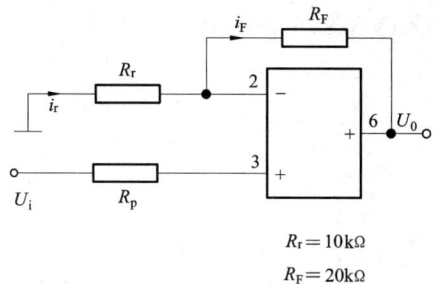

$R_r = 10\text{k}\Omega$
$R_F = 20\text{k}\Omega$

图 5.1.4 同相运算器

（3）积分器。

图 5.1.5 为基本积分器的电路图，由该图得

$$i_r = \frac{u_i}{R_F}$$

$$u_o = -u_c = -\frac{1}{c}\int i_F \mathrm{d}t = -\frac{1}{R_F C}\int u_i \mathrm{d}t \tag{5.1.7}$$

若令 $\tau = R_F C$，则上式改写为

$$u_o = -\frac{1}{\tau}\int u_i \mathrm{d}t \tag{5.1.8}$$

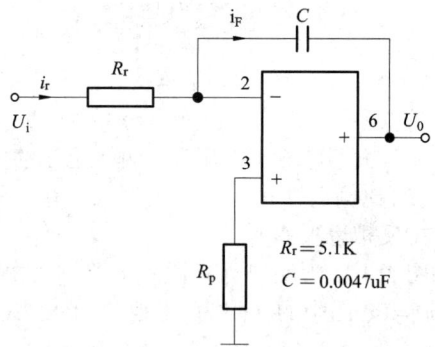

$R_r = 5.1\text{K}$
$C = 0.0047\text{uF}$

图 5.1.5 积分器

式（5.1.8）表示积分器的输出电压 u_0 是与其输入电压 u_i 的积分成正比，但输出电压与输入电压反相。

如果积分器输入回路的数目多于 1 个，这种积分器称为求和积分器，它的电路图如图 5.1.6 所示。用类同于一个输入的积分器输出推导方法，求得该积分器的输出为

$$u_o = -\int\left(\frac{u_1}{R_1 C} + \frac{u_2}{R_2 C} + \frac{u_3}{R_3 C}\right)\mathrm{d}t \tag{5.1.9}$$

如果 $R_1 = R_2 = R_3 = R$，则

$$u_o = -\frac{1}{RC}\int(u_1 + u_2 + u_3)\mathrm{d}t \tag{5.1.10}$$

（4）微分器。

图 5.1.7 为微分器的电路图。由图得

$$i_r = c \frac{\mathrm{d}u_i}{\mathrm{d}t}, \quad i_F = -\frac{u_0}{R_F}$$

因为 $i_r = i_F$，所以有

$$c \frac{\mathrm{d}u_i}{\mathrm{d}t} = -\frac{u_o}{R_F}, \quad -u_0 = R_F c \frac{\mathrm{d}u_i}{\mathrm{d}t} = K \frac{\mathrm{d}u_i}{\mathrm{d}t} \tag{5.1.11}$$

式中 $K = R_F C$。

可见微分器的输出 u_0 是与其输入 u_i 的微分成正比，且反相。

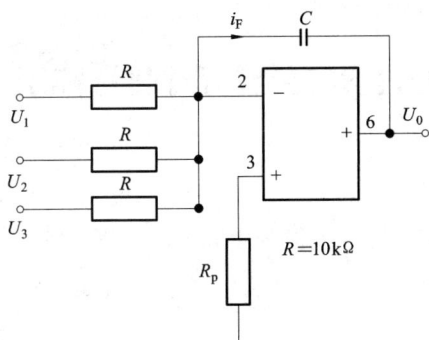

图 5.1.6 求和积分器

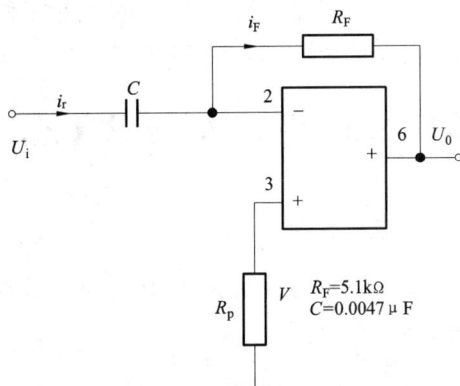

图 5.1.7 微分器

四、实验内容与步骤

1. 在本实验箱自由布线区设计加法器、比例运算器、积分器、微分器四种基本运算单元模拟电路。

2. 测试基本运算单元特性。

（1）加法器。

线路如图 5.1.2 所示。输入信号 u_1 为 $f = 1$ kHz、$V_{p-p} = 2$ V 的正弦波，u_2 为 $f = 1$ kHz、$V_{p-p} = 3$ V 的正弦波，$u_3 = 0$（用导线与地短路）。用示波器观察 u_1、u_2、u_o 波形，记录之。

（2）比例运算器。

线路如图 5.1.3 所示。$R_r = 10$ kΩ，$R_F = 20$ kΩ，输入信号采用 1 kHz 方波，用示波器观察和测量输入、输出信号波形，并由测量结果计算 K 值。

（3）积分器。

线路如图 5.1.5 所示。$C = 0.0047$ μF，$R_r = 5.1$ kΩ。当 u_i 为方波（$f = 1$ kHz，$V_{p-p} = 4$ V）时，用示波器观测输出 u_0 的波形，改变输入方波信号的频率使方波的脉宽 t_p 与电路时间常数 τ 满足下列三种关系，即 $\tau = t_p$，$\tau \gg t_p$，$\tau \ll t_p$ 分别观测输入输出信号的波形，并记录之。

（4）微分器。

线路如图 5.1.7 所示。$C = 0.0047$ μF，$R_F = 5.1$ kΩ。改变输入方波 u_i 的频率，至满足 $\tau = t_p$，$\tau \gg t_p$，$\tau \ll t_p$ 三种关系时，分别观测输入输出信号波形并记录之。

五、思考题

（1）如果积分器输入信号是方波，如何测量积分时间常数？

（2）在实验中，为保证不损坏运算放大器，操作上应注意哪些问题？

（3）满足积分电路和微分电路的条件是什么？所列的实验电路和所选的实验参数值能满足条件吗？

（4）以方波作为激励信号，试问积分和微分电路的输出波形是什么？

六、实验报告

（1）导出四种基本运算单元的传递函数。

（2）绘制加法、比例、积分、微分四种运算单元的输入、输出波形。

实验 5.2 观测 50 Hz 非正弦周期信号分解与合成（用同时分析法）

一、实验目的

1. 用同时分析法观测 50 Hz 非正弦周期信号的频谱，并与其傅里叶级数各项的频率与系数作比较。

2. 观测基波和其谐波的合成。

二、实验仪器与设备

1. 信号与系统实验箱：THKSS-A 型或 THKSS-B 型或 THKSS-C 型。

2. 双踪示波器。

3. 函数信号发生器。

三、实验原理

1. 一个非正弦周期函数可以用一系列频率成整数倍的正弦函数来表示，其中与非正弦周期函数具有相同频率的成分称为基波或一次谐波，其他成分则根据其频率为基波频率的 2、3、4、…、n 等倍数分别称二次、三次、四次、…、n 次谐波，其幅度将随谐波次数的增加而减小，直至无穷小。

2. 不同频率的谐波可以合成一个非正弦周期波，反过来，一个非正弦周期波也可以分解为无限个不同频率的谐波成分。

3. 一个非正弦周期函数可用傅里叶级数来表示，级数各项系数之间的关系可用一个频谱来表示，不同的非正弦周期函数具有不同的频谱图，方波频谱图如图 5.2.1 表示，各种不同

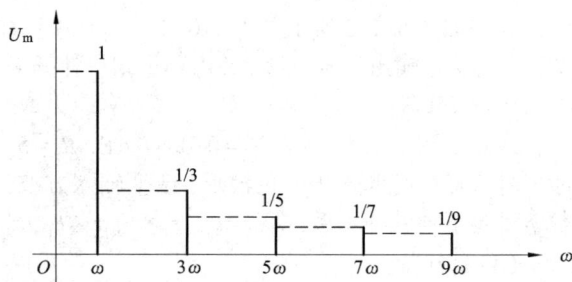

图 5.2.1 方波频谱图

波形的非正弦周期函数见图 5.2.2，各自的傅氏级数表达式：

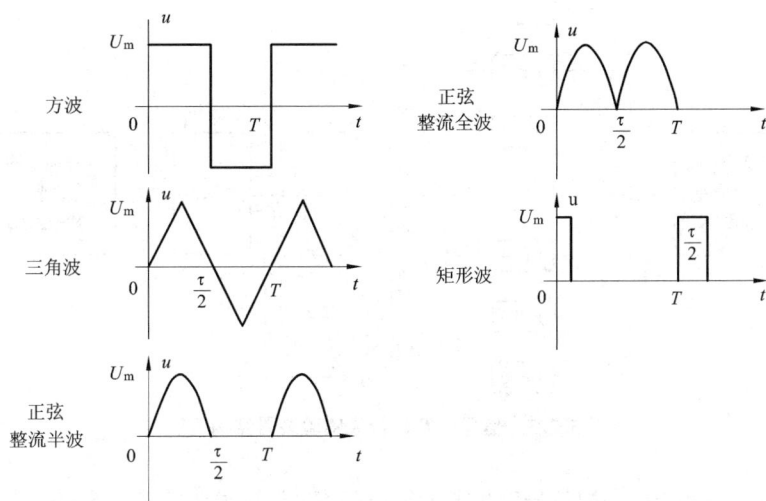

图 5.2.2　各种不同波形的非正弦周期函数

1. 方波。

$$u(t) = \frac{4u_m}{\pi}(\sin\omega t + \frac{1}{3}\sin3\omega t + \frac{1}{5}\sin5\omega t + \frac{1}{7}\sin7\omega t + \cdots)$$

2. 三角波。

$$u(t) = \frac{8U_m}{\pi^2}(\sin\omega t - \frac{1}{9}\sin3\omega t + \frac{1}{25}\sin5\omega t + \cdots)$$

3. 半波。

$$u(t) = \frac{2U_m}{\pi}(\frac{1}{2} + \frac{\pi}{4}\cos\omega t - \frac{1}{3}\cos2\omega t - \frac{1}{15}\cos4\omega t + \cdots)$$

4. 全波。

$$u(t) = \frac{4U_m}{\pi}(\frac{1}{2} - \frac{1}{3}\cos2\omega t - \frac{1}{15}\cos4\omega t - \frac{1}{35}\cos6\omega t + \cdots)$$

5. 矩形波。

$$u(t) = \frac{\tau U_m}{T} + \frac{2U_m}{\pi}(\sin\frac{\tau\pi}{T}\cos\omega t + \frac{1}{2}\sin\frac{2\tau\pi}{T}\cos2\omega t + \frac{1}{3}\sin\frac{3\tau\pi}{T}\cos3\omega t + \cdots)$$

实验装置的结构如图 5.2.3 所示，图中 LPF 为低通滤波器，可分解出非正弦周期函数的直流分量。$BPF_1 \sim BPF_6$ 为调谐在基波和各次谐波上的带通滤波器，加法器用于信号的合成。

四、预习要求

在做实验前必须认真复习教材中关于周期性信号傅里叶级数分解的有关内容。

五、实验内容及步骤

1. 调节函数信号发生器，使其输出 50 Hz 的方波信号，并将其接至信号分解实验模块

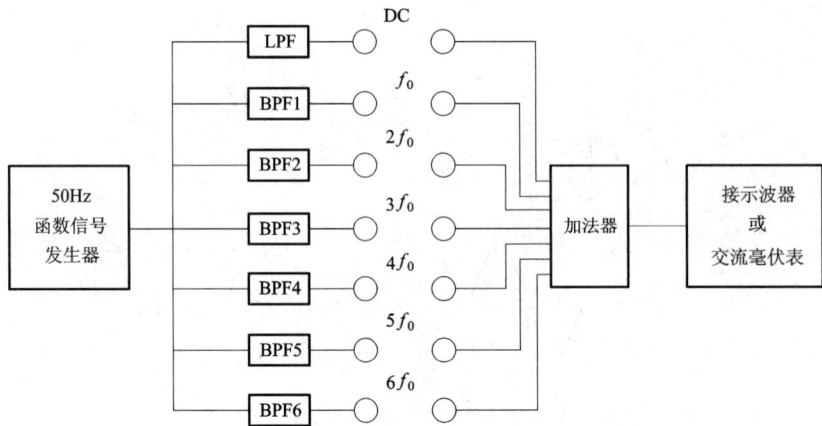

图 5.2.3   信号分解与合成实验装置结构框图

BPF 的输入端，然后细调函数信号发生器的输出频率，使该模块的基波 50 Hz 成分 BPF 的输出幅度为最大。

2. 将各带通滤波器的输出分别接至示波器，观测基波及各次谐波的频率和幅值，并列表记录之。

3. 将 50 Hz 单相正弦半波、全波、矩形波和三角波输出信号接至 50HZ 电信号分解与合成模块输入端、各带通滤波器的输出分别接至示波器，观测基波及各次谐波的频率和幅值，并记录之。

4. 将方波分解所得的基波和三次谐波分量接至加法器的相应输入端，观测加法器的输出波形，并记录之。

5. 在步骤 4 的基础上，再将五次谐波分量加到加法器的输入端，观测相加后的波形，记录之。

6. 将 50 Hz 单相正弦半波、全波、矩形波、三角波的基波和谐波分量接至加法器的相应的输入端，观测求和器的输出波形，并记录之。

六、思考题

1. 什么样的周期性函数没有直流分量和余弦项。

2. 分析理论合成的波形与实验观测到的合成波形之间误差产生的原因。

七、实验报告

1. 根据实验测量所得的数据，绘出 50 Hz 方波、三角波、半波、全波和矩形波的幅度频谱图。

2. 根据实验测量所得的数据，在同一坐标上绘出 50 Hz 方波信号的理论幅度频谱和实验实际测量的幅度频谱图，并比较之。

3. 将所得方波信号的基波和三次谐波及其合成波形一同绘制在同一坐标纸上。

4. 将所得方波信号的基波、三次谐波、五次谐波及三者合成的波形一同绘画在同一坐标纸上。

实验 5.3 无源和有源滤波器

一、实验目的

1. 了解 RC 无源和有源滤波器的种类、基本结构及其特性。
2. 分析和对比无源和有源滤波器的滤波特性。

二、实验仪器与设备

1. 信号与系统实验箱 THKSS-A 型或 THKSS-B 型或 THKSS-C 型。
2. 双踪示波器。
3. 函数信号发生器。

三、实验原理

1. 滤波器是对输入信号的频率具有选择性的一个二端口网络，它允许某些频率（通常是某个频带范围）的信号通过，而其他频率的信号受到衰减或抑制，这些网络可以由 RLC 元件或 RC 元件构成的无源滤波器，也可以由 RC 元件和有源器件构成的有源滤波器。根据幅频特性所表示的通过或阻止信号频率范围的不同，滤波器可分为低通滤波器(LPF)、高通滤波器(HPF)、带通滤波器(BPF)和带阻滤波器(BEF)四种。把能够通过的信号频率范围定义为通带，把阻止通过或衰减的信号频率范围定义为阻带。而通带与阻带的分界点的频率 ω_c 称为截止频率或称转折频率。图 5.3.1 中的 $|H(j\omega)|$ 为通带的电压放大倍数，ω_0 为中心频率，ω_{cL} 和 ω_{cH} 分别为低端和高端截止频率。

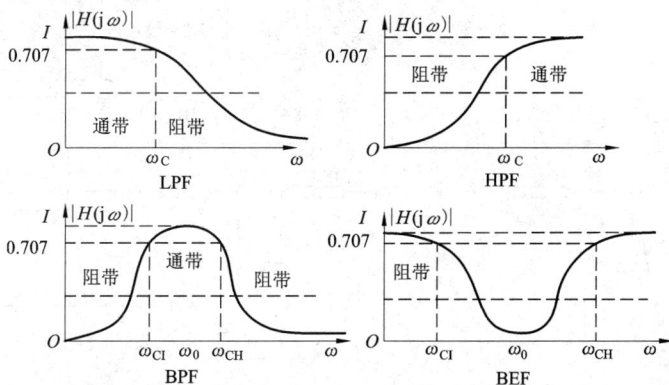

图 5.3.1 四种滤波器的滤波特性

2. 四种滤波器的实验线路如图 5.3.2 所示。
3. 图 5.3.3 所示滤波器的频率特性 $H(j\omega)$（又称为传递函数），它用下式表示

$$H(j\omega) = \frac{\dot{u}_2}{\dot{u}_1} = A(\omega) \angle \theta(\omega) \tag{5.3.1}$$

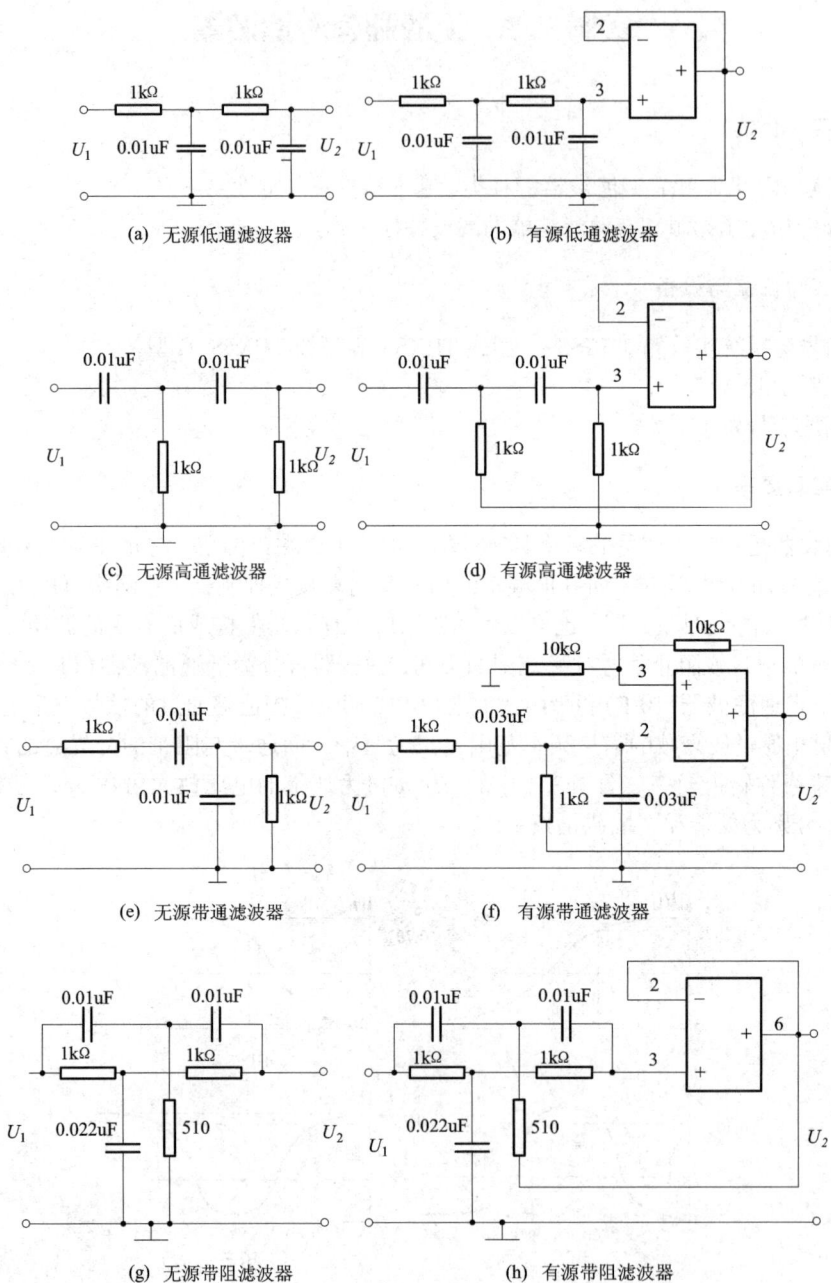

(a) 无源低通滤波器　　　　(b) 有源低通滤波器

(c) 无源高通滤波器　　　　(d) 有源高通滤波器

(e) 无源带通滤波器　　　　(f) 有源带通滤波器

(g) 无源带阻滤波器　　　　(h) 有源带阻滤波器

图 5.3.2　各种滤波器的实验线路图

式中 $A(\omega)$ 为滤波器的幅频特性，$\theta(\omega)$ 为滤波器的相频特性。它们都可以通过实验的方法来测量。

图 5.3.3 滤波器

四、预习要求

1. 为使实验能顺利进行，做到心中有数，课前对教材的相关内容和实验原理、目的与要求、步骤和方法要作充分的预习(并预期实验的结果)。

2. 推导各类无源和有源滤波器的频率特性，并据此分别画出滤波器的幅频特性曲线。

3. 在方波激励下，预测各类滤波器的响应情况。

五、实验内容及步骤

1. 滤波器的输入端接正弦信号发生器，滤波器的输出端接示波器。

2. 测试无源和有源低通滤波器的幅频特性。

(1)测试 RC 无源低通滤波器的幅频特性。

实验电路如图 5.3.2(a)所示。

实验时，必须在保持正弦波信号输入电压(U_1)幅值不变的情况下，逐渐改变其频率，用实验箱提供的数字式真有效值交流电压表(10 Hz<f<1 kHz)，测量 RC 滤波器输出端电压 U_2 的幅值，并把所测的数据记录于表 5.3.1。注意每当改变信号源频率时，都必须观测一下输入信号 U_1 使之保持不变。实验时应接入双踪示波器，分别观测输入 U_1 和输出 U_2 的波形(注意：在整个实验过程中应保持 U_1 恒定不变)。

表 5.3.1 RC 无源低通滤波器的幅频特性测试结果

F/Hz		$\omega_0 = 1/RC(\text{rad/s})$	$f_o = \omega_0/2\pi/Hz$
U_1/V			
U_2/V			

(2)测试 RC 有源低通滤波器的幅频特性。

实验电路如图 5.3.2(b)所示。

取 $R = 1\ k\Omega$、$C = 0.01\ uF$、放大系数 $K = 1$。测试方法用(1)中相同的方法进行实验操作，并将实验数据记入表 5.3.2 中。

表 5.3.2 RC 有源低通滤波器的幅频特性测试结果

F/Hz		$\omega_0 = 1/RC(\text{rad/s})$	$f_o = \omega_0/2\pi/Hz$
U_1/V			
U_2/V			

3. 分别测试无源、有源 HPF、BPF、BEF 的幅频特性。

（实验步骤、数据记录表格及实验内容，自行拟定。）

4. 研究各滤波器对方波信号或其他非正弦信号输入的响应（选做，实验步骤自拟）。

六、思考题

1. 在有源高通滤波器的测试中，当频率增加到一定的时候反而 V_2 的幅值会下降，试分析这种现象。

2. 试推导本实验中无源和有源低通滤波器的传递函数。

3. 试比较有源滤波器和无源滤波器各自的优缺点。

4. 各类滤波器参数的改变，对滤波器特性有何影响。

七、注意事项

1. 在实验测量过程中，必须始终保持正弦波信号源的输出（即滤波器的输入）电压 U_1 幅值不变，且输入信号幅度不宜过大。

2. 在进行有源滤波器实验时，输出端不可短路，以免损坏运算放大器。

八、实验报告

1. 根据实验测量所得的数据，在数据处理栏中描点作出 8 种滤波器的幅度频谱特性曲线，并标注出各自的截止频率，高、低端截止频率，中心频率及各滤波器的类型。

2. 比较分析各类无源和有源滤波器的滤波特性。

3. 分析在方波信号激励下，滤波器的响应情况（选做）。

4. 写出本实验的心得体会及意见。

『注』：本次实验内容较多，根据情况可分两次进行。

实验 5.4　二阶网络函数的模拟

一、实验目的

1. 了解二阶网络函数的电路模型。

2. 研究系统参数变化对响应的影响。

3. 用基本运算器模拟系统的微分方程和传递函数。

二、实验仪器与设备

1. 信号与系统实验箱 THKSS-A 型或 THKSS-B 型或 THKSS-C 型。

2. 双踪示波器。

3. 函数信号发生器。

三、实验原理

1. 微分方程的一般形式为：

$$y^{(n)} + a_{n-1} y^{(n-1)} + \cdots + a_0 y = x$$

其中 x 为激励，y 为响应，$y^{(n)}$ 表示 n 阶导数。模拟系统微分方程的规则是将微分方程输出函数的最高阶导数保留在等式左边。把其余各项一起移到等式右边，这个最高阶导数作为第一积分器输入，以后每经过一个积分器，输出函数导数就降低一阶，直到输出 y 为止，各个阶数降低了的导数及输出函数分别通过各自的比例运算器再送至第一个积分器前面的求和器，与输入函数 x 相加，则该模拟装置的输入和输出所表征的方程与被模拟的实际微分方程完全相同。图 5.4.1 与图 5.4.2 分别为一阶微分方程的模拟框图和二阶微分方程的模拟框图。

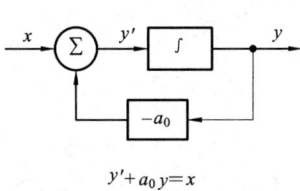

$$y' + a_0 y = x$$

图 5.4.1 一阶系统的模拟

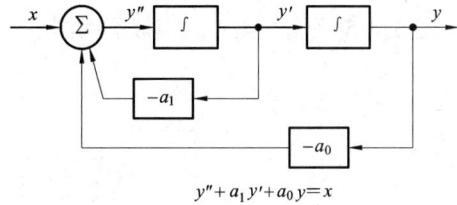

$$y'' + a_1 y' + a_0 y = x$$

图 5.4.2 二阶系统的模拟

2. 网络函数的一般形式为：

$$H(s) = \frac{Y(s)}{F(s)} = \frac{a_0 s^n + a_1 s^{n-1} + \cdots + a_n}{s^n + b_1 s^{n-1} + \cdots + b_n}$$

或写作：

$$H(s) = \frac{a_0 + a_1 s^{-1} + \cdots + a_n s^{-n}}{1 + b_1 s^{-1} + \cdots + b_n s^{-n}} = \frac{P(s)^{-1}}{Q(s^{-1})} = \frac{Y(s)}{F(s)}$$

则有

$$Y(s) = P(s^{-1}) \cdot \frac{1}{Q(s^{-1})} F(s)$$

令

$$X = \frac{1}{Q(s^{-1})} F(s)$$

得

$$\begin{cases} F(s) = Q(s^{-1}) X = X + b_1 X s^{-1} + b_2 X s^{-2} + \cdots + b_n X s^{-n} \\ Y(s) = P(s^{-1}) X = a_0 X + a_1 X s^{-1} + a_2 X s^{-2} + \cdots + a_n X s^{-n} \end{cases}$$

因而

$$X = F(s) - b_1 X s^{-1} - b_2 X s^{-2} - \cdots - b_n X s^{-n}$$

根据上式，可画出图 5.4.3 所示的模拟方框图，图中 S^{-1} 表示积分器

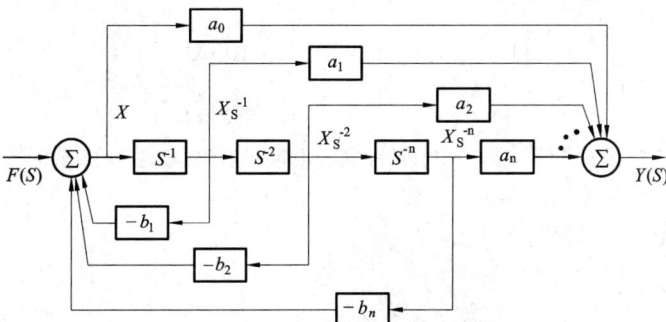

图 5.4.3 网络函数的模拟

图 5.4.4 为二阶网络函数的模拟方框图, 由该图求得下列三种传递函数, 即

$$\frac{v_1(s)}{v_i(s)} = H_1(s) = \frac{1}{s^2 + b_1 s + b_2} \quad 低通函数$$

$$\frac{v_b(s)}{v_i(s)} = H_b(s) = \frac{-s}{s^2 + b_1 s + b_2} \quad 带通函数$$

$$\frac{v_h(s)}{v_i(s)} = H_h(s) = \frac{s^2}{s^2 + b_1 s + b_2} \quad 高通函数$$

图 5.4.5 为图 5.4.4 的模拟电路图。

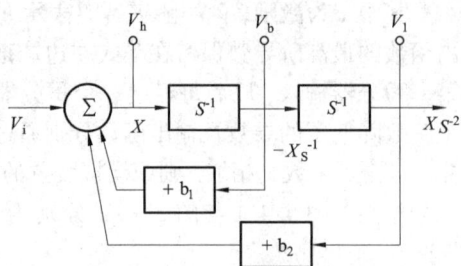

图 5.4.4　二阶网络函数的模拟

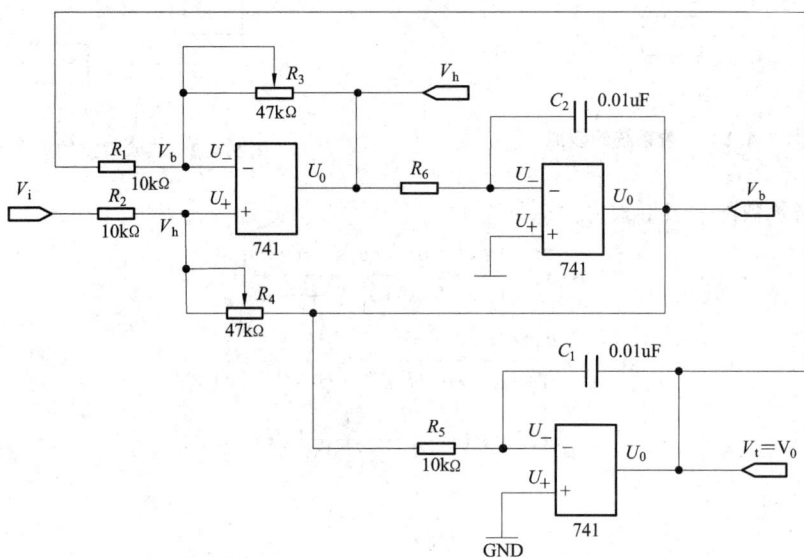

图 5.4.5　二阶网络函数的模拟

由该模拟电路得:

$$\begin{cases} \left(\dfrac{1}{R_2} + \dfrac{1}{R_4}\right) V_B - \dfrac{1}{R_2} V_i - \dfrac{1}{R_4} V_b = 0 & R_1 = 10 \text{ k}\Omega \\[3mm] \left(\dfrac{1}{R_1} + \dfrac{1}{R_3}\right) V_A - \dfrac{1}{R_1} V_t - \dfrac{1}{R_3} V_h = 0 & R_2 = 10 \text{ k}\Omega \\[3mm] V_A = V_B & R_3 = 30 \text{ k}\Omega, \ R_4 = 30 \text{ k}\Omega \end{cases}$$

只要适当地选择模拟装置相关元件的参数, 就能使模拟方程和实际系统的微分方程完全相同。

取 $R_3 = R_4 = 30$ kΩ, 则有:

① $V_t = V_i + \dfrac{1}{3} V_b - \dfrac{1}{3} V_h$

② $V_t = -\displaystyle\int \dfrac{1}{R_5 C_1} V_b \mathrm{d}t = -10^4 V_b$　　所以 $V_b = -10^{-4} V_t$

③ $V_b = -\int \frac{1}{R_5 C_2} V_b \mathrm{d}t = -10^{-4} V_h$　所以 $V_h = -10^{-4} V_b = 10^{-8} V_t$

④ $V_i = V_t - \frac{1}{3} V_b + \frac{1}{3} V_h = V_t + \frac{10^{-4}}{3} V_t + \frac{10^{-8}}{3} V_t$

四、实验内容及步骤

1. 写出实验电路的微分方程，并求解之。

2. 若用 THKSS－C 型信号与系统实验箱，则在本实验装置中的自由布线区，设计图 5.4.5 的电路图。

3. 将正弦波信号接入电路的接入端，调节 R_3、R_4、V_i，用示波器观察各测试点的波形，并记录之。

4. 将方波信号接入电路的输入端，调节 R_3、R_4、V_i，用示波器观察各测试点的波形，并记录之。

五、实验报告要求

1. 画出实验中观察到的各种波形。对经过基本运算器前后波形的对比，分析参数变化对运算器输出波形的影响。

2. 绘制二阶高通、带通、低通网络函数的模拟电路的频率特性曲线。

3. 归纳和总结用基本运算单元求解二阶网络函数的模拟方程的要点。

4. 实验的收获体会。

实验 5.5　系统时域响应的模拟解

一、实验目的

1. 掌握求解系统时域响应的模拟解。
2. 研究系统参数变化对响应的影响。

二、实验仪器与设备

1. 信号与系统实验箱：THKSS－A 型，THKSS－B 型或 THKSS－C 型。
2. 双踪示波器。

三、实验原理

1. 为了求解系统的响应，需建立系统的微分方程，通常实际系统的微分方程可能是一个高阶方程或者是一个一阶的微分方程组，它们的求解都很费时间甚至是很困难的。由于描述各种不同系统(如电系统、机械系统)的微分方程有着惊人的相似之处，因而可以用电系统来模拟各种非电系统，并能获得该实际系统响应的模拟解。系统微分方程的解(输出的瞬态响应)，通过示波器将它显示出来。

下面以二阶系统为例，说明二阶常微分方程模拟解的求法。式(5.5.1)为二阶非齐次微分方程,式中 y 为系统的被控制量, x 为系统的输入量。图 5.5.1 为式(5.5.1)的模拟电路图。

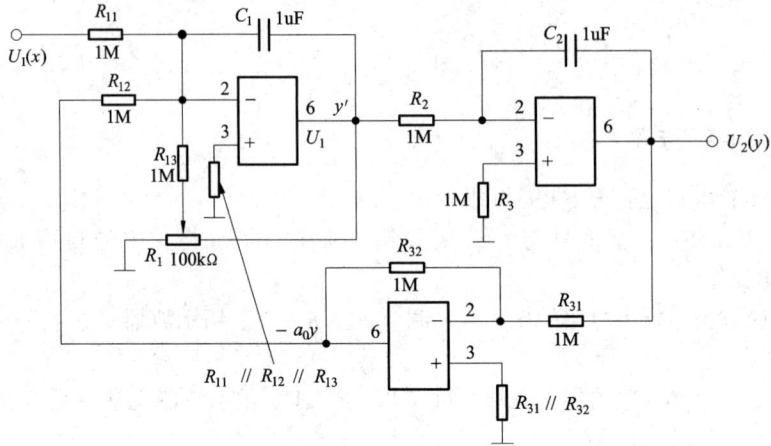

图 5.5.1　二阶系统的模拟电路

$$y'' + a_1 y' + a_0 y = x \tag{5.5.1}$$

令

$$K_{12} = \frac{1}{R_{12}C_1} \quad K_{11} = \frac{1}{R_{11}C_1} \quad K_2 = \frac{1}{R_2 C_2} \quad K_{13} = \frac{1}{R_{13}C_1}$$

由该模拟电路得:

$$u_1 = -\int \left(\frac{1}{R_{11}C_1} u_i + \frac{1}{R_{12}C_1} u_2 + \frac{1}{R_{13}C_1} u_1 \right) dt$$

$$= -\int (K_{11} u_i + K_{12} u_2 + K_{13} u_1) dt$$

$$u_2 = -\int \frac{1}{R_2 C_2} u_1 dt = -\int K_2 u_1 dt \Rightarrow u_1 = -\frac{1}{K_2} \frac{du_2}{dt}$$

$$u_3 = -\frac{R_{32}}{R_{31}} u_2 = -K_3 u_2$$

上述三式经整理后为:

$$\frac{du_2^2}{dt^2} + K_{13} \frac{du_2}{dt} + K_{12} K_2 K_3 u_2 = K_{11} K_2 u_i \tag{5.5.2}$$

式(5.5.2)与式(5.5.1)相比得:

$$\begin{cases} K_{13} = a_1 \\ K_{12} K_2 K_3 = a_0 \\ K_{11} K_2 = b \end{cases}$$

一物理系统如实验图 5.5.3,摩擦系数 $\mu = 0.2$,弹簧的倔强系数(或弹簧刚度)$k = 100$ N/m,物体质量 $M = 1$ kg,令物体离开静止位置的距离为 y,且 $y(0) = 1$ cm,列出 y 变化的方程式(提示:用 $F = ma$ 列方程),显然,只要适当地选取模拟装置的元件参数,就能使模拟方程和实际系统的微分方程完全相同。若令式 5.5.1 中的 $x = 0$, $a_1 = 0.2$,则式(5.5.1)改写为

$$\frac{dy^2}{dt^2} + 0.2\frac{dy}{dt} + y = 0 \tag{5.5.3}$$

式中 y 表示位移，在式（5.5.2）中只要输入 $u_i = 0$ 就能实现（将 R_{11} 接地），并令 $k_{13} = 0.2$，$k_{12}k_2k_3 = 1$ 即可。可选 $C_1 = 1\,\mu F$、$R_{13} = R_{12} = R_{11} = 1\,M\Omega$。并在 R_{13} 之前加一分压电位器 R_W 可使系数等于 0.2，且 $K_2 = K_{12} = K_3 = 1$。

2. 模拟量比例尺的确定，考虑到实际系统响应的变化范围可能很大，持续时间也可能很长，运算放大器输出电压在 ±10 伏之间变化。积分时间受 RC 元件数值的限制也不可能太大，因此要合理地选择变量的比例尺度 M_y 和时间比例尺度 M_t，使得

$$U_0 = M_y y$$
$$t_m = M_t t \tag{5.5.3}$$

式中 y 和 t 为实际系统方程中的变量和时间，U_0 和 t_m 为模拟方程中的变量和时间。对方程（5.5.3），如选 $M_y = 10\,V/cm$、$M_t = 1$，则模拟解的 10 V 代表位移 1 cm，模拟解的时间与实际时间相同。如选 $M_t = 10$，则表示模拟解第 10 秒相当于实际时间的 1 秒。

3. 我们知道求解二阶的微分方程时，需要了解系统的初始状态 $y(0)$ 和 $y'(0)$。同样，在求二阶微分方程的模拟解时，也需假设二个初始条件，如设方程（5.5.3）的初始条件为：

$$y(0) = 1\,cm$$
$$y'(0) = 0$$

按选定的比例尺度可知，$U_2(0) = M_y \cdot y(0) = 10\,V$，$V_1(0) = M_y \cdot y'(0) = 0\,V$。它们分别对应于图 5.5.1 中二个积分器的电容 C_2 充电到 10 V，C_1 保持 0 V。初始电压的建立如图 5.5.2 所示。

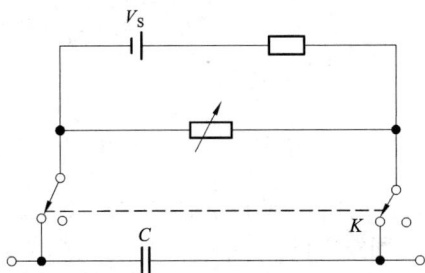

图 5.5.2 初始电压的建立   图 5.5.3 物理系统示意图

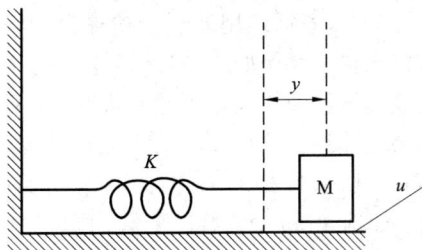

四、实验内容及步骤

1. 在本实验箱中的自由布线区设计实验电路。

2. 利用电容充电，建立方程的初始条件。

3. 观察模拟装置的响应波形，即模拟方程的解。按照比例尺度可以得到实际系统的响应。

4. 改变电位器 R_W 和 R_4 与 R_3 的比值，以及初始电压的大小和极性，观察响应的变化。

5. 模拟系统的零状态响应（即 R_{11} 不接地，而初始状态都为零），在 R_{11} 处输入阶跃信号，观察其响应。

五、报告要求

1. 绘出所观察到的各种模拟响应的波形，并将零输入响应与微分方程的计算结果相比较。

2. 归纳和总结用基本运算单元求解系统时域响应的要点。

实验 5.6　二阶网络状态轨迹的显示

一、实验目的

1. 观察 R-L-C 网络在不同阻尼比 ξ 值时的状态轨迹。
2. 熟悉状态轨迹与相应瞬态响应性能间的关系。
3. 掌握同时观察两个无公共接地端电信号的方法。

二、实验仪器与设备

1. 信号与系统实验箱 THKSS-A 型或 THKSS-B 型或 THKSS-C 型。
2. 双踪示波器。
3. 函数信号发生器。

三、实验原理

1. 任何变化的物理过程在每一时刻所处的"状态"，都可以概括地用若干个被称为"状态变量"的物理量来描述。例如一辆汽车可以用它在不同时刻的速度和位移来描述它所处的状态。对于电路或控制系统，同样可以用状态变量来表征。例如图 5.6.1 所示的 R-L-C 电路，基于电路中有二个储能元件，因此该电路独立的状态变量有二个，如选 u_c 和 i_L 为状态变量，则根据该电路的下列回路方程

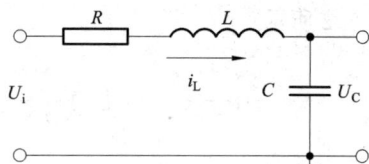

图 5.6.1　R-L-C 电路

$$i_L R + L \frac{\mathrm{d}i_L}{\mathrm{d}t} + u_c = u_i \qquad (5.6.1)$$

求得相应的状态方程为

$$u_c' = \frac{1}{c} i_L$$

$$i_L' = -\frac{1}{L} u_c - \frac{R}{L} i_L + \frac{1}{L} u_i \qquad (5.6.2)$$

不难看出，当已知电路的激励电压 u_i 和初始条件 $i_L(t_0)$、$u_c(t_0)$，就可以唯一地确定 $t \geq t_0$ 时，该电路的电流和电容两端的电压 u_c。

"状态变量"的定义是能描述系统动态行为的一组相互独立的变量，这组变量的元素称为"状态变量"。由状态变量为分量组成的空间称为状态空间。如果已知 t_0 时刻的初始状态 $x(t_0)$，在输入量 u 的作用下，随着时间的推移，状态向量 $x(t)$ 的端点将连续地变化，从而在

状态空间中形成一条轨迹线,叫状态轨迹。一个 n 阶系统,只能有 n 个状态变量,不能多也不可少。

为便于用双踪示波器直接观察到网络的状态轨迹,本实验仅研究二阶网络,它的状态轨迹可在二维状态平面上表示。

2. 不同阻尼比 ξ 时,二阶网络的相轨迹。

将 $i_L = c\dfrac{\mathrm{d}u_c}{\mathrm{d}t}$ 代入式(5.6.1)中,得

$$LC\frac{\mathrm{d}^2u_c}{\mathrm{d}t^2}+RC\frac{\mathrm{d}u_c}{\mathrm{d}t}+u_c=u_i$$

$$\frac{\mathrm{d}^2u_c}{\mathrm{d}t^2}+\frac{R}{L}\frac{\mathrm{d}u_c}{\mathrm{d}t}+\frac{1}{LC}u_c=\frac{1}{LC}u_i \tag{5.6.3}$$

二阶网络标准化形成的微分方程为

$$\frac{\mathrm{d}^2u_c}{\mathrm{d}t^2}+2\xi w_n\frac{\mathrm{d}u_c}{\mathrm{d}t}+w_n^2u_c=w_n^2u_i \tag{5.6.4}$$

比较式(5.6.3)和式(5.6.4),得

$$w_n=\frac{1}{\sqrt{LC}},\ \xi=\frac{R}{L}\sqrt{\frac{C}{L}} \tag{5.6.5}$$

由式(5.6.5)可知,改变 R、L 和 C,使电路分别处于 $\xi=0$、$0<\xi<1$ 和 $\xi>1$ 三种状态。根据式(5.6.2),可直接解得 $u_c(t)$ 和 $i_L(t)$。如果以 t 为参变量,求出 $i_L=f(u_c)$ 的关系,并把这个关系,画在 u_c-i_L 平面上。显然,后者同样能描述电路的运动情况。图5.6.2、图5.6.3 和图5.6.4 分别画出了过阻尼、欠阻尼和无阻尼三种情况下,$i_L(t)$、$u_c(t)$ 与 t 的曲线以及 u_c 与 i_L 的状态轨迹。

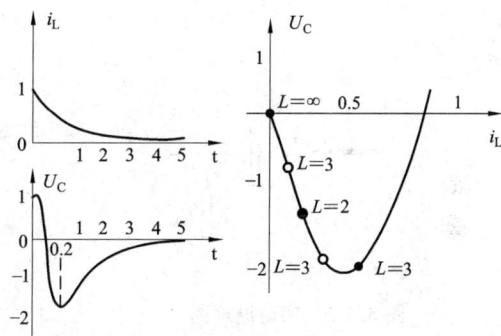

图 5.6.2　RLC 电路在 $\xi>1$(过阻尼)时的状态轨迹

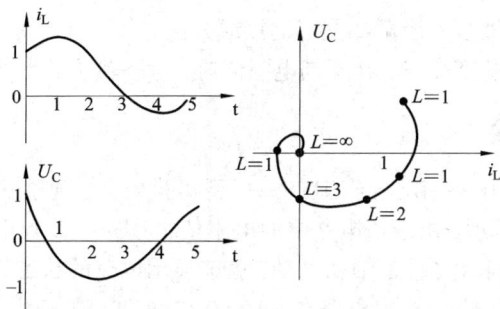

图 5.6.3　RLC 电路在 $0<\xi<1$ 时(欠阻尼)时的状态轨迹

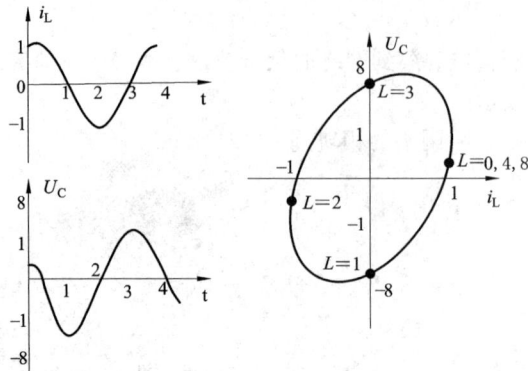

图 5.6.4   RLC 电路在 $\xi = 0$ 时(无阻尼)的状态轨迹

实验原理线路如图 5.6.5 所示，U_R 与 U_L 成正比，只要将 U_R 和 U_c 加到示波器的两个输入端，其李萨如图形即为该电路的状态轨迹，但示波器的两个输入有一个共地端，而图 5.6.5 的 U_R 与 U_c 连接取得一个共地端，因此必须将 U_c 通过如图 5.6.6 的减法器，将双端输入变为与 U_R 一个公共端的单端输出。这样，电容两端的电压 U_R 和 U_c 有一个公共接地端，从而能正确地观察该电路的状态轨迹。

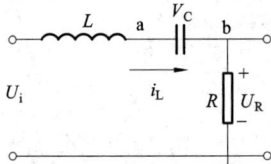

图 5.6.5   实验原理图

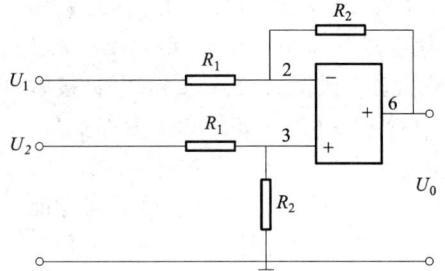

图 5.6.6   减法器

四、预习要求

1. 熟悉用双踪示波器显示李萨如图形的接线方法。
2. 确定实验网络的状态变量，在不同电阻值时，状态轨迹的形状是否相同。

五、实验内容及步骤

1. 在 THKSS-A、THKSS-B 型与 THKSS-C 型实验箱中，观察状态轨迹是采用了一种简易的方法，如图 5.6.7 所示，由于该电路中的电阻值很小，在 X 点电压仍表现为容性，因此电容两端的电压分别引到示波器 X 轴和 Y 轴，就能显示电路的状态轨迹。

2. 调节电阻(或电位器)，观察电路在 $\xi = 0$，$0 < \xi < 1$ 和 $\xi > 1$ 三种情况下的状态轨迹。

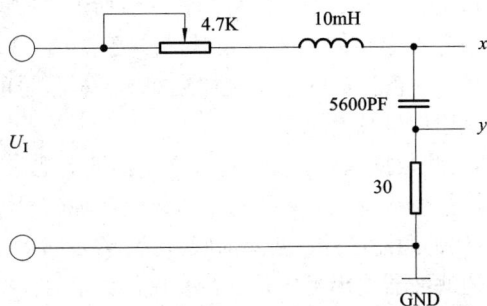

图 5.6.7 实验线路图

六、思考题

为什么状态轨迹能表征系统(网络)瞬态响应的特征?

七、实验报告

绘制由实验观察到的 $\xi=0$, $\xi>1$ 和 $0<\xi<1$ 三种情况下的状态轨迹,并加以分析、归纳与总结。

实验 5.7 抽样定理

一、实验目的

1. 了解电信号的采样方法与过程以及信号恢复的方法。
2. 验证抽样定理。

二、实验仪器与设备

1. 信号与系统实验箱 THKSS-A 型或 THKSS-B 型或 THKSS-C 型。
2. 双踪示波器。
3. 函数信号发生器。

三、实验原理

1. 离散时间信号可以从离散信号源获得,也可以从连续时间信号抽样而得。抽样信号 $f_s(t)$ 可以看成连续信号 $f(t)$ 和一组开关函数 $S(t)$ 的乘积。$S(t)$ 是一组周期性窄脉冲,见实验图 5.7.1,T_s 称为抽样周期,其倒数 $f_s=1/T_s$ 称抽样频率。

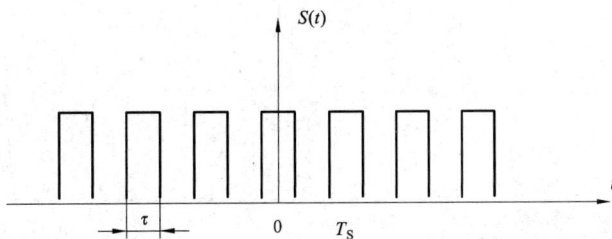

图 5.7.1 矩形抽样脉冲

对抽样信号进行傅里叶分析可知,抽样信号的频率包括了原连续信号以及无限个经过平移的原信号频率。平移的频率等于抽样频率 f_S 及其谐波频率 $2f_S$、$3f_S$、…。当抽样信号是周期性窄脉冲时,平移后的频率幅度按 $(\sin x)/x$ 规律衰减。抽样信号的频谱是原信号频谱的周期延拓,它占有的频带要比原信号频谱宽得多。

2. 正如测得了足够的实验数据以后,我们可以在坐标纸上把一系列数据点连起来,得到一条光滑的曲线一样,抽样信号在一定条件下也可以恢复到原信号。只要用一截止频率等于原信号频谱中最高频率 f_m 的低通滤波器,滤除高频分量,经滤波后得到的信号包含了原信号频谱的全部内容,故在低通滤波器输出可以得到恢复后的原信号。

3. 但原信号得以恢复的条件是 $f_S \geqslant 2B$,其中 f_S 为抽样频率,B 为原信号占有的频带宽度。而 $f_{min} = 2B$ 为最低抽样频率又称"奈奎斯特抽样率"。当 $f_S < 2B$ 时,抽样信号的频谱会发生混迭,从发生混迭后的频谱中我们无法用低通滤波器获得原信号频谱的全部内容。在实际使用中,仅包含有限频率的信号是极少的,因此即使 $f_S = 2B$,恢复后的信号失真还是难免的。图5.7.2画出了当抽样频率 $f_S > 2B$(不混叠时)及 $f_S < 2B$(混叠时)两种情况下冲激抽样信号的频谱。

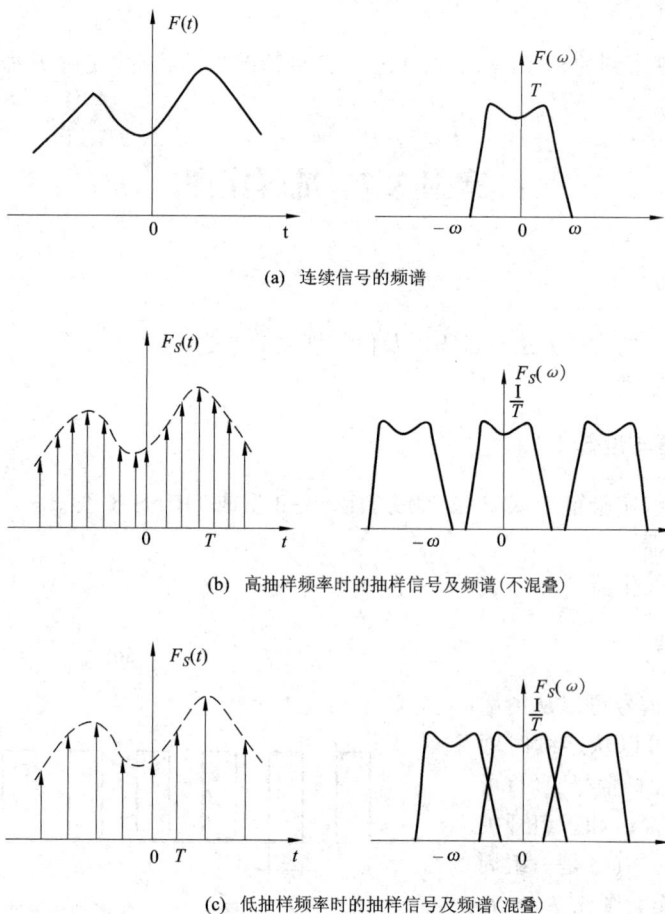

(a) 连续信号的频谱

(b) 高抽样频率时的抽样信号及频谱(不混叠)

(c) 低抽样频率时的抽样信号及频谱(混叠)

图5.7.2 冲激抽样信号的频谱

实验中选用 $f_s < 2B$、$f_s = 2B$、$f_s > 2B$ 三种抽样频率对连续信号进行抽样，以验证抽样定理——要使信号采样后能不失真地还原，抽样频率 f_s 必须大于信号频谱中最高频率的两倍。

4. 为了实现对连续信号的抽样和抽样信号的复原，可用实验原理框图 5.7.3 的方案。除选用足够高的抽样频率外，常采用前置低通滤波器来防止原信号频谱过宽而造成抽样后信号频谱的混迭，但这也会造成失真。如实验选用的信号频带较窄，则可不设前置低通滤波器。本实验就是如此。

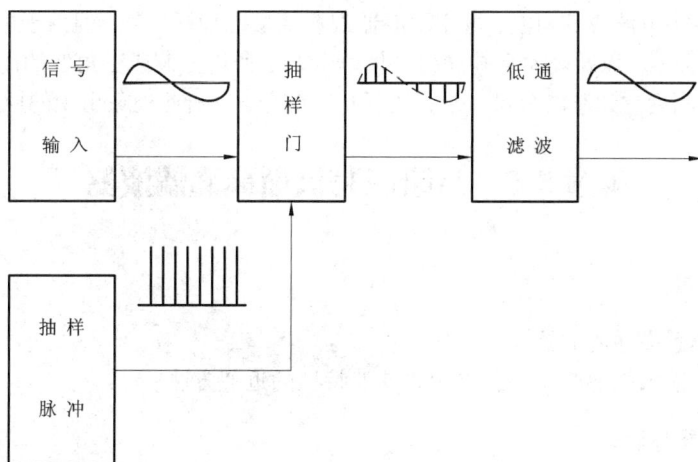

图 5.7.3 抽样定理实验方框图

四、预习要求

1. 若连续时间信号为 50 Hz 的正弦波，开关函数为 $T_s = 0.5$ ms 的窄脉冲，试求抽样后信号 $f_s(t)$。

2. 设计一个二阶 RC 低通滤波器，截止频率为 5 kHz。

3. 若连续时间信号取频率为 200～300 Hz 的正弦波，计算其有效的频带宽度。该信号经频率为 f_s 的周期脉冲抽样后，若希望通过低通滤波后的信号失真较小，则抽样频率和低通滤波器的截止频率应取多大，试设计一满足上述要求的低通滤波器。

五、实验内容及步骤

1. 用两种方法测出抽样脉冲信号 $s(t)$ 的可调频率 f_s 的范围。
(示波器测法和函数信号发生器测法)

2. 列表粗略测量低通滤波器的截止频率 f_c。

3. 选适当的 $f(t)$ 和 $s(t)$ 送入抽样 $f_s > 2B$，观察、记录正弦波经抽样后及经过低通滤波恢复后的信号波形。

4. 改变抽样频率为 $f_s = 2B$ 和 $f_s < 2B$，观察、记录正弦波经抽样后及经过低通滤波恢复后的信号波形，观察其失真情况。

5. 将原信号改变为方波或三角波，观察、记录信号经抽样后及经过低通滤波恢复后的信号波形。

六、思考题

分析复原后信号波形失真的原因。

七、报告要求

1. 按实验所测的数据，绘出低通滤波器的幅度频谱图，并标出其截止频率。

2. 观察原信号、抽样信号以及复原信号的波形，总结你能得出什么结论？

3. 若原信号为方波或三角波，可用示波器观察离散的抽样信号，但由于本装置难以实现一个理想低通滤波器，以及高频窄脉冲(即冲激函数)，所以方波或三角波的离散信号经低通滤波器后只能观测到它的基波分量，无法恢复其原信号，分析此现象出现的原因。

实验 5.8　八阶巴特沃斯高通滤波器

一、实验目的

1. 进一步熟悉高通滤波器。

2. 掌握用高阶因果递归系统获得理想滤波特性的近似方法。

二、实验仪器与设备

1. 信号与系统实验箱 THKSS-A 型或 THKSS-B 型或 THKSS-C 型。

2. 双踪示波器。

三、实验原理

巴特沃斯滤波器是一因果稳定递归滤波器，它是将多个同类型的一阶或二阶递归滤波器级联或并联组成，若把 N 个相同的一阶 RC 高通滤波器级联，其幅频响应 $|B(\omega)|$ 具有如式 (5.8.1)。

$$|B(\omega)| = 1 - \frac{1}{\sqrt{1+(\omega/\omega_c)^{2N}}} \tag{5.8.1}$$

式中：$\omega = 1/RC$，N 为滤波器的阶数，ω_c 是相应理想低通滤波器的 3 dB 截止频率。对于任何阶数 N，通带内有平坦的幅频增益，带外呈单调衰减特性，故巴特沃斯滤波特性又称作"最大平坦幅频特性"；当阶数 N 增加时，幅频特性愈接近理想的矩形特性，带外的衰减愈加陡峭，它与滤波器的阶数 N 无关，这在设计上带来了方便。当 N 足够大时，可以获得一个近似理想高通滤波特性。但需指出，随着 N 的增加，级联后的通带也越来越窄。

离散时间巴特沃斯滤波特性与连续时间巴特沃斯特性相类似，也具有最大平坦幅频特性；且 3 dB 截止频率 Ω_c 与 N 值无关；当 N 很大时，它也逼近理想的矩形特性。

四、预习要求

1. 实验前应对教材的相关内容和实验原理、目的与要求、步骤和方法作充分的预习。

2. 推导八阶巴特沃斯高通滤波器的频率特性，并据此画出其幅频特性曲线。

3. 在正弦波激励下，预测八阶巴特沃斯高通滤波器的响应情况。

五、实验内容及步骤

1. 滤波器的输入端接正弦函数信号发生器或扫频电源的输出，滤波器的输出端接示波器或交流数字毫伏表。

2. 测试每级滤波器的幅频特性，填写表 5.8.1。

表 5.8.1　幅频特性幅频特性测试结果

电压　　　　频率				
U_i/V				
U_{o1}/V				
U_{o2}/V				
U_{o3}/V				
U_{o4}/V				

3. 研究此滤波器对方波信号或其他非正弦信号输入的响应(选做，实验步骤自拟)。

六、思考题

试分析八阶巴特沃斯高通滤波器比简单滤波器滤波特性好的原因。

七、注意事项

1. 实验中输出端不可短路，以免损坏运算放大器。
2. 用扫频电源作为激励时，可很快得出结果，但必须熟读扫频电源的操作和使用说明。
3. 固定线路板上的交流地与直流地是相通的。

实验 5.9　连续时间周期信号频域分析及 MATLAB 实现

一、实验目的

1. 掌握连续时间周期信号傅里叶级数展开系数的计算方法。
2. 掌握连续时间周期信号幅度频谱的特点：离散性、谐波性、收敛性。
3. 掌握连续时间周期信号频谱的计算机编程实现方法。

二、实验仪器与设备

计算机一台，MATLAB 软件。

三、实验原理

1. 连续时间周期信号的分解。

周期信号 $f(t)$，周期为 T，角频率 $\Omega = 2\pi f = 2\pi / T$，且满足狄里赫里条件，则其可分解为三角形式和指数形式两种。

（1）三角形式的傅里叶级数。

$$f(t) = \frac{a_0}{2} + a_1 \cos(\Omega t) + a_2 \cos(2\Omega t) + \cdots + b_1 \sin(\Omega t) + b_2 \sin(2\Omega t) + \cdots$$

$$= \frac{a_2}{2} + \sum_{n=1}^{\infty} a_n \cos(n\Omega t) + \sum_{n=1}^{\infty} b_n \sin(n\Omega t) \quad n = 1, 2, 3, \cdots$$

$$= \frac{A_0}{2} + \sum_{N=1}^{\infty} A_n \cos(n\Omega t + \varphi(n)) \quad n = 1, 2, 3, \cdots$$

式中　　$a_0 = \dfrac{1}{T} \displaystyle\int_{-\frac{T}{2}}^{\frac{T}{2}} f(t)\,\mathrm{d}t$

$a_n = \dfrac{2}{T} \displaystyle\int_{-\frac{T}{2}}^{\frac{T}{2}} f(t) \cos(n\Omega t)\,\mathrm{d}t$

$b_n = \dfrac{2}{T} \displaystyle\int_{-\frac{T}{2}}^{\frac{T}{2}} f(t) \sin(n\Omega t)\,\mathrm{d}t$

$$A_0 = a_0 \quad A_n = \sqrt{a_n^2 + b_n^2} \quad \varphi_n = -\arctan\left(\frac{b_n}{a_n}\right)$$

即任何满足狄里赫里条件的周期信号均可分解为一系列不同频率的余弦或正弦分量的叠加，第一项为直流分量，第二项为基波或称第一次谐波，依次类推，$A_n \cos(n\Omega t + \varphi_n)$ 为第 n 次谐波。

（2）指数形式的傅里叶级数。

$$f(t) = \sum_{n=-\infty}^{\infty} F_n \mathrm{e}^{jn\Omega t} \quad n = 0, \pm 1, \pm 2, \pm 3, \cdots$$

$$F_n = \frac{1}{T} \int_{-\frac{T}{2}}^{\frac{T}{2}} f(t)\, \mathrm{e}^{-jn\Omega t}\,\mathrm{d}t$$

式中　　$F_n = \dfrac{1}{2}(a_n - jb_n) \quad |F_n| = \dfrac{1}{2}\sqrt{a_n^2 + b_n^2} \quad \varphi_n = -\arctan\left(\dfrac{b_n}{a_n}\right)$

将周期信号分解为一系列不同频率的虚指数信号之和。

2. 连续时间周期信号的频率特性。

连续时间周期信号的频率特性是指信号的各频率分量的幅值或相位随频率变化的关系，分为幅度特性和相位特性。求出各次谐波的振幅 A_n 或 $|F_n|$，以角频率 ω 为横坐标，画出各谐波的振幅 A_n 或 $|F_n|$，即得信号的幅度频谱，以角频率 ω 为横坐标，画出各谐波的相位 φ_n，即得该信号相位频谱。

即：

幅度谱：$|F_n| \propto \omega$

相位谱：$\varphi_n \propto \omega$

周期信号的频率分量只在周期信号频率的整数倍上有，谱线也只出现在信号频率的整数倍上，而且各次谐波分量的大小随谐波次数的增高而减小，因此周期信号的频谱具有离散性、谐波性和收敛性的三个特点。

四、实验内容及步骤

1. 实验内容。

(1)绘出周期矩形波信号的幅度谱。(其最高谐波次数 $N_f = 60$,信号周期 $T=5$,矩形宽度 $t_{ao}=1$ 时)

(2)周期矩形波信号周期不变,脉冲宽度变化时,绘出矩形波信号的幅度谱。($T=5$, $t_{ao} = T/4$, $t_{ao} = T/8$, $t_{ao} = T/16$ 时)

(3)周期矩形波脉冲宽度不变,周期 T 变时,绘出矩形波信号的幅度谱。($t_{ao}=1$, $T=4*t_{ao}$, $T=8*t_{ao}$, $T=16*t_{ao}$时)

2. 步骤。

(1)编写子函数,获取周期信号的符号表达式;

(2)求出信号的三角级数形式的傅里叶级数展开系数 a_n 和 b_n;

(3)求出信号的复指数形式的傅里叶级数展开系数 $|F_n|$;

(4) 绘制信号的幅度谱。

说明:利用 MATLAB 的 Symbolic Math Toolbox 提供的函数 sys,int,及 abs,plot 函数实现。

五、思考题

1. 从实验内容(1)中你能看出连续时间周期信号的频谱具有什么样的特点?

2. 周期矩形脉冲信号,周期不变,脉冲宽度变时,其频谱怎么变化?当脉冲宽度不变,而周期变化时,其频谱又怎么变化?由此得出什么结论?

六、实验报告

1. 回答思考题,总结实验中的主要结论。

2. 附上实验程序,总结该实验所用 MATLAB 的函数及功能。

实验 5.10 连续时间信号的傅里叶变换及 MATLAB 实现

一、实验目的

1. 掌握连续时间信号的傅里叶变换的定义及其 MATLAB 实现。

2. 掌握连续时间信号的傅里叶变换的数值计算方法。

二、实验仪器与设备

计算机一台,MATLAB 软件。

三、实验原理

1. 连续时间信号的傅里叶变换的定义。

连续时间信号 $f(t)$ 满足狄里赫里条件,$\int_{-\infty}^{\infty} |f(t)| \mathrm{d}t < \infty$,则

傅里叶正变换 $F(j\omega) = \int_{-\infty}^{\infty} f(t)\,e^{-j\omega t}\mathrm{d}t$

傅里叶反变换 $f(t) = \int_{-\infty}^{\infty} F(j\omega)\,e^{j\omega t}\mathrm{d}\omega$

说明：利用 MATLAB 的 Symbolic Math Toolbox 提供的函数 fourier( ) 及 ifourier( ) 求。

（1）fourier 变换。

     $F = \text{fourier}(f)$ 默认返回的是关于 ω 的函数；

     $F = \text{fourier}(f, v)$ 返回函数 F 是关于符号对象 v 的函数；

     $F = \text{fourier}(f, u, v)$ 对关于 u 的函数 f 进行变换，返回函数 F 是关于 v 的函数

（2）ifourier 变换。

     $f = \text{ifourier}(F)$

     $f = \text{ifourier}(F, u)$

     $f = \text{ifourier}(F, v, u)$

其中，t，u，v，ω 等为符号变量，f，F 为符号表达式。

2. 连续时间信号傅里叶变换的数值计算。

由 $F(j\omega) = \int_{-\infty}^{\infty} f(t)\,e^{-j\omega t}\mathrm{d}t = \lim_{\tau \to 0} \sum_{n=-\infty}^{\infty} f(n\tau)\,e^{-j\omega n\tau} \cdot \tau$

对于一大部分信号，当取 τ 足够小时，上式的近似情况可以满足实际需要，若信号 $f(t)$ 是时限的，或当 t 大于某给定值时，$f(t)$ 的值已衰减得很厉害，可近似地看成时限信号时，则该式中的 n 可是有限的，设为 N，有：

$$F(k) = \tau \cdot \sum_{n=0}^{N-1} f(n\tau)\,e^{-j\omega_k n\tau} \quad\quad 0 \leqslant k \leqslant N-1$$

其中 $$\omega_k = \frac{2\pi}{N\tau}k$$

     τ 的确定：τ 小于奈奎斯特间隔

四、实验内容及步骤

1. 利用 fourier 函数绘出信号 $f(t) = e^{-2|t|}$ 及其幅度谱；

2. 利用 fourier 函数绘出信号 $f(t) = \dfrac{1}{2}e^{-2t}u(t)$ 及其幅度谱；

3. 利用数值计算的方法，绘出门信号 $f(t) = \begin{cases} 1 & |t| < 1 \\ 0 & |t| > 1 \end{cases}$ 及其幅度谱。

五、思考题

1. 在数值计算方法计算 $F(k)$ 时，τ 若大于奈奎斯特间隔，对结果会有什么影响？

2. 定性分析该数值计算方法的误差问题。

六、实验报告

1. 回答思考题，总结实验中的主要结论；

2. 附上实验程序，总结该实验所用 MATLAB 的函数及功能。

实验 5.11　连续和离散时间系统的频域分析及 MATLAB 实现

一、实验目的

1. 掌握连续时间系统由系统函数确定系统频率响应的方法。
2. 掌握连续时间系统的频率特性(包括幅频和相频)及其 MATLAB 的实现方法。
3. 掌握离散时间系统由系统函数确定系统频率响应的方法。
4. 掌握离散时间系统的频率特性(包括幅频和相频)及其 MATLAB 的实现方法。

二、实验仪器与设备

计算机一台, MATLAB 软件。

三、实验原理

1. 连续时间系统的频域分析。

系统函数: $H(s) = \dfrac{b_m s^m + b_{m-1} s^{m-1} + \cdots + b_0}{a_n s^n + a_{n-1} s^{n01} + \cdots + a_0}$

频率响应: $H(j\omega) = H(s)\big|_{s=j\omega} = \dfrac{b_m(j\omega)^m + b_{m-1}(j\omega)^{m-1} + \cdots + b_0}{a_n(j\omega)^n + a_{n-1}(j\omega)^{n-1} + \cdots + a_0}$

幅度特性: $|H(j\omega)| \sim \omega$

相位特性: $\arg(H(j\omega)) \sim \omega$

MATLAB 实现函数: $[H, \omega] = \mathrm{freqs}(b, a)$

b, a 为 $H(s)$ 中的系数矩阵

2. 离散时间系统的频域分析。

系统函数: $H(z) = \dfrac{\sum\limits_{r=0}^{M} b_r z^{-r}}{\sum\limits_{r=0}^{M} a_k z^{-k}}$

频率响应: $H(e^{j\omega}) = H(z)\big|_z = e^{j\omega}$ 代入上式

幅度特性: $|H(e^{j\omega})| \sim \omega$

相位特性: $\arg(H(e^{j\omega})) \sim \omega$

MATLAB 实现函数: $[H, \omega] = \mathrm{freqz}(b, a)$

其中 b, a 为系统函数 $H(z)$ 的系数矩阵。

四、实验内容及步骤

分析以下连续、离散时间系统的频率特性, 绘出其幅度谱。

(1) 一阶高通滤波器 $H(s) = \dfrac{s}{s+1}$。

(2) 二阶带通滤波器 $H(s) = \dfrac{s}{(s+1)(s+2)}$。

（3）三阶巴特沃斯滤波器 $H(s)=\dfrac{1}{s^3+2s^2+2s+1}$。

（4）二阶离散系统 $H(z)=\dfrac{1-z^{-1}}{1+0.81z^{-2}}$。

五、实验报告

1. 附上实验程序，总结该实验所用 MATLAB 的函数及功能。

实验 5.12　信号的采样与重构及 MATLAB 实现

一、实验目的

1. 了解信号采样的过程及 MATLAB 实现。
2. 了解信号恢复的过程及 MATLAB 实现。

二、实验仪器与设备

计算机一台，MATLAB 软件。

三、实验原理

1. 信号采样的原理图如图 5.12.1 所示。

$f_s(t)=f(t)\cdot\delta_{Ts}(t)$，其中，冲激采样信号 $\delta_{Ts}(t)$ 的 表达式为：

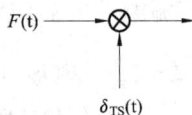
图 5.12.1　信号采样原理图

$$\delta_{Ts}(t)=\sum_{n=-\infty}^{\infty}\delta(t-nT_s) \tag{5.12.1}$$

其傅里叶变换为 $\omega_s=\displaystyle\sum_{n=-\infty}^{\infty}\delta(\omega-n\omega_s)$，其中 $\omega_s=\dfrac{2\pi}{T_s}$，设 $F(j\omega)$ 为 $f(t)$ 的傅里叶变换，图 5.12.2 给出采样过程的时域波形变化图及其频谱。

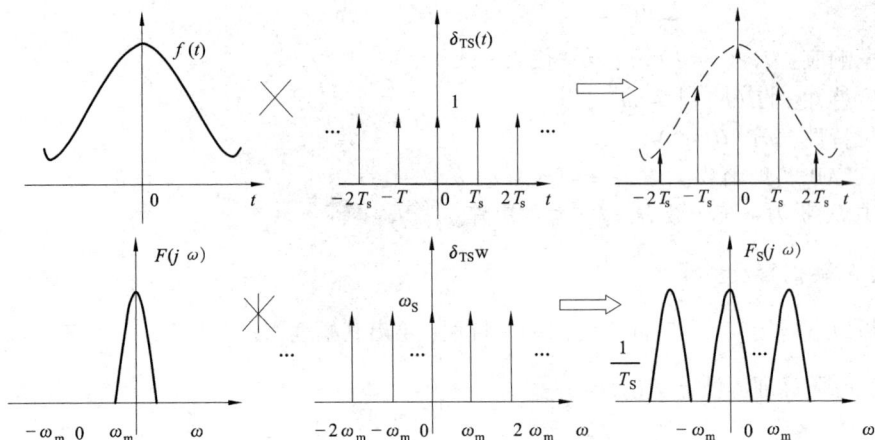
图 5.12.2　冲激采样及其频谱

设 $f_s(t)$ 的频谱为 $F_s(j\omega)$，由傅里叶变换的频域卷积定理，有：

$$f_s(t) = f(t) \cdot \delta_{T_s}(t)$$

$$F_s(j\omega) = \frac{1}{2\pi}F(j\omega) * \omega_s \sum_{n=-\infty}^{\infty} \delta(\omega - n\omega_s) = \frac{1}{T_s}\sum_{n=-\infty}^{\infty} F[j(\omega - n\omega_s)] \qquad (5.12.2)$$

若设 $f(t)$ 是带限信号，带宽为 ω_m，即当 $|\omega| > \omega_m$ 时，$f(t)$ 的频谱 $F(j\omega)$ 的值为 0，则由式 (5.12.2) 可见，$f(t)$ 经采样后的频谱 $F_s(j\omega)$ 就是将 $F(j\omega)$ 在频率轴上搬移至 0，$\pm\omega_s$，$\pm2\omega_s$，…，$\pm n\omega_s$，…处(幅度为原频谱的 $1/T_s$ 倍)。因此，当 $\omega_s \geq 2\omega_m$ 时，频谱不发生混叠；而当 $\omega_s < 2\omega_m$ 时，频谱发生混叠。图 5.12.3 给出了以上这两种情况的波形图($T = T_s$)。

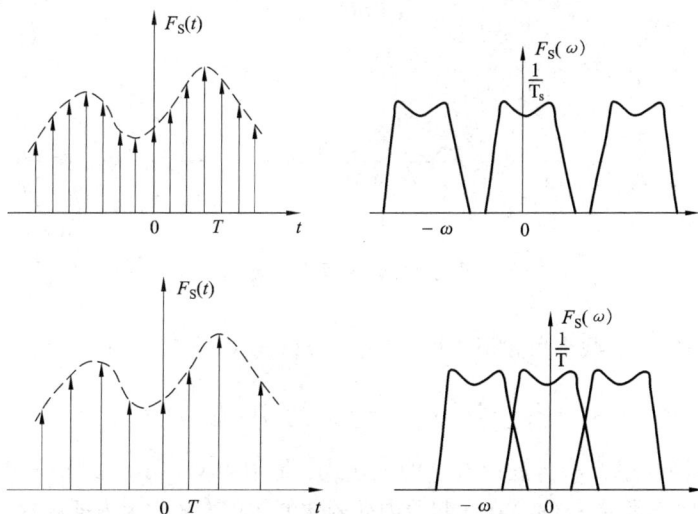

图 5.12.3 $\omega_s \geq 2\omega_m$ 频谱不发生混叠 当 $\omega_s < 2\omega_m$ 频谱发生混叠

2. 信号的重构。

设信号 $f(t)$ 被采样后所形成的采样信号为 $f_s(t)$，信号的重构是指由 $f_s(t)$ 经内插处理后，恢复出原来的信号 $f(t)$ 的过程。因此又称为信号恢复。

设 $f(t)$ 为带限信号，带宽为 ω_s，经采样后的频率为 $F_s(j\omega)$。设采样频率 $\omega_s \geq 2\omega_m$，则由式 (5.12.2) 知 $F_s(j\omega)$ 是以 ω_s 为周期的谱线[见图 5.12.4(a)、(b)、(c)]。现选取一个频率特性 $H(j\omega) = \begin{cases} T_s, & |\omega| < \omega_c \\ 0, & |\omega| > \omega_c \end{cases}$ (其中，截止频率 ω_s 满足 $\omega_m \leq \omega_c \leq \frac{\omega_s}{2}$)的理性低通滤波器与 $F_s(j\omega)$ 相乘，得到的频谱既为原信号的频谱 $F(j\omega)$ (见图 5.12.4)，对应的时域形分别为图 5.12.4(d)、(e)、(f)。

显然，$F(j\omega) = H(j\omega) \cdot F_s(j\omega)$，与之对应的时域表达式 $f(t) = h(t) * f_s(t)$。

根据时域卷积定理，有：

$$f(t) = h(t) \cdot f_s(t) \qquad (5.12.3)$$

而 $$f_s(t) = f(t) \cdot \sum_{n=-\infty}^{\infty} \delta(t - nT_s) = \sum_{n=-\infty}^{\infty} f(nT_s)\delta(t - nT_s)$$

$$h(t) = F^{-1}[H(j\omega)] = T_s\frac{\omega_c}{\pi}Sa(\omega_c t)$$

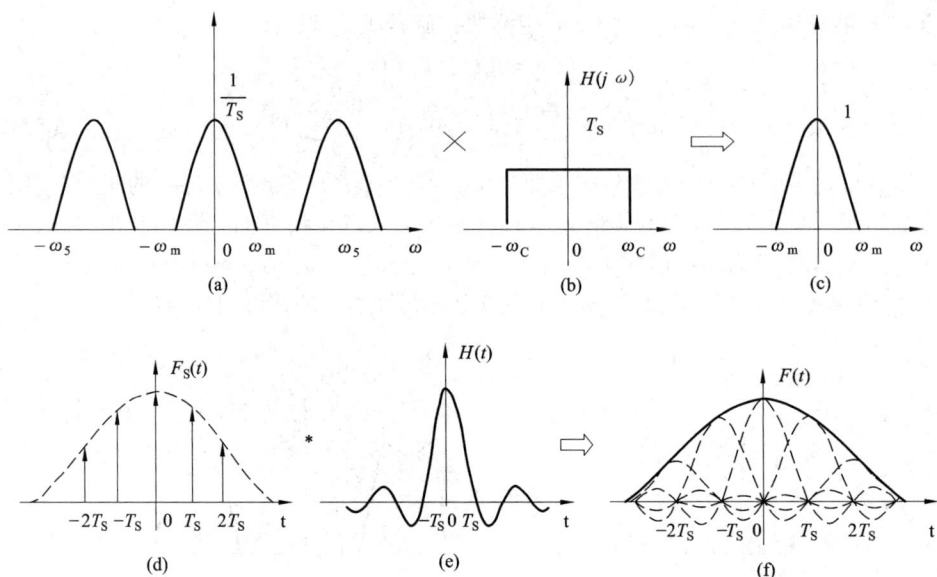

图 5.12.4　信号的恢复

其中 ω_c 为 $H(j\omega)$ 的截止角频率。将 $h(t)$ 及 $f_s(t)$ 代入式 $(5.12.3)$，得：

$$f(t)=f_s(t)*T_s\frac{\omega_c}{\pi}Sa(\omega_c t)=\frac{T_s\omega_c}{\pi}\sum_{n=-\infty}^{\infty}f(nT_s)Sa[\omega_c(t-nT_s)] \tag{5.12.4}$$

式 $(5.12.4)$ 即为用 $f(nT_s)$ 表达 $f(t)$ 的表达式，是用 MATLAB 实现信号重构的基本关系式。顺便指出，抽样函数 $Sa(\omega t)$ 在此起着内插函数的作用，又称为内插函数。

四、实验内容

1. 编写 MATLAB 程序，实现信号的采样与重构。当采样频率 $\omega_s=2\omega_m$ 时，称为临界采样，取 $\omega_s\geqslant 2\omega_m$，编写程序实现对信号 $Sa(t)$ 的采样及恢复。
2. 比较由采样信号恢复后的信号与原信号误差，计算两信号的绝对误差。
3. 编写程序在 $\omega_s<2\omega_m$ 时进行采样，实现信号的恢复，观察恢复信号的变化。

五、思考题

定性的讨论由采样信号恢复后的信号与原信号的误差原因有哪些?

六、实验报告

总结实验结果及得出的结论。

附录 5.1　THKSS-B 型信号与系统实验箱使用说明书

THKSS-B 型信号与系统实验箱是专为信号与系统课程而配套设计的。它集实验模块、交流毫伏表、稳压源、信号源、频率计于一体。

本实验箱主要是由一整块单面敷铜印刷线路板构成,其正面(非敷铜面)印有清晰的图形、线条、字符,使其功能一目了然。板上提供实验必需的信号源、频率计、真有效值交流毫伏表等。本实验箱具有实验功能强、资源丰富、使用灵活、接线可靠、操作快捷、维护简单等优点。

整个实验功能板放置并固定在体积为 0.46 m×0.36 m×0.14 m 的高强度 ABS 工程塑料保护箱内,实验箱净重 6 kg,造型美观大方。

一、组成和使用

1. 实验箱的供电。

实验箱的后方设有带保险丝管(1 A)的 220 V 单相交流电源三芯插座,另配有三芯插头电源线一根。箱内设有两只降压变压器,为实验板提供多组低压交流电源。

2. 一块大型(430 mm×320 mm)单面敷铜印刷线路板,正面印有清晰的各部件及元器件的图形、线条和字符,并焊有实验所需的元器件。

该实验板包含着以下各部分内容:

(1)正面左下方装有电源总开关及电源指示灯各一只,控制总电源。

(2)60 多个高可靠的自锁紧式、防转、叠插式插座。它们与固定器件、线路的连接已设计在印刷线路板上。

这类锁紧式插件,其插头与插座之间的导电接触面很大,接触电阻极其微小(接触电阻≤0.003 Ω,使用寿命>10000 次以上),在插头插入时略加旋转后,即可获得极大的轴向锁紧力,拔出时,只要沿反方向略加旋转即可轻松地拔出,无需任何工具便可快捷插拔,同时插头与插头之间可以叠插,从而可形成一个立体布线空间,使用起来极为方便。

(3)直流稳压电源。提供四路±15 V 和+5 V 直流稳压电源,每路均有短路保护自恢复功能,在电源总开关打开的前提下,只要打开信号源开关,就有相应的电压输出。

(4)信号源。本信号发生器是由单片集成函数信号发生器 8038 及外围电路组合而成。其输出频率范围为 1 Hz~2 kHz,输出幅度峰峰值为 0~15 V_{p-p}。

使用时只要开启"函数信号发生器"的开关,此信号源即进入工作状态。

两个电位器旋钮用于输出信号的"幅度调节"(左)和"频率调节"(右)。

实验板上两排琴键开关则用于频率选择(左)和波形选择(右)。

将右边琴键的第一挡按下,输出信号为正弦波;将右边琴键的第二挡按下,则输出信号为方波;将右边琴键的第三挡按下,则为三角波输出。

将左边琴键的 $f1$ 按下,调节右边一个电位器旋钮("频率调节")则输出信号的频率范围为 1 Hz~18 Hz;将左边琴键的 $f2$ 按下,调节"频率调节"旋钮,则输出信号的频率范围为 10 Hz~140 Hz;将左边琴键的 $f3$ 按下,则输出信号的频率范围为 120 Hz~1 kHz;将左边琴键的 $f4$ 按下,则输出信号的频率范围为 950 Hz~7.5 kHz;将左边琴键的 $f5$ 按下,则输出信号的频率范围为 7 kHz~60 kHz;将左边琴键的 $f6$ 按下,则输出信号的频率范围为 55 kHz~450 kHz;将左边琴键的 $f7$ 按下,则输出信号的频率范围为 300 kHz~2 kHz,各挡频率紧密衔接。

(5)频率计。本频率计是由单片机 89C2051 和六位共阴极 LED 数码管设计而成的,分辨率为 1 Hz,测频范围为 1 Hz~10 kHz。

只要开启"函数信号发生器"的开关,频率计即进入待测状态。

将频率计(内测/外测)开关置于"内测",即可测量"函数信号发生器"本身的信号输出频率。将开关置于"外测",则频率计显示由"输入"插口输入的被测信号的频率。

(6)50 Hz 非正弦多波形信号发生器。提供的周期信号有：半波、全波、方波、矩形波、三角波，共五种 50 Hz 的非正弦信号。

(7)数字式有效值交流毫伏表。本机采用的交流毫伏表具有频带较宽、精度高、数字显示和"真有效值测量"的特点，测量范围：0~20 V，分 200 mV、2 V、20 V 三挡，直键开关切换，三位半数显，频带范围 10 Hz~1 kHz，基本测量精度±0.5%，即使测试远离正弦波形状的窄脉冲信号，也能测得精确的有效值大小。

真有效值交流电压表由输入衰减器、阻抗变换器、定值放大器、真有效值 AC/DC 转换器、滤波器、A/D 转换器和 LED 显示器组成。

输入衰减器用来将大于 2 V 的信号衰减，定值放大器用来将小于 200 mV 的信号放大。本机 AC/DC 转换由一块宽频带、高精度的真有效值转换器完成，它能将输入的交流信号——不论是正弦波、三角波、方波、锯齿波，甚至窄脉冲信号，精确地转换成与其有效值大小等价的直流信号，再经滤波器滤波后加到 A/D 转换器，变成相应的数字信号，最后由 LED 显示出来。

(8)本实验箱附有足够长短不一的实验专用连接导线一套。

(9)提供的实验模块有：

①无源滤波器和有源滤波器。

②50 Hz 非正旋周期信号的分解与合成。

③二阶网络状态轨迹。

④二阶网络函数的模拟。

⑤信号的采样与恢复。

3. 主板上设有可装、卸固定线路实验小板的固定脚四只。

二、实验内容

本实验箱所提供的实验项目如下：

(1)无源滤波器和有源滤波器特性的观测(LPF、HPF、BPF、BEF)。

(2)基本运算单元(在自由布线区设计电路)。

(3)50 Hz 非正弦周期信号的分解与合成(同时分析法)。

(4)二阶网络状态轨迹的显示。。

(5)信号的采样与恢复(采样定理)。

(6)二阶网络函数的模拟。

(7)系统时域响应的模拟解(在自由布线区设计电路)。

(8)八阶巴特沃斯高通滤波器。

三、使用注意事项

1. 使用前应先检查各电源是否正常，检查步骤为：

(1)关闭实验箱的所有电源开关，然后用随箱的三芯电源线接通实验箱的 220 V 交流电源。

（2）开启实验箱上的电源总开关，指示灯点亮。

（3）用万用表的直流电压挡测量面板上的±15 V 和+5 V，是否正常。

（4）开启信号源开关，则信号源应有输出；当频率计打到内测时，应有相应的频率显示。

（5）开启交流毫伏表，数码管点亮。

2. 接线前务必熟悉实验线路的原理及实验方法。

3. 实验接线前必须先断开总电源与各分电源开关，不要带电接线。接线完毕，检查无误后，才可进行实验。

4. 实验自始至终，实验板上要保持整洁，不可随意放置杂物，特别是导电的工具和多余的导线等，以免发生短路等故障。

5. 实验完毕，应及时关闭各电源开关，并及时清理实验板面，整理好连接导线并放置到规定的位置。

6. 实验时需用到外部交流供电的仪器，如示波器等，这些仪器的外壳应妥善接地。

第六章　电子工艺实习

6.1　安全用电

为了防止用电事故的发生，必须十分重视安全用电。当发生用电事故时，不仅会损坏用电设备，而且还可能引起人身伤亡、火灾或爆炸等严重事故。因此，讨论安全用电问题是十分必要的。

6.1.1　电流对人体的危害

电流对人体的危害，概括起来有电击和电伤两种。电伤是电对人体外部造成的局部伤害，包括电弧烧伤、熔化的金属渗入皮肤等伤害。电伤事故的危险虽不及电击严重，但也不可忽视。

电击的伤害程度与通过人体电流的大小、电流通过人体的持续时间、电流通过人体的途径、电流的频率及人体的健康状况等因素有关。

研究表明，常用的 50~60 Hz 的工频交流电对人体的伤害最为严重，频率偏离工频越远，交流电对人体的伤害相对较轻，但对人体依然是十分危险的。

人体触电，当接触电压一定时，流经人体的电流大小由人体的电阻值决定。人体电阻主要包括人体内部电阻和皮肤电阻，人体内部电阻基本是固定不变的，约为 500 Ω 左右。皮肤电阻一般是指手和脚的表面电阻，它与皮肤的厚薄、干湿程度、有无损伤或是否带有导电性粉尘等因素有关，不同类型的人，皮肤电阻差异很大。一般认为人体电阻可按 1000~2000 Ω 考虑。人体的电阻越小，流过人体的电流越大，也就越危险。

通过人体的工频电流超过 50 mA 时，心脏就会停止跳动，发生昏迷并出现致命的电灼伤。若不及时脱离电源并及时抢救，则人很快就会死亡。

按照对人有致命危险的工频电流 0.05 A 和人体最小电阻 800~1000 Ω 来计算，可知对人有致命危险的电压为

$$U = 0.05 \text{ A}(800{\sim}1000 \text{ }\Omega) = (40{\sim}50) \text{ V}$$

根据环境条件的不同，我国规定的安全电压为：在没有高度危险的建筑物内为 65 V；在有高度危险的建筑物内为 36 V；在特别危险的建筑物内为 12 V。一般认为安全电压为 36 V。

6.1.2　人体触电方式

一、单相触电

当人体直接接触带电设备的其中一相时，电流通过人体，这种触电现象称为单相触电。图 6.1.1(a)所示为中性点接地时的单相触电。当人体碰触裸露的相线时，一相电流通过人体，经大地回到中性点。由于人体电阻比中性点直接接地的电阻大得多，所以相电压几乎全

部加在人体上，十分危险。图6.1.1(b)是中性点不直接接地(通过保护间隙接地)的单相触电。电气设备对地具有相当大的绝缘电阻，当在低压系统中发生单相触电时，电流通过人体流入大地，此时通过人体的电流就很小，一般不致造成对人体的伤害。但当绝缘降低或被破坏时，单相触电对人体的危害仍然存在。特别是在高压中性点不接地的系统中，由于系统对地电容电流

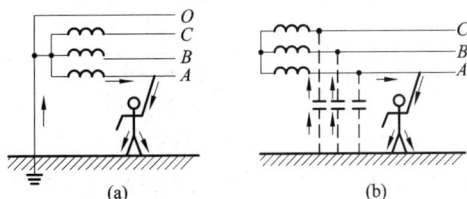

图6.1.1　单相触电

(a)中性点接地的单相触电；(b)中性点不接地的单相触电

较大，通过相线与地的电容形成电流，也有危险，如图6.1.1(b)所示。所以在工作时必须避免触及相线。

二、两相触电

人体同时接触不同相的两相带电导体，而发生触电，电流从一相导体通过人体流入另一相导体，构成一个闭合回路，这种触电方式称为两相触电。如图6.1.2所示。发生两相触电时，作用于人体上的电压等于线电压，因为没有任何绝缘保护，所以这种触电是最危险的。

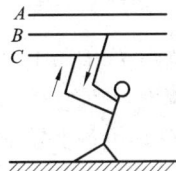

图6.1.2　两相触电示意图

设线电压为380 V，两相触电后人体电阻为1400 Ω，则人体内部流过的电流 I = 380 V/1400 Ω = 270 mA，这样大的电流只要经过极短的时间就会致人死亡，因此两相触电的危险比单相触电要严重得多。

三、静电接触

(1)因摩擦而产生的静电，当积累电荷电压高时，可引起放电、打火，这类静电虽对人体伤害较小，但在易燃易爆场所，易引起火灾或爆炸。应采取措施防止静电的积累。通常采用接地将静电导引到大地。

(2)高压大容量电容器充电后可存储电荷，当人体触碰时放电，由于电压高、电流大对人造成伤害。在检修这类电器时，应先放电。

四、跨步电压

跨步电压是指当输变电导线带电断落在地下时，在断落点周边由近及远形成由强到弱的电场。当人走进这一区域时，将因跨步于不同电位点而形成跨步电压使人触电，如图6.1.3所示。此时应单足跳跃远离电线断落点，脱离危险区，并向有关部门报告。

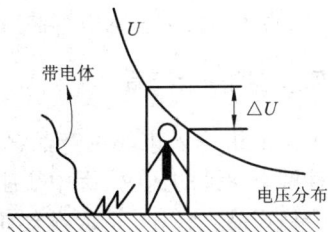

图6.1.3　跨步电压触电

五、高压电击

在高压设备附近，例如，高压变电设备附近，若靠近带电设备的距离小于安全距离，高压设备会对人体放电发生电击，对人身产生危害。所以，对高压设备的安装安全高度或防护

栏安全距离均有明确规定，并安装警示标志。非专业人员切勿靠近，以免造成高压电击伤害。

6.1.3　防止触电

防止触电是安全用电的核心。没有一种措施或一种保护器是万无一失的。最保险的钥匙掌握在你的手中，即安全意识和警惕性。遵循以下几点是最基本、最有效的安全措施。

一、建立安全制度

所有的用电单位都要根据本单位的具体情况，建立起一套切合实际的安全用电制度，并且宣传、落实到每一个人，使人人都懂得，注重安全用电是保证生命和国家财产安全的大事，马虎不得。

二、采取安全措施

预防触电的措施很多，这里提出几条最基本的安全保障措施。

(1)用电单位的工作场所输电、配电、电源及布线，一定要按照国家有关标准规范施工，以保证工作环境符合安全用电标准。

(2)根据用电的工作要求，选用合理的供电方式，建立防护系统(保护接地或保护接零等)。

(3)电源的总开关及各重要场所的分开关，尽量采用自动开关，并装设漏电保护器，以保证在出现漏电及发生触电事故时及时跳闸。

(4)随时检查所用电器的插头、电线，发现破损老化及时更换。

(5)手持式电动工具尽量使用安全电压工作。

三、注意安全操作

(1)检修电路或电器都要确保断开电源，并在电源开关处挂上警示牌。

(2)操作时，应根据检修对象采用相应规定装备，如穿绝缘鞋、戴绝缘手套、使用绝缘工具等。

(3)遇到不明情况的电线，先认为它是带电的。

(4)尽量养成单手进行电工作业的习惯。

(5)遇到较大体积的电容器要先行放电，再进行检修。

四、选购安全产品

理论上讲进入市场的产品都应该是安全性能有保证的，但实际中往往存在一些不合格产品，给用户造成安全事故。作为用户，选择由国家安全检验权威部门检验认证的产品是用电安全的保证。我国

长城安全认证标志　　　强制性检验认证标志

图 6.1.4　安全论证标志

2003 年前采用长城安全认证标志，2003 年起采用 3C 强制性检验认证标志(见图 6.1.4)，请认准标志选购合格产品。

6.1.4 用电安全技术简介

一、接地保护

接地保护主要是限制设备外壳的对地电压,将其限制在安全范围之内。为防止电气设备绝缘损坏而使人体有触电危险,将电气设备在正常情况下的金属外壳用金属导线与接地体(埋入大地并直接与大地接触的金属导体,称为接地体,如埋设在地下的钢管,角铁等)紧密相连接,作为保护接地,如图6.1.5所示。电动机外壳装有保护接地时,由于人体电阻远比接地装置的电阻大,所以,在电动机发生一相碰壳(俗称搭铁)时,工作人员即使接触带电的外壳,也没有多大的危险,因为电流主要由接地装置分担了,所以,几乎没有电流流过人体,从而保证了人身安全。通常接地体的电阻不得超过4 Ω。

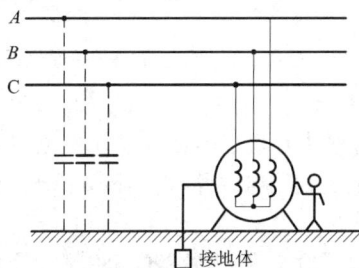

图 6.1.5 保护接地

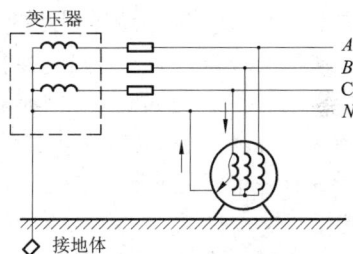

图 6.1.6 保护接零

二、接零保护

在电源中性点接地的三相四线制的电网中,为防止因电气设备绝缘损坏而使人遭受触电危险,应将电气设备的金属外壳与中性线(或与中性线相连接的专用保护线)连接起来,称为保护接零或保护接中线,如图6.1.6所示。这时一旦电动机的一相绝缘损坏与外壳相碰时,则该相电源通过机壳和中性线形成单相短路,电流很大,立即将线路上的保险丝熔断,或使其他保护设备迅速动作,切断线路,从而消除机壳带电的危险,起到保护作用。

家用电器一般采用接零保护。

应注意的是这种保护系统中的保护接零必须是接到保护零线上,而不能接在工作零线上;同时这种保护接零供电系统,必须有保护重复接地,且保护零线上禁止安装熔断器和开关。

图6.1.7表示常用三线插座在室内有保护零线时,用电器外壳采用保护接零的接法。

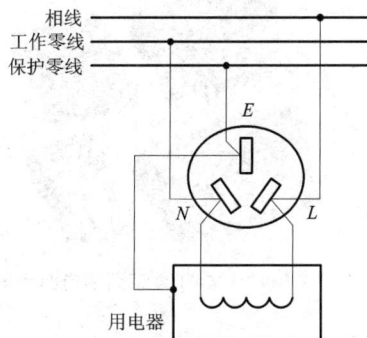

图 6.1.7 三线插座接线

三、漏电保护开关

漏电保护开关有电压型和电流型两种，其工作原理基本相同，即可把它看作一种具有检测漏电功能的灵敏继电器，当检测到漏电情况后，控制开关动作切断电源。

由于电压型漏电保护开关安装较复杂，目前发展较快、使用广泛的主要是电流型漏电保护开关。

典型的电流型漏电保护开关工作原理如图6.1.8所示。当电器正常工作时，检测线圈内流进与流出的电流大小相等，方向相反，检测输出为零，线圈不感应信号，开关闭合，电路正常工作。

当电器发生漏电时，漏电流不通过零线，线圈内检测到的电流之和不为零，当检测到不平衡电流达到一定数值时，通过放大器输出信号将开关切断。

按国家标准规定，电流型漏电保护开关电流与时间的乘积小于等于30 mA·s。实际产品一般额定

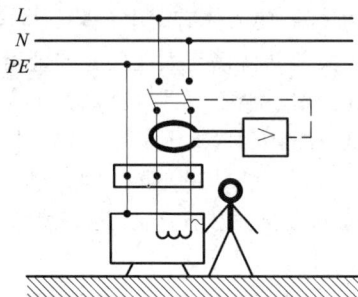

图6.1.8　漏电保护开关原理图

动作电流为30 mA，动作时间为0.1s。如果是在潮湿等恶劣环境，可选取动作电流更小的规格。另外还有一个额定不动作电流，一般取5 mA，这是因为用电线路和电器都不可避免存在微量漏电。

图6.1.9所示系列漏电断路器适用于额定电压单相220 V及三相220/380 V以下，额定电流30~50A的线路中。该系列器件由两部分组成，其左侧是断路器（开关），具有过载及短路保护功能；右侧为漏电保护器，作漏电保护之用。当人身触电或电路泄漏电流超过规定值时，漏电保护器能在0.1s内使断路器自动跳闸切断电源；若用电设备过载或电路发生短路事故，断路器也会自动跳闸切断电源，从而保护人身安全和设备安全。该系列器件分为单极两线、两极两线、三极四线、四极四线等，应用较为广泛。

图6.1.9　DZ47LE系列漏电断路器

图6.1.10　DZ10L系列漏电断路器

图6.1.10所示系列漏电断路器也是断路器与漏电保护合一的器件，用于交流三相380 V，额定电流100 A以上的电路，具有漏电、过载、短路保护功能。

四、其他类型的保护

以上保护主要解决电器外壳漏电及意外触电问题。另有一类故障表现为电器并不漏电，

但由于电器内部元器件、部件故障,或由于电网电压升高引起电器设备中电流增大,温度升高,超过一定限度,结果导致电器损坏甚至引起电气火灾等严重事故。为防止这类事故发生,也生产有多种保护元件及装置。基本分为以下几类:

1. 过压保护类。

以检测电源电压为主,电压不正常时切断电源。过压保护装置有集成过压保护器和瞬变电压抑制器等。

2. 过流保护类。

以检测电流为主,电流过限时切断电源。主要有熔断器、电子继电器过流开关等。

3. 温度保护类。

以检测温度为主,当温度变化过限时切断电源。主要有温度继电器、热熔断器等。

4. 智能保护类。

利用计算机技术及自动化技术进行综合检测及事件的处理,使保护系统实现智能化,是安全技术的发展方向。

6.1.5 触电急救与电器消防

一、触电急救

发生触电事故,千万不要惊惶失措,必须用最快的速度使触电者脱离电源。要记住在触电者未脱离电源前本身就是带电体,同样会使抢救者触电。

脱离电源最有效的措施是拉闸或拔出电源插头。如果一时找不到或来不及找电源插头的情况下,可用绝缘物(如带有绝缘柄的工具、木棍、塑料管等物件)移开或切断电源线。关键是:一要快,二要不使自己触电。一两秒的迟缓都可能造成无可挽救的后果。

脱离电源后如果病人呼吸、心跳尚存,应尽快送医院抢救。若心跳停止则采用人工心脏挤压法维持血液循环;若呼吸停止,则立即进行人工呼吸;若心跳、呼吸均停止,则同时采用上述两种方法急救,在抢救的同时应向医院告急求救。

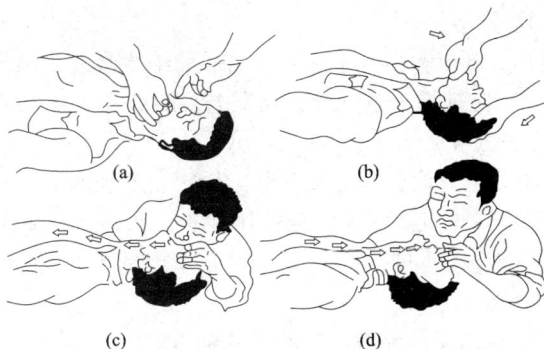

图 6.1.11 口对口人工呼吸法

(a)清理口腔阻塞;(b)鼻朝天头后仰;(c)捏鼻贴嘴吹气;(d)放开喉鼻换气

图 6.1.11 和图 6.1.12 为口对口人工呼吸法和心脏挤压法图解。应注意:口对口人工呼

吸以每五秒吹气一次，心脏挤压法每一秒进行一次，必须坚持连续进行，不可中断，直至触电者苏醒或医护人员到达接续为止。对触电者不能泼冷水及打强心针。

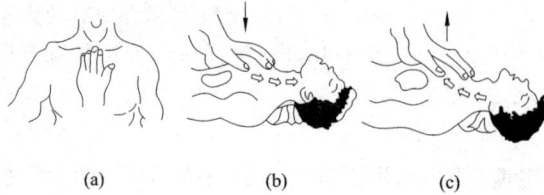

(a)　　　　　(b)　　　　　(c)

图 6.1.12　胸外心脏挤压法

(a)中指对凹膛当胸一手掌；(b)向下挤压 3~5cm 迫使血液流出心房；
(c)突然松手复原使血液返流到心脏

二、电气消防

高温是产生火灾与爆炸的直接原因。在发电，变电，或用电等场所，产生高温的原因很多，如电气设备和线路超载运行、发生短路事故、雷电通过、电火花、电弧、散热不良、通风堵塞等都可造成高温。有时触头接触不良、导线连接处松动等都可使电阻增大，造成该处高温。因此，防火防爆的关键是防止高温，并应预防为先。

1. 正确选用电气线路和电气设备。

在有易爆易燃危险的场所选用绝缘导线或电缆时，其额定电压不得低于电网的实际电压。中线与相线应有相同的绝缘强度。绝缘导线应采用穿钢管或阻燃型合成材料管的方法敷设，如选用电缆，应选铠装电缆。

选用电气设备时，应根据防爆防火场所等级和电气设备防爆防火类型，按照有关规程与手册进行对照选择。

2. 正确安装电气设备。

电气设备安装的位置应与易燃物等保持一定的防火距离(查有关规程的规定)，在可能产生易燃气体的地方，电气设备应密封，且注意通风散热，做好接地或接零保护。

3. 保持电气设备的正常运行。

保持电气设备的电压、电流和温升不超过允许值，绝缘良好；保持设备的连接可靠，接触良好；保持设备的清洁，定期检查电气设备及配电线的绝缘强度。

4. 扑灭电气火灾的注意事项。

一旦发生电气火灾时，电气设备有可能带电，应注意防止触电，首先要尽快切断电源(拉开总开关或失火电路开关)。电气火灾灭火应使用沙土、二氧化碳或四氯化碳等不导电灭火介质，忌用泡沫或水进行灭火。同时注意保持人体与带电部分的安全距离，不可将身体及灭火工具触及带电设备及线路。

有些电气设备充有大量的变压器油。在充油设备发生火灾时，应注意防止喷油和爆炸。应立即将变压器油引入储油坑，防止着火的油流入电缆沟顺沟蔓延。

思考与习题

1. 安全用电主要包括哪些方面？

2. 我国规定的安全电压为多少？
3. 人体触电有哪些方式？
4. 防止触电最基本的措施有哪几条？
5. 接地保护与接零保护有什么区别？家用电器一般采用哪种保护方式？
6. 在图 6.1.13 所示情况下，哪种情况对人体危害大？

图 6.1.13　题 6 图

7. 扑灭电气火灾时应注意什么问题？
8. 简述口对口人工呼吸法的基本步骤。
9. 简述人工心脏挤压法的基本步骤。

6.2　锡焊技术

6.2.1　实践部分

一、实验目的

1. 认识和使用常用焊接工具、焊料。
2. 掌握如何判定焊点质量的好坏。
3. 通过焊接训练，掌握基本的焊接方法。

二、实验要求

1. 学会常用工具的使用。
2. 熟悉和掌握电烙铁内部结构及检测。
3. 了解焊接材料。
4. 熟悉和掌握元器件的成型与镀锡。
5. 掌握五步操作法，学会电路板焊接工艺。

三、实验内容

1. 工具认识。
（1）装配工具：斜口钳、剥线钳、镊子、螺丝刀等。
（2）电烙铁结构：外热式、内热式两种结构。
（3）电烙铁外观检查：

①电源线、电源插头、烙铁头。

②用万用表检测电烙铁，根据电工公式算出电烙铁内阻。

2. 焊接材料。

(1) 铜线、焊丝、焊料等。

(2) 熔化焊料、焊丝、观察烙铁温度。

3. 掌握基本的焊接工艺及技术

(1) 掌握五步法。

(2) 掌握导线、元器件工艺成型与镀锡。

(3) 掌握对焊点质量的评判。

四、焊接技术综合考试

1. 预习和复习本章内容。

2. 通过上述训练进行综合考核(以操作为主)。

6.2.2　理论部分

在电子产品的设计生产过程中，焊接显得十分重要，焊接质量决定着产品的质量。如果没有相应的工艺质量保证，任何一个设计精良的电子产品，都难以达到设计指标。一个电子产品，焊点少则几十，多则几万以上，其中任何一个焊点出现问题，都可能影响整机工作。要从成千上万的焊点中找出有问题的焊点，并不是一件容易的事。因此，重视每一个焊点的质量，将成为产品质量的重要环节。

随着计算机科学技术的飞速发展，微型电子技术的出现与应用驱动着焊接方法和设备不断更新。波峰焊、再流焊、倒装焊、超声波焊、激光焊…日新月异，令人目不暇接。手工焊接虽已难于胜任现代化的生产，但是如同交通工具尽管有了汽车、火车、飞机和轮船，人们的两条腿步行永远不可能被取代一样，手工焊接仍有广泛的应用，它不仅是小批量生产、研制和维修不可少的焊接方法，也是自动化焊接获得成功的基础。因此，了解焊接的特点机理，熟悉焊接材料、工具和掌握一定的焊接技术及要领，是确保焊接质量的前提。

6.2.2.1　锡焊机理与特点

一、锡焊机理

焊接有这样的定义："在固体和固体之间，熔入比母材金属熔点低的焊料，依靠毛细管作用使焊料进入间隙中，从而使母材结合为一体，并在母材和焊料间发生必要的化学变化，而不是像用浆糊粘合两层纸那样的物理变化"。采用锡铅焊料进行焊接的称为锡铅焊，简称锡焊，其机理是：在锡焊的过程中将焊料、焊件与铜箔在焊接热的作用下，焊件与铜箔不熔化，焊料熔化并湿润焊接面，依靠焊件、铜箔两者间原子分子的移动，从而引起金属之间的扩散形成在铜箔与焊件之间的金属合金层，并使铜箔与焊件连接在一起，就得到牢固可靠的焊接点，以上过程为相互间的物理-化学作用过程。

二、锡焊特点

(1) 焊料熔点低于焊件。

(2) 焊接时将焊料与焊件共同加热到焊接温度，焊料熔化而焊件不熔化。焊接的形成依靠熔化状态的焊料浸润焊接面，从而产生冶金、化学反应形成结合层，实现焊件的结合。

(3) 铅锡焊料熔点低于200℃，适合半导体等电子材料的连接。

(4) 只需简单的加热工具和材料即可加工，投资少。

(5) 焊点有足够强度和电气性能。

(6) 锡焊过程可逆，易于拆焊。

6.2.2.2 锡焊条件

一、焊件具有可焊性

锡焊的质量主要取决于焊料润湿焊件表面的能力，即两种金属材料的可润性即可焊性。如果焊件的可焊性差，就不可能焊出合格的焊点。可焊性是指焊件与焊锡在适当的温度和焊剂的作用下，形成良好结合的性能。不是所有的材料都可以用锡焊实现连接的，只有部分金属有较好可焊性，一般铜及其合金、金、银、锌、镍等具有较好可焊性，而铝、不锈钢、铸铁等可焊性很差，一般需要特殊焊剂及方法才能锡焊。

二、焊件表面应清洁

为了使焊锡和焊件达到良好的结合，焊件表面一定要保持清洁。即使是可焊性良好的焊件，如果焊件表面存在氧化层、灰尘和油污，在焊接前务必清除干净，否则影响焊件周围合金层的形成，从而无法保证焊接质量。

三、合适助焊剂

助焊剂的种类很多，其效果也不一样，使用时应根据不同的焊接工艺、焊件的材料来选择不同的助焊剂。助焊剂用量过多，助焊剂残余的副作用也会随之增加。助焊剂用量太少，助焊作用则较差。焊接电子产品使用的助焊剂通常采用松香助焊剂。松香助焊剂无腐蚀，除去氧化、增强焊锡的流动性，有助于湿润焊面，使焊点光亮美观。

四、合适焊接温度

热能是进行焊接不可缺少的条件。在锡焊时，热能的作用是使焊锡向元件扩散并使焊件温度上升到合适的焊接温度，以便与焊锡生成金属合金。

五、合适焊接时间

焊接时间，是指在焊接过程中，进行物理和化学变化所需要的时间。它包括焊件达到焊接温度时间，焊锡的熔化时间，焊剂发挥作用及形成金属合金的时间几个部分。焊接时间要适当，过长易损坏焊接部位及器件，过短则达不到要求。

6.2.2.3 锡焊材料与工具

焊接工具和锡焊材料是实施锡焊作业必不可少的条件。合适、高效的工具是焊接质量的保证，合格的材料是锡焊的前提，了解这方面的基本知识，对掌握锡焊技术是必需的。

一、焊料

凡是用于熔合两种或两种以上的金属面，使之成为一个整体的金属或合金都叫焊料。按组成成分，焊料可分为锡铅焊料、银焊料及铜焊料。在一般电子产品装配中主要使用锡铅焊料。

要使焊接良好，就必须使用适合于焊接目的与要求的焊料。常用的锡铅焊料，由于锡铅的比例及其他金属成分的含量不同而分为多种牌号，每种牌号各具有不同的焊接特性，要根据焊接点的不同要求去选用。选用的主要依据如下。

(1) 被焊接金属材料的焊接性能，被焊接金属材料的焊接性能系指金属的可焊性，即被焊接金属在适当的温度和焊剂的作用下与焊料形成良好合金的性能。锡铅焊料中的锡与铅这两种金属，在焊接过程中究竟是哪一种与被焊接的金属材料生成合金，这取决于被焊金属材料。铜、镍和银等在焊接时能与焊料中的锡生成锡铜、锡镍与锡银合金。金在焊接中能与焊料中的铅生成铅金合金。由于生成的合金是金属化合物，所以，焊料与被焊接金属材料之间有很强的亲合力。

(2) 焊接温度，不同成分的焊料，其熔点也不相同。在焊接时，焊料的熔点要与焊接温度相适应。焊接温度与被焊接器件和焊剂有直接的关系，即焊接温度最高不能超过被焊接器件、印制线路板、焊盘或接点等所能承受的温度，最低要保证焊剂能充分活化起到助焊作用，使焊料与被焊接金属材料形成良好的合金。在选择焊料时，焊接温度是很重要的依据。

(3) 焊接点的机械性能与导电性能，焊接点的机械性能及导电性与焊料中锡和铅的含量有一定的关系。使用含锡量为 61% 的共晶锡焊料形成的焊接点，其机械性能如抗拉强度，冲击韧性，抗剪强度等都较好。一般焊接点对导电性能要求不严。由于焊料的导电率远低于金、银、铜甚至于铁等其他金属，因此，应注意有大电流流经焊接部位时，由于焊接点的电阻增大而引起电路电压下降及发热的问题。含锡量较大的焊料，其导电性能较好。

下面介绍几种不同情况下的焊料选用，供参考。

焊接电缆护套铅管等，宜选用 683 锡铅焊料 (HISnPb68-2)。这种焊料中铅的含量较大，可使焊接部位较柔软，耐酸性能好。焊料中含有一定量的锑，可增加焊接强度。

焊接无线电元器件、安装导线、镀锌钢皮等，可选用 584 锡铅焊料 (HISnPb58-2)。这种焊料成本较低，尚能满足一般焊接点的焊接要求。

手工焊接一般焊接点，如印制线路板上的焊盘及耐热性能差的元器件和易熔金属制品，应选用 39 锡铅焊料 (HISnPb39)。这种焊料熔点低，焊接强度高，焊料的熔化与凝固时间极短，有利于缩短焊接时间。

浸焊与波峰焊接印制线路板，一般选用锡铅比为 61/39 的共晶焊锡。焊接时，随着焊接点数量的增多，焊料槽中的锡含量逐渐减少，使焊料熔点增高。此时可加入含锡量较大的焊料来调整，使锡铅含量比例恢复正常，保证焊接质量的一致性。要保持锡的含量在 58% ~ 62% 之间，而铜的含量不能超过 0.3%。

焊接镀银件要使用含银的锡铅焊料，这样可减少银膜溶解，使焊接牢靠。如焊接陶瓷器件的渗银层等，就应选用此种焊料。

焊接某些对温度十分敏感的元器件材料时，要选用低熔点的焊料。在锡铅中加入铋、镉、锑等元素，即可获得低熔点焊料，实现低温度焊接。

二、焊剂

焊剂也称助焊剂，是锡焊中最重要的材料之一。焊剂性能的优劣，直接影响锡焊的质量及其效率，而且也明显地影响着接合部分的机械可靠性和各种电气性能的可靠性。因此，必须掌握焊剂的一般性质、成分、作用等基本知识，才能正确地使用、选择焊剂。

1. 焊剂在焊锡中的功能。

金属在空气中，特别在加热的情况下，表面会生成一薄层氧化膜。在焊接时它会阻碍焊锡的浸润，也影响接点合金的形成。采用焊剂能改善焊接性能。破坏金属表面的氧化物，使成为悬浮状态，漂浮在焊锡表面，有利于焊接的功能。它又能覆盖在焊料表面。防止焊料或金属进一步氧化的作用。还具有增强焊料与金属表面的活性，帮助焊料流展，增加浸润功用。

2. 焊剂应具备的条件。

（1）有清洁被焊金属和焊料表面的作用；

（2）熔点比所有焊料的熔点低；

（3）能在焊接的温度下形成液状，具有保护金属表面的作用；

（4）熔化时不会产生飞溅或飞沫；

（5）表面张力较焊料小，浸润扩散速度较熔化的焊料更快；

（6）不产生有毒的气体或有强烈臭味的气体；

（7）熔解前没有腐蚀性，产生的残渣不具有腐蚀性、不具有导电性及吸湿性；

（8）焊剂的膜要光亮、致密、干燥快、不吸潮、热稳定性好。

3. 焊剂的种类。

焊剂一般可分为无机焊剂、有机焊剂和松香基焊剂。

（1）无机焊剂。

无机焊剂化学作用强，助焊性能非常好，但腐蚀作用大。这些助焊剂具有水溶性，有较强的活性作用，但是，也有强烈的腐蚀作用。焊接后应清洗，清除助焊剂的残渣极为重要。

（2）有机焊剂。

有机助焊剂由有机酸、有机类卤化物以及各种胶盐、树脂合成类组成。这类助焊剂由于含有酸值较高的成分，因而具有较好的助焊性能，可焊性高，所以被广泛使用。

它的主要缺点是：有的助焊剂具有一定程度的腐蚀性，残渣不易清洗干净。此类焊剂绝大部分存在污染问题，表现为焊接过程中，分解的溴化氢及胶类物质对操作者可产生不良影响。

这类助焊剂有的是水溶性的，因而在电子焊接中使用受到限制。

（3）松香基焊剂。

松香焊剂是一种传统的助焊剂。在加热情况下，具有去除焊件表面氧化物的能力，从而达到助焊的目的，同时松香又是高分子物质，焊接后形成的膜层具有覆盖焊点，保护焊点不被氧化腐蚀的作用。由于松香焊剂的松脂残渣为非腐蚀性、非导电性（松香基焊剂的阻值可以达到 $10^8\,\Omega$ 以上）、非吸湿性，且成本低，焊后的清洗较容易，焊接时没有什么污染，所以松香焊剂在电子焊接中被普遍使用。

4. 焊剂的选用。

能否正确选用焊剂直接决定着焊接质量的高低。选用焊剂时优先考虑的因素是被焊接金属材料的性能及氧化、污染情况，其他如焊接点的形状、体积等都是次要的因素。下面介绍如何以金属的焊接性能为依据选用焊剂。

(1)铅、金、银、铜、锡等金属，焊接性能较强。为减少焊剂对金属材料的腐蚀，在焊接这几种金属时，多使用松香做助焊剂。由于松香块或松香酒精溶液在焊接过程中使用不便，所以在焊接时，尤其是在手工焊接时多采用松香焊锡丝，常用的 HISnPb39 焊锡丝就适用于此类金属材料的焊接。

带有锡层(镀锡、热浸锡或热浸锡铅焊料)的金属材料也属于焊接性能好的金属，同样适合选用松香系列焊剂。

(2)铅、黄铜、青铜、铍青铜及带有镍层的金属焊接性能较差，不宜使用松香做焊剂，而应选用有机助焊剂，如常用的中性焊剂或活性焊锡丝。

活性焊锡丝的丝芯由盐酸二乙胺等胺盐加松香组成，焊接时能减小焊料表面的张力，促进氧化物起还原作用。活性焊锡丝的焊接性能比一般焊锡丝好，最适用于开关，接插件等热塑性塑料件的焊接。需要注意的是焊后要清洗干净。

(3)焊接半密封器件，必须选用焊后残留物无腐蚀性的焊剂，以防渗入被焊件内部的焊剂残留物对器件产生不良影响。

焊剂的选用还应从焊剂性能对焊接物方面的影响，如焊剂的腐蚀性、导电性及焊剂对元器件损坏的可能性等方面全面考虑。

三、锡焊常用工具——电烙铁

电烙铁是锡焊的基本工具，它的作用就是把电能转换成热能，用以加热工件，熔化焊锡，使元器件和导线牢固地连接在一起。

电烙铁有外热式电烙铁、内热式电烙铁。下面做简单介绍。

1. 外热式电烙铁。

外热式电烙铁目前应用很广，其外形如图6.2.1所示。它一般由烙铁头、烙铁芯、外壳、把柄等部分组成，电烙铁的能量转换部分是发热元件，俗称烙铁芯。它由镍铬发热电阻丝缠在云母、陶瓷等耐热绝缘材料上构成。烙铁头安装在烙铁芯里面，故叫外热式电烙铁。

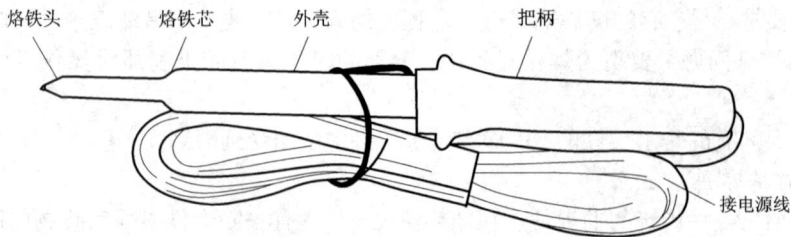

图 6.2.1 外热式电烙铁

外热式电烙铁一般有 300 W、200 W、150 W、100 W、75W、45W、30 W、25W、20 W 等几种，功率越大，烙铁的热量越大，烙铁头的温度越高。例如，在焊接印制线路板时，一般使用 20~30 W 电烙铁。如果使用烙铁功率过大，温度太高，就容易烫坏元器件(一般二极管和三极管结点温度超过 200℃ 时就会烧坏)和使印制线路板的铜箔脱落；如果使用的烙铁功率太小，温度过低，焊锡不能充分熔化，焊剂不能挥发出来，焊点不光滑，不牢固，不但效率低，而且焊接时间过长，因此也会把元件烫坏。所以，对电烙铁的功率应根据不同焊接对象，合理选用。

　　外热式电烙铁对焊接电子产品的大型产品和小型产品都很方便，因为它可以调整烙铁头的长短和形状，借此来掌握焊接温度。

　　为适应不同焊接物面的需要，通常烙铁头有不同的形状，为了保持烙铁一定的温度，烙铁头还要有一定的体积。烙铁头的形状、体积大小及烙铁的长度都对烙铁的温度热性能有一定的影响。烙铁头的形状有多种，如图 6.2.2 所示。

　　凿形及尖锥形烙铁头通常用于手工焊接及一般修理工作。这种烙铁头角度大时热量比较集中，温度下降较慢，适用于焊接一般焊接点。烙铁头的角度小，温度下降快，适用于焊接温度比较敏感的元件。

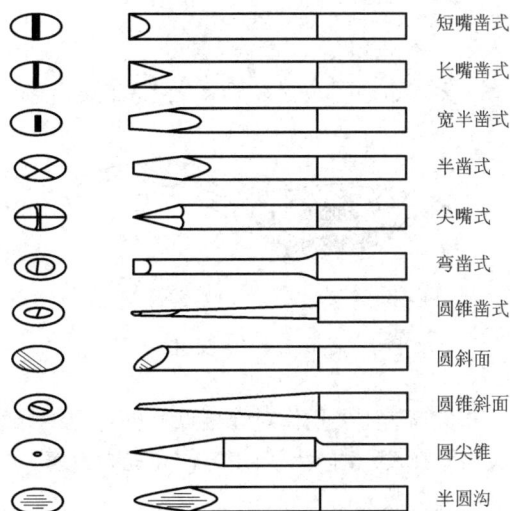

图 6.2.2　烙铁头外形

短嘴凿式
长嘴凿式
宽半凿式
半凿式
尖嘴式
弯凿式
圆锥凿式
圆斜面
圆锥斜面
圆尖锥
半圆沟

　　斜面设计的烙铁头，由于表面加大，传热较快，适合于焊接单面线路板上并不十分拥挤的焊盘接点。

　　圆锥形烙铁头多用于焊接高密度的线头、小孔及小而怕热的元器件。电烙铁的烙铁头一般是采用紫铜制成，在表面镀了一层铸合金，它在温度较高和使用时间较长情况下容易氧化，因此，经常要修理重新上锡方能继续使用。方法是在厚纸板上放一点焊锡和松香，接通烙铁电源，将烙铁头放在焊锡中来回滚动，让烙铁头表面均匀地镀上一层焊锡，以延长使用时间。

　　2. 内热式电烙铁。

　　常用的内热式电烙铁烙铁芯安装在烙铁头里面，故称为内热式电烙铁，如图 6.2.3 所示，烙铁芯是将镍铬电阻丝缠绕在两层陶瓷管之间，再经过烧结制成的。通电后镍铬电阻丝立即产生热量，由于它的

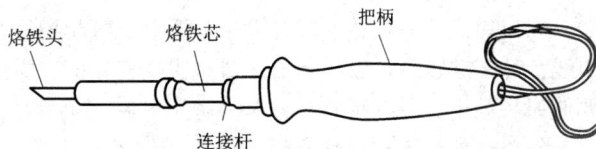

烙铁头　烙铁芯　把柄
连接杆
图 6.2.3　内热式电烙铁

发热元件在烙铁头内部，所以发热快，热量利用率高达 85%~90% 以上，烙铁温度在 350℃ 左右。目前使用的 20 W 内热式电烙铁同外热式比较其优点是体积小、重量轻、升温快、耗电省和效率高。20 W 内热式电烙铁相当于 25~40 W 的外热式电烙铁的热量。缺点是：在焊接印制板上的元器件时温度过高，容易损坏印制板上的元器件，特别是焊接集成电路时温度不能太高；又由于镍铬电阻丝较细，很容易烧断；另外，烙铁头不容易加工，更换不方便。

　　内热式电烙铁的使用注意事项基本上与外热式电烙铁相同。小功率内热式电烙铁由于电阻

丝很细，热量集中，故使用电压切勿超过额定电压，否则会造成高温而使发热元件断线。焊接时宜用松香焊剂，如长期使用氯化锌或酸性焊油焊剂，烙铁头易被腐蚀而缩短使用寿命。

因为连接杆管壁厚度只有 0.2 mm，发热元件采用陶瓷管，所以，不能任意敲击，更不能用钳子来夹发热元件的连接钢管，以免损坏。发热元件烧坏以后，一般不易修复而应换新。

四、其他工具

1. 尖嘴钳。

尖嘴钳如图 6.2.4 所示，它是组装电子产品常用的工具。

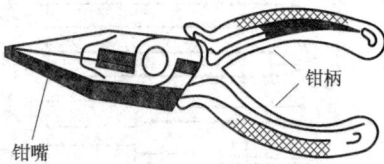

图 6.2.4　尖嘴钳

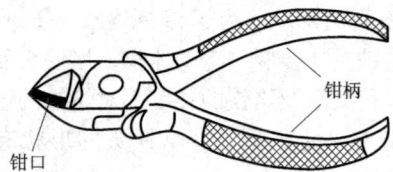

图 6.2.5　斜口钳

尖嘴钳主要用作对焊接点上进行网绕导线和绕元件引线，还可以用于元件的引线成型，尖嘴钳在使用时为了使用方便和提高效率，可在两柄内安装弹簧，以使钳口在使用时自动随手的握力放松而张开。

使用尖嘴钳时应注意如下事项：

(1) 塑料柄不能破损，开裂后严禁带非安全电压操作。

(2) 不允许用尖嘴钳装卸螺母。

(3) 不宜在 80℃ 以上的温度环境中使用，以防止塑胶套柄熔化或老化。

(4) 为了不使钳嘴断裂，尖嘴钳不要夹较粗的或硬金属导线及其他硬物。

(5) 尖嘴钳的头部是经过淬火处理的，不要在锡锅或高温的地方应用，因受热易退火降低钳头部分硬度。

2. 斜口钳。

斜口钳又称偏口钳、剪线钳，主要用于剪断导线，尤其是用来剪除网绕后元器件多余的引线，斜口钳如图 6.2.5 所示。斜口钳在使用时，要注意剪小的线头飞出伤人眼睛，剪线时，要使钳头朝下，在不便变动方向时可用另一只手遮挡。

斜口钳切记不要剪切螺钉和较粗的钢丝，以免损坏钳口。

3. 剥线钳。

剥线钳如图 6.2.6 所示，剥线钳的主要用途是剥离导线端头绝缘外层。使用时，注意将需要剥皮的导线放入合适的槽口，剥皮时不能剪断导线。

4. 镊子。

镊子如图 6.2.7 所示，镊子的主要用途是夹置导线和元器件在焊接时防止移动。如果塑料导线的绝缘

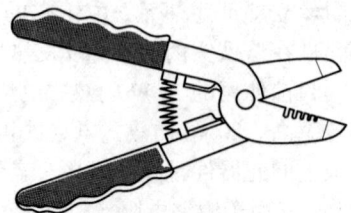

图 6.2.6　剥线钳

层在焊接后遇热收缩，此时也要用镊子将绝缘层向外推动，使绝缘层恢复到原来的位置；镊子还可夹着小块泡沫塑料和小团棉纱蘸上汽油或酒精，清洗焊点上的污物；它也可用来摄取微小器件和在装配件上网绕较细的线材；在焊接时能帮助被焊元件散热。

要求镊子弹性强，尖端合拢时要对正吻合。

5. 起子。

起子又称改锥、螺丝刀。起子又分为平口起子和十字起子。

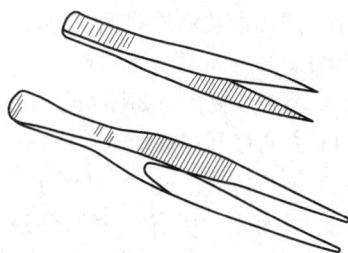

图 6.2.7　镊子

6.2.2.4　手工锡焊技术

一、焊接操作的正确姿势

掌握正确的操作姿势，可以保证操作者的身心健康，焊接时桌椅高度要适宜，挺胸、端坐，为减少有害气体的吸入量，一般情况下，烙铁到鼻子的距离应在 30cm 左右为宜。电烙铁的握法有三种，如图 6.2.8 所示。图(a)为反握法，其特点是动作稳定，长时间操作不易疲劳，适用于大功率烙铁的操作；图(b)为正握法，它适用于中功率烙铁操作；一般在印制板上焊接元器件时多采用握笔法如图(c)所示。握笔法的特点是：焊接角度变更比较灵活机动，焊接不易疲劳。焊锡丝一般有两种拿法，如图 6.2.9 所示。正拿法如图(a)所示，它适宜连续焊接。图(b)所示为握笔法，它适用于间断焊接。

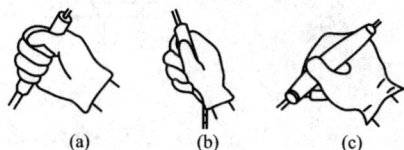

图 6.2.8　电烙铁的拿法示意图
(a)反握法；(b)正握法；(c)握笔法

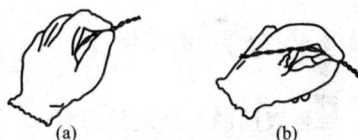

图 6.2.9　焊锡丝的拿法示意图
(a)连续锡焊时；(b)断续锡焊时

电烙铁使用完毕，一定要稳妥地放在烙铁架上，并注意电缆线不要碰到烙铁头，以避免烫伤电缆线，造成漏电、触电等事故。

二、焊接操作的基本步骤

掌握好烙铁的温度和焊接时间，选择恰当的烙铁头和焊点的接触位置，才可能得到良好的焊点。正确的焊接操作过程可以分为五个步骤如图 6.2.10 所示。

(1)准备施焊，如图 6.2.10(a)所示。左手拿焊锡丝、右手握烙铁，进入备焊状态。要求烙铁头保持干净，无焊渣等氧化物，并在表面镀有一层焊锡。

(2)加热焊件，如图(b)所示。烙铁头靠在焊件与焊盘之间的连接处，进行加热，时间约 2s，对于在印制电路板上焊接元器件，要注意烙铁头同时接触焊盘和元件的引脚，元件引脚要与焊盘同时均匀受热。

（3）送入焊锡丝，如图（c）所示。当焊件的焊接点被加热到一定温度时，焊锡丝从烙铁对面接触焊件。尽量与烙铁头正面接触，以使焊锡熔化。

（4）移开焊锡丝，如图（d）所示。当焊锡丝熔化一定量后立即向左上45°方向移开焊锡丝。

（5）移开烙铁，如图（e）所示。当焊锡浸润焊盘和焊件的施焊部位形成合金层后，向右上45°方向移开烙铁。从第3步开始到第5步结束，时间大约2 s。

对于热容量小的焊件，可以简化为三步操作。

（1）准备：左手拿锡丝，右手握烙铁，进入备焊状态。

（2）加热与送锡丝：烙铁头放置焊件处，立即送入焊锡丝。

（3）去丝移烙铁：焊锡在焊接面上扩散并形成合金层后同时移开电烙铁。

注意移去锡丝的时间不得滞后于移开烙铁的时间。

对于吸收低热量的焊件而言，上述整个过程不过2~4 s，各步骤时间的节奏控制，顺序的准确掌握，动作的熟练协调，都是要通过大量实践并用心体会才能解决的问题。有人总结出了在五步操作法中用数秒的办法控制时间：烙铁接触焊点后数一、二（约2 s）送入焊丝后数三、四，移开烙铁，焊丝熔化量要靠观察决定。此办法可以参考，但由于烙铁功率、焊点热容量的差别等因素，实际掌握焊接火候并无定章可循，必须视具体条件具体对待。

6.2.2.5　锡焊中的要点

一、焊件表面的处理及预焊

1. 焊件表面的处理。

为了提高焊接的质量和速度，防止出现虚焊等缺陷，一般焊件都要进行表面清理工作，去除焊件表面上的氧化层、锈迹、油污、灰尘等影响焊接质量的杂质。方法是：用刀具或断锯条对焊件表面进行刮磨或用砂纸对焊件表面进行擦拭，直到焊件表面露出金属光泽。

2. 焊件表面的预焊。

为了使金属表面在以后的锡焊中易于被焊料润湿而预先进行一次浸锡处理的方法叫预焊。焊件表面经过处理后露出的金属光泽的焊件表面和刚剥去绝缘外皮的导线端部要立即进行预焊，如果让其自然放置，金属表面就会因接触空气而氧化，也可能沾染上其他油脂、汗渍等对锡焊不利的物质，势必降低锡焊性能。常用预焊法的操作要点如下。

（1）用焊料槽搪锡的预焊法。将要锡焊的元器件引线或导线的焊接部位按规定的长度浸入焊料槽中，待焊料润湿元件引线或导线焊接部位后，取出，搪锡完毕。焊料的成分，通常用质量各占50%的锡和铅，以条状加入焊料槽中，经外加热到350℃后使用。

将导线插入焊料槽中要注意以下两点：

插入的速度要缓慢，防止过快而产生飞溅。导线插入的最大长度应小于裸线的长度，即

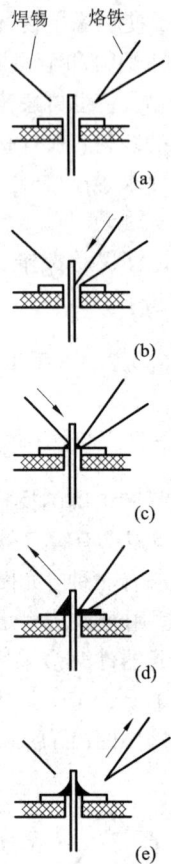

焊锡　　烙铁

(a)

(b)

(c)

(d)

(e)

图6.2.10
手工锡焊五步法

应留 5 mm 的剩余长度，尤其是多股芯线更要注意这点。由于毛细管现象，焊料会沿着细线的间隙向上爬，渗入到相当的高度，甚至进入未剥皮的导线内。这会使将来的断线部位发生在外皮的内部，不易被发现。因为多股线预焊后，多股芯线被焊料结合成一体，硬度、刚度增大，此处应力集中，断线就往往发生在预焊与未预焊的交接处。另外，绝缘层一旦被 300℃ 左右的焊料加温，绝缘性能也会降低，所以插入深度的掌握十分重要。

从何处插入、从何处抽出预焊导线也应重视。为了保证预焊的质量，导线插入应选干净的液面处插入；抽出时，也应将导线带至干净的液面抽出。抽出的速度应尽量快，以防止导线表面沾上液面的杂质，影响外观。

（2）电烙铁涂焊料预焊法。先用烙铁将焊料和焊剂熔化在硬纸板中，然后将被焊的元件引线或导线焊接端放入熔化的焊料、焊剂中，烙铁头的刀口压在元件引线或导线的焊接部位，烙铁头刀口压的力量要适当，用镊子夹住元件或导线，边拖动边转动元件或导线，使元件引线或导线焊接部位周围的表面都均匀地搪上一层焊锡。

二、保持烙铁头的清洁

焊接时，烙铁头长期处于高温状态，又接触焊剂等弱酸性物质，其表面很容易氧化并沾上一层黑色杂质，这些杂质形成隔热层，妨碍了烙铁头与焊件之间的热传导。因此，应随时在烙铁架上蹭去杂质，用一块湿布或湿海绵随时擦拭烙铁头，也是常用的方法。

三、增加接触面积来加快传热

加热时，应该让焊件上需要焊锡浸润的各部分均匀受热，而不是仅仅加热焊件的一部分，更不要采用烙铁对焊件增加压力的办法来加快传热，以免造成损坏或不易觉察的隐患。正确的方法是，要根据焊件的形状选用不同的烙铁头，或者自己修整烙铁头，让烙铁头与焊件形成面的接触而不是点或线的接触。这样，就能大大提高焊接效率。

四、烙铁头上要保留少量的焊锡

在手工锡焊中，要提高加热的效率，需要进行热量传递。这个热量传递要靠烙铁头上保留的少量焊锡，作为加热时烙铁与焊件之间的传热的媒介。由于金属熔液的导热效率远远高于空气，所以焊件很快被加热到焊接温度。应该注意，作为传热媒介的锡量不可保留过多，以免造成焊点误连。

五、控制好焊锡量

手工焊接常使用管状焊锡丝，该焊锡丝内部已装有松香和活化剂制成的助焊剂。焊锡丝的直径有 0.5、0.8、1.0、…、5.0 mm 等多种规格，要根据焊点的大小选用。一般，应使焊锡丝的直径略小于焊盘直径。过量的焊锡不但无必要地消耗了较贵的锡，而且还增加焊接时间，降低工作速度。更为严重的是，过量的锡很容易造成不易觉察的短路故障。焊锡过少也不能形成牢固的结合，同样是不利的。特别是焊接印制板引出导线时，焊锡用量不足，极容易造成导线脱落。合适的焊锡量是全面润湿整个焊点的填充量即为适量。

六、焊剂用量要适中

适量的助焊剂对焊接非常有利。过量使用松香焊剂，焊接以后势必需要擦除多余的焊剂，并且延长了加热时间，降低了工作效率。当加热时间不足时，又容易形成"夹渣"的缺陷。焊接开关、接插件的时候，过量的焊剂容易流到触点处，会造成接触不良。合适的焊剂量，应该是松香水仅能浸湿将要形成的焊点，不会透过印制板流到元件面或插孔里。对使用松香芯焊丝的焊接来说，基本上不需要再涂松香水。目前，印制板生产厂的电路板在出厂前大多进行过松香浸润处理，无需再加助焊剂。

七、焊接温度与加热时间的掌握

适当的温度对形成良好的焊点是必不可少的。

经过实践证明，烙铁头在焊件上停留的时间与焊件温度的升高是成正比关系。同样的烙铁，加热不同热容量的焊件时，想达到同样的焊接温度，可以通过控制加热时间来实现。但在实践中又不能仅仅依此关系决定加热时间。例如，用小功率烙铁加热较大的焊件时，无论烙铁停留的时间多长，焊件的温度也上不去，原因是烙铁的供热容量小于焊件和烙铁在空气中散失的热量。此外，为防止内部过热损坏，有些元器件也不允许长期加热。加热时间对焊件和焊点的影响及其外部特征是什么呢？如果加热时间不足，会使焊料不能充分浸润焊件而形成松香夹渣而虚焊。反之，过量的加热，除有可能造成元器件损坏以外，还有如下危害和外部特征。

(1)焊点外观变差。如果焊锡已经浸润焊件以后还继续进行过量的加热，将使助焊剂全部挥发完，造成熔态焊锡过热；当烙铁离开时容易拉出锡尖，同时焊点表面发白，出现粗糙颗粒，失去光泽。

(2)高温造成所加松香助焊剂的分解碳化。松香一般在210℃开始分解，不仅失去助焊剂的作用，而且造成焊点夹渣而形成缺陷。如果在焊接中发现松香发黑，肯定是加热时间过长所致。

(3)过量的受热会破坏印制板上铜箔的粘合层，导致铜箔焊盘的剥落。因此，在适当的加热时间里，准确掌握加热火候是优质焊接的关键，合适的加热温度使焊点具有明亮的光泽度。

八、烙铁撤离焊点时要注意方法

烙铁的撤离要及时，而且撤离时的角度和方向与焊点的形成有关。图6.2.11所示为烙铁不同的撤离方向对焊料的影响。其中，图(a)所示为烙铁头以45°(烙铁头的轴线)方向撤离，此时焊点圆滑。图(b)所示为烙铁头垂直向上撤离，此时焊点容易出现拉尖。图(c)所示为烙铁头以水平方向撤离，烙铁头能带走大部分焊料；图(d)所示为烙铁头垂直向下撤离，烙铁头把绝大

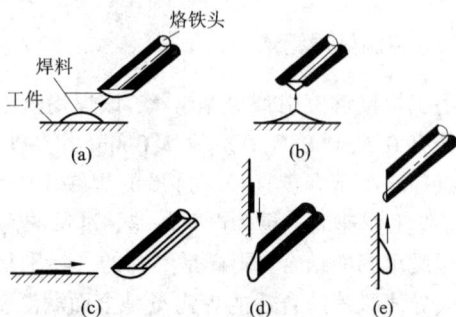

图 6.2.11   烙铁的撤离方法

部分焊料都能带走；图(e)所示为烙铁头垂直向上撤离，烙铁头只带走很少量的焊料。

由图6.2.11可知，烙铁头能吸除焊料，但是绝对不可用烙铁头来作运载焊料的工具。因为手工烙铁焊接经常使用的是松香焊锡丝，当松香芯焊锡丝接触到被加热的烙铁头时，焊料和焊剂会一起熔化，由于烙铁头的温度很高，时间稍长，焊剂就会分解，焊料被氧化。即使是不带焊剂的焊料，也不允许用烙铁头运载，因为这样运载焊料会加速氧化，用氧化的焊料去焊接，其焊点质量低劣。

6.2.2.6 锡焊质量及要求

一、电气连接可靠

电路板上的焊点是实现元器件固定和电路连通的。一个焊点既固定元器件、又能稳定可靠地通过一定的电流，没有足够的接触面积和稳定的组织是不行的。因为锡焊连接不是靠压力，而是靠焊接过程形成的牢固连接的合金层达到电气连接的目的。如果焊锡仅仅是堆在焊件的表面或只有少部分形成合金层，也许在最初的测试和工作中不会发现焊点存在问题，但随着环境的改变和时间的推移，接触层氧化，电路产生时通时断或者干脆不工作，而这时观察焊点外表，依然连接如初，这是电子产品使用中最头疼的问题，也是产品制造中要重视的问题。

二、有一定的机械强度

焊接不仅要起固定元器件的作用，同时也是起到电气连接的作用。要保证电路接触良好，焊点就要有一定的机械强度。作为锡焊材料的铅锡合金，本身强度是比较低的，要想增加焊点强度，就要有足够的连接面积。如果是虚焊点，焊料仅仅堆在焊盘上，自然就谈不上强度了。

常见影响机械强度的缺陷是焊锡量过少、焊点不饱满、焊接时焊料尚未凝固就使焊件振动而引起的焊点结晶粗大(像豆腐渣状)或有裂纹，从而影响机械强度。

三、有光洁整齐的外观

合格的焊点要求焊料用量恰到好处，外表有金属光泽，没有拉尖、桥接等现象，并且不伤及导线的绝缘层及相邻元件。良好的外表是焊接质量的反映，而表面有金属光泽是焊接温度合适、合金层形成的标志，这些不仅仅是外表美观的要求，而是良好焊点的体现。典型焊点的外观要求(参见图6.2.12)。

(1)形状为近似圆锥而表面微凹呈坡状(以焊接元件引线为中心，对称呈裙形散开)。

(2)焊料的连接面呈半弓形凹面，焊料与焊件交界处平滑，接触角尽可能小。

(3)表面有光泽且平滑。

(4)无裂纹、针孔、夹渣。

焊点的外观检查，除用目测(或借助放大镜，显微镜观察)焊点是否合乎上述标准以外，还对整块印制电路板进行以下几个方面焊接质量的检查：漏焊、搭焊、焊料拉尖；焊料引起导线间短路；导线及元器件绝缘的损伤；焊料飞溅等。

检查时，除目测外还要用指触、镊子拨动、拉线等办法检查有无导线断线、焊盘剥离等

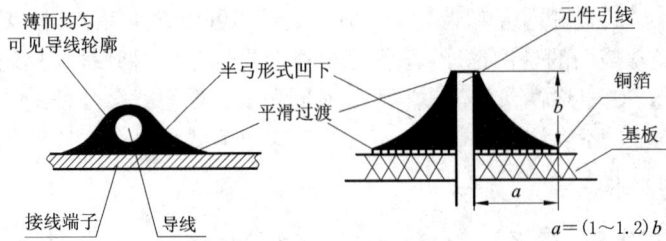

图 6.2.12　典型焊点的外观

缺陷。

　　锡焊外观检验各国都制定了检验标准。其检验的标准都是一致的。主要归纳为以下四条：

　　（1）焊点明亮、平滑、有光泽。

　　（2）焊料层均匀薄润，结合处的轮廓隐约可见。

　　（3）焊料量充足，呈裙形散开。

　　（4）无裂纹、针孔。

　　这四条标准综合表达了选用焊料的正确性、锡焊加热温度和时间的正确性、焊料填加量的适量和工艺操作的无误。就锡焊而言，尽管行家常说它是隐蔽的技术，但按上述四条标准验收合格，一般地说，其内部质量也是肯定的，即焊点的电气性能和力学性能也能满足要求。

6.2.2.7　锡焊缺陷及产生的原因

　　锡焊时出现缺陷的原因，除了材料（焊料与焊剂）和工具影响之外，焊接技术的高低和焊接人员的责任心，就起主要的作用了。

6.2.2.8　实用焊接技艺

　　熟练地掌握焊接技巧和要领是非常重要的，但这些技巧和要领还不能完全解决实际焊接中的各种各样的问题。实践中的经验和工艺技术是不可缺少的。学习别人的实践经验，遵循成熟的焊接工艺是学习者的必经之路。

一、器件在印制电路板上的焊装

　　元器件与印制电路板的焊接是电子产品制造中的核心，可以说一个产品的"精华"部分都装在印制板上，其焊接质量对产品的影响是可想而知的。尽管在现代化生产中印制板的装焊已经实现了自动化，但在产品的开发、研制、维修领域中还需要手工操作；况且手工焊接经验也是自动化获得成功的基础。

　　印制板与元器件的检查与预焊：

　　（1）焊装前的检查。

　　焊装前应对印制板和元器件进行检查，主要检查印制板印制线、焊盘、焊孔是否与图纸相符，有无断线、缺孔等，表面是否清洁，有无氧化、锈蚀。元器件的品种、规格及外封装是否与图纸吻合,元器件引线有无氧化、锈蚀。

(2)元器件预焊。

元器件在焊装前都要进行预焊处理,以有助于焊料的润湿和提高焊接的可靠性。元器件引脚在预焊前应先去除引脚表面的氧化膜,然后进行预焊处理方可插装。

1. 元器件引线的成型。

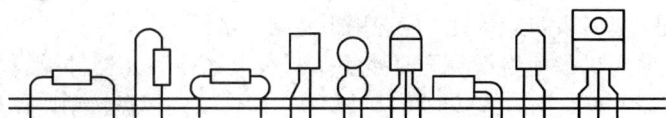

图 6.2.13　元器件引线成型示例

元器件成型大部分需在插装前弯曲成型。弯曲成型的要求取决于元器件本身的封装外形和在印制板上的安装位置。图 6.2.13 所示是印制板上的部分元器件成型插装实例。

元件水平插装和垂直插装的引线成型,都有规定的成型尺寸。总的要求是各种成型方法能承受剧烈的热冲击,引线根部不产生应力,元器件不受到热传导的损伤等。因此,元器件引线成型要注意以下几点。

(1)元器件引线成型时均不得从根部弯曲。因为根部受力容易折断。一般应离元件根部1.5 mm 以上,如图 6.2.14 所示。

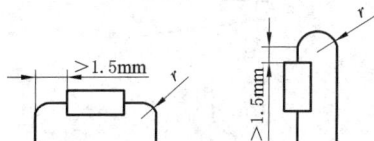

图 6.2.14　元件引线弯曲成型

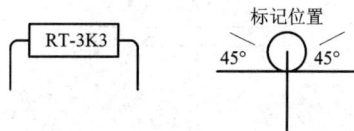

图 6.2.15　元器件成型及标志位置

(2)弯曲一般不要成死角,圆弧半径应大于引线直径的 1~2 倍。引线成型时应尽量将元器件有字符的面向上置于容易观察的位置,如图 6.2.15 所示。

2. 元器件的插装。

(1)贴板插装,如图 6.2.16(a)所示。

优点:稳定性好,插装简单;

缺点:不利于散热,且对某些安装位置不适应。

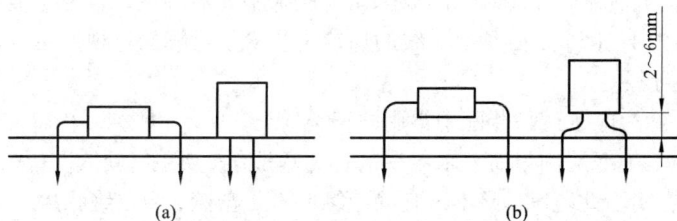

图 6.2.16　元器件插装形式

(2)悬空插装,如图 6.2.16(b)所示。

优点:适应范围广,有利散热;

缺点：插装时需控制一定高度以保持美观一致。悬空高度一般取 2~6 mm。插装时具体要求应首先保证图纸中安装工艺要求，其次按实际安装位置确定。一般无特殊要求时，只要位置允许，采用贴板插装较为常用。

3. 印制电路板上元件的焊接。

印制板上的元件焊接，除遵循锡焊要领外，需注意以下几点。

(1)烙铁一般应选 20~35W 烙铁，烙铁头形状应根据印制板焊盘大小确定。目前印制板上器件发展趋势是小型密集化，因此，应选用小型圆锥烙铁头。

(2)烙铁加热时应尽量使烙铁头同时接触印制板上铜箔和元器件引线(见图 6.2.17)。对较大的焊盘(直径大于 5 mm)焊接时可移动烙铁，即烙铁绕焊盘转动以免长时间停留一点，导致局部过热。

(3)对于金属化孔的焊接，焊接时不仅要让焊料润湿焊盘，而且孔内也要润湿填充。因此，金属化孔加热时间应比单面板长。

(4)耐热性差的元器件应使用工具辅助散热(见图 6.2.18)。

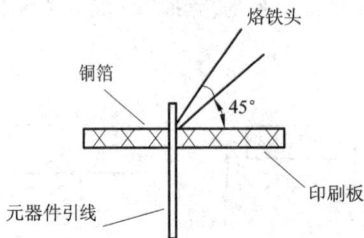

图 6.2.17　烙铁对焊点加热

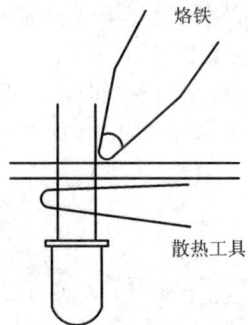

图 6.2.18　辅助散热示意图

4. 焊后处理。

(1)剪去元件上的多余引线，注意不要对焊点施加剪切力以外的其他力。

(2)检查印制板上所有元器件引线焊点，修补焊点缺陷。

二、导线在各类端子上的焊接

在电子产品的故障中，导线焊点的故障几率仅次于元器件的故障率，但对产品的质量却起着至关重要的作用。因此，必须对导线的焊接工艺给予足够的重视。

1. 常用连接导线。

图 6.2.19 所示为电子产品装配中常用的三类导线。

(1)单股导线，绝缘层内只有一根导线的称为单股线，或称"硬线"。硬线常用于固定位置连接。漆包线也属于此范围，只不过它的绝缘层不是塑胶，而是绝缘漆。

(2)多股导线，绝缘层内有多根导线的称为多股线，或称"软线"，它使用较为广泛。

(3)屏蔽线，导线表面有金属编织线的称为屏蔽导线，或称同轴电缆导线。它在弱信号的传输中应用很广。

2. 导线焊前处理。

（1）剥绝缘层。

导线焊接前要剥去末端绝缘层，一般可用剥线钳或简易剥线器（见图 6.2.20）进行。剥线器可用 0.5~1 mm 厚度的黄铜片经弯曲后固定在电烙铁上制成，使用它最大的好处是不会伤导线。用剥线钳或普通偏口钳剥线时要注意对单股线不应伤及导线，多股线及屏蔽线不要断线，否则将影响接头焊接质量。对多股导线剥除绝缘层时注意将线芯拧成螺旋状，一般采用边拽边拧的方法，如图 6.2.21 所示。

（2）预焊。

导线的预焊又称为上锡，方法同元器件引线预焊一样，但注意导线上锡时要边上锡边旋转，旋转方向与拧合方向一致。

3. 导线在柱状端子上的焊接。

把经过上锡的导线端头在柱状接线端子上缠一圈，用钳子拉紧缠牢。绕接连线的操作要点是不管在哪种端子上绕接导线，导线的端头都要贴紧端子的表面，不得翘起来。导线在端子上缠绕一般不超过一圈，因为缠绕圈数越多越费工，且导线成型不易掌握，而且并不会显著提高焊接强度。导线上的绝缘层不得接触端子，但也不应离端子过远，一般 $L = 1~3$ mm 或等于导线的直径。导线端头在柱状端子上缠绕好后，然后用烙铁进行焊接，如图 6.2.22 所示。烙铁头在接线端子上的位置应该与绝缘导线对称，焊锡丝应该放在绝缘导线一侧。

4. 导线在分叉端子上焊接。

导线在柱状端子上焊接的要领同样适用于导线在分叉接线端子上的焊接。烙铁头、焊锡丝在分叉端子上的正确位置如图 6.2.23 所示。

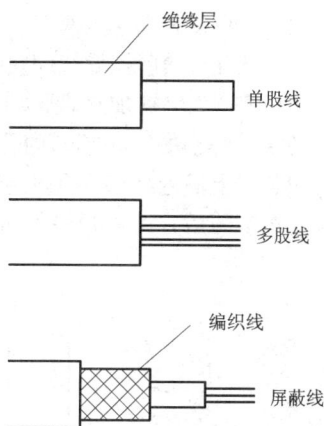

图 6.2.19 常用导线

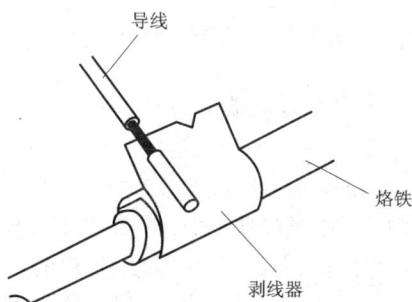

图 6.2.20 简易剥线器

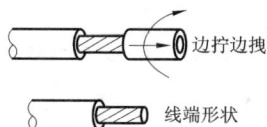

图 6.2.21 多股导线剥线技巧

图 6.2.22 导线在柱状端子

图 6.2.23 导线在分叉端上的焊接

5. 导线在管状端子上的焊接。

管状端子常用于插头、插座上。焊接时先用烙铁头加热管状端子，待端子被加热后，再把焊锡丝放上熔化，然后把导线端头插入管状端子的孔中，如图 6.2.24 所示。

图 6.2.24(a) 为烙铁加热管状端子并将锡熔化，使焊锡浸润满管状端内孔。然后将导线垂直插入到浸润焊锡的管状端子内孔中，注意：导线一定要插入到管内孔底部。为了防止温度过高烫伤芯线上面绝缘层，一般用镊子夹持芯线上面进行散热，如图 6.2.24(b)。当管状孔内焊锡完全凝固后方可松开镊子和导线，然后套上套管，如图 6.2.24(c)。

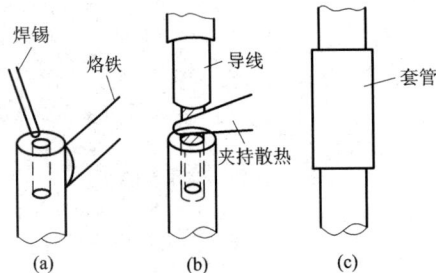

图 6.2.24　管状端子的焊接

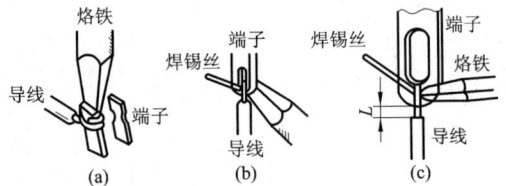

图 6.2.25　导线与片状端子的焊接

6. 导线在片状端子上的焊接。

导线在片状端子上的连接形式有三种：绕焊连接、钩焊连接、搭焊连接，如图 6.2.25 所示。

(1)绕焊连接。如图 6.2.25(a)所示。焊接时先把经过上锡的导线端头在片状端子上缠绕一圈，用钳子拉紧缠牢，使导线端头与片状端子表面贴紧，然后将烙铁头平放在片状端子上绝缘导线的相对一侧(尽量使加热的烙铁接触面积大)，加热后把焊锡丝放在绝缘导线一侧的接合处熔化，焊料熔化一定量之后，迅速移开焊锡丝和烙铁头。焊接时一定注意不要烫伤导线的绝缘层。

(2)钩焊连接。将导线端子弯成钩形，钩在接线端子上并用钳子夹紧后施焊，如图 6.2.25(b)所示，端头处理、焊接方法与绕焊相同。

(3)搭焊连接。在片状端子上搭焊导线时，一般采用一手两用法，即先把上了锡的导线端头放在片状端子上，把烙铁头放在片状端子上的导线结合处加热，放上焊锡丝，在焊锡熔化一定量以后，迅速移开焊锡丝和烙铁头，在焊锡完全凝固之后不得移动导线。如图 6.2.25(c)所示，这种连接最方便，但强度和可靠性最差，仅用于临时连接或不便于缠钩的地方。

三、导线与导线的连接

有时要修复一根导线或延长导线的长度，势必要采用连接导线的方法。两根芯线直径相同的导线连接时其步骤如下。

(1)去掉一定长度绝缘层，清理接线处的表面。

(2)给导线端头上锡，套上合适的套管。

(3)把两根导线的芯线绞合在一起，如图 6.2.26(a)所示。

(4)将两根导线分开，如图 6.2.26(b)所示，然后用烙铁焊好。

(5)趁热套上套管，冷却后套管固定在端头处，如图 6.2.26(c)所示。

如果两根导线的芯线直径不一样，细芯线应缠绕在粗芯线上，其操作过程如图 6.2.27 所示。

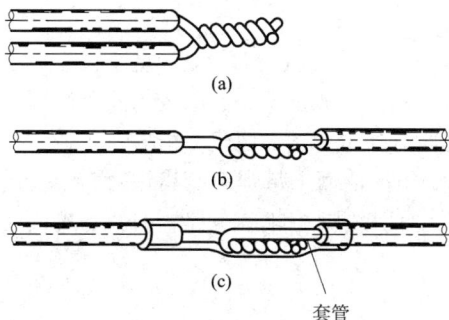

(a)

(b)

(c)

套管

图 6.2.26　两根导线的芯线直径相同时的接线

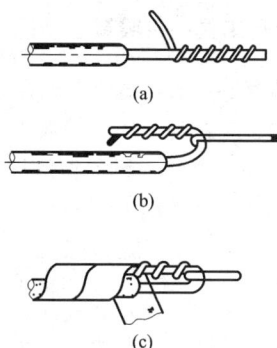

(a)

(b)

(c)

图 6.2.27　两根导线的芯线直径不相同时的接线

6.2.2.9　拆焊技术

在调试、维修电子设备中常需要更换一些元器件，更换元器件时，需先将原来的器件拆焊下来。如果拆焊方法不当，就会破坏印制电路板，也会使换下而并没失效的元器件无法重新使用。一般电阻、电容、晶体管等管脚不多，且每个引脚可相对活动，可用烙铁直接解焊进行拆除。

一、烙铁直接拆除元器件

用烙铁拆除插焊的元器件，可以采用分点拆焊，也可采用集中拆焊的方法。

1. 分点拆焊法。

使用烙铁熔化焊点，且逐个拆除焊点上的元件引线或导线的方法称为分点拆焊法，如图 6.2.28 所示。一般拆焊时应先将印制电路板竖起夹住，一边用烙铁加热待拆元件的焊点，一边用镊子或尖嘴钳夹住元器件引线轻轻拉出。

2. 集中拆焊法。

诸如三极管、集成放大器、集成电阻器等，当焊点之间的距离较近时，可以用烙铁对邻近的两个以上焊点同时加热，焊点一旦熔化随即将元件拔出，如图 6.2.29 所示。

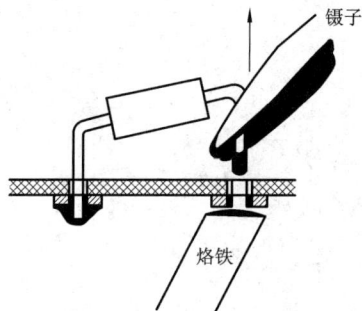

镊子

烙铁

图 6.2.28　分点拆焊示意图

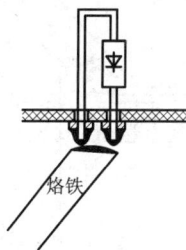

烙铁

图 6.2.29　集中拆焊示意图

元件一旦拔出后，如果重新安装焊接应先用镊子尖将封闭焊孔在加热熔化焊锡情况下扎通，再将器件引线插入焊孔进行焊装。

二、专用工具——吸锡器清除焊点法

对多焊点器件，如集成电路器件，以上方法就不行了，用吸锡器能够方便地吸除集成电路引脚上的各个焊点，从而使器件引脚脱离印制电路板。一般情况下，用吸锡器吸取焊锡后能够摘下元件，如果遇到多脚插焊件，虽然用吸锡器清除过焊料，但仍不能顺利摘除，这时候应细心观察一下，其中哪些脚没有脱焊。找到后，用清洁而未带焊料的烙铁对引线脚进行熔焊，并对引线脚轻轻施力向没有焊锡的方向推开，使引线脚与印制电路板分离，集成元器件即可拆下。

三、编织线清除焊点法

将铜编织线的头部刮干净，浸透焊剂，放在待拆引线的焊点上，把已加热的烙铁头放在铜编织线上加热。一旦焊料熔化，熔融的焊料就被铜编织线吸去。如果焊盘上的焊料一次没有完全清除，则应反复进行上述操作。这种方法简单，对任何焊点都适用，尤其对单、双印制电路板上的焊料或任意平面上多余的焊料的清除效果更佳。注意，吸取焊料后的铜编织线不能重复使用，必须把吸满锡的编织线剪去，方可继续操作。

四、搭焊件的拆除方法

这类焊件的拆除很简单，只要在焊点上蘸上助焊剂，用烙铁熔开焊点，元件的引线或导线即可拆下。如果遇到元件的引线或导线的露头处有绝缘套管，要先退出套管，再进行熔焊。

五、钩焊的拆除方法

钩焊的拆除方法如图 6.2.30 所示。拆除时，先用烙铁清除焊点的焊锡，再用烙铁加热将钩下的残余焊锡熔开，同时须在钩线方向用自制铲形刀撬起引线，移开烙铁并用平口镊子或钳子矫直。再一次熔焊取下所拆元件。注意：撬线时不得用力过猛，也不要用电烙铁去乱撬。

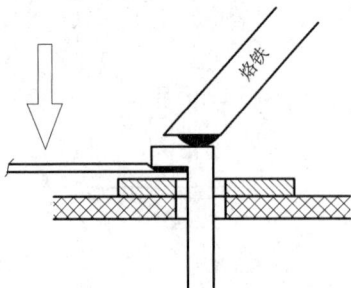

图 6.2.30　钩焊的拆除

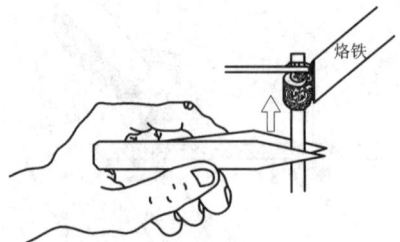

图 6.2.31　绕焊点的拆除

六、绕焊件的拆除方法

除了上面介绍的方法外,拆除绕焊件也可以用剪断的方法进行。这种方法适用于拆焊不方便、元件引脚或导线具有再焊接余量,以及元件或导线可以舍去的场合。操作时,先用剪刀或斜口钳子贴着焊点,将导线或元件引线剪断,用烙铁熔化焊点,清除焊锡,露出残留线头,在烙铁的熔化下,用镊子挑开线头,随之将其取下。绕焊的拆除,也可按图 6.2.31 所示的方法进行。

6.2.2.10　电子产品生产中的锡焊技术

在电子工业生产中,随着电子产品的小型、微型化的发展,为了提高生产效率降低生产成本,保证产品质量,目前电子工业生产中采取自动流水线焊接技术。特别是电子的微型化的发展,单靠手工烙铁焊接已无法满足焊接技术的要求。波峰焊接是当前主要的焊接技术,浸焊与波峰焊的出现使焊接技术达到一个新水平。再流焊是由片状器件的出现发展起来的新焊接技术,本节不作介绍。下面主要介绍一下浸焊与波峰焊。

一、浸焊

浸焊是将安装好元器件的印制电路板在熔化的锡锅内浸锡,一次完成印制线路板上众多焊接点的焊接方法。它不仅比手工焊接效率高,而且可消除漏焊现象。浸焊有手工浸焊和机器浸焊两种形式。

1. 手工浸焊。

手工浸焊是由人手持焊接的印制线路板来完成的,其步骤如下。

(1)焊前应先将锡锅加热,以熔化的焊锡达到 230~250℃ 为宜。为了去掉锡层表面的氧化层,要随时加一些焊剂,通常使用松香。

(2)在印制线路板上涂上一层助焊剂,一般是在松香酒精溶液中浸一下。

(3)使用简单的夹具将待焊接的印制线路板夹着浸入锡锅中,使焊锡表面与印制电路板接触。

(4)拿开印制电路板,待冷却后,检查焊接质量。如有较多的焊点未焊好,要重复浸焊。对只有个别焊接点未焊好的,可用电烙铁手工补焊。在将印制板放入锡锅时,一定要保持平稳,印制板与焊锡的接触要适当。这是手工浸焊成败的关键。由于手工浸焊仍属于手工操作,要求必须有一定的操作技能,因而不适用于大批量生产。

2. 机器浸焊。

使用机器的浸焊方法是,先将印制电路板装在具有振动头的专用设备上,然后再浸入焊料中,这种浸焊的效果较好。尤其是焊接双面印制电路板时,能使焊料深入到焊接点的孔中,使焊接更牢固,并可振动掉多余的焊料。机器浸焊的步骤与手工浸焊基本相同,不同的是增加了振动这一步。将待焊器件浸入有熔化焊料的槽内 2~3s 后,开启振动器设备振动 2~3s 便可获得良好焊接效果。

使用锡锅浸焊,由于焊料易于形成氧化膜,需要及时清理,才能得到较好的焊接效果。

二、波峰焊

波峰焊是在电子焊接中使用最广泛的一种焊接,其原理是让组装件与熔化的焊料的波接触，实现锡焊连接。这种方法适用于成批和大量焊接一面插有分立元件的印制电路板。通常将波峰焊设备安置在印制板组装自动线之内，它保证线路板在焊接时能连续移动和局部受热，并且凡与焊接质量有关的重要因素，如焊料和焊剂的化学成分、焊接温度、速度、时间等，在波峰焊时都可以得到较完善的控制。

波峰焊按原理来分不外乎两类：单向波峰焊（焊料向一个方向流动）和双向波峰焊（焊料向两个方向流动）。

1. 单向波峰焊。

向一个方向流动的波峰称为单向波峰。单向波峰焊主要是由一个多波台阶流装置和焊料喷嘴来实现，如图 6.2.32 所示，从图中可知，将已完成插件工序的印制电路板放在运动的导轨上，熔融的焊料由喷嘴喷出，流经多波台阶形成多个波峰至焊接电路板进行焊接。它的特点是，由于焊料是单向流动及有多个波峰，相对而言印制电路板与焊料接触的时间延长了，因此可提高焊接速度。

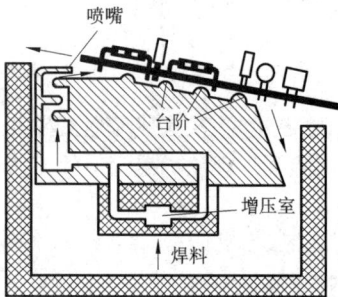

图 6.2.32　单向波峰示意图

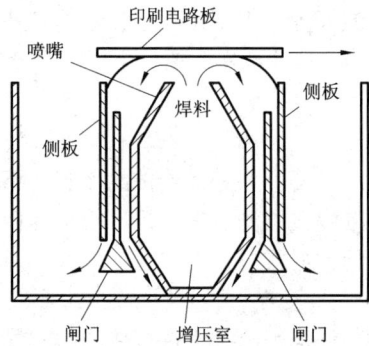

图 6.2.33　双向波峰示意图

2. 双向波峰焊。

双向波峰能使焊料向前、后两个方向流动（见图 6.2.33），因此使焊料有一个相对于印制电路板速度为零的区域，故能使焊点拉尖现象得以消除。将已完成插件工序的印制电路板放在运动的导轨上，在焊料从增压室经喷嘴喷出后，形成了双向波峰接触印制电路板面而进行焊接。由于喷嘴内缓冲网的作用，焊料产生层流流动。不致产生过大的紊流，在喷嘴的两侧分别设置了侧板和闸门。同时，由于焊料从波峰流下来能直接经闸门进入焊料槽，所以能大大减少锡渣的生成。

在双向波峰中，又有单喷嘴和双喷嘴、双波峰和多波峰之分。这里需要特别一提的是宽波峰，顾名思义，就是较宽，有 100 mm 左右。宽波峰的特点是波峰的形状变化缓慢，焊料槽的工作条件稳定。另外，假如传送带的速度一定，印制电路板与焊料接触的时间，相对比其他方式要长一些，所以能采用较低的焊接温度。低温焊接的优点是能避免焊件过热及受热冲击的影响，而且还能抑制杂质在焊料槽内熔化。

除了以上所述的浸焊和波峰焊外，随着微电子技术、微组装技术的出现，从而促使焊接技术不断向多样化、智能化方向发展。再流焊、激光焊、超声波焊等应运而生，传统的焊接方法已不能适应现代电子技术的发展，新的高效的焊接方法也将随电子技术的发展而不断涌现出来。

思考与习题

1. 什么叫锡焊? 有何重要意义?
2. 试论述一下锡焊机理。
3. 什么叫焊料? 焊料分为哪几种? 如何选择锡铅焊料?
4. 内热式烙铁与外热式烙铁有何区别?
5. 如何合理选用电烙铁?
6. 如何选择烙铁头? 总结使用烙铁的技巧。
7. 为什么要使用焊剂?
8. 焊剂有哪些类别, 如何选用?
9. 锡焊必须具备哪些条件?
10. 焊接操作的五个基本步骤是什么?
11. 焊点合格的标准是什么?
12. 锡焊中要掌握哪些要领?
13. 对焊点有何要求? 简述不良焊点常见的外观以及如何检查。
14. 手工焊接技艺有哪几项?
15. 印制板通孔安装方式中, 元器件引线成型应当注意什么?
16. 元器件插装时, 应注意哪些原则?
17. 什么叫浸焊, 什么叫波峰焊?

6.3 常用电子元器件的识别与测量

一、实验目的

1. 通过对电子元器件测试, 学会使用指针万用表及数字万用表;
2. 判别常用电子元器件的好坏、电极性、参数;
3. 掌握基本的电子元器件测量方法。

二、实验要求

1. 学会识别常用电子元器件的种类、规格型号、标称值、耐压及误差等, 掌握一些基本参数的测量;
2. 学会正确使用指针万用表和数字万用表;
3. 将所测的基本参数、性能等数据写入实习报告附页。

三、实验内容

1. 电阻器的识别与测量。

(1)电阻器的分类。

电阻器按结构可分为固定电阻(含特种电阻器)和可变电阻(电位器)两大类,电路符号如图6.3.1所示。

固定电阻　　　　　可变电阻

图 6.3.1 电阻常用符号

固定电阻器的分类如表 6.3.1 所示。

表 6.3.1　固定电阻的分类

电　　　阻　　　器				
普　通　电　阻			特　种　电　阻	
按材料分	线绕型 薄膜型:(1)碳膜(2)金属膜(3)氧化膜 合成型	熔断电阻		
按作用分	通用型 高阻型 高频无感型 高压型	敏感电阻	光敏电阻 热敏电阻 压敏电阻 湿敏电阻 磁敏电阻 力敏电阻 气敏电阻	
按外形分	圆柱形;管形;方形;片形;集成电路			

(2)电阻器的外形图(如图 6.3.2 所示)。

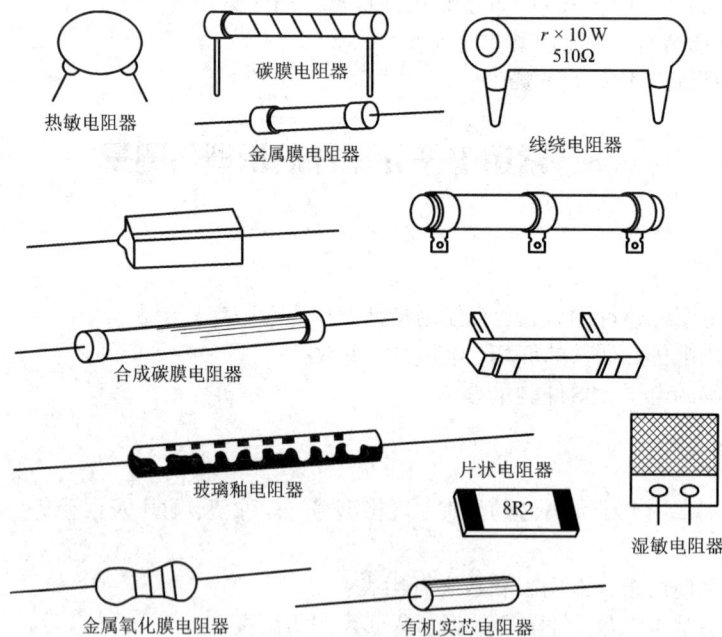

图 6.3.2　电阻器外形图

(3)电阻器的标志方法。

①色标法。

色标法是将电阻的参数用不同的色环标志在电阻的表面上。小功率电阻的标注一般都采用色环标注法来表示电阻的阻值,因此掌握色环的表示方法是识别电阻器阻值的重要手段,各种颜色所表示的含义见表 6.3.2。

表 6.3.2　色标法各种颜色所表示的含义

颜色	有效数	乘数	允许误差/%	工作电压/V
棕色	1	10^1	±1	—
红色	2	10^2	±2	—
橙色	3	10^3	—	4
黄色	4	10^4	—	6.3
绿色	5	10^5	±0.5	10
蓝色	6	10^6	±0.25	16
紫色	7	10^7	±0.1	25
灰色	8	10^8	—	32
白色	9	10^9	—	40
黑色	0	10^0	—	50
金色		10^{-1}	±5	63
银色		10^{-2}	±10	—
无色			±20	—

一般电阻用两位有效数字表示，需四个色环，如图 6.3.3(a)所示。精密电阻用三位有效数字表示，需五个色环，如图 6.3.3(b)所示。

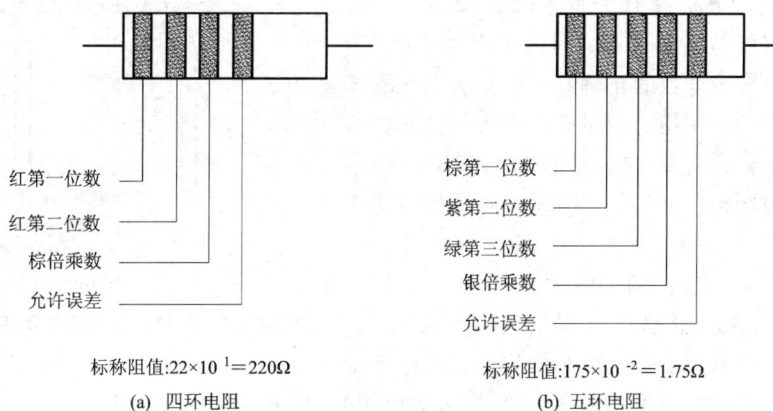

(a) 四环电阻　标称阻值:$22×10^1=220Ω$
(b) 五环电阻　标称阻值:$175×10^{-2}=1.75Ω$

图 6.3.3　固定电阻器色环标志读数的识别

标称阻值：$22×10^1=220\ \Omega$　　标称阻值：$175×10^{-2}=1.75\ \Omega$

②文字符号法。

文字符号法是用文字、数字符号两者有规律地组合起来标志在电阻的表面上。例如，电阻器上标志符号 3R3 则表示电阻值为 3.3 Ω；R10 则表示电阻值为 0.1 Ω。文字符号标志电阻器标称阻值见表 6.3.3。

表 6.3.3 用文字符号标志标称阻值

标称阻值	文字符号	标称阻值	文字符号
0.1Ω	R10	1MΩ	1M0
0.332Ω	R332	3.32MΩ	3M32
3.32Ω	3R32	332MΩ	332M
332Ω	332R	1GΩ	1G0
1 kΩ	1k0	3.32GΩ	3G32
33.2 kΩ	33k2	1TΩ	1T0
332 kΩ	332k	3.32TΩ	3T32

③数字法。

用三位数字标志电阻器的标称值。从左到右,前两位数表示有效数,第三位为零的个数,当第三位为 9 时则表示 10^{-1}。该表示法主要用于片状电阻器,因为片状电阻器体积小,一般只将标称值标志在电阻器的表面上,如图 6.3.4 所示。

100	221	512	3R3	R62	6801
10Ω	220Ω	5.1kΩ	3.3Ω	0.62Ω	6.8kΩ

图 6.3.4 片状电阻器标称阻值数字表示法

(4)电阻的测量。

将万用表功能选择开关置于欧姆(Ω)挡。将两表笔分别接触电阻器两端,但两手不可碰触(图 6.3.5),以免影响读数的正确性。调整适当的欧姆挡(R 挡)并调零,使指针尽量指在中央与靠右的位置(刻度较为精确),由指针的读数与测试挡的乘积可得正确电阻值。500 型万用表更换量程后要重新调零。

④可变电阻(电位器)的测量。

可变电阻的测量基本与固定电阻方法相同。可变电阻有三个接点,旁边两个固定端,无论转轴如何转动,两端间的电阻皆为固定值(即最大电阻)。中间为活动端,其与任意端间的电阻值是随转轴转动而平滑地变化。

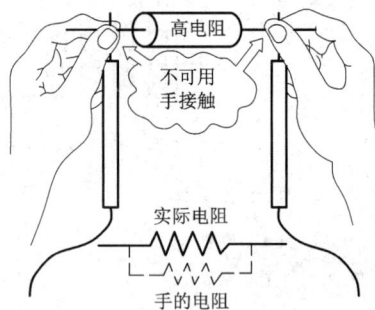

图 6.3.5 测量电阻时不能用手接触两端

2. 电容器的识别与测量。

(1)电容器的分类。

电容器是一种储能元件,在电路中主要起滤波、耦合、旁路、调谐等作用。电容器的分类很多,分类的方法有多种,一般按材料、容量是否可调。电容的分类见表 6.3.4。

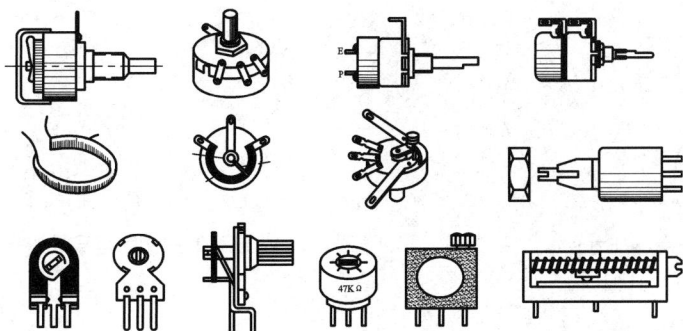

图6.3.6 常见电位器

表6.3.4 电容器的分类

电 容 器			
按材料分		按容量是否可调分类	
有机介质 复合介质	纸质电容 塑料电容:涤纶、聚苯乙烯、聚碳酸酯、聚四氟乙烯 薄膜电容	固定电容 可变电容	空气介质 塑料介质
无机介质	云母电容 玻璃釉电容:圆片、管状、矩形、片状、穿心电容 陶瓷电容	微调电容	陶瓷介质 空气介质 塑料介质
气体介质	空气电容;真空电容;充气电容		
电解质	普通铝电解电容;钽电解电容;钛电解电容;合金电解 电容		

各种电容器电路符号如图6.3.7所示:

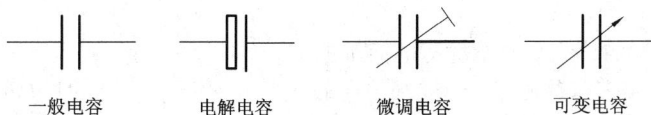

一般电容　　　　电解电容　　　　微调电容　　　　可变电容

图6.3.7 常用电容器电路符号

(2)电容器的标志方法。

①电容器的直标法:就是将电容器的主要参数直接标志在电容器的表面上,如图6.3.8所示。

②电容器的文字符号法(见图6.3.9)

③数字表示法:一般用三位数来表示电容的容量大小,其单位为"pF"。如图6.3.9右所示,前二位表示有效数,第三位表示乘数(即零的个数),若第三位数为9时则表示10^{-1}。

④色标法是用不同颜色的色带和点在电容器表面上标出主要参数,如表6.3.2和图6.3.10。

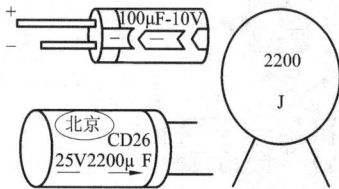

图 6.3.8 电容器的直标法

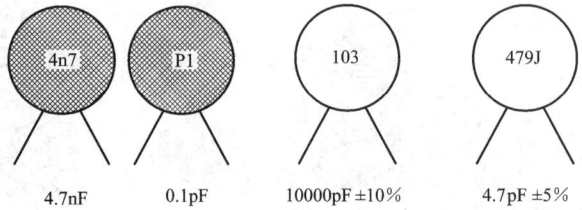

图 6.3.9 电容器的文字符号法和数字表示法

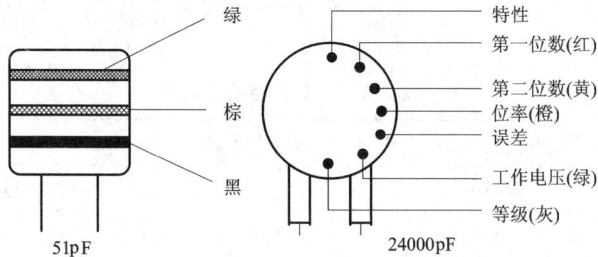

图 6.3.10 色标表示法

无引线电容器的电容值一般标志在电容器的表面上。其标志方法有两种：

A. 颜色加一个字母表示电容值(见表 6.3.5)；

例　颜色　字母　电容量

　　黑色　A　　10 pF

　　红色　A　　1 pF

B. 一个字母加一个数字标志法(见表 6.3.6)；

例　字母/数字　电容量

　　A0　　　　1 pF

　　B0　　　　10 pF

(3)电容器容量的估测和质量优劣的简单测试。

利用 500 型万用表可估测电容容量(对于较大容量的电容)，同时也可判断电容器的质量，测量 0.01 μF 以下的电容，必须使用灵敏度极高的电表。而一般测量时选用 $R×1$ k 挡，若电容低于 1 μF，则使用 $R×10$ k 挡。测量时将测试棒接于电容器两端(若电容器有极性则红测试棒电容负极，黑棒接电容正极)，指针会迅速向右偏转，而后缓缓回到∞，指针偏转较大则容量较大，反之容量较小。观察指针偏转，指针偏转后返回至+∞位置附近时，读出此时对应电阻值，该阻值越大说明电容器漏电越小，质量越好，反之则质量较差。若指针停于 0 Ω 或低于 100 kΩ，则此电容器为不良产品。

某些数字万用表具有测量电容的功能，其量程分为 2000pF、20nF、200nF、2 μF 和 20 μF 五挡。测量时可将已放电的电容插进插孔，选取适当的量程后就可读取显示数据。2000pF 挡，宜于测量小于 2000pF 的电容；20nF 挡，宜于测量 2000pF 至 20nF 之间的电容；200nF 挡，宜于测量 20nF 至 200nF 之间的电容；2 μF 挡，宜于测量 200nF 至 2 μF 之间的电容；20

μF 挡，宜于测量 2 μF 至 20 μF 之间的电容。

表 6.3.5 无引线电容颜色和字母表示的含义

红色		黑色		蓝色		白色		绿色	
字母	电容值/pF	字母	电容值/pF	字母	电容值/pF	字母	电容值/pF	字母	电容值/pF
A	1	A	10	A	100	A	0.001	A	0.01
C	2	C	12	C	120	E	0.015	E	0.015
E	3	E	15	E	150	J	0.022	J	0.022
G	4	G	18	G	180	N	0.033	N	0.033
J	5	J	22	J	220	S	0.047	S	0.047
L	6	L	27	L	270	U	0.056	U	0.056
N	7	N	33	N	330	W	0.068	W	0.068
Q	8	Q	39	Q	390			黄色	
S	9	S	47	S	470			A	0.1
		U	56	U	560				
		W	68	W	680				
		Y	82	Y	820				

表 6.3.6 无引线电容器字母和数字表示的含义

字母/数字	电容值/pF	字母/数字	电容值/pF	字母/数字	电容值/pF	字母/数字	电容值/pF	字母/数字	电容值/pF
A0	1	A1	10	A2	100	A3	0.001	A4	0.01
H0	2	C1	12	C2	120	E3	0.0015	E4	0.015
M0	3	E1	15	E2	150	J3	0.0022	J4	0.022
D0	4	G1	18	G2	180	N3	0.0033	N4	0.033
F0	5	J1	22	J2	220	S3	0.0047	S4	0.047
M0	6	L1	27	L2	270	W3	0.0068	U4	0.056
N0	7	N1	33	N2	330			W4	0.068
T0	8	Q1	39	Q2	390			A5	0.1
Y0	9	S1	47	S2	470				
		U1	56	U2	560				
		W_1	68	W_2	680				
		Y1	82	Y2	820				

3. 二极管的测量。

二极管是一种常见的半导体器件，它具有单向导电的特性，电路符号如图 6.3.11 所示。

利用 500 型万用表可测量二极管的正反向电阻，从而
判断二极管质量的好坏。测量时可选择万用表欧姆挡
的"$R×1$ k"或"$R×100$"，用红黑表笔分别接二极管的两
只管脚，读出两个电阻值，较大的是反向电阻，较小的

图 6.3.11　二极管的电路符号

是正向电阻，当测量电阻值较小时，黑表笔所接的是二极管的正极，红表笔所接的是二极管
的负极，反向电阻越大越好，正向电阻越小越好。若所测两个电阻都很大或都很小，说明二
极管已损坏。若测量的是发光二极管，导通时会发亮，反向时则不亮(使用 10 k 挡)。

数字万用表有专用测二极管挡，调至该挡(有二极管符号)后，用红黑两笔任意接二极管
两极，如屏幕显示 0. xxx(数字随管型而变)则此时红笔接的是阳极，黑笔是阴极。一般，所
显示的二极管正向压降：硅二极管为 0. 55~0. 700 V，锗二极管为 0. 150~0. 300 V。如屏幕显
示为 1 则红笔接的是阴极，黑笔是阳极。若显示"0000"，说明管子已短路。

4. 三极管的识别与测量。

三极管是一种常见的半导体器件，根据其结构分为 PNP 型和 NPN 型两种，如图 6.3.12 所示。

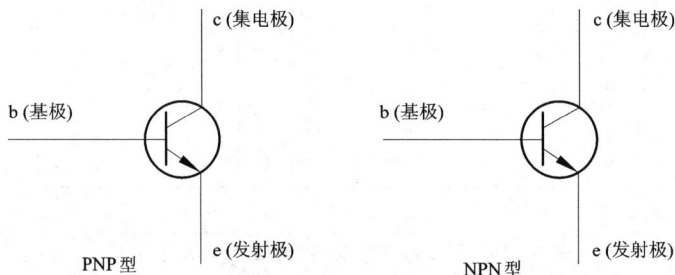

图 6.3.12　三极管的电路符号

利用万用表可判断三极管的管型和管脚，具体方法如下：

①b 极(基极)的判别：由 PN 结的单向导电性，只有 b 极与另外两极间的电阻具有一致
性(同为高电阻或同为低电阻)。测量时可选择万用表欧姆挡的"$R×1$ k"或"$R×100$"，先假设
某极是基极，并将黑表笔接在假设的基极上，再将红表笔先后接到另外两极，如果两次测得
的电阻都很大(或很小)，而对换表笔后两次测得的电阻都很小(或很大)，则假设是正确的，
否则重复上述步骤。基极确定后，将黑表笔接于基极，红表笔分别接触另外两极，若测得电
阻都很小，则三极管是 NPN 型，反之则是 PNP 型。

②c 极(集电极)和 e 极(发射极)的判定：在确认管型及 b 极后，即可进行 c 极和 e 极的
判定。以 NPN 型为例，将黑表笔接到
假设的集电极上，红表笔接到假设的 e
极上，并且用手捏住 b 极和 c 极(也可 b
极、c 极、e 极三极分开捏在一起)，读
出此时的电阻值。然后将红黑表笔颠
倒重测，则电阻值小的那一次假设是正
确的，此时红表笔相接的为 e 极，与黑
表笔相接的为 c 极，如图 6.3.13 所示。

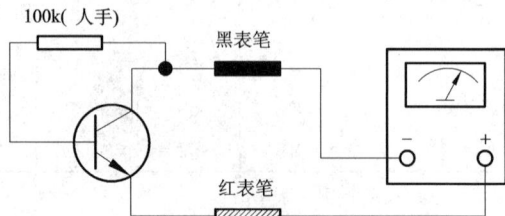

图 6.3.13　三极管的测量示意图

PNP 型三极管红表笔相接的为 c 极, 与黑表笔相接的为 e 极。

四、实验步骤

1. 用色环法读出色环电阻的阻值, 并用数字和 500 型万用表测量相应的电阻值, 并判断好坏, 结果填入表 6.3.7 前三列。用同样的方法, 测量可调电位器的阻值, 结果填入表 6.3.7 第四列。

表 6.3.7　电阻、电容测量结果

	R_1	R_2	R_3	W_1	C_1	C_2	C_3
色环值/标示值							
数字表测量值				—			
500 型表测量值				—	—	—	—
质量好坏							

2. 用 500 型万用表估计电容器的好坏, 并用数字万用表测量电容器的容量。结果填入表 6.3.7 后三列。

表 6.3.8　二极管测量结果

名　　称	D_1	D_2	D_3
500 型表测正向电阻			
500 型表测反向电阻			
数字表测正向电压			
判断质量好坏			

3. 使用 500 型万用表判断二极管的正负极, 用数字万用表测出其正向压降, 确定二极管的好坏。结果填入表 6.3.8 中。

4. 使用 500 型万用表判断三极管的管型、管脚, 结果填入表 6.3.9 中。

表 6.3.9　三极管测量结果

名　　称	T_1	T_2	T_3
管型(PNP/NPN)			
管脚排列			
质量好坏			

说明: R 表示普通电阻, W 表示可调电阻, C 表示电容(其中 C_1、C_2 是电解电容, C_3 是瓷片电容), D 表示二极管, T 表示三极管, 表中打"–"处表示不需要填写。表 6.3.9 中管脚排列一栏按照三极管的正视图(引脚朝下, 面对文字)顺序填写。

五、实验报告要求

完成实验步骤中的三个表格，分析测量结果不一致的原因。

六、实验思考题

1. 总结三极管引脚排列规律；
2. 总结数字万用表与指针万用表的优缺点。

6.4　常用电子仪器的使用

一、实验目的

①了解示波器、函数发生器、毫伏表、直流稳压电源的基本原理。
②掌握上述仪器的基本使用方法。

二、实验内容

①熟悉示波器、函数发生器、毫伏表、直流稳压电源各功能键的操作。
②用直流稳压电源产生直流电压，用示波器、万用表测量其直流电平。
③用函数发生器产生正弦信号，用示波器测量峰值电压、周期、频率；用毫伏表测量其电压有效值。

三、实验仪器

YB4320 型双踪示波器；CA1640P－02 函数信号发生器；CA1713 双路直流稳压电源；YB2173 交流毫伏表。

四、实验原理

1. 电子示波器的工作原理。

示波器是一种用途很广的电子测量仪器。利用它可以测出电信号的一系列参数，如信号电压(或电流)的幅度、周期(或频率)、相位等。

示波器有数字示波器和模拟示波器，数字示波器主要工作原理是通过对被测量信号进行数据采集，然后对数据进行分析、处理及输出。尽管数字示波器近几年发展很快，但基本原理与模拟示波器还是基本相通的，了解模拟示波器原理后，数字示波器的原理就不难理解了。

通用模拟示波器的结构一般包括垂直放大、水平放大、扫描、触发、示波管及电源等六个主要部分，附录有 YB4320 双踪示波器等电子仪器较为详细的说明。

2. 函数信号发生器。

传统的函数发生器采用 LC 振荡器构成。这种振荡器电路的不足之处是：组成复杂，调试困难，频率稳定度不高且不易实现自动控制。

现在较先进的函数发生器是采用直接数字频率合成器(DDS)信号源。DDS 是一种纯数字化的方法。它先将所需正弦波一个周期的离散样点的幅值数字量存入 ROM 中，然后按照一定的地址间隔(相位增量)读出,并经 D/A 转换器形成模拟正弦信号,再经过低通滤波获得所需质量的正弦信号。DDS 信号源具有输出频率稳定度高,精度高,分辨率高且易于程控等优点,但价格也不菲。作为折中,CA1640P-02 函数信号发生器采用了大规模单片集成精密函数发生器 ICL038,用单片机 AT89C51 实现频率测量和智能化管理,用高亮度的数码管显示信号的频率、幅度,整机小巧、可靠、功能较强。其基本原理如下:产生方波→三角波,再将三角波变换成正弦波的设计方法。其电路组成方框如图 6.4.1 所示。

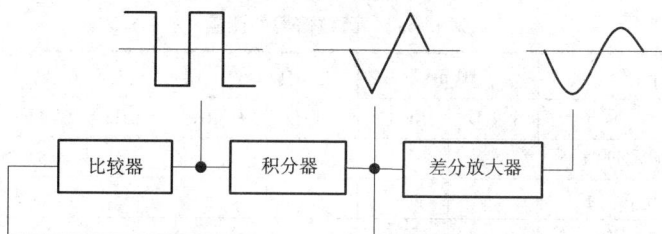

图 6.4.1　CA1640P-02 函数发生组成框图

3. 毫伏表。

毫伏表的作用是测量交流正弦电压的有效值,一般交流毫伏表采用放大→检波形式的电路,具有较高的灵敏度和温度稳定性。适用于测量 300 μV～100 V 范围内的交流正弦电压(频率范围 5 Hz～2 MHz),电表刻度指示为正弦波有效值。YB2173 交流毫伏表方框图 6.4.2 如下。

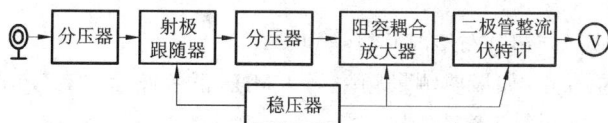

图 6.4.2　YB2173 交流毫伏表方框图

4. 直流稳压电源。

实验室用直流稳压电源如图 6.4.3 所示,一般是交流电网供电,经变压、整流、滤波和稳压四部分组成。直流稳压电源的基本组成原理框图如下。

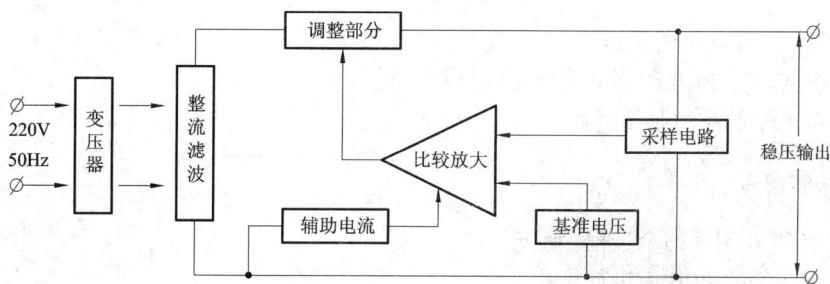

图 6.4.3　CA1713 双路直流稳压电源原理方框图

五、实验步骤

1. 对示波器进行调零,具体方法见附录 6.2 介绍。

2. 直流稳压电源输出 10 V 以内的直流电压,用示波器和万用表测量并完成表 6.4.1。

表 6.4.1　直流电压的测量

显示电压	1V	3V	5V	8V
示波器测量值				
万用表测量值				

3. 用函数信号发生器产生 10 V 以内正弦波电压并完成表 6.4.2：

表 6.4.2　函数信号的测量

显示电压(p_p 值)	10 mV		100 mV		1 V		5 V	
频率	1 kHz	10k Hz	1 kHz	10 kHz	1 kHz	10 kHz	1 kHz	10 kHz
示波器测量值(周期)								
示波器测量值(p_p 值)								
毫伏表测量值(有效值)								

六、实验报告要求

1. 通过表 6.4.1，分析产生误差的原因。
2. 仔细观察表 6.4.2，总结出有效值与峰峰值对应的关系。

七、实验思考题

1. 仔细观察示波器旋钮分布情况并总结规律。
2. 仔细阅读附录 6.4，如果要测量频率为 1 MHz 正弦波信号有效值电压，是否可以用 YB2173 交流毫伏表，如果是 5 MHz 呢?

6.5　电子产品的制作

一、实验目的

1. 了解 protel 软件的用途。
2. 掌握实验室 PCB 印刷电路板制作过程。
3. 了解电子产品的制作过程。

二、实验内容

1. 完成 PCB 制板的全过程：曝光、显影、腐蚀。
2. 对制作好的 PCB 板进行打孔。
3. 完成电子门铃的制作。

三、实验仪器

Create-Pcb 曝光箱；高速钻床；腐蚀盒；YB4320 示波器；直流稳压电源。

四、实验原理

由 555 时基电路组成的无稳态多谐振荡器中,其起振与否受控于总复位端 4 脚的电位,当按下开关 S_1 后,C_3 通过 D_2 迅速充电,4 脚为高电平,I_C(555 集成电路)与 R_2、R_{T1}、C_1 组成的振荡器起振,C_1 通过与 R_2、R_{T1} 充电,通过 R_{T1} 放电,其谐振频率为 $f_1 \approx 1.44/(R_2+2R_{T1})$ C_1,这时扬声器输出频率为约 700 Hz 左右(可调节)的"叮…"声,松开按钮开关后,C_3 上贮存的电荷经 R_4 放电,但在放电这一过程中 I_C 的 4 脚电位仍大于 0.7 V,多谐振

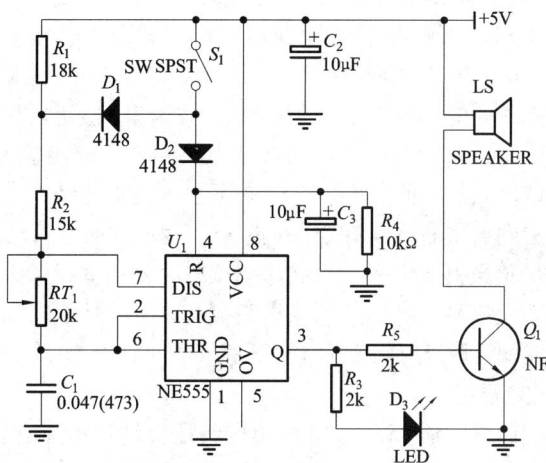

图 6.5.1 电子门铃原理图

荡器仍维持一段时间振荡,同时,因为 S_1 的松开,使 R_1 加入了 C_1 的充电回路,故由 R_1、R_2、R_{T1}、C_1 及 I_C 组成的振荡频率比原来降低至 $f_2 \approx 1.44/(R_1+R_2+2R_{T1})C_1$,约为 500 Hz 的"咚…"声,只有当 C_3 上的电位低于 0.7 V 时,I_C 的 4 脚被低电平强行复位,振荡停止,叮咚声音结束。

五、实验步骤

1. PCB 板的制作。

(1)画电路原理图及用菲林纸打印 PCB 板图。

使用 Protel 2004(Protel99 或 PowerPCB 均可)等软件设计出电路原理图、进行电路仿真和自动布线等一系列的工作后,最后形成一个可直接打印的 PCB 印刷板图(如图 6.5.2),为了使元件安装方便,同时给出了元件布局图(如图 6.5.3)供参考。其中,打印 PCB 图是整个电路板制作过程中至关重要的一步,需使用半透明的菲林纸打印。因双面板制作较复杂、成本较高,下面以单面板为例,介绍整个制作过程。

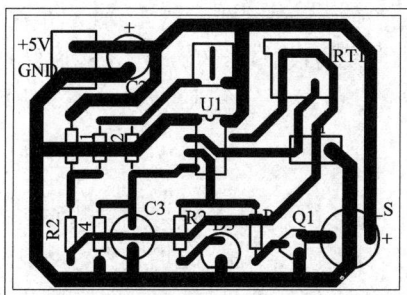

图 6.5.2 电子门铃 PCB 印刷板图

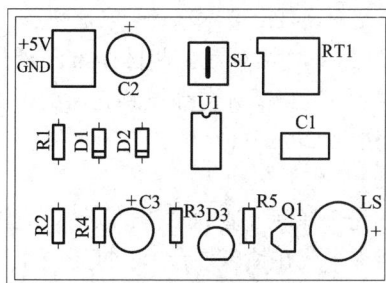

图 6.5.3 电子门铃元件布局图(丝印层)

（2）曝光。

Create-Pcb 曝光箱的控制面板上有四个按键：START（开始）、STOP（停止）、SET（设置）、ENTER（确认）。按下灰色"SET"按键，数码管上显示"01"字样，"01"右下角的两点会闪动，表示接受新的输入。这个时候，按 START 键输入曝光时间的十位数字，按 STOP 键输入曝光时间的个位数字，时间单位为"分"。假定要设定的曝光时间为 45 min，那么就按时间的十位键输入"4"，按时间的个位键输入"5"。当输入"4"和"5"之后，再按下灰色"ENTER"键确认输入的时间，此时"45"右下角的两点已经消失，表示设定时间正确。按下 START 键，可以看到 5 字右下角有个亮点闪动，表示紫外灯管已经点亮。

从感光板上锯下一块比菲林纸电路图边框线略大一点的感光板，然后用锉刀将感光板边缘的毛刺锉平，将其白色保护膜撕掉，与菲林纸电路图对齐，打开曝光箱，将要曝光的一面对准光源，曝光时间设为 1 min 按下"START"键，开始曝光，1 min 后自动停止，曝光完成。

（3）显影。

配制显影液：以 1:20 的比例将显影剂和水调制成显影液。以 20 g/包的显影粉为例，将容量为 1000 mL 防腐胶罐装入少量温水（温水以 30~40℃为宜），拆开显影粉的包装，将整包显影粉倒入温水里，盖好胶盖，上下摇动，使显影粉在温水中均匀溶解。再往胶罐中掺自来水，直到 420 ML 为止，摇匀即可。

试板：试板目的是测试感光板的曝光时间是否准确及显影液的浓度是否合适。将配好的显影液倒入显影盆，并将曝光完毕的小块感光板放进显影液中，感光层向上，半分钟后感光层腐蚀一部分，并呈墨绿色雾状飘浮，2 min 后绿色感光层完全腐蚀完，证明显影液浓度合适，曝光时间准确；如果将曝光好的感光板放进显影液后，线路立刻显现并部分或全部线条消失则表示显影液浓度偏高，需加点清水；反之，如果将曝光好的感光板放进显影液后，几分钟后还不见线路的显现，则表示显影液浓度偏低，需向显影液中加几粒显影粉，摇匀后再试；反复几次，直到显影液浓度适中为止。

显影：取出曝光完毕的感光板放进显影液里显影。约半分钟后轻轻摇动，可以看到感光层被腐蚀完，并有墨绿色雾状飘浮。整个过程大约 2 min。显影完成后可以看到，线路部分圆滑饱满，清晰可见，非线路部分呈现黄色铜箔。

（4）腐蚀。

腐蚀就是用 $FeCl_3$ 将线路板非线路部分的铜箔腐蚀掉。$FeCl_3$ 与水的比例为 1:1，水的温度 60℃左右为宜。因为腐蚀时间跟 $FeCl_3$ 的浓度、温度、以及液体是否流动有很大的关系，所以，加入气泵使液体流动，以加快腐蚀。为了防止腐蚀过分和腐蚀不充分，要尽量保护绿色感光层，同时要使线路板的中部与液体充分接触。当线路板非线路部分铜箔被腐蚀掉后，可以看到，线路部分在绿色感光层的保护下留了下来，非线路部分全部被腐蚀掉。腐蚀过程全部完成约 20 min。

（5）打孔。

首先选择好合适的钻头，以钻普通接插件孔为例，选择 0.95 mm 的钻头，安装好钻头后，将电路板平放在钻床平台上，打开钻床电源，将钻头压杆慢慢往下压，同时调整电路板位置，使钻孔中心点对准钻头，按住电路板不动，压下钻头压杆，这样就打好一个孔。提起钻头压杆，移动电路板，调整电路板其他钻孔中心位置，以便钻其他孔，注意此时钻孔为同型号。对于不同型号的孔，更换对应规格的钻头后，按上述同样的方法钻孔。打孔完后，一块单面电路板的制作就基本完成。如果为了方便元器件的焊接及成品板的收藏，我们还需完成以下三个环节：

①用天那水洗掉感光板残留的感光保护膜，以方便元器件的焊接。

②在焊接元器件前，先用助焊剂松节油清洗一遍线路板。

③在焊接完元器件后，将线路板裸露的线路部分用光油覆盖，以防氧化。

（6）废液处理。

在制板的腐蚀过程中产生的废液主要成分是 $CuCl_2$ 及少量的 $FeCl_3$ 溶液，处理办法如下：

准备较大的塑料防腐桶（20L左右），将每次制板产生的废液倒入该防腐桶里，待多次积累后，作一次性处理。处理时往废液里加入生石灰，边加边缓慢摇动，待废液的颜色逐渐由棕绿色变为乳白色，此时可停止生石灰的加入，静置半小时后，则处理后的废液可达到国家排放标准。

注意事项

①$FeCl_3$ 显影液有较强的腐蚀性，不能直接用手接触，如果不小心碰到皮肤上、溅入眼睛里，应立即用大量的清水冲洗，情况严重的应及时到医院作进一步处理。

②高速钻床不能用手接触钻头，以防伤手。

2. 电路的制作。

参照电路原理图及电子门铃元件布局图（丝印层），安装好元器件并焊接好。其中，二极管和电解电容的极性，三极管引脚的排列顺序，集成电路的方向一定要正确。

3. 电路调试。

制作完成后交给老师检查才能加入+5 V 电源调试，步骤如下：

（1）电源空载时调节电压显示为+5 V，然后关掉电源。

（2）接入电路，加电，按压开关听是否有门铃声，如果没有，按以下步骤查找故障：

①用手触摸芯片是否发热，如果温度较高，立即关掉电源，检查555芯片安装是否正确、电源的正负极是否接反。

②如果不发热，用万用表测555芯片的8脚是否有+5 V，如果没有，查印刷电路板是否断裂。

③如果8脚电压正常，按下开关S1后，观察4脚电压是否有，如果没有，检查相关电路。

④依次可检查7脚、2脚、6脚电压，找出故障点，直到故障排除。

六、实验报告要求及思考题

写一篇小论文，谈谈实习心得（要求用A4纸打印）。

七、实验思考题

完成腐蚀过程的化学表达式，计算至少要多少克 $FeCl_3$ 才能全部腐蚀完1 kg铜。

附录 6.1　500 型万用表

万用表有指针万用表和数字万用表。一般来说指针表读取精度较差，但指针摆动的过程比较直观，其摆动速度幅度能比较客观地反映被测量值的大小；数字表读数直观，但数字变化的过程看起来很杂乱，不易观看。指针表内阻相对数字表的内阻来说比较小，会影响测量精度；数字表电压挡的内阻很大，对被测电路影响很小，但极高的输出阻抗使其易受感应电压的影响，在一些电磁干扰较强的场合测出的数据可能是不真实的。总之，在大电流高电压的模拟电路测量中宜采用指针表，如电视机、音响功放。在低电压小电流的数字电路测量中宜采用数字表，如 BP 机、手机等。下面以 500 型指针万用表为例作简介。

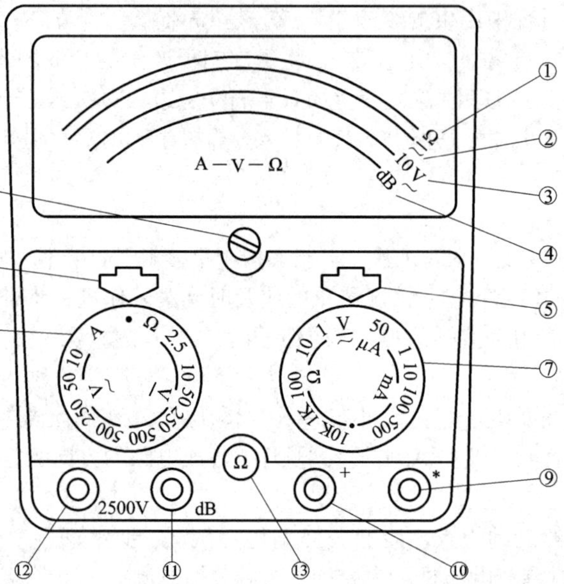

1-欧姆刻度；2-直、交流刻度；3-交流10V专用刻度；4-音频电平(分贝刻度)；5、
6-失形标志符；7、8-功能/量程开关；9-公共插孔；10-通用测量插孔；11-音频
电平测量插孔；12-测高压插孔(直、交流通用)；13-欧姆调零旋钮；14-机械调零

图 6.6.1　500 型万用表外形

①—欧姆刻度；②—直、交流刻度；③—交流 10V 专用刻度；④—音频电平(分贝刻度)；⑤、
⑥—矢形标志符；⑦、⑧—功能/量程开关；⑨—公共插孔；⑩—通用测量插孔；⑪—音频电
平测量插孔；⑫—测高压插孔(直、交流通用)；⑬—欧姆调零旋钮；⑭—机械调零

　　500 型万用表是一种用作交、直流电压，直流电流，电阻和音频电平测量的多功能、多量程测量仪表，外形如图 6.6.1 所示。它有两个"功能/量程"转换开关，每个开关的上方均有一个"⚟"形标志。如欲测量直流电压，应首先旋动右边的"功能/量程"开关，使开关上的符号"$\underline{V}$"对准标志位；然后将左边的"功能/量程"开关旋至所需直流电压量程(有"$\underline{V}$"标志者为直流电压量程)后即可进行测量。利用两个转换开关的不同位置组合，可以实现上述多种测量。

　　500 型万用表主要技术特性如表 6.6.1 所示。

表 6.6.1 500 型万用表的性能指标

测量范围		灵敏度	准确度等级	基本误差表示法
直流电压	0~2.5~10~50 ~250~500 V	20 000 Ω/V	2.5	以刻度尺工作部分上量限的百分数表示之
	2 500 V	4 000 Ω/V	4.0	
交流电压	0~10~50~250 ~500 V	4 000 Ω/V	5.0	
	2 500 V	4 000 Ω/V	5.0	
直流电流	0~50 μA~1 mA 10~100~500 mA		2.5	
电　阻	0~2 kΩ~20 kΩ~ 200 kΩ~2 MΩ~20 MΩ		2.5	以刻度尺工作部分长度百分数表示之
音频电平	−10~+22 dB			

表中有关名词的意义如下:

灵敏度:电压表内阻 R_v 值与电压 U_m 量程成正比,R_v 与 U_m 的比值是衡量电压表内阻大小的一个参数,用符号"Ω/V"表示,读作"欧姆每伏",例如 20000 Ω/V 读作 20 千欧姆每伏。实际上它是电压表满偏电流 $I_m(=U_m/R_v)$ 的倒数。"Ω/V"越大,为使电压表指针偏转同样角度所需驱动电流越小,因此"Ω/V"又称电压灵敏度(简称灵敏度)。

准确度:准确度也叫精确度。万用表是一种直读式电工测量仪表。其准确度不高,但因其功能多、使用方便而获广泛使用。用仪表进行测量时,仪表表示值与被测量真值间存在一定误差。在符合仪器校准试验所规定的基准条件下对仪器测定的误差称固有误差。国家规定,根据仪表固有误差的大小,直读式电工测量仪表的精确度划分为 7 级,如表 6.6.2 所示。

表 6.6.2 直读式电工测量仪表的精确度划分

准确度级别	0.1	0.2	0.5	1.0	1.5	2.5	5.0
固有误差/%	±0.1	±0.2	±0.5	±1.0	±1.5	±2.5	±5.0

表中固有误差是以测量仪器的绝对误差与该仪器刻度尺上限(量程)之比的百分数来定义的。不同型号或同一型号但工作在不同功能和量程时的万用表,其准确度可以不同。各量程的准确度级别均于电表面板或使用说明书上标明。

音频电平:电平是一种用来表示功率或电压相对大小的参数,单位是 dB(分贝)。dB 的详细定义见 YB2173 交流毫伏表的使用说明,可知万用表上分贝(dB)刻度的 0 dB 对应交流刻度的 0.775 V 处。若已知电平 N 值,则可用下式换算出电压 U_x 值:

$$U_x=0.775\times10^{\frac{N}{20}}(\text{V})$$

在电平刻度上,N 值为 −10~+22 dB,实际对应的 U_x 值为 0.24~9.76 V,相当于交流 10 V 量程。当被测电平值大于 +22 dB 时,应将万用表置于交流电压 50 V 或 250 V 挡进行测量,但应注意,在 50 V 挡测量时,N 值应是分贝刻度上读到的值加 14 dB。同样,在 250 V 挡测量时，应加 28 dB。

2. 万用表使用方法及注意事项

①测量前应将面板上两个"功能/量程"开关旋至所需位置。量程的选择以能使表头指针在所选量程之内有最大偏转角为佳。操作上可先选较大量程挡，当指针偏转角太小时可以将量程开关旋向小量程挡，直至指针偏转角较大时为止。

②不同功能和量程所用的表盘刻度尺不同，读取数据时要注意认清，防止出错。尤其在实验时要注意，在用直流电压 10 V 量程挡时，不要去读交流电压 10 V 挡专用刻度尺（10 V），以免读错数据。

③测电流时万用表应串接于被测支路，测电压时应并接于被测支路。绝对禁止用万用表的电流挡、电阻挡去测电压。

④测电阻时应先将"功能/量程"开关预置适当挡位（由待测电阻大约值确定），原则是指针应接近刻度尺中间位置。如果指针接近∞处，则应将量程开关旋至量程较大的挡位，反之，如指针接近 0 位，则应旋至量程较小的挡位。在读数以前，应进行"Ω 调零"，方法是左手将两表笔短路，右手调节"Ω 调零"电位器，使指针指在 0 Ω 上。最后将被测电阻接入两表笔间，读取电表指针指示数 R，则待测电阻阻值为 R_x 量程值。测电阻时不允许被测电阻带电。测大阻值电阻时不要将双手接触被测电阻两端（人体两手间有几十到几百千欧的电阻会并联到被测电阻两端，引起读数不准）。

⑤万用表使用完毕，应将左右两个"功能/量程"开关旋至"."位上，或置电压最大量程挡。

3. 500 型万用表原理图。

500 型万用表原理图如图 6.6.2 所示。

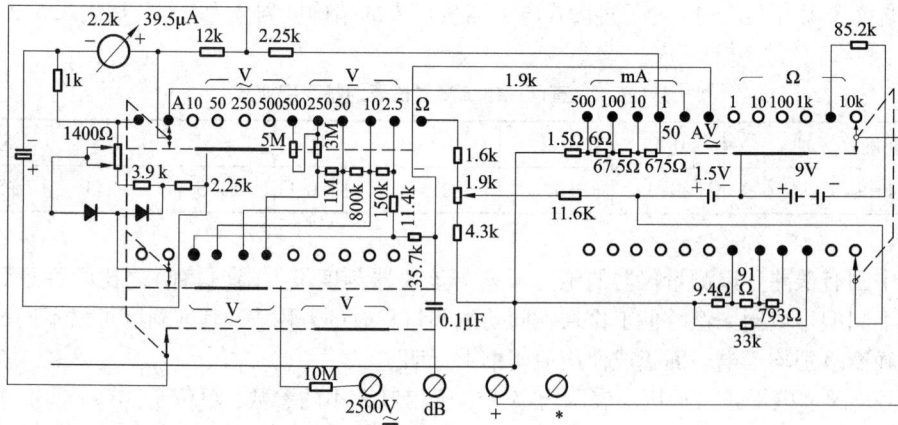

图 6.6.2　500 型万用表电原理图

4. 万用表的使用技巧。

测量技巧（如不作特殊说明，则指用的是 500 型指针表）：

（1）测喇叭、耳机、动圈式话筒：用 $R\times 1$ Ω 挡，任一表笔接一端，另一表笔点触另一端，正常时会发出清脆响量的"哒"声。如果不响，则是线圈断了，如果响声小而尖，则可能有擦圈问题，也不能用。

(2)测电容：用电阻挡，根据电容容量选择适当的量程，并注意测量时对于电解电容黑表笔要接电容正极。

①估测微法级电容容量的大小：可凭经验或参照相同容量的标准电容，根据指针摆动的最大幅度来判定。所参照的电容耐压值不必一样，只要容量相同即可，例如估测一个100 μF/250 V的电容可用一个100 μF/25 V的电容来参照，只要它们指针摆动最大幅度一样，即可断定容量一样。

②估测皮法级电容容量大小：要用R×10 kΩ挡，但只能测到1000pF以上的电容。对1000pF或稍大一点的电容，只要表针稍有摆动，即可认为容量足够。

③测电容是否漏电：对1000 μF以上的电容，可先用R×10 Ω挡将其快速充电，并初步估测电容容量，然后改到R×1 kΩ挡继续测一会儿，这时指针不应回返，而应停在或十分接近∞处，否则就是有漏电现象。对一些几十微法以下的定时或振荡电容(比如彩电开关电源的振荡电容)，对其漏电特性要求非常高，只要稍有漏电就不能用，即用R×10 kΩ挡测量时表针应停在∞处而不应回返。

(3)在路测量二极管、三极管、稳压管好坏：因为在实际电路中，三极管的偏置电阻或二极管、稳压管的周边电阻一般都比较大，大都在几百至几千欧姆以上，这样，我们就可以用万用表的R×10 Ω或R×1 Ω挡来在路测量PN结的好坏。在路测量时，用R×10 Ω挡测PN结应有较明显的正反向特性(如果正反向电阻相差不太明显，可改用R×1 Ω挡来测)，一般正向电阻在R×10 Ω挡测时表针应指示在100 Ω左右，在R×1 Ω挡测时表针应指示在15 Ω左右(根据不同表型可能略有出入)。如果测量结果正向阻值太大或反向阻值太小，都说明这个PN结有问题，这个管子可能就有问题了(锗管例外)。这种方法对于维修时特别有效，可以快速地找出坏管，甚至可以测出尚未完全坏掉但特性变坏的管子。比如当你用小阻值挡位测量某个PN结正向电阻过大，如果把它焊下来用常用的R×1 kΩ挡再测，可能还是正常的，其实这个管子的特性已经变坏，不能正常工作或不稳定。

(4)测电阻：重要的是要选好量程，当指针指示于1/3～2/3满量程时测量精度最高，读数最准确。要注意的是，在用R×10 k电阻挡测兆欧级的大阻值电阻时，不可将手指捏在电阻两端，这样人体电阻会使测量结果偏小。

(5)测稳压二极管：我们通常所用到的稳压管的稳压值一般都大于1.5 V，而指针表的R×1 k以下的电阻挡是用表内的1.5 V电池供电的，这样，用R×1 k以下的电阻挡位测量稳压管就如同测二极管一样，具有完全的单向导电性。但指针表的R×10 k挡是用9 V或15 V电池供电的，在用R×10 k测稳压值小于9 V或15 V的稳压管时，反向阻值就不会是∞，而是有一定阻值，但这个阻值还是要大大高于稳压管的正向阻值的。如此，我们就可以初步估测出稳压管的好坏。但是，好的稳压管还要有个准确的稳压值，业余条件估测稳压值方法是：先将一块表置于R×10 k挡，其黑、红表笔分别接在稳压管的阴极和阳极，这时就模拟出稳压管的实际工作状态，再取另一块表置于电压挡V×10 V或V×50 V(根据稳压值)上，将红、黑表笔分别搭接到刚才那块表的黑、红表笔上，这时测出的电压值就基本上是这个稳压管的稳压值。说"基本上"，是因为第一块表对稳压管的偏置电流相对正常使用时的偏置电流稍小些，所以测出的稳压值会稍偏大一点，但基本相差不大。这个方法只可估测稳压值小于指针表高压电池电压的稳压管。如果稳压管的稳压值太高，可采用外加电源的方法来测量。

(6)测三极管：通常我们要用R×1 kΩ挡，不管是NPN管还是PNP管，不管是小功率、中功率、大功率管，测其 BE 结 CB 结都应呈现与二极管完全相同的单向导电性，反向电阻无穷大，其正向电阻大约在 7K 左右。为进一步估测管子特性的好坏，必要时还应变换电阻挡位进行多次测量，方法是：置 $R×10\ \Omega$ 挡测 PN 结正向导通电阻都在大约 $100\ \Omega$ 左右；置 $R×1$ Ω 挡测 PN 结正向导通电阻都在大约 $15\ \Omega$ 左右，如果读数偏大太多，可以断定管子的特性不好。还可将表置于 $R×10\ k\Omega$ 再测，耐压再低的管子 CB 结反向电阻也应在 ∞，但其 BE 结的反向电阻可能会有些，表针会稍有偏转（一般不会超过满量程的 1/3，根据管子的耐压不同而不同）。同样，在用 $R×10\ k\Omega$ 挡测 EC 间（对 NPN 管）或 CE 间（对 PNP 管）的电阻时，表针可能略有偏转，但这不表示管子是坏的。但在用 $R×1\ k\Omega$ 以下挡测 CE 或 EC 间电阻时，表头指示应为无穷大，否则管子就是有问题。应该说明一点的是，以上测量是针对硅管而言的，对锗管不适用。不过现在锗管也很少见了。

现在常见的三极管大部分是塑封的，如何准确判断三极管的三只引脚哪个是 B、C、E？三极管的 B 极易测出来，但怎么断定哪个是 C 哪个是 E？这里推荐二种方法。第一种方法：对于有测三极管 hFE 插孔的指针表，先测出 B 极后，将三极管随意插到插孔中去（当然 B 极是可以插准确的），测一下 hFE 值，然后再将管子倒过来再测一遍，测得 hFE 值比较大的一次，各管脚插入的位置是正确的。第二种方法：对无 hFE 测量插孔的表，或管子太大不方便插入插孔的，可以用这种方法：对 NPN 管，先测出 B 极，分开三个引脚一定距离，然后用手紧捏三个引脚，正反测量两次 CE 极的电阻，取电阻值较小的一次，则对于 NPN 管而言，黑表笔所接的引脚为 C 极，红表笔为 E 极，PNP 管反之，测量原理是：顺着发射极方向的电流使三极管正向偏置，其电流较大，电阻就较小（500 型万用表的黑表笔接的是电源的正极）。

对于常见的进口型号的大功率塑封管，其 C 极绝大部分在中间。中、小功率管 B 可能在中间。比如常用的 90＊＊系列三极管、2N5401、2N5551 等国产及韩国命名的三极管。当然它们也有 C 极在中间，比如常用的 2SA1015，2SC1815 等日本及欧洲国家命名三极管。所以在使用三极管时，尤其是这些小功率三极管，一定要确认一下引脚排列顺序。

附录 6.2　YB4320 型双踪示波器

1. 电子示波器的原理。

示波器是一种用途很广的电子测量仪器。利用它可以测出电信号的一系列参数，如信号电压（或电流）的幅度、周期（或频率）、相位等。

通用示波器的结构包括垂直放大、水平放大、扫描、触发、示波管及电源等六个主要部分，如方框图 6.6.3 所示。

现将各部分的主要作用简述如下：

（1）电子示波管。

如图 6.6.4 所示，它主要由电子枪、偏转系统和荧光屏三部分组成。电子枪包括灯丝、阴极、栅极和阳极。偏转系统包括 Y 轴偏转板和 X 轴偏转板两个部分，它们能将电子枪发射出来的电子束，按照加于偏转板上的电压信号做出相应的偏移。荧光屏是位于示波管顶端涂有荧光物质的透明玻璃屏，当电子枪发射出来的电子束轰击到屏上时，荧光屏被击中的点上会发光。

（2）水平（X）、垂直（Y）放大器。

电子示波管的灵敏度比较低，假如偏转板上没有足够的控制电压，就不能明显地观察到

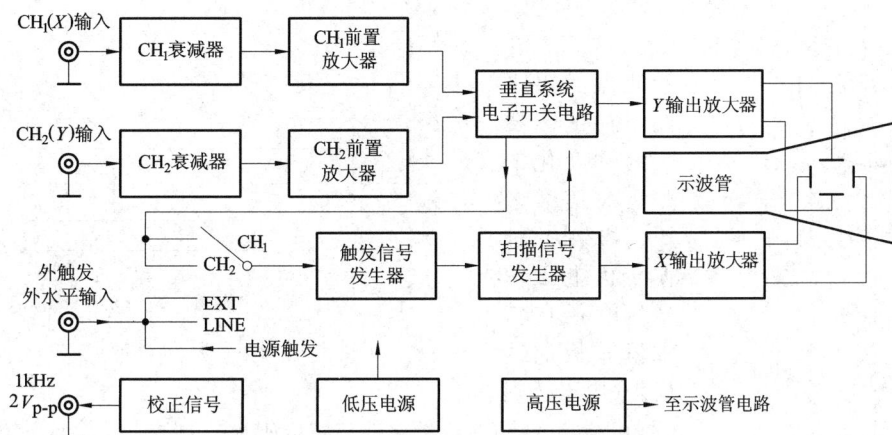

图 6.6.3   YB4320 型示波器的组成方框图

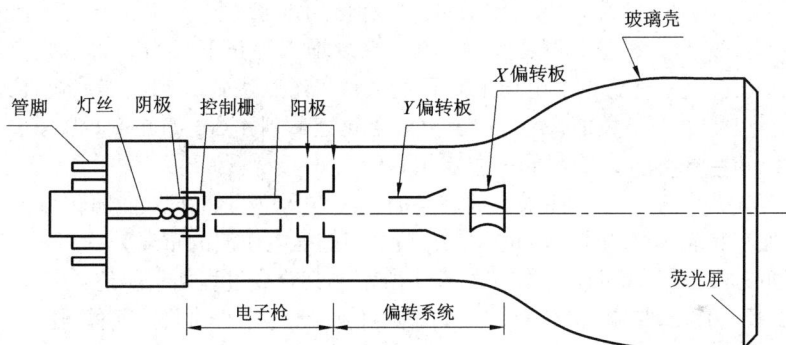

图 6.6.4   电子示波管结构图

光点的移位。为了保证有足够的偏转电压，必须设置放大器将被观察的电信号加以放大。

（3）扫描发生器。

它的作用是形成一线性电压模拟时间轴，以展示被观察的电信号随时间而变化的情况。

（4）波形的形成。

在正常的情况下，荧光屏光点的相对移位是和输入到示波器 X 轴和 Y 轴上的电压成正比的。例如：正弦信号电压 $V_y = V_m \sin\omega t$，如图 6.6.5（a）所示。图中 Y 轴表示电压的大小，X 轴表示时间 t，现把 V_y 送到示波器的 Y 轴偏转板上，荧光屏上看到的是一根竖着的直线。

这个问题可从图 6.6.5 中来理解：当 t_0 时，Y 轴偏转板上的电压 V_y 为零，光点无偏移地停在荧光屏的 O 点处。当 t_1 时，V_y 正向增大，光点偏移至 A 点。t_2 时，达到正向最大值，光点偏移至 B 点。t_3 时，V_y 下降，但仍然是正电压，光点回到 A 点。t_4 时，电压为零，光点回到原点。可见，光点移动距离与所加电压成正比，故可用来测量电压的幅值。

同理，在负半周，t_5、t_6、t_7、t_8 的各时刻光点相继经过 C、D、C、O 各点。

上述正弦波电压持续加在垂直偏转板上，光点不断地上下来回移动，只要移动速度足够快，利用人们视觉暂留效应，在荧光屏上看到的将是一根竖着的直线，如图 6.6.5（b）所示。

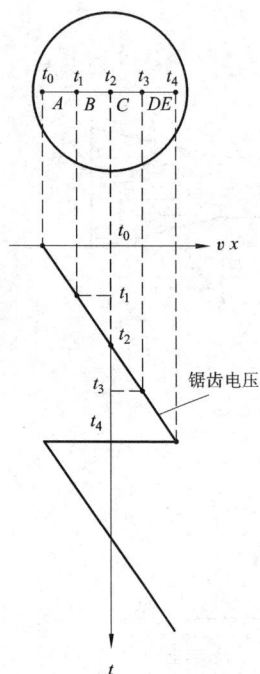

图 6.6.6 锯齿电压波形

为了显示正弦波形，在示波器的水平偏转板上需要加线性变化的锯齿波信号电压。如果 Y 轴偏转板上无信号，单独在 X 轴偏转板加锯齿波电压，则

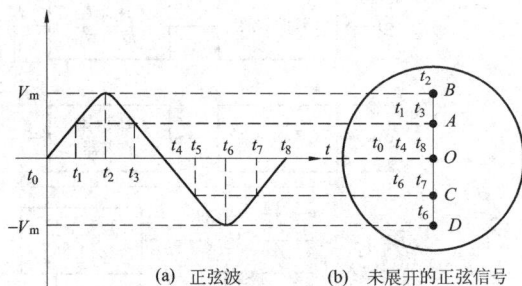

(a) 正弦波　　(b) 未展开的正弦信号

图 6.6.5　正弦波

荧光屏上也观察到一条直线，只是成水平直线，其形成过程如图 6.6.6 所示：

在 t_0 时，V_x 是负电压，光点在荧光屏上的 A 点，此后，电压直线上升。当 t_1 时，光点移到 B 点。t_2 时，电压上升到零值，光点在中心处 C 点，电压继续增大为正值。当 t_3 时，光点移到 D 点。t_4 时，电压上升到最大值，光点达到 E 点。然后电压迅速退回到负值，光点也就由 E 点迅速回到 A 点，如此不断反复，荧光屏上可以观察到一条水平直线。

如果将被观察的正弦电压 V_y，加在 Y 轴偏转板上，同时又将扫描电压 V_x 加在 X 轴偏转板上，使正弦波的频率与扫描电压波的重复频率相等，那么荧光屏上就能观察到一个完整的正弦波，如图 6.6.7 所示。其合成过程如下所述：

在 t_0 时，$V_y=0$，Y 轴方向无偏移，而 V_x 为负值，光点沿 X 轴向左偏移，位于荧光屏上的 A 点。在 t_1 时，V_y 上升，光点向上移，同时，V_x 也上升，光点又要向右移，合成结果使光点移至荧光屏上的 B 点。以后，在 t_2、t_3、t_4 各时刻，光点相继沿 C、D、E 各点移动。t_4 以后，由于 V_x 迅速返回至原始状态，光点将从 E 点迅速返回 A 点。接着正弦波重新开始第二个周期，扫描电压开始第二次扫描，荧光屏上呈现与第一次相重叠的正弦波形。如此不断重复，荧光屏上可观察到一个稳定的正弦波。

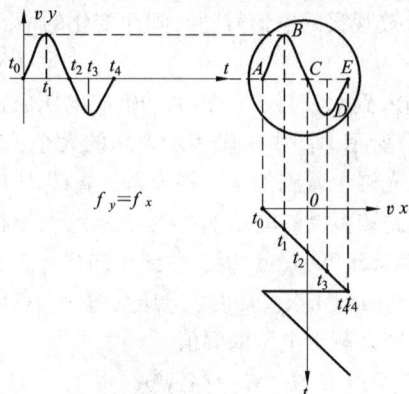

图 6.6.7　单周波的合成过程

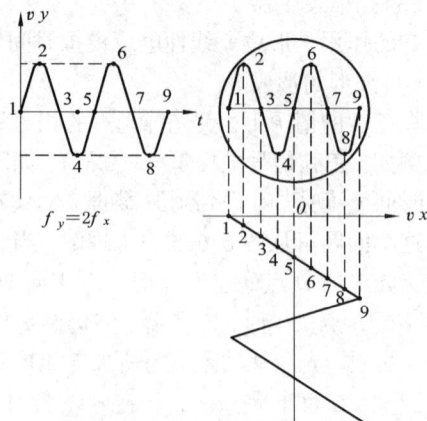

图 6.6.8　二周波的合成过程

上述两者是在频率相同情况下，荧光屏显示出一个周期的正弦波。如果正弦波频率 f_y 是扫描波重复频率 f_x 的二倍时，即 $f_y = 2f_x$，则在荧光屏上看到的将是 2 个周期的正弦波，如图 6.6.8 所示。从而可知，当 $f_y = nf_x$ 时，在荧光屏上将呈现了 n 个周期的正弦波。

可以设想，如果 f_y 与 f_x 不是成整数倍的关系（n 不是整数），波形就不能完全重叠。如何才能使 f_y 与 f_x 之间保持整数倍的关系呢？在示波器中，通常是把输入 Y 轴的信号电压作用在扫描发生器上，使扫描频率 f_x 跟随信号频率 f_y 作些微小改变，以保持 f_y 与 f_x 成整数倍关系，这个作用称之为"同步"。现代示波器中经常采用的是"触发同步"，所谓"触发同步"，是当输入 Y 轴的信号电压瞬时值达到一定幅值时，触动扫描发生器，产生一个锯齿波电压。这个锯齿波扫描结束后，扫描发生器将处于等待下次触发信号的状态。可见，扫描电压的起始点与输入信号电压的某一瞬时保持同步，保证了波形的稳定。

2. 面板控制键作用说明。

以江苏绿扬产 YB4320 型双踪示波器为例，前面板示意图见图 6.6.9，后面板示意图见图 6.6.10。

（1）主机电源。

㊳交流电源插座，该插座下端装有保险丝。

检查电压选择器上标明的额定电压，并使用相应的保险丝。该电源插座用于连接交流电源线。

①电源开关（POWER）。

将电源开关按键弹出即为"关"位置，将电源接入，按电源开关，以接通电源。

②电源指示灯。

电源接通时指示灯亮。

③亮度旋钮（INTENSITY）。

顺时针方向旋转旋钮，亮度增强。接通电源之前将该旋钮逆时针旋转到底。

④聚焦旋钮（FOCUS）。

用亮度控制钮将亮度调节至合适的标准，然后调节聚焦控制钮直至轨迹达到最清晰的程度，虽然调节亮度时聚焦可自动调节，但聚焦有时也会轻微变化。如果出现这种情况，需重新调节聚焦。

⑤光迹旋转旋钮（TRACE ROTATION）。

由于磁场的作用，当光迹在水平方向轻微倾斜时，该旋钮用于调节光迹与水平刻度线平行。

⑥刻度照明控制钮（SCALE ILLUM）。

该旋钮用于调节屏幕刻度亮度。如果该旋钮顺时针方向旋转，亮度将增加。该功能用于黑暗环境或拍照时的操作。

（2）垂直方向部分。

㉚通道 1 输入端［CH1 INPUT（X）］

该输入端用于垂直方向的输入。在 X-Y 方式时输入端的信号成为 X 轴信号。

㉔通道 2 输入端［CH2 INPUT（Y）］

和通道 1 一样，但在 X-Y 方式时输入端的信号仍为 Y 轴信号。

㉒、㉙交流-接地-直流 耦合选择开关（AC-GND-DC）

选择垂直放大器的耦合方式：交流（AC）：垂直输入端由电容器来耦合。接地（GND），放

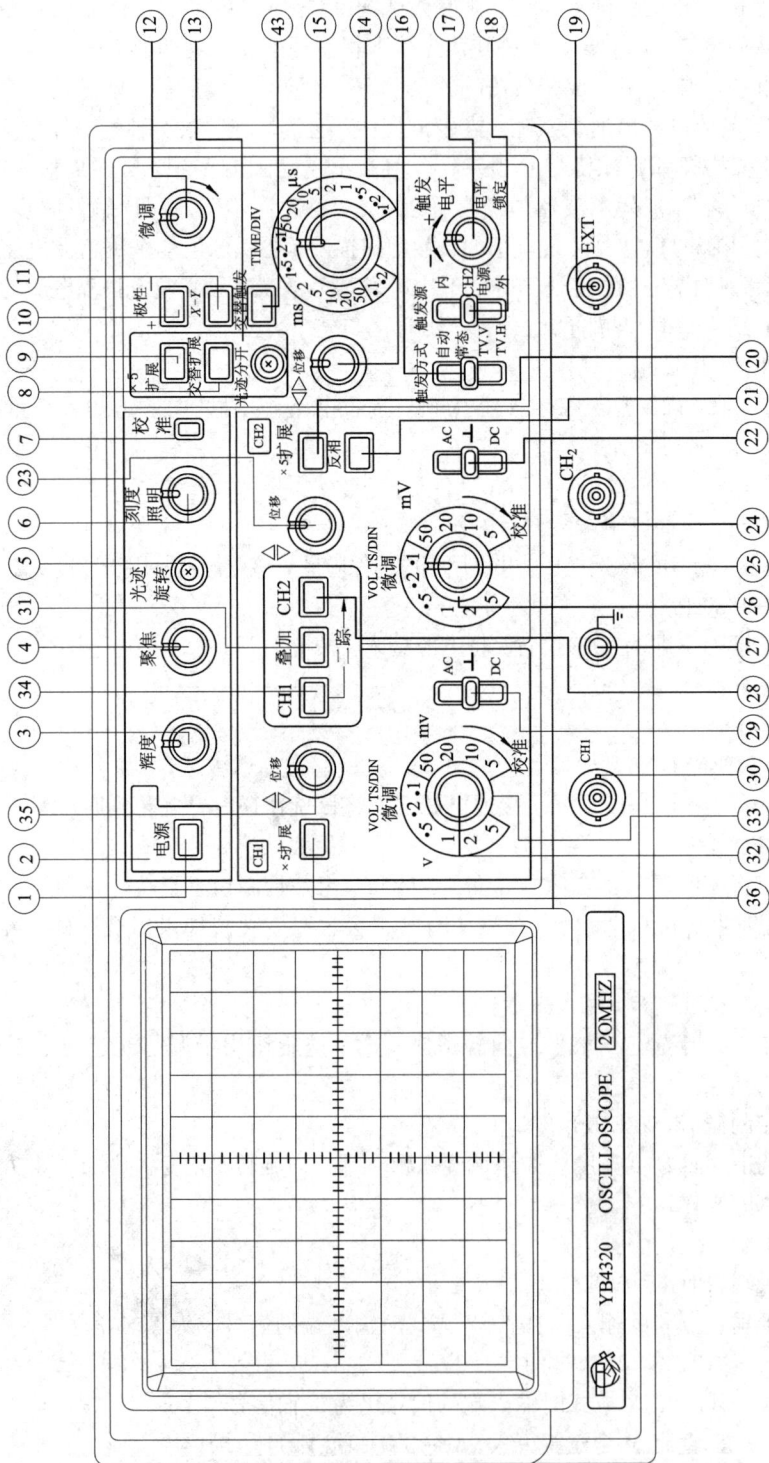

图6.6.9 YB4320/20A/40/60前面板示意图

* 仅 YB4320A有交替触发

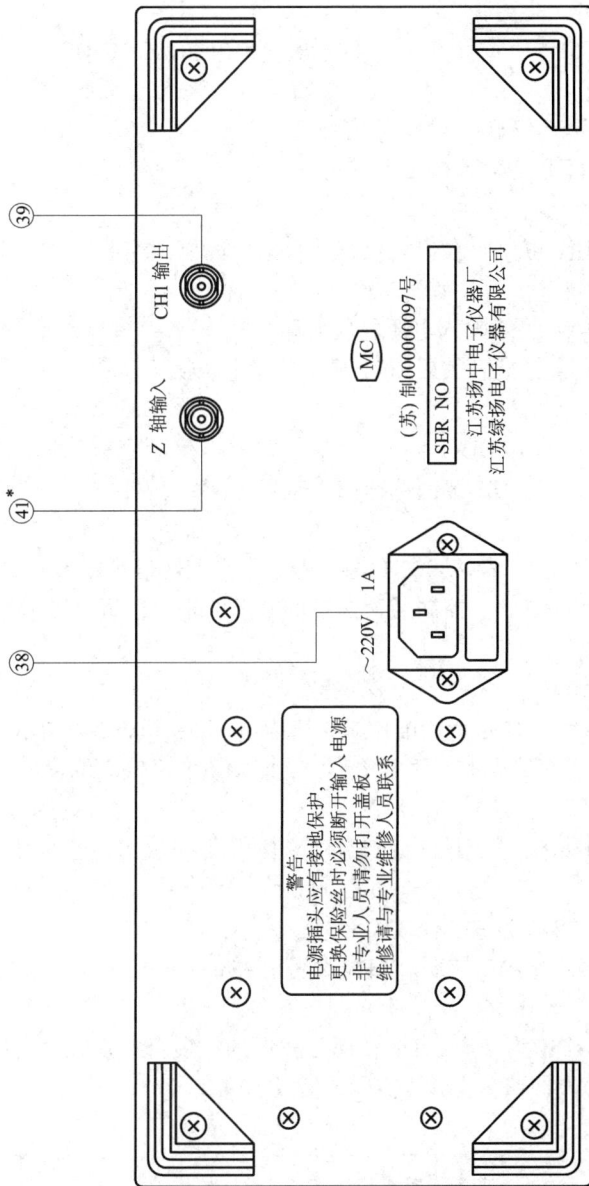

图6.6.10 YB4320/20A/40/60后面板示意图

* 仅YB4320A 有 CH1 输出

大器的输入端接地。直流(DC)：垂直放大器输入端与信号直接耦合。

㉖、㉝衰减器开关(VOLT/DIV)

用于选择垂直偏转灵敏度的调节。如果使用的是 10∶1 的探头，计算时将幅度×10。

㉕、㉜垂直微调旋钮(VARIBLE)

垂直微调用于连续改变电压偏转灵敏度。此旋钮在正常情况下应位于顺时针方向旋到底的位置。将旋钮逆时针方向旋到底，垂直方向的灵敏度下降到 2.5 倍以上。

⑳、㊱CH1×5 扩展、CH2×5 扩展(CH1×5MAG、CH2×5MAG)

按下×5 扩展按键，垂直方向的信号扩大 5 倍，最高灵敏度变为 1 mV/div。

㉓、㉟垂直移位(POSITION)

调节光迹在屏幕中的垂直位置。垂直方式工作按钮：(VERTICAL MODE)

选择垂直方向的工作方式

㉞通道 1 选择(CH1)：屏幕上仅显示 CH1 的信号。

㉘通道 2 选择(CH2)：屏幕上仅显示 CH2 的信号。

㉞、㉘双踪选择(DUAL)

同时按下 CH1 和 CH2 按钮，屏幕上会出现双踪并自动以断续或交替方式同时显示 CH1 和 CH2 上的信号。

㉛叠加(ADD)：显示 CH1 和 CH2 输入电压的代数和。

㉑CH2 极性开关(INVERT)：按此开关时 CH2 显示反相电压值。

(3)水平方向部分。

⑮扫描时间因数选择开关(TIME/DIV)

共 20 挡，在 0.1 μs/Div~0.2 s/Div 范围选择扫描速率。

⑪$X-Y$ 控制键

如 $X-Y$ 工作方式时，垂直偏转信号接入 CH2 输入端，水平偏转信号接入 CH1 输入端。

㉓通道 2 垂直移位键(POSITION)，控制通道 2 在屏幕上的垂直位置，当工作在 $X-Y$ 方式时，该键用于 Y 方向的移位。

⑫扫描微调控制键(VARIBLE)

此旋钮以顺时针方向旋转到底时处于校准位置，扫描由 Time/Div 开关指示。该旋钮逆时针方向旋转到底，扫描减慢 2.5 倍以上。正常工作时，该旋钮位于校准位置。

⑭水平移位(POSITION)

用于调节轨迹在水平方向移动。顺时针方向旋转旋钮向右移动光迹，逆时针方向旋转向左移动光迹。

⑨扩展控制键(MAG×5)、(MAG×10，仅 YB4360)

按下去时，扫描因数×5 扩展或×10 扩展。扫描时间是 Time/Div 开关指示数值的 1/5 或 1/10。

例如：×5 扩展时，100 μs/Div 为 20 μs/Div。部分波形的扩展：将波形的尖端移到水平尺寸的中心，按下×5 或×10 扩展按钮，波形将扩展 5 倍或 10 倍。

⑧ ALT 扩展按钮(ALT - MAG)

按下此键，如图 6.6.11 所示，扫描因数×1；×5 或×10 同时显示。此时要把放大部分移到屏幕中心，按下 ALT - MAG 键。扩展以后的光迹可由光迹分离控制键(13)移位距×1 光迹 1.5div 或更远的地方。同时使用垂直双踪方式和水平 ALT - MAG 可在屏幕上同时显示四条光迹。

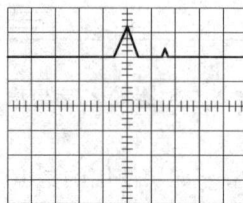

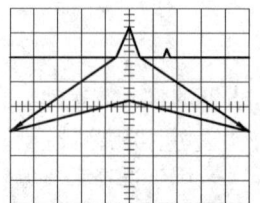

ALT－MAG(×10)

图 6.6.11　ALT 扩展

（4）触发（TRIG）。

⑱触发源选择开关（SOURCE）

选择触发信号源内触发（INT）：CH1 或 CH2 上的输入信号是触发信号。通道 2 触发（CH2）：CH2 上的输入信号是触发信号。电源触发（LINE）：电源频率成为触发信号。外触发（EXT）：触发输入上的触发信号是外部信号，用于特殊信号的触发。

㊸交替触发（ALT TRIG）

在双踪交替显示时，触发信号交替来自于两个 Y 通道，此方式可用于同时观察两路不相关信号。

⑲外触发输入插座（EXT INPUT）用于外部触发信号的输入。

⑰触发电平旋钮（TRIG LEVEL）

用于调节被测信号在某一电平触发同步。

⑩触发极性按钮（SLOPE）

如图 6.6.12 所示，触发极性选择。可用于选择信号的上升沿或下降沿触发。

⑯ 触 发 方 式 选 择 （ TRIG MODE）

自动（AUTO）：在自动扫描方式时扫描电路自动进行扫描。在没有信号输入或输入信号没有被触发同步时，屏幕上仍然可显示扫描基线。常态（NORM）：有触发信号才能扫描，否则屏幕上无扫描线显示。当输入信号的频率低于 20 Hz 时，请用常态触发方式。TV-H：用于观察电视信号中行信号波形。TV-V：用于观察电视信号中场信号波形。

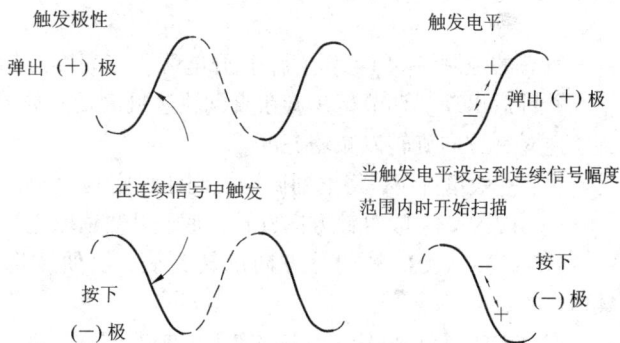

图 6.6.12　触发极性选择

（注意）：仅在触发信号为负同步信号时，TV-V 和 TV-H 同步。

㊶Z 轴输入连接器（后面板）（Z AXIS INPUT）

Z 轴输入端。加入正信号时，辉度降低；加入负信号时，辉度增加。常态下的 5 V_{p-p} 的信号就能产生明显的调辉。

㊴通道 1 输出（CH1 OUT）

通道 1 信号输出连接器，可用于频率计数器输入信号。

⑦校准信号（CAL）

电压幅度为 0.5 V_{p-p} 频率为 1 kHz 的方波信号。

㉗接地柱⊥

这是一个接地端。

3. 使用方法。

（1）基本操作方法。

打开电源开关前先检查输入的电压，将电源线插入后面板上的交流插孔，如表 6.6.3 所示设定各个控制键。

表 6.6.3　基本控制键说明

电源(POWER)	电源开关键弹出
亮度(INTENSITY)	顺时针方向旋转
聚焦(FOCUS)	中间
AC-GND-DC	接地(GND)
垂直移位(POSITION)	中间(＊5)扩展键弹出
垂直工作方式(MODE)	CH1
触发方式(TRIG MODE)	自动(AUTO)
触发源(SOURCE)	内(INT)
触发电平(TRIG LEVEL)	中间
Time/Div	0.5 ms/div
水平位置	＊1,(×5MAG)(×10MAG)ALT MAG 均弹出

所有的控制键如上设定后,打开电源。当亮度旋钮顺时针方向旋转时,轨迹就会在大约十五秒钟后出现。调节聚焦旋钮直到轨迹最清晰。如果电源打开后却不用示波器时,将亮度旋钮逆时针方向旋转以减弱亮度。

注:一般情况下,将下列微调控制钮设定到"校准"位置。

V/DIV VAR:顺时针方向旋转到底,以便读取电压选择旋钮指示的 V/DIV 上的数值。

Time/Div VAR:顺时针方向旋转到底,以便读取扫描选择旋钮指示的 Time/Div 上的数值。

改变 CH1 移位旋钮,将扫描线设定在屏幕的中间。

如果光迹在水平方向略微倾斜,调节前面板上的光迹旋钮与水平刻度线相平行。

(2)测量电压。

①测量直流电压。

设定 AC-GND-DC 开关至 GND,将零电平定位到屏幕上的最佳位置。这个位置不一定在屏幕的中心。

将 Volts/Div 设定在合适的位置,然后将 AC-GND-DC 开关拨到 DC。直流信号将会产生偏移,DC 电压可通过刻度的总数乘以 Volts/Div 值的偏移后得到。例如,在图 6.6.13 中,如果 Volts/Div 是 50 mV/Div,计算值为 50 mV/Div×4.2＝210 mV。当然,如果探头 10∶1,实际的信号值就是×10,因此:50 mV/Div×4.2×10＝2100 mV＝2.1 V。

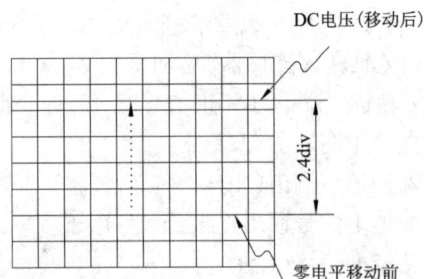

图 6.6.13　测量直流电压之前的零电平

②交流电压的测量

与测量电压一样,将零电平设定到任意方便的位置。

在图 6.6.14 中,如果 Volts/Div 为 1 V/Div,计算方法为 1 V/Div×5＝5 V_{p-p}。当然,如果

探头为 10:1，实际值为 50 V_{p-p}。

如果幅度 AC 信号被重叠在一个高直流电压上，AC 部分可通过 AC-GND-DC 开关设置至 AC。这将隔开信号的直流部分，仅耦合交流部分。

（3）周期测量。

周期测量是指 X 轴读数，量程由 X 轴的时基扫描速度开关"V/DIV"决定。

①测量前校准。

一般情况下，将下列微调控制钮设定到"校准"位置。

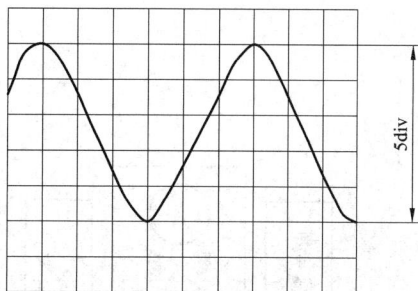

图 6.6.14 交流电压的测量

V/DIV VAR：顺时针方向旋转到底，以便读取电压选择旋钮指示的 V/DIV 上的读数。Time/Div VAR：顺时针方向旋转到底，以便读取扫描选择旋钮指示的 Time/Div 上的数值。改变 CH1 移位旋钮，将扫描线设定在屏幕的中间。如果光迹在水平方向略微倾斜，调节前面板上的光迹旋钮与水平刻度线相平行。

（2）测量信号波形任意两点间的时间间隔 t。

将被测信号送入 Y 轴，调节有关旋钮，使其在荧光屏上呈现 1~3 个稳定波形，如图 6.6.15 所示，然后测量 P、Q 两点的时间间隔 t。

测出 P、Q 间在屏幕 X 轴上的距离 B(div)。

记录"t/div"扫描挡级指示值，如为"A(ms/div)"。

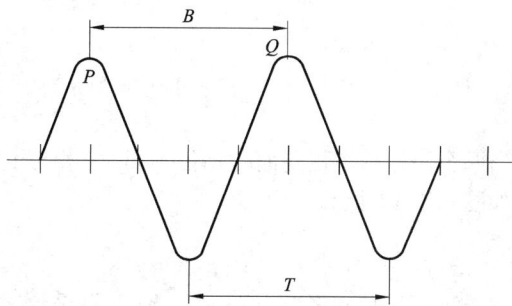

图 6.6.15 时间测量

用公式 $t = A(\text{ms/div}) \times B(\text{div}) = A \times B(\text{ms})$，计算时间间隔。

例如：若测得 $B = 5\text{div}$，而"t/div"指在 0.1(ms/div)时，则 $T = 0.1(\text{ms/div}) \times 5(\text{div}) = 0.5$(ms)，表明图 6.6.15 中被测信号的周期为 0.5 ms。

（4）频率测量。

①用 X 轴时基(t/div)测量。

利用 $f = 1/T$ 关系，先按时间测量方法，测出周期 T，即可求出频率。

②用李沙育法测量。

将被测信号 f_y 接 Y，已知的且频率可调的标准频率信号 f_x 接入 X 通道，如图 6.6.16 示。当调节 f_x，使这两个信号的频率成整数比时，荧光屏上即显示出稳定的图形（即李沙育图形）。例 $f_y : f_x = 1:2$ 时，其显示原理如图 6.6.16(b)所示。

f_y 与 f_x 之比不同，李沙育图形的形状也不同。若在荧光屏上作相互垂直的两条直线 X、Y，这两条直线与李沙育图形相切，则李沙育图形与直线 X、Y 的交点数目之比，就是两信号频率之比，即

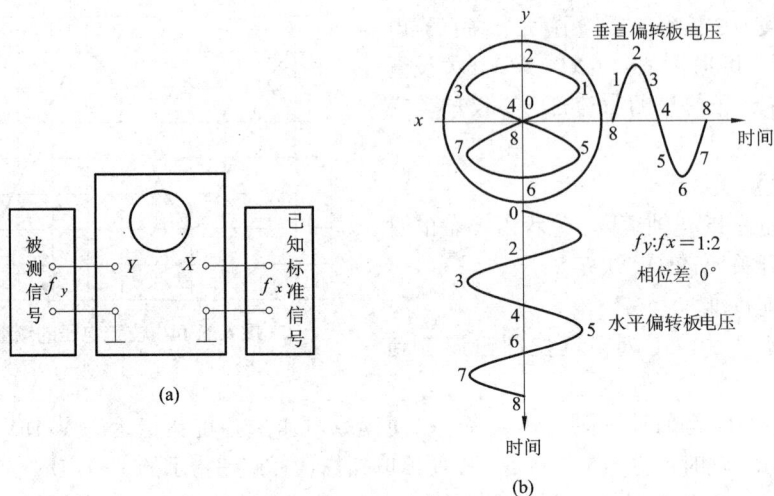

图 6.6.16 李沙育图形测频法

(a)接线图；(b)显示原理

$$\frac{f_y}{f_x}=\frac{\text{水平线与李沙育图形的交点数}}{\text{垂直线与李沙育图形的交点数}}$$

当两个信号频率相同而初相位不同时，李沙育图形可为一直线、一个圆或一个椭圆。其波形如图 6.6.17 所示。

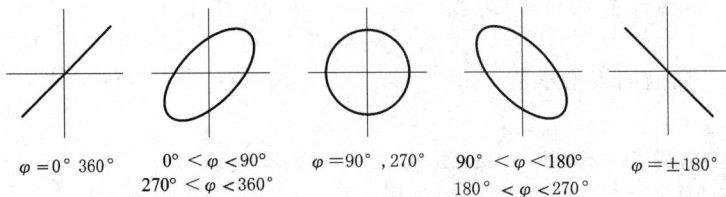

| $\varphi=0°\,360°$ | $0°<\varphi<90°$
$270°<\varphi<360°$ | $\varphi=90°,270°$ | $90°<\varphi<180°$
$180°<\varphi<270°$ | $\varphi=\pm180°$ |

图 6.6.17 频率比为 1 不同相位差的李沙育图形

(5) 相位测量。

按图 6.6.18 所示电路，将上述两组信号分别接到双踪示波器的 CH1 和 CH2Y 轴输入端，同时按下 CH1 和 CH2 按钮，调节 CH_1 和 CH_2 两个通道的位移旋钮、灵敏度选择开关"V/DIV"及微调旋钮，使其在屏上显示两个高度相同的正弦波，如图 6.6.19 所示。从图上读出 L_1、L_2 的格数，则它们之间的相位差：

$$\psi=360°L_1/L_2$$

例如图 6.6.19 中 CH_1 信号一个周期(360°)所占刻度 $L_2=8$ 格，两个波形相应点之间在 X 轴方向的距离 $L_1=2$ 格，则两个波形的相位差 $\psi=360°\times2/8=90°$。

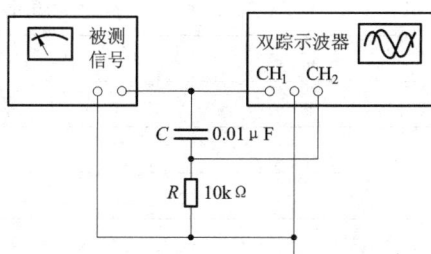

图 6.6.18　双踪法相位测试连接图

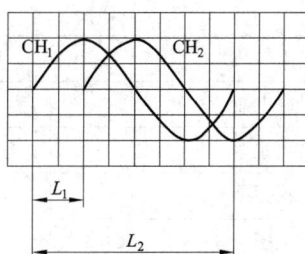

图 6.6.19　双踪法相位测试波形图

附录 6.3　CA1640P-02 函数信号发生器

1. 概述。

CA1640P-02 函数信号发生器是一种小型便携式函数信号发生器,该机能产生正弦波、三角波、方波等多种波形,频率范围为 0.2 Hz~2 MHz。作为功能的扩充,该机还有以下三大功能:①能产生对数、线性扫频信号;②可作为一个 0.2 Hz~20 MHz 的计数器使用;③能直接输出 TTL 电平。

2. 基本原理及方框图。

本机采用了大规模单片集成精密函数发生器 ICL038,采用单片机 AT89C51 实现频率测量和智能化管理,用高亮度的数码管显示信号的频率、幅度,整机小巧、可靠、功能强大。

本机采用函数发生器 ICL038 产生信号的基本原理如下:先产生方波→三角波,再将三角波变换成正弦波的设计方法。其电路组成方框如图 6.4.1 所示。

3. 主要技术参数。

CA1640P-02 函数发生器主要技术参数如表 6.6.4 所示。

表 6.6.4　CA1640P-02 函数发生器主要技术参数

频率范围	0.2 Hz~2 MHz
输出波形	对称或非对称的正弦波、三角波、方波
输出阻抗	50 Ω
输出电压范围	1 mV$_{p-p}$~10 V$_{p-p}$(50 Ω 负载)
	1 mV$_{p-p}$~20 V$_{p-p}$(1 MΩ 负载)
输出信号类型	单频、调频
对称度	20%~80%
直流偏置	范围-5~+5 V
TTL 输出幅度	不小于+3 V
TTL 输出阻抗	600 Ω
TTL 输出信号波形	脉冲波
功率输出电压幅度	50 V$_{p-p}$

功率输出电流		1 Ap_p
功率过载电流		大于 1 Ap_p
功率输出频率		0.2 Hz~100 kHz
时基标称频率		12 MHz
外测频范围		0.2 Hz~20 MHz
电源电压、频率		交流 220 V、50 Hz
整机功耗		30 W
输出阻抗	函数	50 Ω
	TTL 同步输出	600 Ω
输出幅度	0 dB	1 V_{p-p} ~ 10 V_{p-p} ±10%
	20 dB	0.1 V_{p-p} ~ 1 V_{p-p} ±10%
	40 dB	10 mV_{p-p} ~ 100 mV_{p-p} ±10%
	60 dB	1 mV_{p-p} ~ 10 mV_{p-p} ±10%
TTL 输出	"0"电平	≤0.8V
	"1"电平	≥3V
输出波形	正弦波	失真<2%（输出幅度 10%~90%）
	三角波	线度>99%
	方波上升时间	≤100 ns
	方波上冲、下塌	≤5%（10 kHz, 5 V_{p-p} 预热 10 min）

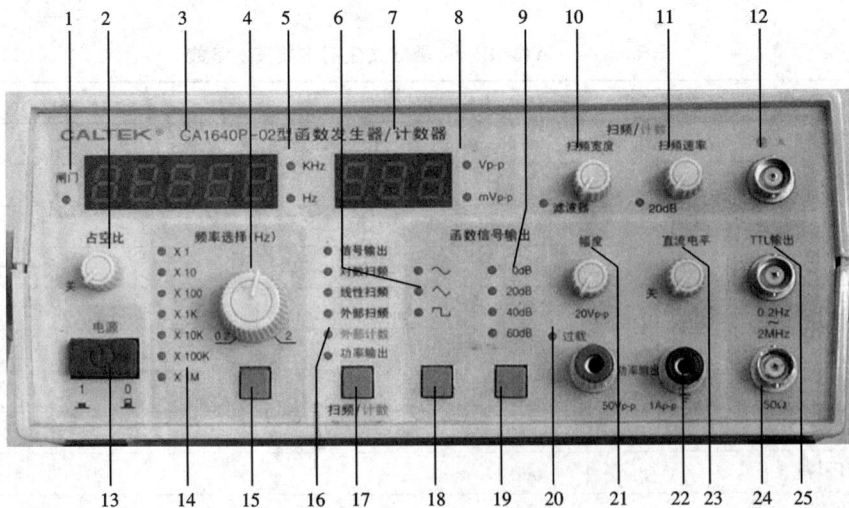

图 6.6.20　CA1640 函数信号发生器前面板图

4. 功能说明

CA1640 函数信号发生器前面板如图 6.6.20，功能说明如表 6.6.5 所示。

表 6.6.5　CA1640 函数信号发生器功能说明

序号	功能	用途
1	闸门	该灯闪烁一次表示完成一次测量
2	占空比	改变输出信号的对称性，处于关位置时输出对称信号。在一般使用中，该电位器处于关的位置，使输出信号对称。部分数字电路实验将会用这一功能
3	频率显示	显示输出信号的频率或外测信号的频率
4	频率细调	在当前频段内连续改变输出信号的频率。该电位器为多圈电位器，使用不宜用力过大，易引起电位器的损坏
5	频率单位	指示当前显示频率的单位
6	波形指示	指示当前输出信号的波形状态
7	幅度显示	显示当前输出信号的幅度。注意：幅度显示为信号的峰峰值
8	幅度单位	显示当前输出信号幅度的单位
9	衰减指示	指示当前输出信号的幅度的挡级。由：分贝数 $= 20\lg V_2/V_1$ 知，衰减 20 dB 实际对应电压衰减 10 倍。所以衰减 60 dB 实际是衰减 1000 倍
10	扫描宽度	扫频信号输出时，调节扫描的时间长短。在外测频时，逆时针旋转到底（灯亮），此时外输入测量信号经过滤波器（截止频率为 100 kHz 左右）进入测量系统，可以避免一些高频干扰
11	扫描速率	扫频信号输出时，调节被扫描信号的频率范围。在外测频时，当电位器逆时针转到底（灯亮），则外输入信号经过 20 dB 衰减（10 倍）进入测量系统
12	信号输入	当第（17）项功能选择为"外部扫描"或"外部计数"时，外扫描信号或外测频信号由此输入
13	电源开关	按下接通电源，弹出断开电源
14	频段开关	指示当前输出信号频率的挡级
15	频段选择	选择当前输出信号频率的挡级
16	功能指示	指示本仪器当前的功能状态。1. 信号输出，可作为常规的信号发生器用；2. 对数扫频，输出信号的频率与时间呈对数关系，用于测量某些电路的频率特性。3. 线性扫频，输出信号的频率与时间呈线性关系，用于测量某些电路的频率特性。4. 外部扫频，输出信号的频率受控于输入信号。5. 外部计数，作为频率计使用，外测频范围：0.2 Hz～20 MHz；6. 功率输出，可直接驱动喇叭或其他负载
17	功能选择	选择本仪器的各种功能
18	波形选择	选择当前输出信号的波形
19	衰减控制	选择当前输出信号幅度的挡级
20	过载指示	指示灯亮时，表示功率输出负载过重
21	幅度细调	在当前幅度挡级连续调节，范围为 20 dB
22	功率输出	输出幅度为 50 $V_{p\text{-}p}$，电流为 1 $A_{p\text{-}p}$

续表 6. 6. 5

序号	功　能	用　　　　途
23	直流电平	预置输出信号的直流电平,范围为-5 V~+5 V,当电位器处于关位置时,则直流电平为 0 V。在作为一般信号发生器使用,电位器处于关位置
24	信号输出	输出多种受控的波形,输出幅度为 20 V_{p-p}
25	TTL 电平	输出标准的 TTL 脉冲信号,输出阻抗为 600 欧。TTL 电平常用在数字电路实验中。"0"电平小于 0.8V,"1"电平大于 3V

5. 基本操作方法(作为信号发生器使用)。

如发现输出波形不正常,重新设定表 6.6.6 各个控制键:

表 6.6.6　控制键的基本操作方法

占空比(2)	占空比电位器在关位置
直流电平(23)	直流电平电位在关位置
功能选择(17)	处于正常的信号输出位置
信号输出(24)	信号输出接在(24)　注:如果是数字电路实验,接 TTL 电平(25)
扫描宽度(10)	扫描宽度电位器关位置(滤波器)
扫描速率(11)	扫描速率电位器关位置(20 dB)

附录 6.4　YB2173 交流毫伏表

1. 概述。

YB2173 交流毫伏表采用放大—检波形式的电路,具有较高的灵敏度和温度稳定性。适用于测量 300 μV~100 V 范围内的交流正弦电压(频率范围 5 Hz~2 MHz)电表刻度指示为正弦波有效值。

2. 基本原理方框图。

YB2173 交流毫伏表方框图如图 6.4.2。

3. 技术指标。

YB2173 交流毫伏表的技术指标如表 6.6.7

表 6.6.7　YB2173 交流毫伏表的技术指标

通道	双通道
表头指针	红色指示通道 2 的值,黑色指示通道 1 的值
刻度值	正弦波有效值 1 V=0 dB 值,1 mW=0 dB 值
电压量程	12 级,300 μV~100 V
分贝量程	-70 dB~+40 dB

电压误差	1 kHz 为基准,满刻度 ≦±3%
频率响应	20 Hz～200 kHz,≦±3%
	5 Hz～20 Hz、200 kHz～2 MHz,≦±10%
输入阻抗	1 MΩ
输入电容	50 pF
最大输入电压 DC+ACp_p	300 μV～1 V 量程,300 V
	3～100 V 量程,500 V
输出电压	0.1 V±10%,1 kHz
输出电压频响	5 Hz～2 MHz,±3%(参照 1 kHz,无负载)
电源电压	交流 220 V,50 Hz

4. 面板操作键作用说明。

YB2173 交流毫伏表的面板见图 6.6.21,操作键功能说明见表 6.6.8。

表 6.6.8　YB2173 交流毫伏表的面板操作键作用说明

序号	功　能　说　明
1	电源(POWER)开关,电源开关按键弹出时为"关"位置。接入电源线后,按下电源开关,电源即接通
2	显示窗口:表头指示输入信号的幅度。黑色指针指示 CH1 输入信号幅度,红色指针指示 CH2 输入信号幅度
3	零点调节:开机前,如表头指针不在机械零点处,请用小一字起子将其调至零点,其中黑框内调黑指针,红框内调红指针
4	量程旋钮(RANGE):开机前,应将量程旋钮调至最大量程处,然后,当输入信号送至输入端后,调节量程旋钮,使表头指针指示在表头的适当位置。其中,左边为 CH1 的量程旋钮,右边为 CH2 的量程旋钮
5	输入(INPUT)端口:输入信号由此端口输入。左边为 CH1 输入,右边为 CH2 输入
6	输出(OUTPUT)端口,输出端口在仪器背面,输出信号由此端口输出。在校准本仪器时,将交流毫伏表的输出用探头送入示波器的输入端,当表针指示位于满刻度时,其输出有效值为 0.1V 的信号。注意,没有输入信号时也没有输出信号(在仪器背部,下同)
7	方式开关(MODE):开关弹出时,CH1 和 CH2 量程旋钮分别控制 CH1 和 CH2 的量程,开关按入时,CH2 量程旋钮失去作用,CH1 量程旋钮同时控制 CH1、CH2 的电压量程
8	接地选择开关,此开关在仪器背面,当此开关拨向上方,CH1 和 CH2 不共地;当此开关拨向下方,CH1 和 CH2 共地

5. 基本操作方法及相关知识。

(1)打开电源开关首先检查输入电压,将电源线插入后面板上的交流插孔。如表 6.6.9 所示,设定各个控制键。

图 6.6.21   YB2173 交流毫伏表面板

所有的控制键如上设定后，打开电源。

（2）将输入信号由输入端口（INPUT）送入交流毫伏表。

（3）调节量程旋钮，使表头指针位置在大于或等于满刻度的 1/3 处。

（4）将方式开关（MODE）按入时，两个交流信号分别送入交流毫伏表的两个输入端，调节 CH1 量程旋钮，两只指针分别指示两个信号的交流有效值。

（5）dB 量程的使用。

表头有两种刻度：1 V 作 0 dB 的 dB 刻度值；0.755 V 作 0 dBm（1mW600 Ω）的 dBm 的刻度值。

表 6.6.9   YB2173 交流毫伏表基本操作方法

电源（POWER）	电源开关键弹出
表头机械零点	调至零点
量程旋钮	旋至在最大量程处
方式开关（MODE）	方式开关键弹出
接地开关	接地开关拨向下方

（6）dB："Bel"是一个表示两个功率比值的对数单位，1 dB = 1/10Bel。

dB 被定义如下：dB = $10\lg(P_2/P_1)$。如功率 P_2、P_1 的阻抗是相等的，则其比值也可以表示为：dB = $20\lg(E_2/E_1)$ = $20\lg(I_2/I_1)$，dB 原是作为功率的比值，然而，其他值的对数（例如电压的比值或电流的比值），也可以称为"dB"。例如：

当一个输入电压，幅度为 300 mV，其输出电压为 30 V 时，其放大倍数是：

30 V/300 mV = 100 倍，也可以 dB 表示为：放大倍数 = 20lg30 V/300 mV = 40 dB

dBm 是 dB（mW）的缩写，它表示功率与 1mW 的比值，通常" dBm"暗指一个 600 Ω 的阻抗所产生的功率，因此"dBm"可被认为：1dBm = 1mW 或 0.755 V 或 1.291 mA。

（7）功率或电压的电平由表面读出的刻度值与量程开关所在的位置相加而定。

例：刻度值量程电平

$$（-1 \text{ dB}）+（+20 \text{ dB}）= +19 \text{ dB}$$
$$（+2 \text{ dB}）+（+10 \text{ dB}）= +12 \text{ dB}$$

（8）本表的"满刻度"是指在表头的 1.0 位置，不是 1.1 位置，这与有些教材所说的满刻度是"满偏"不一致。

(9)测试电压举例:在 3 V 挡位,刻度指示为 0.6,则此时的有效值电压为:3 V×0.6=1.8 V,峰峰值为:1.8 V×2$\sqrt{2}$≈5.09 V。

附录 6.5 CA1713 双路直流稳压电源

1. 概述。

CA1713A 双路直流稳压电源是实验室通用电源。双路都有恒压、恒流功能,这两种模式可随负载变化而自动转换。另外本机具有串连主从工作功能,左路为主,右路为从。在跟踪状态下,右路输出电压随左路的变化而变化,这在需要对称且可调的双极性电源的场合特别适用。双路任一路均可输出 0~32 V,0~3 A 直流电源。串连工作或串连跟踪工作时可输出 0~64 V,0~3 A 的单极性电源。每一路的电流电压均有数字表头同时显示,使用方便有效。不怕短路,短路电流恒定且可调。CA1713 A 具有每次开机自动进入预置状态的功能,该功能有效地预防了因误操作而引起的开机时损坏所连负载的情况发生。

第三路为固定 5 V,0~2 A 直流电源,可供数字电路实验,单片机实验使用。

2. 基本原理方框图。

CA1713 双路直流稳压电源原理方框图如图 6.4.3 所示。

3. 主要技术参数。

CA1713 双路直流稳压电源主要技术参数见表 6.6.10。

表 6.6.10 CA1713 双路直流稳压电源的主要技术参数

特点	1. 双路电流、电压同时显示
	2. 具有跟踪功能
	3. 三路输出
技术指标	1. 左路:0~32 V,0~3 A
	2. 右路:0~32 V,0~3 A
	3. 固定输出:5 V,2 A;纹波及噪声:小于 3 mVRMS,3 mARMS
	4. 输出调节分辨率:电压 20 mV,电流:50 mA(典型值)
	5. 纹波及噪声:小于等于 1 mVRMS,1 mARMS
	6. 跟踪误差:±0.5%,2 mV
	7. 负载效应:电压 5×10^{-4},电流:20 mA
	8. 相互效应:电压 5×10^{-4}+1 mV,电流:小于 0.5 mA

4. 功能说明。

CA1713 双路直流稳压电源的面板图见图 6.6.22,功能说明见表 6.6.11。

表 6.6.11　CA1713 双路直流稳压电源的功能说明

1	电源开关:按下为开,弹出为关
2	左路输出:0~32 V,0~3 A
3	右路输出:0~32 V,0~3 A
4	固定输出:5 V,0~2 A
5	左路电压调节
6	左路电流调节
7	跟踪方式:按入为跟踪,弹出为独立。在跟踪状态下,左、右两路输出电压对称。可提供对称的正负电源
8	右路电流调节
9	右路电压调节
10	左路电压显示
11	左路电流显示
12	右路电流显示
13	右路电压显示
14	每次开机后按一次,"2"有电压输出,否则为预置状态无电压输出
15	每次开机后按一次,"3"有电压输出,否则为预置状态无电压输出

5. 使用说明及注意事项。

（1）恒压:左路,"2"输出开路,调节"5"电压调节,"10"显示即为设定电压值。右路,"3"输出开路,调节"9"电压调节,"13"显示即为设定电压值。

（2）恒流:左路,"2"输出短路,调节"6"电流调节,"11"显示即为设定电流值。右路,"3"输出短路,调节"8"电流调节,"12"显示即为设定电流值。

注意:恒流设定时,必须先将电压调至 1~2 V,电流调至最小(逆时针旋转到底)才可将输出短路,然后进行电流调节设定,否则瞬间大电流冲击可能损坏功率管。另外,部分稳压电源过流保护并不全面,负载短路会损坏稳压电源。

（3）输出连接:左路、右路输出为悬浮式(即两路完全独立),用户可根据自己的情况将输出接入自己系统的地电位。串联工作或主从跟踪工作时,两路的四个输出端原则上只允许有一个端与机壳相连("2"、"3"所指的金属外露部分内部短接且与机壳相接)。

（4）跟踪方式:"7"按入,将"2"的"-"与"3"的"+"相连(使用电源自带的金属片,使"2"与黑色端子相接,使"3"与红色端子相接),开机后整机即可工作在主~从跟踪状态,输出对称的电压。

（5）固定 5 V 输出:"4"中"-"(右边第一个端子)与机内固定接地(仪器外壳),使用时避免短路。

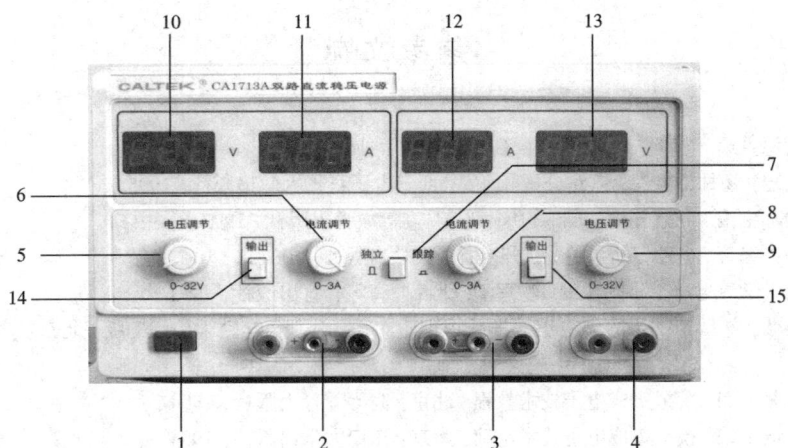

图 6.6.22　CA1713 双路直流稳压电源面板图

（6）预置：每次电源开启后，仪器即自动进入预置状态。此时"2"，"3"输出座无电压输出，数显为预置值。按下"14"开关，"2"输出与左路预置电压一致。按下"15"开关，"3"输出与右路预置电压一致。以后"14"，"15"开关就不再起作用。电源关闭后再次启动时，重复上述过程。

参 考 文 献

[1] 邱关源主编. 电路. 4 版. 北京：高等教育出版社，1996

[2] 张永瑞，杨林耀主编. 电路分析. 西安：西安电子科技大学出版社，1995

[3] 李翰荪主编. 电路分析基础. 3 版. 北京：高等教育出版社，1993

[4] 姚仲兴编著. 电路分析导论. 杭州：浙江大学出版社，2004

[5] 东南大学等七所工科院校编. 物理学. 北京：高等教育出版社，1993

[6] 梁绍荣，刘昌年，盛正华主编. 普通物理学（第三分册《电磁学》）. 3 版. 北京：高等教育出版社，2005

[7] 邓汉馨主编. 模拟集成电子技术教程. 北京：高等教育出版社，1994

[8] 衣承斌主编. 模拟集成电子技术基础. 南京：东南大学出版社，1994

[9] 谢嘉奎主编. 电子线路. 4 版. 北京：高等教育出版社，1999

[10] 郭维芹主编. 实用模拟电子技术. 北京：电子工业出版社，1999

[11] 胡宴如主编. 模拟电子技术. 2 版. 北京：高等教育出版社，2004

[12] 胡宴如主编. 高频电子线路. 2 版. 北京：高等教育出版社，2004

[13] 阳昌汉主编. 高频电子线路. 2 版. 北京：高等教育出版社，2006

[14] 胡见堂主编. 固态高频电路. 2 版. 长沙：国防科技大学出版社，1999

[15] 罗小华，朱旗编. 电子技术工艺实习. 武汉：华中科技大学出版社，2003

[16] 康华光. 电子技术基础（数字部分）. 4 版. 北京：高等教育出版社，2005

[17] 阎石. 数字电子技术基础. 4 版. 北京：高等教育出版社，1998

[18] 中国集成电路大全编委会. 中国集成电路大全——TTL 集成电路. 北京：国防工业出版社，1985

[19] 中国集成电路大全编委会. 中国集成电路大全——CMOS 集成电路. 北京：国防工业出版社，1985

[20] 电子工程手册编委会集成电路手册分编委会. 标准集成电路数据手册——TTL 电路. 北京：电子工业出版社，1992

[21] 郑君里，应启珩，杨为理. 信号与系统. 北京：高等教育出版社，2003

[22] 陈怀琛. 数字信号处理教程——MATLAB 释义与实现. 北京：电子工业出版社，2004

[23] 梁虹. 信号与系统分析及 MATLAB 实现. 北京：电子工业出版社，2002

图书在版编目（CIP）数据

电子技术基础实验教程／张国云主编. —长沙：中南大学出版社，2006.10（2022.7 重印）

ISBN 978-7-81105-444-6

Ⅰ．①电… Ⅱ．①张… Ⅲ．①电子技术－实验－高等学校－教材 Ⅳ．①TN-33

中国版本图书馆 CIP 数据核字（2006）第 119894 号

电子技术基础实验教程

主　编　张国云

副主编　刘　翔　陈　松

□ **责任编辑**　刘　辉

□ **责任印制**　唐　曦

□ **出版发行**　中南大学出版社

　　　　　　　社址：长沙市麓山南路　　　　邮编：410083

　　　　　　　发行科电话：0731-88876770　　传真：0731-88710482

□ **印　　装**　长沙艺铖印刷包装有限公司

□ **开　　本**　787 mm×1092 mm　1/16　□ **印张** 20　□ **字数** 489 千字

□ **版　　次**　2006 年 9 月第 1 版　　　□ **印次** 2022 年 7 月第 7 次印刷

□ **书　　号**　ISBN 978-7-81105-444-6

□ **定　　价**　50.00 元